高等职业教育“十三五”系列教材

Pro/ENGINEER Wildfire 5.0 应用与实例教程

主编 吴荔铭 陆纪文 邹新斌
参编 徐华建 李 杭 欧阳毅文

机 械 工 业 出 版 社

本书以 Pro/ENGINEER Wildfire 5.0 版本为蓝本，根据高等职业技术院校的教学实际和要求编写而成，突出了实用性和可操作性，力求以实训课题的形式帮助学生理解和掌握 Pro/ENGINEER 的二维草绘、三维造型方法、组件设计和工程图的制作。本书中的零件模型均配有详细的工程视图，既可准确表达零件模型，又可使学生在学习 Pro/ENGINEER 课程的同时进一步提高读图的能力。另外，各单元结尾处都安排了单元小结，对本单元的知识进行了概括和总结，而且各单元都配有一定数量的练习，帮助读者更好地掌握该软件的功能和操作技巧。

本书可作为高职高专机械类专业的实训教材，也可作为 CAD/CAM 方面从业人员的培训教材和参考书。

本书配有教学资源包及相关视频教程，可以帮助学生高效、轻松地完成学习任务。选用本书作为教材的老师可以登录机械工业出版社教育服务网 www.cmpedu.com 下载。咨询邮箱：cmpgaozhi@sina.com。咨询电话：010-88379375。

图书在版编目(CIP)数据

Pro/ENGINEER Wildfire 5.0 应用与实例教程/吴荔铭，陆纪文，邹新斌主编. —北京：机械工业出版社，2018.7(2024.1 重印)

高等职业教育“十三五”系列教材

ISBN 978-7-111-60158-6

Ⅰ.①P… Ⅱ.①吴…②陆…③邹… Ⅲ.①机械设计—计算机辅助设计—应用软件—高等职业教育—教材 Ⅳ.①TH122

中国版本图书馆 CIP 数据核字(2018)第 124181 号

机械工业出版社(北京市百万庄大街 22 号 邮政编码 100037)
策划编辑：王玉鑫 责任编辑：王玉鑫
责任校对：佟瑞鑫 封面设计：马精明
责任印制：李 昂
北京捷迅佳彩印刷有限公司印刷
2024 年 1 月第 1 版第 6 次印刷
184mm×260mm · 16 印张 · 390 千字
标准书号：ISBN 978-7-111-60158-6
定价：48.00 元

电话服务	网络服务
客服电话：010-88361066	机 工 官 网：www.cmpbook.com
010-88379833	机 工 官 博：weibo.com/cmp1952
010-68326294	金 书 网：www.golden-book.com
封底无防伪标均为盗版	机工教育服务网：www.cmpedu.com

前　言

Pro/ENGINEER(简称 Pro/E)由美国 PTC 公司(Parametric Technology Corporation,参数技术公司)于1988年推出，它将生产过程中的设计、制造和工程分析有机地结合在一起，是世界上优秀的三维 CAD/CAM / CAE 应用软件之一，广泛应用于电子、机械、模具、家电、玩具、汽车、航空航天等工程领域。

• 本书内容

本书采用了 Pro/E Wildfire 5.0 版本，全书共分十五个单元。主要内容有：Pro/E 软件概述；二维草图的绘制、编辑、尺寸标注和草绘约束；拉伸特征、旋转特征、扫描特征、混合特征的创建；各种基准特征的创建；孔、倒圆角、倒角、壳、筋板和拔模等常用工程特征的创建；特征的复制和阵列；可变截面扫描特征、扫描混合特征和螺旋扫描特征的创建；边界混合曲面的创建和曲面编辑；组件设计与装配；工程图的制作。

• 本书特色

本书在课程内容讲述上，由浅入深，通俗易懂；在内容编排上，突出案例教学，以实训课题的形式帮助学生理解所学的理论知识，增强学生的动手能力；在零件模型表达方面，所有模型均配有详细的工程视图，既可准确表达零件模型，又可使学生在学习 Pro/E 课程的同时进一步培养和提高读图能力；在实训课题方面，安排了详讲课题和略讲课题，详讲课题可以激发学生的学习兴趣和主动性，并利用所学到的知识独立自主地完成略讲课题和课后习题；在教学帮助方面，在各单元结尾处安排了单元小结，对本单元的重点知识和注意事项进行了概括和总结。各单元的课后习题均给出了相应的创建提示。

• 书中符号约定

【】：括号中的内容为标题栏中“菜单”命令，如单击【工具】→【关系】表示选取标题栏菜单中“关系”命令。

“”：引号中的内容为对话框、弹出菜单或操控面板上的命令选项。

/：表示菜单命令的并列关系，如选择“平行/规则截面/草绘截面/完成”，表示同时选择同一菜单中的“平行”“规则截面”“草绘截面”“完成”命令。

→：表示下一个操作。

• 资源包使用说明

本书配有教学资源包，资源包中有三个文件夹，三个文件夹均含有 CH#文件夹(#表示各单元号)。

“准备文件”中包含书中所用到的讲解例题的模型文件，使用 Pro/E Wildfire 5.0 软件可将其打开。

“完成文件”中包含书中所用到的实训课题和课后习题的模型文件，使用 Pro/E Wildfire 5.0 软件可将其打开。

“视频文件”中包含书中所有模型的创建视频，直接双击文件名即可播放该文件。

- **本书适合对象**

本书根据高等职业技术院校的教学实际和要求编写而成，突出了实用性和可操作性，可作为高职高专机械类专业的实训教材，也可作为 CAD/CAM 方面从业人员的培训教材和参考书。

本书由吴荔铭、陆纪文、邹新斌担任主编，参加编写的老师还有徐华建、李杭、欧阳毅文。吴荔铭负责全书的统稿和审核，并编写第一、十三~十五单元，陆纪文负责编写第三~六单元，邹新斌负责编写第八~十一单元，徐华建负责编写第十二单元，欧阳毅文负责编写第二单元，李杭负责编写第七单元。

由于编者水平有限，书中错误及疏漏之处在所难免，恳请读者批评指正，以便修订时加以完善。

编　者

目录

第一单元 概 述

◆ 基础知识

一、Pro/ENGINEER 简介

Pro/ENGINEER(简称 Pro/E)是由美国 PTC 公司(Parametric Technology Corporation,参数技术公司)于 1988 年推出，它将生产过程中的设计、制造和工程分析有机地结合在一起，是目前世界上最优秀的三维 CAD/CAM / CAE 应用软件之一，广泛应用于电子、机械、模具、家电、玩具、汽车、航空航天等工程领域。

二、Pro/ENGINEER 系统的特性

1. 三维实体模型

Pro/ENGINEER 创建的零件是三维模型，外观与真实的零件非常接近，可以从任意角度对零件进行观察。系统还可以很容易地计算出零件的各种物理特性(如零件的表面积、体积、质量、惯性矩和重心等)，方便对模型进行各种工程分析及后置处理。利用系统中的“绘图”模块，可以由已创建的三维立体图生成工程图，大大节省了设计时间并减少了人为的设计错误。

2. 单一数据库，全相关性

该特性是指在 Pro/ENGINEER 设计过程中，所有环节的资料都存放在同一个数据库中，任何一处发生改动，则整个设计过程的相关环节都会自动进行改动。例如，用户创建了一个三维零件，而且由该零件生成了工程图，并且还将该零件装配到装配图中。此时无论在任何一处进行修改，其余两处的相关部位都会自动进行修改。

3. 以特征作为设计的基本单元

Pro/ENGINEER 创建一个复杂零件模型的过程就像一个“搭积木”的过程，它将多个不同种类的特征按照一定的方式先后添加组合，逐步形成了用户所需要的零件模型。这些所谓的特征都是一些比较简单且容易创建的形体，如长方体、圆柱体、孔、倒角、筋板等，因此，整个设计过程简单直观。

4. 参数化设计

Pro/ENGINEER 在创建模型时将每一个尺寸都看成一个可变的参数，因此，无论在设计中还是在设计后修改模型都是一件轻而易举的事。例如，绘制特征截面图形时，可先只考虑它的形状而不考虑其尺寸，最后通过修改尺寸使图形达到用户的要求，这样设计者可以随意勾画草图，从而大大提高了工作效率，而对于设计完成后的模型，也只要选中想要修改的尺寸，输入新的尺寸值后重新生成就可以轻易改变模型。

三、工作界面

图 1-1 所示为 Pro/E Wildfire 5.0 中文版“零件”模块的工作界面，其他模块的界面风格与其类似。现将工作界面中各栏目介绍如下：

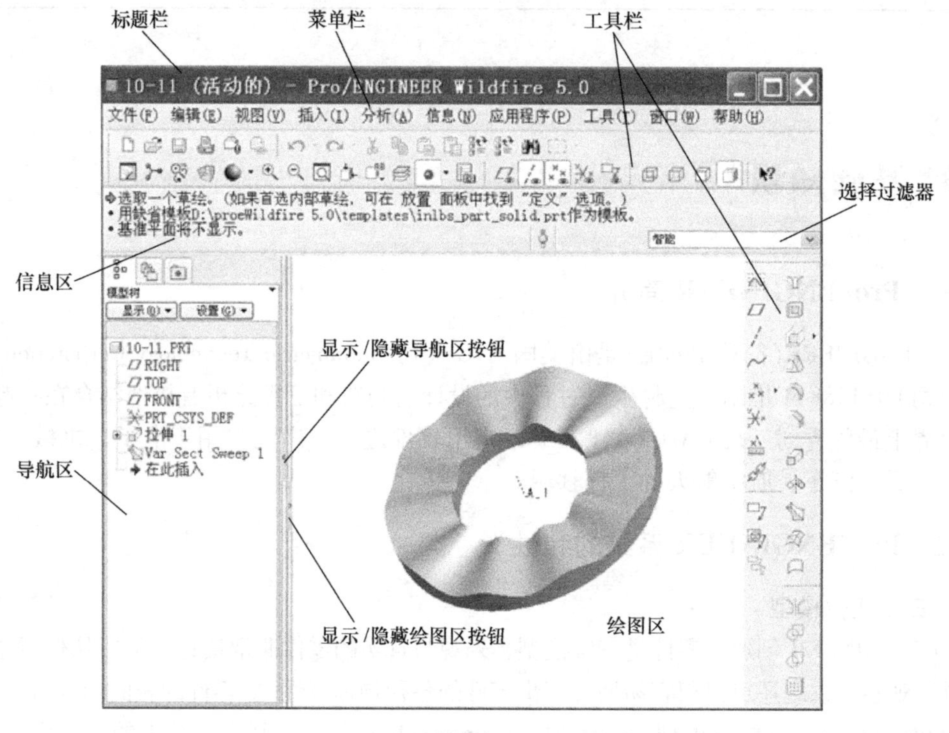

图 1-1

1. 标题栏

标题栏主要显示当前文件的名称和类型。

2. 菜单栏

菜单栏将所有的命令分类编组，包含【文件】、【编辑】等菜单选项，可在其中选取所需要的命令进行各种操作。对于不同的模块类型，菜单栏中的选项会有所不同。

3. 工具栏

工具栏中列出了常用命令的图标，单击这些图标可以执行相关的操作命令。

4. 绘图区

绘图区是 Pro/E 的设计工作区域，在这里可以绘制模型的图形或显示已有的模型图形。

5. 导航区

导航区位于界面左侧，单击其右侧竖边框上按钮，可以显示或隐藏导航区。导航区中有模型树、文件夹浏览器和收藏夹三个选项卡。各选项卡的功能含义如下：

1）模型树：以树的形式显示当前窗口模型的特征组织结构，该选项卡还可显示层数结构。

2）文件夹浏览器：类似 Windows 的资源管理器，可浏览计算机硬盘上的文件。

3）收藏夹：用于组织和管理个人文件资源。

6. 信息区

信息区用于记录和报告绘图过程中，系统的提示和命令执行的结果。对于需要输入数据的操作，该区会出现一个文本框，供用户输入数据。

7. 选择过滤器

选择过滤器的用途是让用户在选取对象时只选取到指定的某一类型的对象，如特征、几何、基准等，可以大大提高选取的准确性和效率。

四、文件管理的基本操作

1. 设置工作目录

设置工作目录是指事先将某个文件夹设置为文件操作的默认目录，也就是事先指定了打开文件和保存文件的路径。这样既方便了文件管理，又节省了文件打开或保存的时间，提高了工作效率。

设置工作目录的方法如下：

1）首先建立用户文件夹，如 E:\123。

2）打开 Pro/E 系统后，在主菜单选择【文件】→【设置工作目录…】命令，弹出“选取工作目录”对话框。

3）在对话框中，查找并选取已创建的用户文件夹，如 E:\123。

4）单击“确定”按钮，则 E:\123 成为当前工作目录。

2. 新建文件

单击菜单【文件】→【新建】命令 → 弹出如图 1-2 所示的“新建”对话框 → 在“类型”及其“子类型”中选取所需的选项 → 输入文件名 → 单击“确定”按钮 → 弹出如图 1-3 所示的“新文件选项”对话框，选择“mmns _ part _ solid”模板 → 单击“确定”按钮。

图 1-2 的“类型”栏中选项说明如下：

1）草绘：创建 2D 草绘文件，其扩展名为“sec”。

2）零件：创建 3D 零件模型文件，其扩展名为“prt”。

3）组件：创建 3D 模型装配文件，其扩展名为“asm”。

4）制造：创建 NC 加工程序，其扩展名为“mfg”。

5）绘图：创建 2D 工程图文件，其扩展名为“drw”。

6）格式：创建 2D 工程图的图样格式，其扩展名为“frm”。

7）报告：创建模型报表，其扩展名为“rep”。

8）图表：创建电路、管路流程图，其扩展名为“dgm”。

9）布局：创建产品装配布局图，其扩展名为“lay”。

10）标记：创建注解，其扩展名为“mrk”。

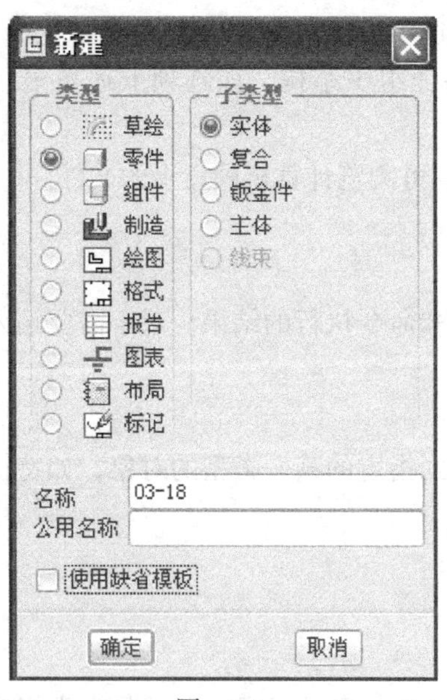

图 1-2

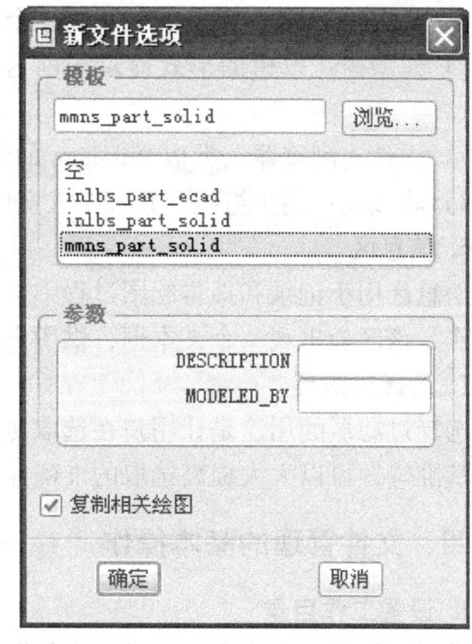

图 1-3

注意：1）文件名称多为用户输入，注意不能采用中文名。文件名称也可接受系统默认的文件名，如 prt0001。

2）若勾选“使用缺省模板”复选框，则使用系统默认的模块选项，如默认的单位、图层等。

3. 打开与关闭文件

单击工具栏中图标按钮，可打开硬盘或内存中的文件(在会话中图标为)。如选取的文件有多个版本，则默认打开的是其最新版本。

单击【文件】→【关闭窗口】命令，可关闭当前窗口的文件。但是，该文件仍保留在系统内存中。

注意：单击标题栏中图标按钮，将关闭 Pro/E 系统。

系统允许打开多个 Pro/E 窗口(即多个 Pro/E 文件)，但只有当前窗口为激活窗口，如需对其他窗口进行操作，则需单击【窗口】命令 → 选择需激活的文件名(或先在工作窗口中显示需激活的文件 →【窗口】→【激活】命令)。

4. 文件的保存

文件的保存有三种形式，即保存文件、保存副本和备份。

1）保存文件。与其他软件的保存含义相同，但每次执行“保存”命令时都会自动生成一个新版本文件，并且不会覆盖原有文件的旧版本，如 123. prt. 1、123. prt. 2、123. prt. 3 等。

注意：第二次及以后执行“保存”命令时，在打开的“保存对象”对话框中的路径变成灰色，表示文件存放地址不可以改变，此时只需单击“确定”按钮即可保存文件。

2）保存副本。将当前窗口中的文件更名保存到选定的目录中。大致相当于其他软件的

“另存为”命令。

3）备份。将当前窗口中的文件以原名保存到选定的目录中。

5. 文件的拭除

Pro/E 软件在关闭已打开的文件时，会自动将该文件保存在内存中。拭除命令是用来删除内存中的文件，以免其占据过多的内存容量。它有以下两个选项：

1）当前：将当前窗口中的文件从内存中删除（但不删除硬盘中的文件）。

2）不显示：将不显示在当前窗口上，但存在于内存中的所有文件删除。

6. 文件的删除

从“保存”命令可知，一个文件可能会产生多个版本，它们会占据硬盘的很多容量。删除命令可用来删除硬盘中的文件，即将文件从硬盘中永久删除。它有以下两个选项：

1）旧版本：将指定文件的所有旧版本从硬盘中删除，仅保留最新的版本。

2）所有版本：将指定文件的所有版本从硬盘中删除。

五、鼠标的常用操作

Pro/E Wildfire 5.0 鼠标的常用操作见表 1-1。

表 1-1　鼠标的常用操作

使用场合	鼠标操作	功　　能
草绘模块	单击左键	绘制图元、选取对象、移动或拉伸图元
	单击中键（滚轮）	退出绘图命令、确定尺寸放置位置
	按住滚轮+移动鼠标	移动图形
	按住右键	弹出快捷菜单
零件和装配模块	滚动滚轮	缩放模型
	按住滚轮+移动鼠标	旋转模型
	<Shift>+按住滚轮+移动鼠标	移动模型
	在模型特征上单击左键	选取对象
	左键选取对象+按住右键	弹出快捷菜单

注意： 利用鼠标进行缩放、旋转、移动操作，不改变模型的大小和绝对位置。

六、选取对象的操作

1. 选取单个对象的操作方法

将光标移到要选取对象上 → 对象加亮后，单击左键即可。

注意： 在草绘模块时，应单击工具栏中“选择”按钮。如果对象复杂，或选择的对象不易被捕捉，则可使用过滤器选择方式选择对象。

2. 选取多个对象的操作方法

选取多个对象的操作方法有以下两种：

1）按住<Ctrl>键 → 依次单击要选择的对象。

2）利用框选选取多个对象。需要注意的是：被选对象要全部位于矩形框内。

❖ 实训课题：创建第一个实体模型

一、目的及要求

目的：通过创建第一个实体模型（见图 1-4），掌握系统的启动、熟悉工作界面和文件管理菜单中诸命令的操作。体会 Pro/E 独特的建模方式和全新的设计思想。

要求：在创建模型的过程中，将这些命令与以往学习过的软件（如 AutoCAD）做一对比，认真体会文件管理菜单中各命令的操作方法和含义。

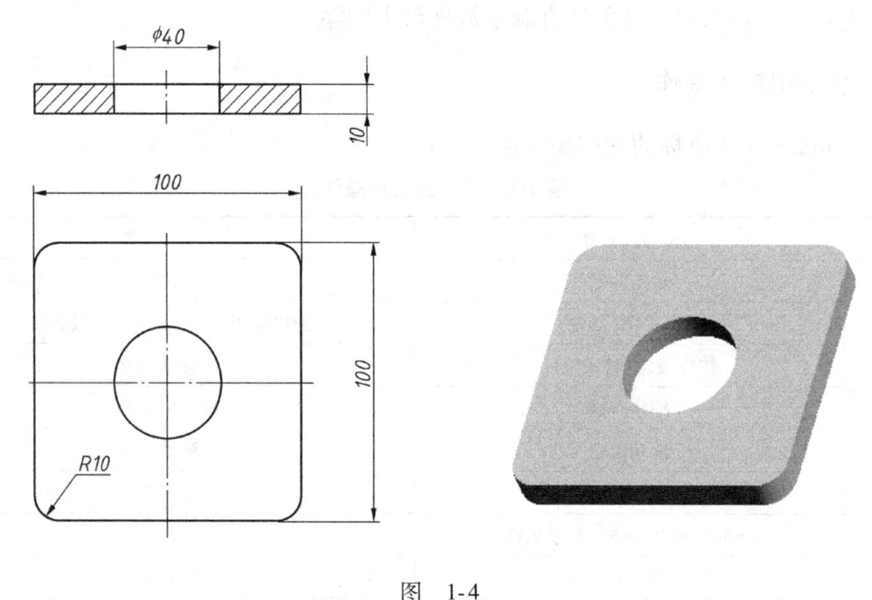

图 1-4

二、创建思路和分析

该零件比较简单，首先创建一块 100×100×10 的正方形底板，同时在正方形底板上创建一个 $\phi40$ 的通孔，然后将四条竖直棱边倒 $R10$ 圆角。

创建三维模型的思路一般是先绘制出三维模型的二维横截面，然后再指定三维模型的高度，这样就能轻松地创建出三维模型。需要注意的是，在绘制三维模型的横截面时，需要确定将该横截面绘制在哪个平面上。

三、创建步骤

步骤 1. 创建用户文件夹

建立用户文件夹，如 E:\123。

步骤 2. 设置工作目录

打开 Pro/E 系统 → 单击菜单【文件】→【设置工作目录…】命令 → 弹出如图 1-5 所示的

“选取工作目录”对话框，在对话框中选取刚建立的文件夹“123”→单击“确定”按钮，则 E:\123 成为当前工作目录。

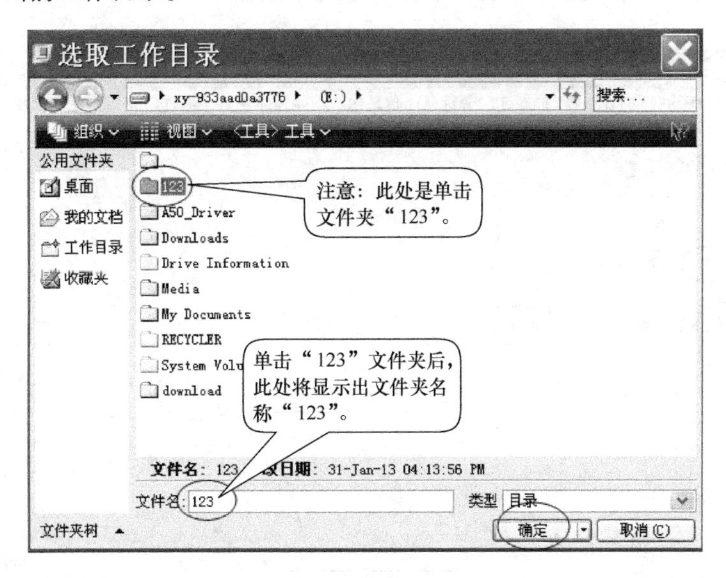

图 1-5

步骤 3. 新建文件

单击菜单【文件】→【新建】命令→弹出如图 1-6 所示的“新建”对话框，按图设置→单击“确定”按钮→弹出如图 1-7 所示的“新文件选项”对话框→选取“mmns_part_solid”（设置尺寸单位为公制）→单击“确定”按钮，打开零件模块的工作窗口。

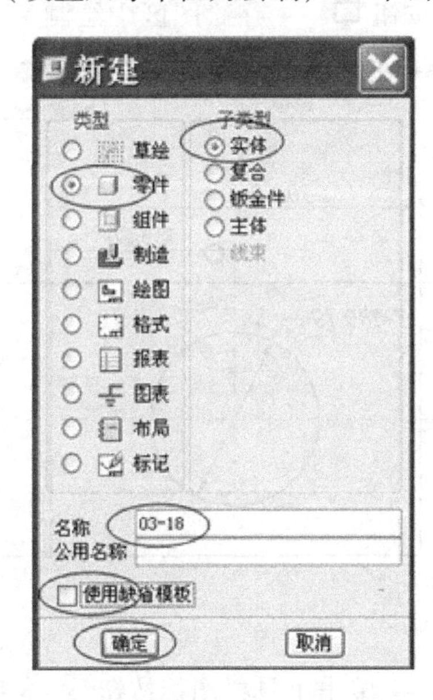

图 1-6

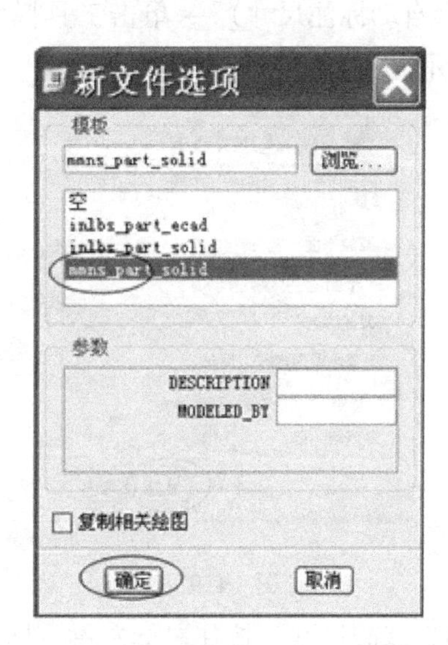

图 1-7

步骤 4. 创建正方形底板

（1）选取建模命令，指定绘制正方形底板横截面的绘图平面 单击工具栏图标按钮 → 弹出操控面板→单击“放置”按钮→单击“定义”按钮，操作如图 1-8 所示→弹出如图

1-9 所示的“草绘”对话框，在工作窗口选取 TOP 面为绘图平面，此时系统已自动选取 RIGHT 面为参照平面 → 单击“草绘”按钮，进入草绘窗口。

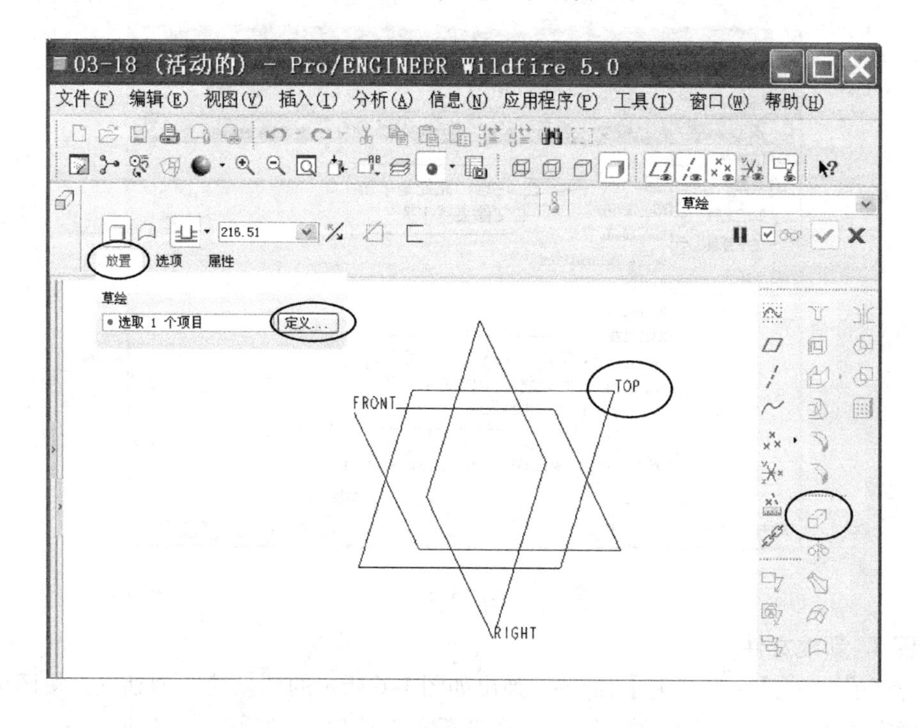

图 1-8

（2）绘制正方形底板横截面　单击工具栏图标按钮 □ → 在绘图区中绘制一个矩形（系统会自动标注尺寸）→ 单击工具栏图标按钮 ○ → 在绘图区中绘制一个圆，结果如图 1-10 所示。

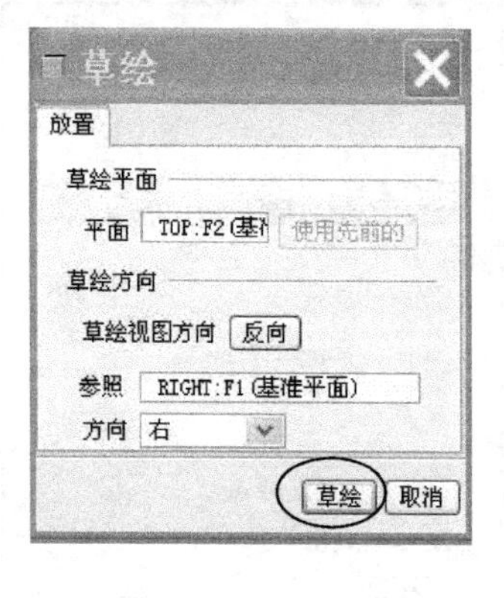

图 1-9

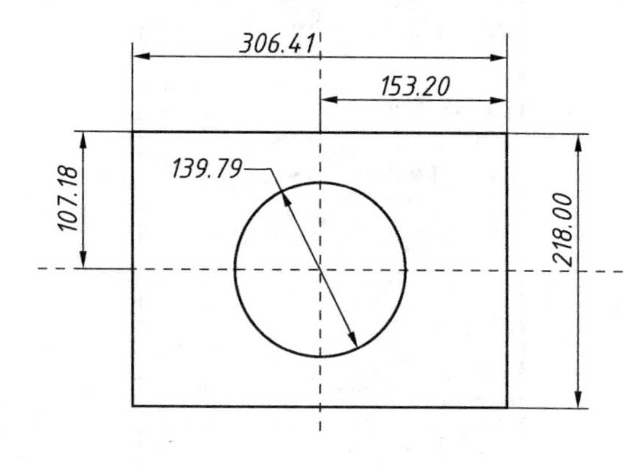

图 1-10

（3）修改尺寸　按住鼠标左键，框选所有的尺寸 → 单击工具栏图标按钮 → 弹出如图 1-11 所示的“修改尺寸”对话框，取消“再生”复选框的勾选 → 依次在各尺寸文本框输入新的数值（正方形尺寸为 100×100，对称布置，圆孔直径为 $\phi40$）→ 单击对话框中 ✓ 按钮，图形按新尺寸自动生成，结果如图 1-12 所示。

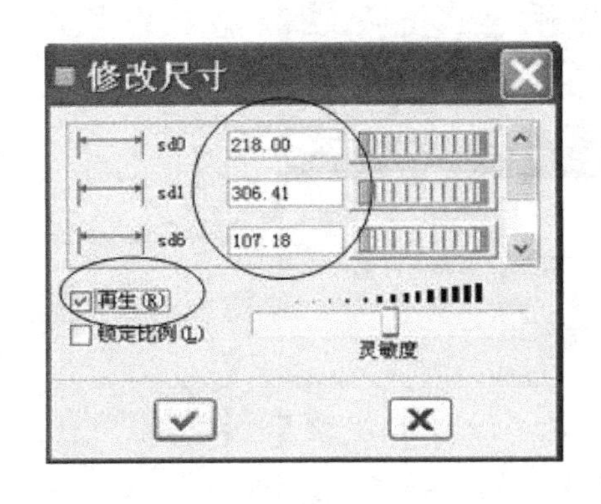

图　1-11

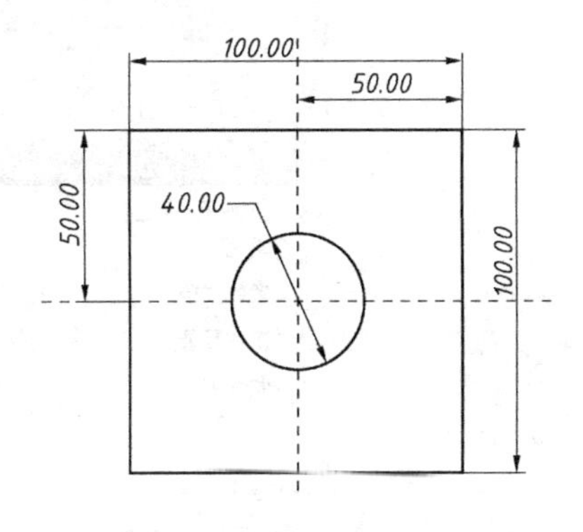

图　1-12

（4）输入正方形底板的厚度　单击草绘窗口工具栏图标按钮✓ → 返回零件模型窗口，在如图 1-13 所示的操控面板中输入厚度尺寸 10 → 单击操控面板✓按钮，得到如图 1-14 所示的正方形底板。

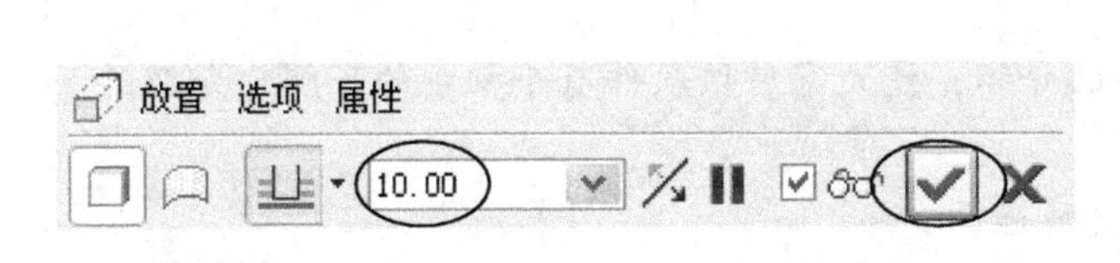

图　1-13

图　1-14

步骤 5. 创建倒 *R*10 圆角

单击工具栏图标按钮 → 弹出如图 1-15 所示的操控面板，输入圆角半径值 10 → 按住<Ctrl>键选取正方形底板的四条竖直棱边 → 单击操控面板✓按钮，创建结果如图 1-4 所示。

图　1-15

步骤 6. 文件存盘

单击工具栏中的图标按钮 → “标准方向” → 单击工具栏图标按钮 → 弹出如图 1-16 所示的“保存对象”对话框 → 单击“确定”按钮，则文件保存到 E:\123 文件夹中。

注意：只要单击保存按钮，系统就会直接打开在步骤 2 中设置的工作目录“123”文件夹，从而免去了查找工作目录路径的时间，提高了工作效率。

图 1-16

单元小结

本单元对Pro/E系统作了简要的介绍，使大家对该软件有个初步的了解，介绍的主要内容如下：

1）简要介绍Pro/E系统的四大特性；

2）以零件模块的工作界面为例介绍Pro/E软件工作界面的基本组成；

3）介绍了文件管理中几个主要命令的基本操作，包括建立工作目录、新建文件、拭除、删除、保存等命令；

4）介绍了鼠标的常用操作；

5）介绍了选取对象的操作；

6）以创建一个实体模型为例，在实际运用本单元所学的知识的同时，让大家先体会一下Pro/E独特的建模方式和全新的设计思想。

需要注意的是，Pro/E系统中的文件管理、鼠标的常用操作以及选取对象的操作与AutoCAD软件中相应的命令有所不同，在运用过程中体会它们之间的区别。

课后练习

习题 模拟创建实训课题所示的三维实体模型，在创建过程中试一试所讲过的各种命令，将它们与以前学过的软件相应的命令作对比，并仔细体会Pro/E的建模方式和设计思想。

第二单元 草绘平面图

❖ 基础知识

在 Pro/E 中创建特征时，一般首先绘制二维截面图形，然后令二维截面图形按照一定的规律运动，从而生成特征。本单元将介绍平面图形的绘制方法。

一、草图绘制环境

单击图标按钮，或选择菜单【文件】→【新建】命令，然后在“新建”对话框中选择“类型”选项组的“草绘”选项，如图 2-1 所示，在“名称”文本框中输入文件名称，单击确定按钮，即可进入草图绘制环境，如图 2-2 所示。

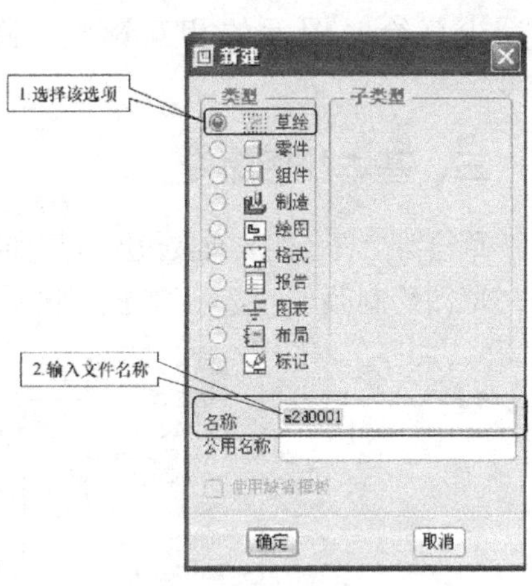

图 2-1

图 2-2

二、二维草图绘制的一般步骤

在草图绘制环境下，建立草图一般有如下几个步骤。

1. 绘制几何线条

绘制的几何图形不要求精确的尺寸，只需要形状相似即可，尺寸可在以后进行调整。在绘制图形的过程中，系统会自动标注出尺寸，此种尺寸称为弱尺寸。

2. 设置约束

约束就是几何限制条件，如水平、正交、平行、相切等，在图形上有对应的显示符号。根据要求设置图形中各几何图元的限制条件。

3. 标注与修改尺寸

弱尺寸往往不符合要求，重新标注尺寸并修改后，几何图形也随之确定，一幅草图就完成了。

草绘应力求简单，如果图形很复杂，可将其分解成多个独立且简单的部分，逐个完成。这样可减少草绘时图元的相互影响，降低绘图的难度。

三、基本绘图命令

草绘器工具条的所有按钮展开后如图 2-3 所示。

草图绘制菜单各选项展开后如图 2-4 所示。

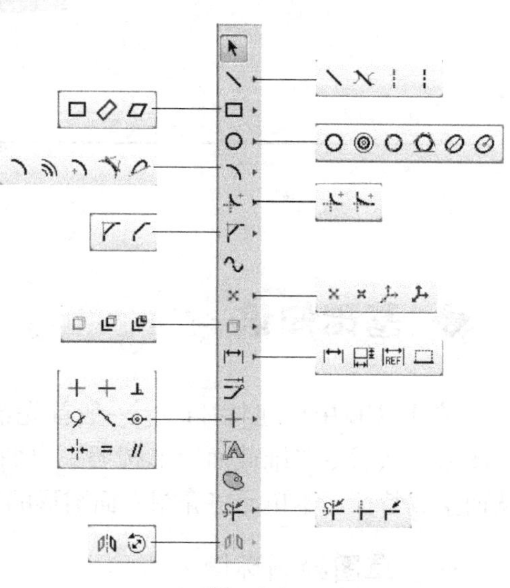

图 2-3

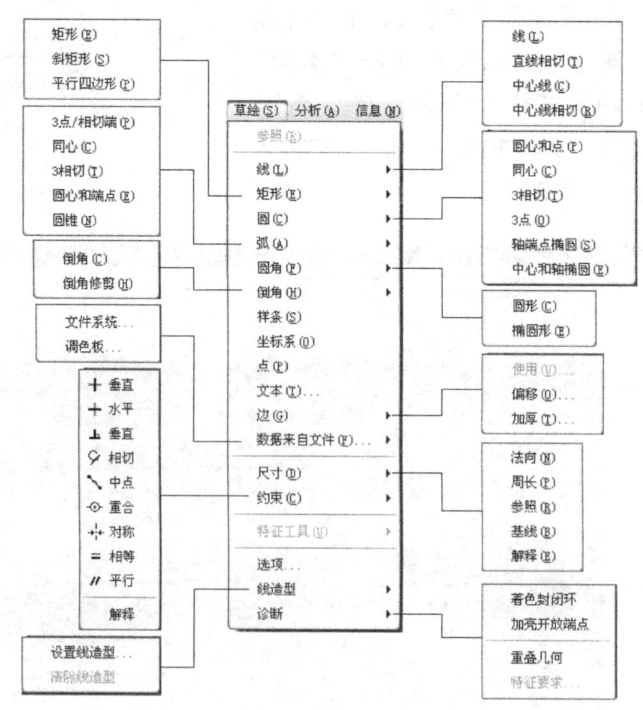

图 2-4

1. 绘制直线

（1）绘制直线　单击按钮，或选择菜单【草绘】→【线】→【线】命令，在绘图窗口中依次用鼠标左键给定直线的起点和终点，如图 2-5 所示，单击鼠标中键结束操作。

（2）绘制与两图元相切的直线　单击按钮，或选择菜单【草绘】→【线】→【直线相切】命令，在绘图窗口中依次选择两条圆弧、圆或样条曲线，即可得到一条相切的直线，如图 2-6 所示，单击鼠标中键结束操作。

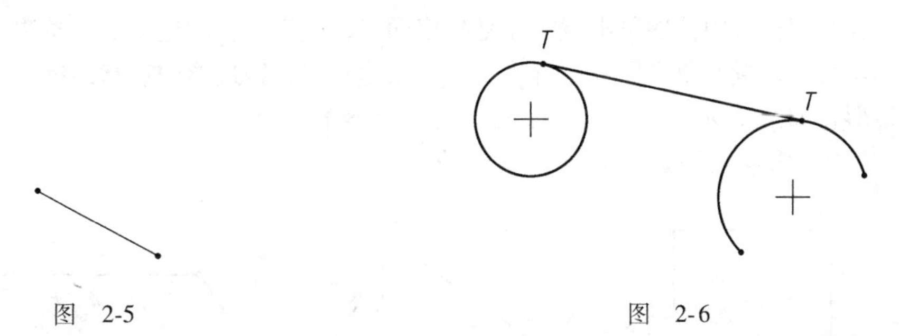

图　2-5　　　　图　2-6

（3）绘制构造中心线和几何中心线　单击按钮，在绘图窗口中依次用鼠标左键给定几何中心线上的两点，即可得到一条几何中心线，如图 2-7 所示，单击鼠标中键结束操作。

单击按钮，或选择菜单【草绘】→【线】→【中心线】命令，在绘图窗口中依次用鼠标左键给定构造中心线上的两点，即可得到一条构造中心线，如图 2-7 所示，单击鼠标中键结束操作。

> **注意**：几何中心线在旋转特征创建过程中，用于绘制旋转中心轴线；构造中心线在拉伸特征、扫描特征和混合特征的创建过程中，用于绘制截面的对称中心，起到图形定位和用作几何参照的作用。

（4）绘制与两图元相切的构造中心线　选择菜单【草绘】→【线】→【中心线相切】命令，在绘图窗口中依次选择两条圆弧、圆或样条曲线，即可绘制一条相切的构造中心线，如图 2-8 所示，单击鼠标中键结束操作。

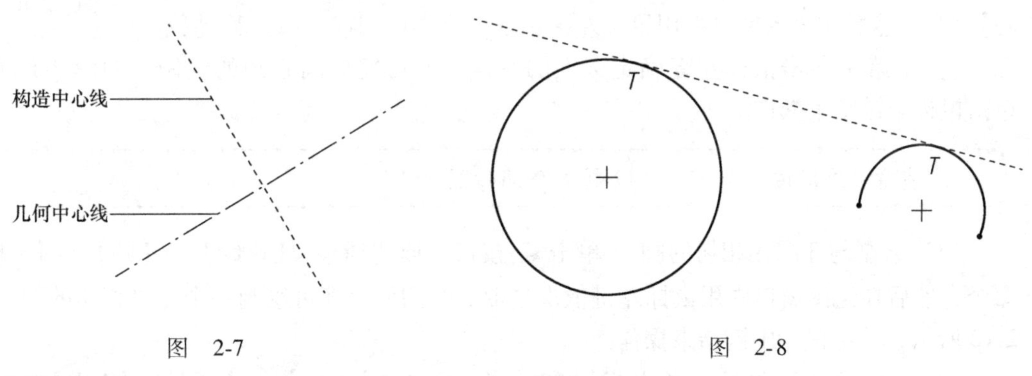

图　2-7　　　　图　2-8

2. 绘制矩形

（1）绘制水平矩形　单击按钮，或选择菜单【草绘】→【矩形】→【矩形】命令，在绘图窗口中依次单击鼠标左键，确定矩形对角线的起点、终点，即可绘制一个矩形，如图

2-9a 所示，单击鼠标中键结束操作。

（2）绘制斜矩形　单击◇按钮，或选择菜单【草绘】→【矩形】→【斜矩形】命令，在绘图窗口中依次单击鼠标左键指定两点，确定矩形的一条边，然后向一侧拖动鼠标至合适位置并单击鼠标左键确定另一条边，即可绘制一个斜矩形，如图 2-9b 所示，单击鼠标中键结束操作。

（3）绘制平行四边形　单击▱按钮，或选择菜单【草绘】→【矩形】→【平行四边形】命令，在绘图窗口中依次单击鼠标左键指定两点，确定平行四边形的一条边，然后向一侧拖动鼠标至合适位置并单击鼠标左键确定另一条边和平行四边形的形状角度，即可绘制一个平行四边形，如图 2-9c 所示，单击鼠标中键结束操作。

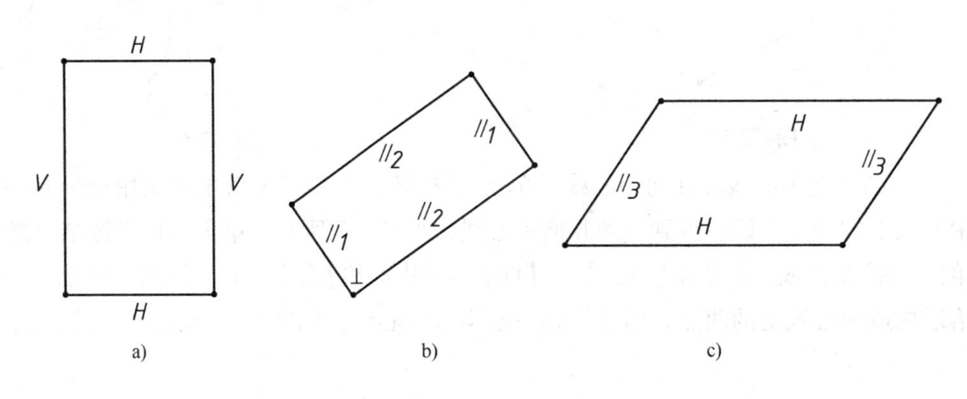

图　2-9

3. 绘制圆

（1）通过圆心和点绘制圆　单击○按钮，或选择菜单【草绘】→【圆】→【圆心和点】命令，在绘图窗口中任意一点处单击鼠标左键确定圆的中心，然后移动鼠标到合适位置，再次单击鼠标左键确定圆上的一点，即可绘制一个圆，如图 2-10 所示，单击鼠标中键结束操作。

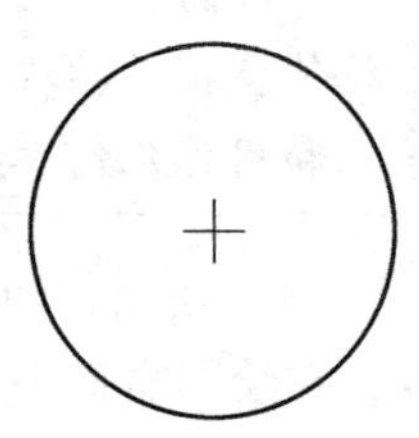

图　2-10

（2）绘制同心圆　单击◎按钮，或选择菜单【草绘】→【圆】→【同心】命令，然后在绘图窗口中用鼠标左键选取一个参照圆或圆弧，移动鼠标到适当位置后单击鼠标左键确定圆上的一点，即可完成同心圆的绘制，如图 2-11 所示，单击鼠标中键结束操作。

注意：使用该命令可连续绘制多个同心圆。

（3）绘制与 3 图元相切的圆　单击○按钮，或选择菜单【草绘】→【圆】→【3 相切】命令，然后在绘图窗口中用鼠标左键依次选取 3 个图元，即可绘制一个与之相切的圆，如图 2-12 所示，单击鼠标中键结束操作。

（4）通过 3 点绘制圆　单击○按钮，或选择菜单【草绘】→【圆】→【3 点】命令，然后在绘图窗口中用鼠标左键依次选择圆周通过的三个点，即可绘制一个圆，如图 2-13 所示，单击鼠标中键结束操作。

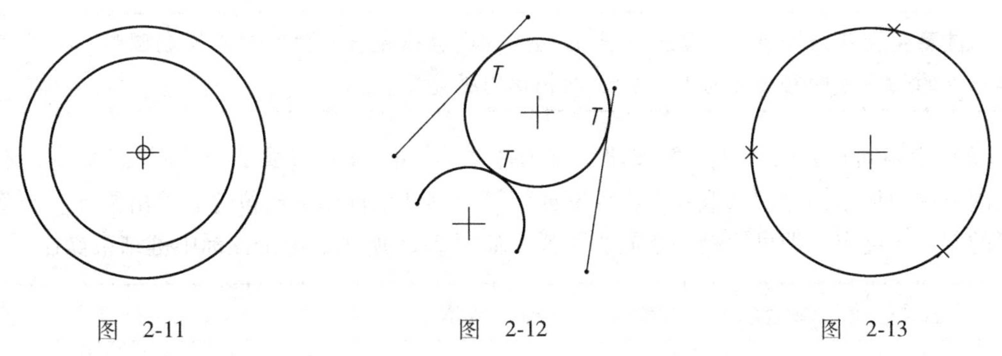

图　2-11　　图　2-12　　图　2-13

4. 绘制椭圆

（1）通过轴和端点绘制椭圆　单击按钮，或选择菜单【草绘】→【圆】→【轴端点椭圆】命令，在绘图窗口中依次单击鼠标左键确定椭圆一轴的两端点，然后移动鼠标调整椭圆的形状和另一轴的长度，到合适位置再次单击鼠标左键确定椭圆弧上的一点，即可绘制一个椭圆，如图 2-14a 所示，单击鼠标中键结束操作。

（2）通过中心和轴绘制椭圆　单击按钮，或选择菜单【草绘】→【圆】→【中心和轴椭圆】命令，在绘图窗口中依次单击鼠标左键确定椭圆的中心和一轴的端点，然后移动鼠标调整椭圆的形状和另一轴的长度，到合适位置再次单击鼠标左键确定椭圆弧上的一点，即可绘制一个椭圆，如图 2-14b 所示，单击鼠标中键结束操作。

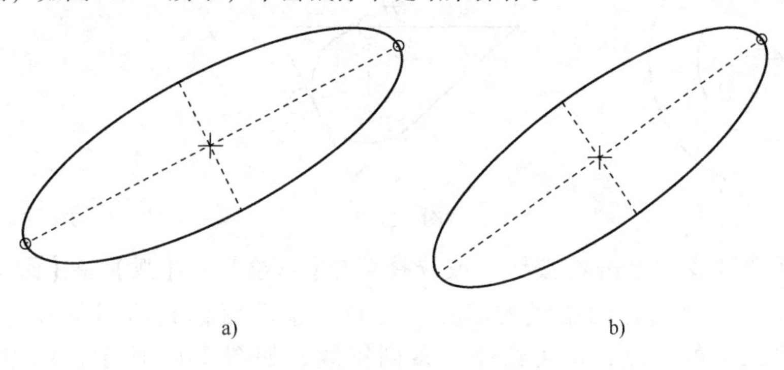

a)　　b)

图　2-14

5. 绘制圆弧

（1）通过 3 点或相切端绘制圆弧　单击按钮，或选择菜单【草绘】→【弧】→【3 点/相切端】命令，然后在绘图窗口中用鼠标左键依次选择圆弧的两个端点及圆弧上的一点，即可绘制一条圆弧，如图 2-15a 所示；或者选择要相切的图元的端点作为圆弧的起始点，移动鼠标使箭头沿起始点的切线方向移出十字光标到合适位置，再单击鼠标左键确定圆弧的终点，即可绘制一条相切的圆弧，如图 2-15b 所示，单击鼠标中键结束操作。

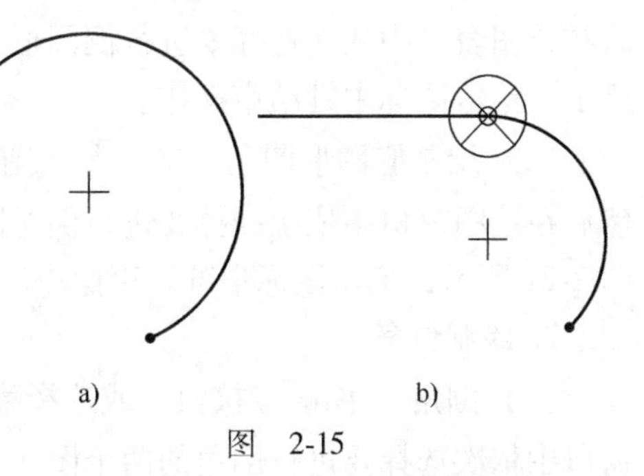

a)　　b)

图　2-15

注意：箭头沿垂直于圆弧起始点的切线方向移出光标时执行三点绘制圆弧；箭头沿起始点的切线方向移出光标时执行绘制相切圆弧。

（2）绘制同心圆弧　单击按钮，或选择菜单【草绘】→【弧】→【同心】命令，然后在绘图窗口中用鼠标左键选取一个参照圆或圆弧，移动鼠标到适当位置后单击鼠标左键确定圆弧的起点、终点，即可绘制一条同心圆弧，如图 2-16 所示，单击鼠标中键结束操作。

注意：使用该命令可连续绘制多个同心圆弧。

（3）绘制与 3 图元相切的圆弧　单击按钮，或选择菜单【草绘】→【弧】→【3 相切】命令，然后在绘图窗口中用鼠标左键依次选择三个图元，即可绘制一条与之相切的圆弧，如图 2-17 所示，单击鼠标中键结束操作。

（4）通过圆心和端点绘制圆弧　单击按钮，或选择菜单【草绘】→【弧】→【圆心和端点】命令，在绘图窗口中任意一点处单击鼠标左键确定圆弧的圆心点，然后依次选择圆弧的起点、终点，即可绘制一条圆弧，如图 2-18 所示，单击鼠标中键结束操作。

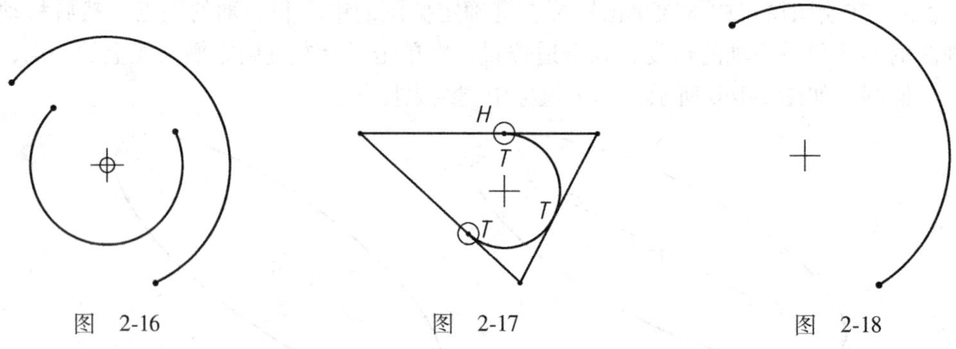

图　2-16　　图　2-17　　图　2-18

（5）绘制圆锥线　单击按钮，或选择菜单【草绘】→【弧】→【圆锥】命令，然后在绘图窗口中依次选择圆锥线的起点、终点，移动鼠标到适当位置，再单击鼠标左键确定圆锥线上的一点，即可绘制一条圆锥线，如图 2-19 所示，单击鼠标中键结束操作。

6. 绘制圆角

（1）绘制圆形圆角　单击按钮，或选择菜单【草绘】→【圆角】→【圆形】命令，然后在绘图窗口中依次选择要进行倒圆形圆角的两个图元，即可绘制一个圆形圆角，如图 2-20 所示，单击鼠标中键结束操作。

（2）绘制椭圆形圆角　单击按钮，或选择菜单【草绘】→【圆角】→【椭圆形】命令，然后在绘图窗口中依次选择要进行倒椭圆形圆角的两个图元，即可绘制一个椭圆形圆角，如图 2-21 所示，单击鼠标中键结束操作。

7. 绘制倒角

（1）倒角　单击按钮，或选择菜单【草绘】→【倒角】→【倒角】命令，然后在绘图窗口中依次选择要进行倒角的两个图元，即可创建一个倒角并创建构造线延伸，如图 2-22a 所示，单击鼠标中键结束操作。

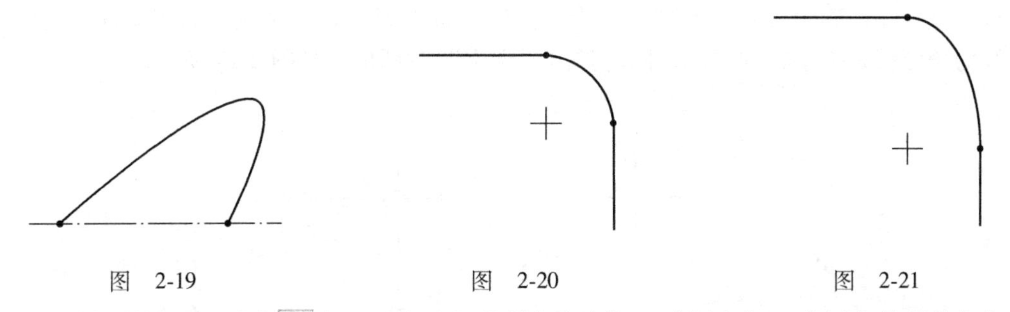

图　2-19　　　　图　2-20　　　　图　2-21

（2）倒角修剪　单击按钮，或选择菜单【草绘】→【倒角】→【倒角修剪】命令，然后在绘图窗口中依次选择要进行倒角的两个图元，即可绘制一个倒角，如图 2-22b 所示，单击鼠标中键结束操作。

注意：请注意总结“倒角”和“倒角修剪”两个命令的差异。

8. 绘制样条曲线

单击按钮，或选择菜单【草绘】→【样条】命令，然后在绘图窗口中依次单击鼠标左键确定样条曲线经过的点，即可绘制一条样条曲线，如图 2-23 所示，单击鼠标中键结束操作。

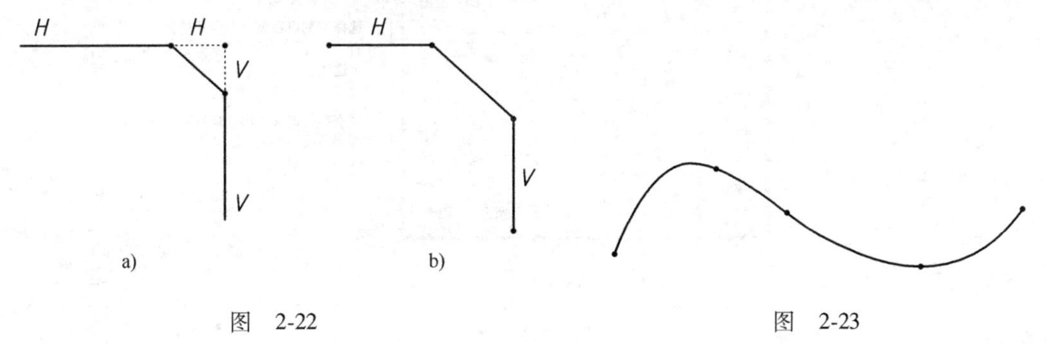

图　2-22　　　　图　2-23

9. 绘制点与坐标系

（1）绘制构造点和几何点　单击按钮，或选择菜单【草绘】→【点】命令，然后在绘图窗口中单击鼠标左键确定点的位置，即可绘制一个构造点，如图 2-24a 所示，单击鼠标中键结束操作。

单击按钮，然后在绘图窗口中单击鼠标左键确定点的位置，即可绘制一个几何点，如图 2-24b 所示，单击鼠标中键结束操作。

（2）绘制构造坐标系和几何坐标系　单击按钮，或选择菜单【草绘】→【坐标系】命令，然后在绘图窗口中单击鼠标左键确定坐标系原点的位置，即可绘制一个构造坐标系，如图 2-25a 所示，单击鼠标中键结束操作。

单击按钮，然后在绘图窗口中单击鼠标左键确定坐标系原点的位置，即可绘制一个几何坐标系，如图 2-25b 所示，单击鼠标中键结束操作。

10. 绘制文本

单击按钮，或选择菜单【草绘】→【文本】命令，信息区提示：“选择行的起始点，确定文本高度和方向”，此时在绘图窗口中单击鼠标左键确定文字行的起点，接着在起点的正上方单击鼠标左键确定文字行的高度，绘图窗口中将出现一条点画线，如图 2-26 所示。该点画线的长度就是文字行的高度，同时弹出“文本”对话框，如图 2-27 所示。

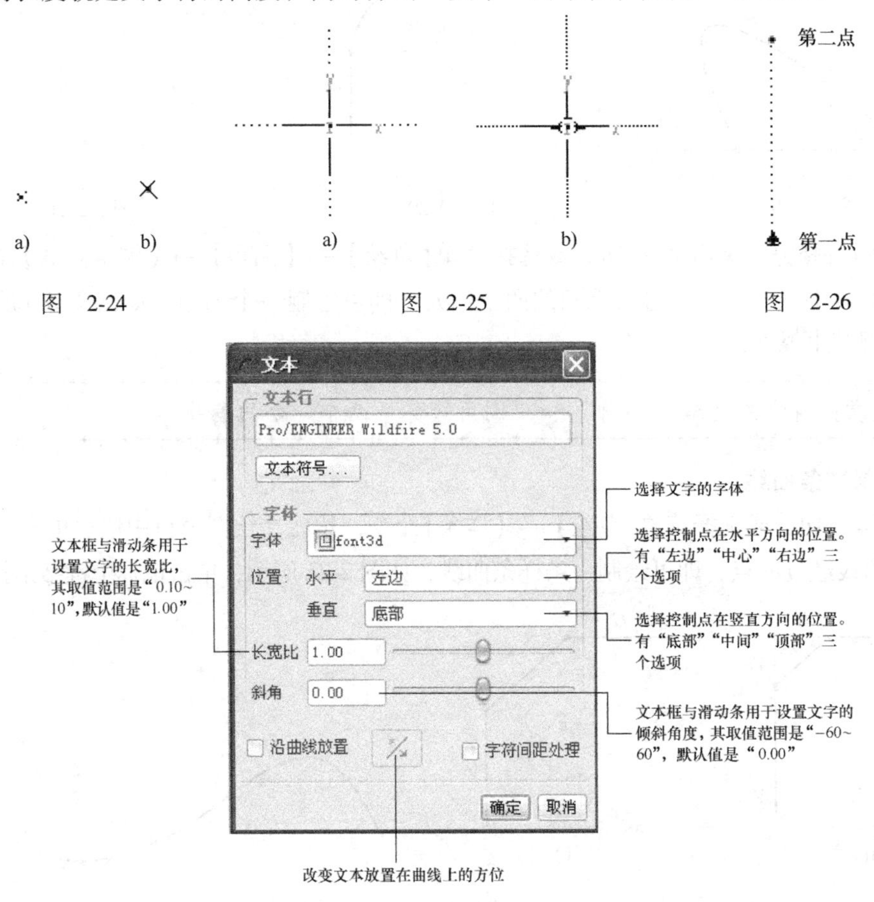

图 2-27

在图 2-27 所示的“文本”对话框中，在“文本行”文本框中输入文字，如“Pro/ENGINEER Wildfire 5.0”，单击 确定 按钮，绘制文本效果如图 2-28 所示。单击“文本符号”按钮，弹出“文本符号”对话框，如图 2-29 所示，从中选择输入符号。当文本沿曲线放置时，需勾选“沿曲线放置”复选项，再选择放置的曲线，然后输入文本，效果如图 2-30 所示。

图 2-28

图 2-29

11. 通过已有特征的轮廓边线和偏移边绘制线条

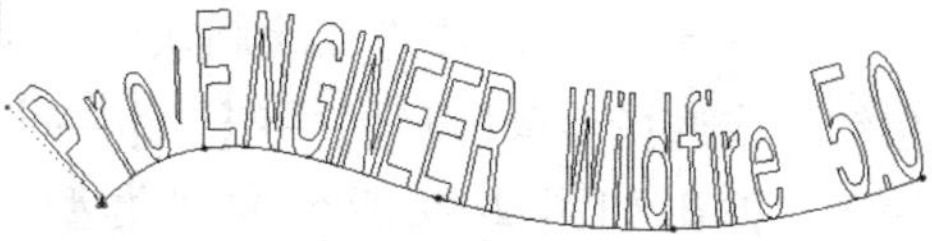

Pro/ENGINEER Wildfire 5.0

图　2-30

（1）使用已有的边线绘制线条　单击□按钮，或选择菜单【草绘】→【边】→【使用】命令，弹出“类型”对话框，如图 2-31 所示。如果单击“链”单选按钮，并依次选取已有特征的两条轮廓边线，与这两条轮廓边线形成链的所有轮廓边线都被选中，并以红色高亮显示，同时弹出【选取】菜单，如图 2-32 所示。

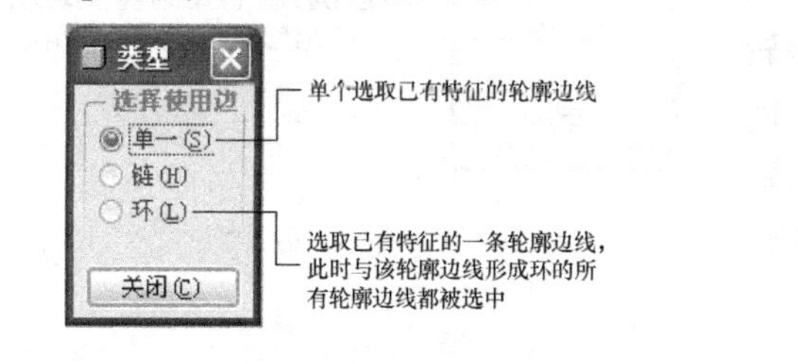

图　2-31

菜单管理器
选取
接受
下一个
上一个
退出
接受选取的轮廓边线链，在所选轮廓边线链上绘制图元
自动切换到可能的下一个轮廓边线链
自动切换到可能的上一个轮廓边线链
返回到选取状态

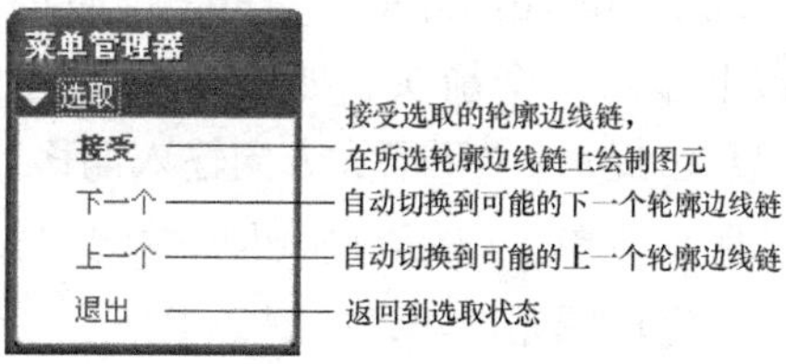

图　2-32

依次单击“单一”“链”“环”3 种选取方式在轮廓边线上绘制线条，效果分别如图 2-33~图 2-35 所示。

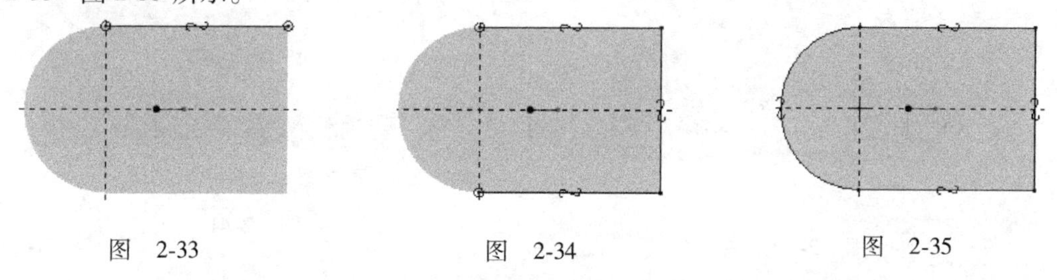

图　2-33　　图　2-34　　图　2-35

注意：该命令用于在三维建模草绘截面过程中绘制与已有轮廓的边界重合的线条。

（2）通过偏移已有的边线绘制线条　单击□按钮，或选择菜单【草绘】→【边】→【偏移】命令，弹出如图 2-36 所示“类型”对话框，其各单选项的用法与前相同，可选择“单一”单选按钮，然后选取已有特征的轮廓边线，此时该轮廓边线上显示一个箭头，如图 2-37 所示，同时在信息区提示：“于箭头方向输入偏移”，输入偏移距离并单击✓按钮，即可将选择的轮廓边线向箭头指示方向偏移指定距离，如图 2-38 所示。

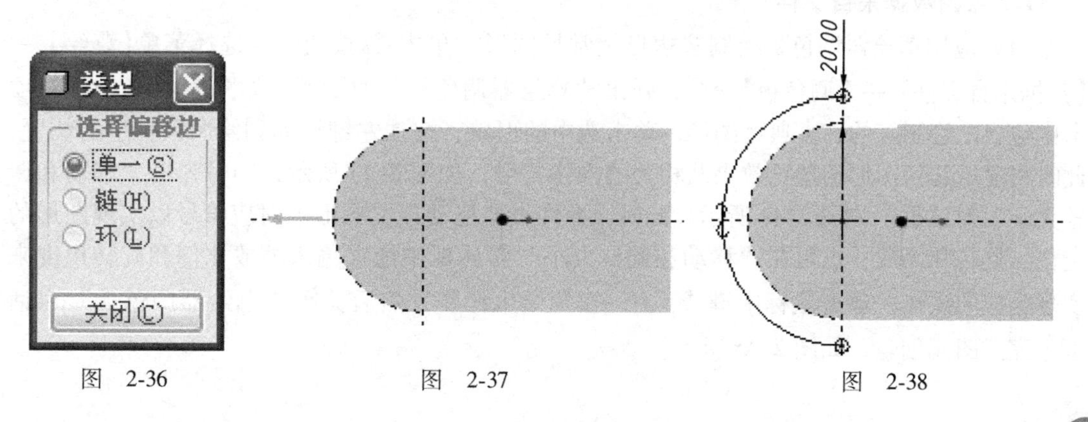

图　2-36　　图　2-37　　图　2-38

（3）通过双偏移边线绘制线条　单击按钮，或选择菜单【草绘】→【边】→【加厚】命令，弹出如图 2-39 所示的“类型”对话框，“选取加厚边”选项组中各选项用法与前相同。

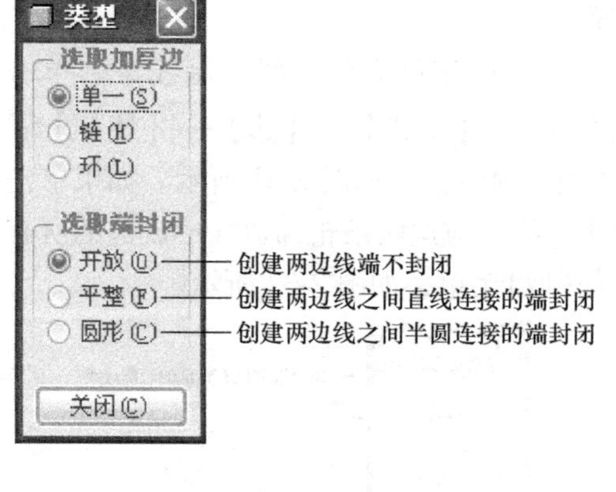

图　2-39

按照要求选取一条或多条已有特征的轮廓边线后，信息区提示：“输入厚度”，即输入创建两边线之间的距离并单击按钮，此时该轮廓边线上显示一个箭头，如图 2-40 所示，同时在信息区提示：“于箭头方向输入偏移”，输入偏移距离并单击按钮，然后关闭“类型”对话框，完成图元创建，如图 2-41所示。

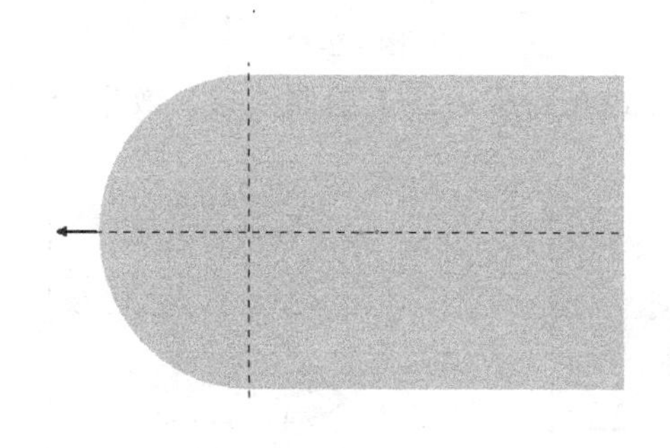

图　2-40

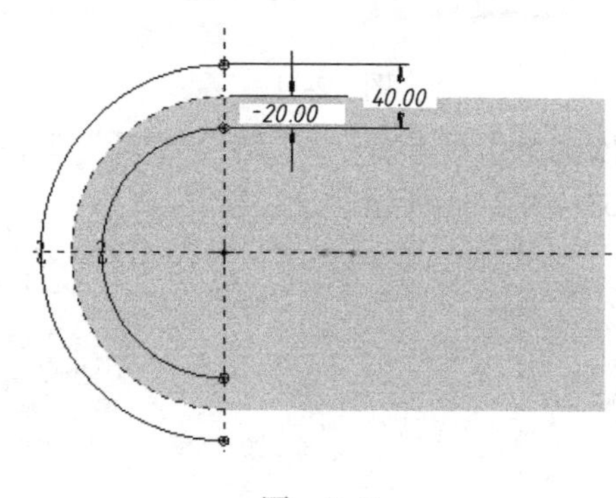

图　2-41

注意：以上两命令可以用于在三维建模草绘截面过程中，以已有特征的轮廓作为参照，绘制偏移一定距离的线条。也可以由已绘制的直线、圆弧或样条曲线作为参照，绘制偏移一定距离的线条。偏移值可以为正值，也可为负值，输入正值表示按箭头方向绘制偏移边，输入负值表示按相反方向绘制偏移边。

“加厚”命令中应注意厚度值与偏移值的关系。当绘制的双边线完全位于参照的一侧时，偏移值应大于厚度值。

12. 绘图数据来自文件

（1）应用草绘器调色板绘制多边形及常见图形　单击按钮，或选择菜单【草绘】→【数据来自文件】→【调色板】命令，弹出“草绘器调色板”对话框，如图 2-42 所示，选项卡中包含已绘制好的许多典型图形。单击选中的形状，按住左键拖动到绘图区合适的位置，此时将显示几何图形的预览效果及相关的操作符号，如图 2-43 所示，同时弹出“移动和调整大小”对话框，如图 2-44 所示。此时，允许直接拖动预览图形上对应符号以实现图形的定位、旋转和缩放，也可在“移动和调整大小”对话框中通过输入缩放比例和旋转角度来实现相应的操作。单击鼠标中键或按钮结束操作，然后关闭“草绘器调色板”对话框，完成图元创建，如图 2-45 所示。

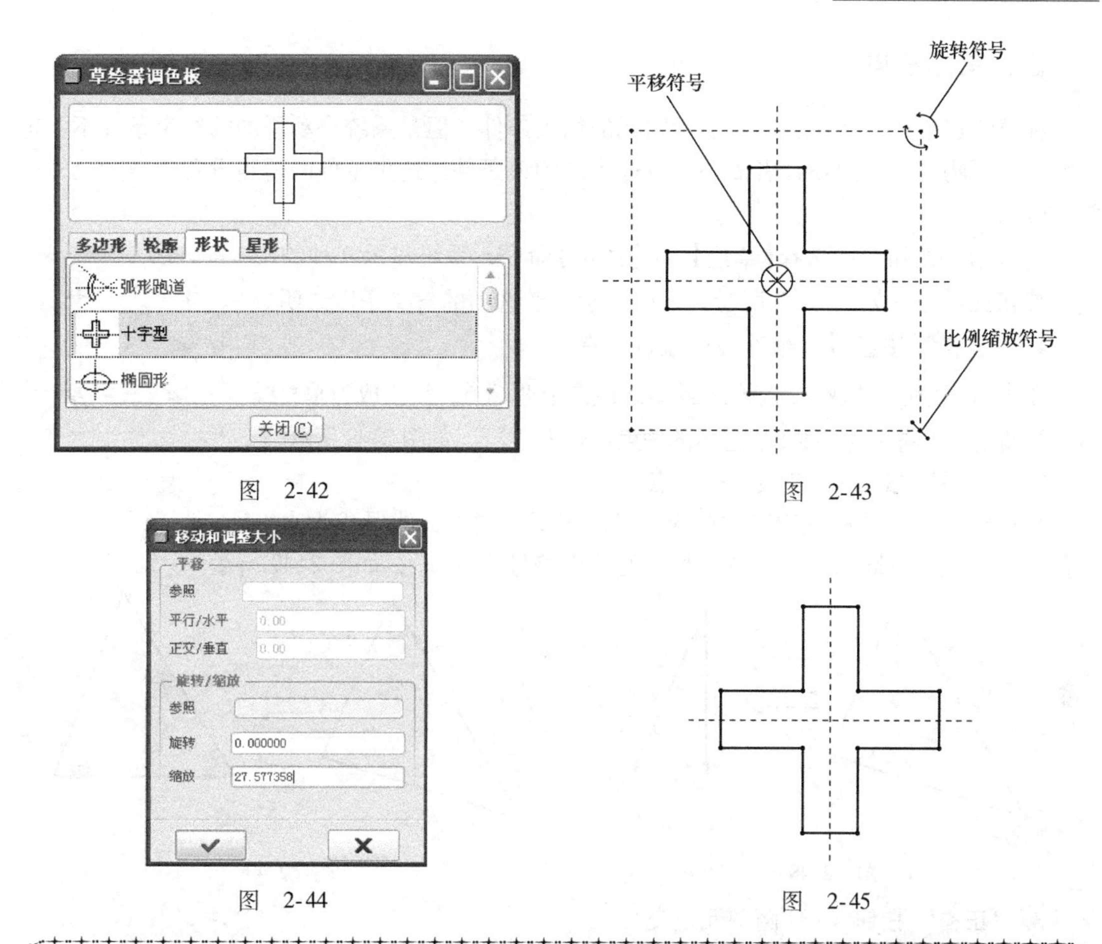

图　2-42　　图　2-43

图　2-44　　图　2-45

注意：【调色板】命令是一个图形调用工具，可直接调用软件中已创建好的图形库。

（2）将截面文件导入草绘器　选择菜单【草绘】→【数据来自文件】→【文件系统】命令，弹出如图 2-46 所示的“打开”对话框，选择所需要的文件类型，并从可用的文件列表中选择所需的文件，单击 打开 按钮，然后在绘图区合适的位置单击以放置导入的图形，根据要求移动和调整图形大小即可。

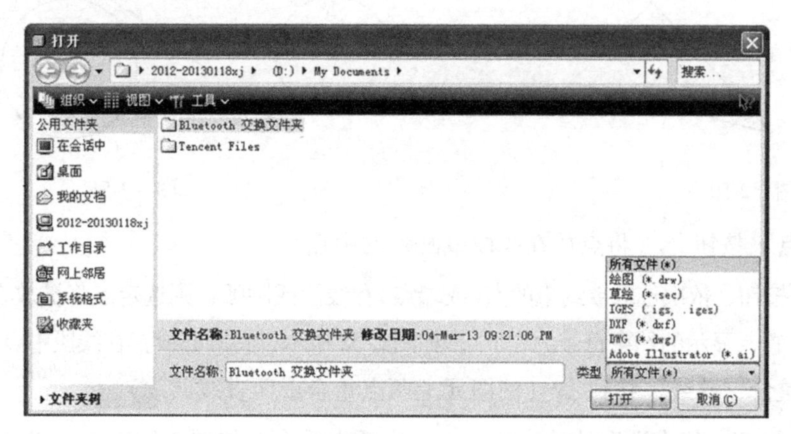

图　2-46

四、草图约束

在草绘过程中，系统会实时显示图元的约束条件，但是系统自动添加的约束条件不一定与设计意愿吻合，此时设计者需要设置适当的约束条件。约束条件的适当设置将减少尺寸标注的数目。

单击按钮，或选择【草绘】→【约束】命令，系统显示 9 种约束选项按钮或命令，如图 2-47 所示。下面分别对各选项的含义予以说明。

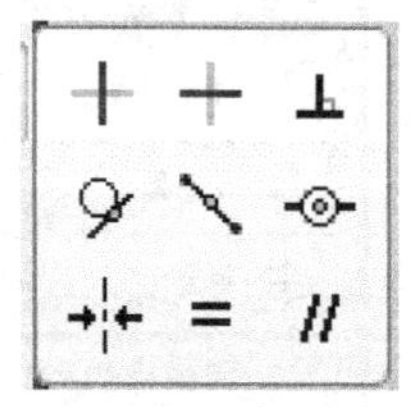

图 2-47

1. “竖直”按钮（使线或两端点垂直）

单击按钮，选取欲约束的草绘直线或图形两端点，线段成为垂直线段，两端点位于同一竖直线上，显示的约束符号为“¦”，如图 2-48 所示。

2. “水平”按钮（使线或两端点水平）

单击按钮，选取欲约束的草绘直线或图形两端点，线段成为水平线段，两端点位于同一水平位置，显示的约束符号为“- -”，如图 2-49 所示。

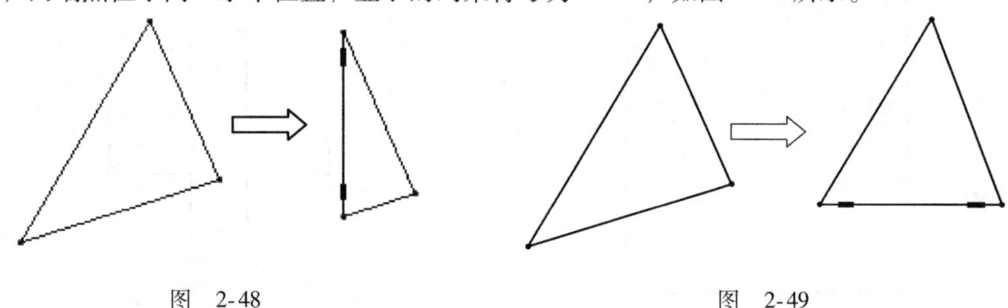

图 2-48　　图 2-49

3. “正交”按钮（使两图元正交）

单击按钮，依次选取欲约束的两个图元，则两个图元变成相互正交，显示的约束符号为“⊥”，如图 2-50 所示。

4. “相切”按钮（使两图元相切）

单击按钮，依次选取欲约束的两个图元，则两个图元变成相切，显示的约束符号为“T”，如图 2-51 所示。

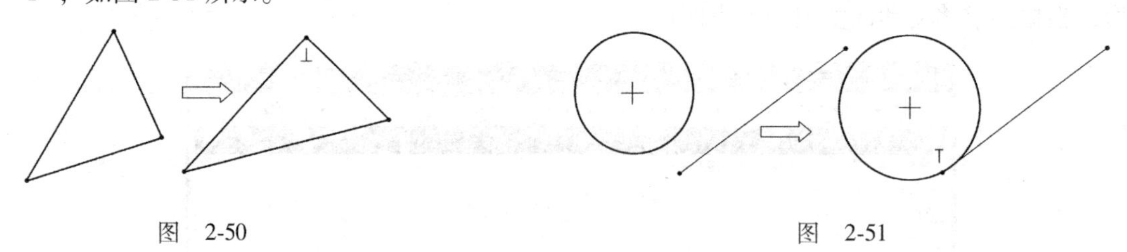

图 2-50　　图 2-51

5. “中点”按钮（将点放在线段或圆弧的中点）

单击按钮，依次选取欲约束的点（或端点）和线段或圆弧，则选定点将被放在所选线段或圆弧的中点位置，显示的约束符号为“*M*”，如图 2-52 所示，将圆心放置在线段中点处。

6. “点重合、共线”按钮（使图元上两点重合或两直线共线）

单击按钮，依次选取欲约束的两点，则两点重合，如图 2-53 所示；或者依次选取欲约束的两直线，则两直线共线，如图 2-54 所示。使用该约束时，显示的约束符号因约束功能的不同而不同。

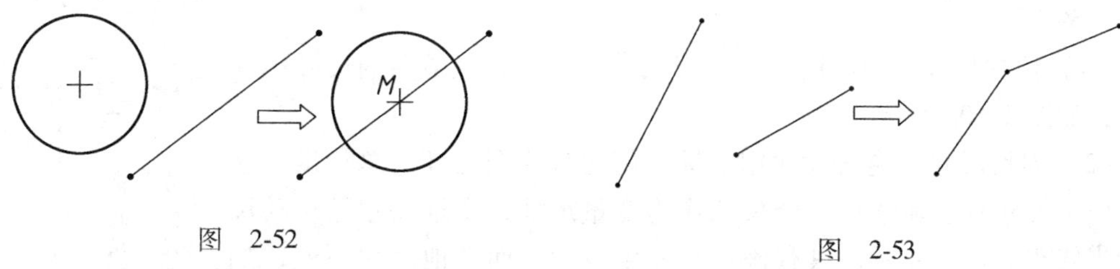

图　2-52　　　　　　　　图　2-53

7. “对称”按钮（使两点关于中心线对称）

单击按钮，依次选取中心线和两个欲对称的点（或端点），则两点相对于中心线对称，显示的约束符号为“ →←”，如图 2-55 所示。

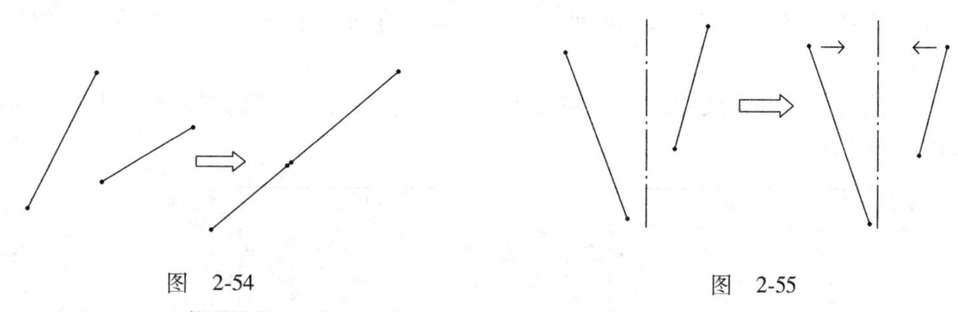

图　2-54　　　　　　　　图　2-55

8. “相等”按钮（使长度、半径或曲率相等）

单击按钮，若选取两直线，则两直线长度相等，显示的约束符号为“L_x”（其中 x 表示约束的数字序号），如图 2-56 所示；若选取两圆弧，则两圆弧半径相等，显示的约束符号为“R_x”，如图 2-57 所示。

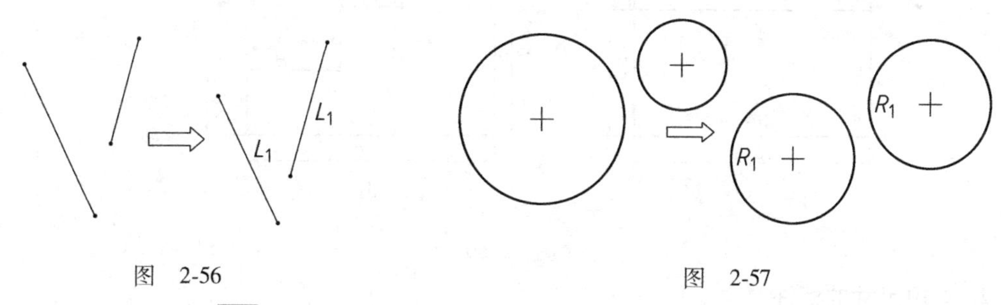

图　2-56　　　　　　　　图　2-57

9. “平行”按钮（使两直线平行）

单击按钮，选取欲约束的两直线，则两直线相互平行，显示的约束符号为“$//_x$”，如图 2-58 所示。

五、尺寸标注

当图形绘制完成后，系统会自动标注尺寸，此类由系统自动标注的尺寸称为弱尺寸。弱尺寸并不一定都是合适的尺寸，因此，用户必须根据需要进行手动尺寸标注。一旦标注了尺寸，相关的弱尺寸就会自动消失。

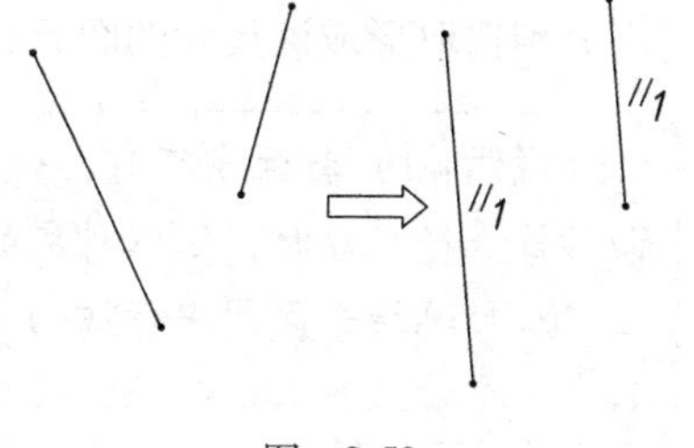

图　2-58

1. 尺寸标注形式

系统提供了4种尺寸标注形式：法向尺寸、周长尺寸、参照尺寸和基线尺寸，图标命令如图2-59所示。

(1) 法向尺寸　法向尺寸即常规尺寸，是一种最常用的尺寸标注形式，如图2-60a所示。

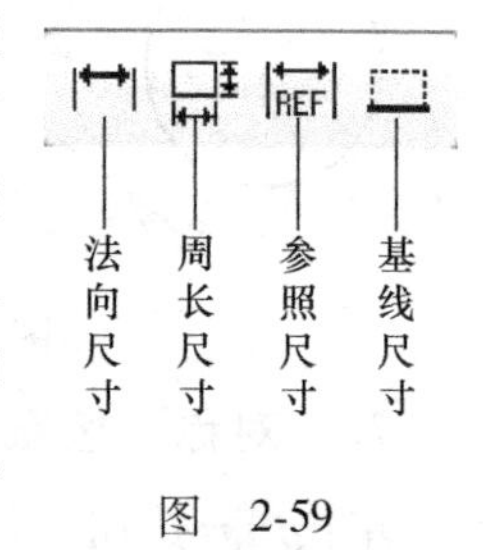

图　2-59

(2) 周长尺寸　周长尺寸用于标注图元链或图元环的总长度。在标注周长尺寸时必须选择一个尺寸作为变量尺寸，变量尺寸是从动尺寸，当修改周长尺寸时，只有该尺寸发生改变，而其他尺寸不变，如图2-60b所示。用户无法修改变量尺寸值，若删除变量尺寸，系统也会自动删除周长尺寸。

(3) 参照尺寸　参照尺寸是基本尺寸标注外的附加标注，主要用作参照，这类尺寸值后都注有"参照"字样，如图2-60c所示。参照尺寸值不能修改，但可以随着其他尺寸的变化而变化。

(4) 基线尺寸　基线尺寸以指定基准图元为零坐标，标注其他图元相对基准图元的尺寸，如图2-60d所示。

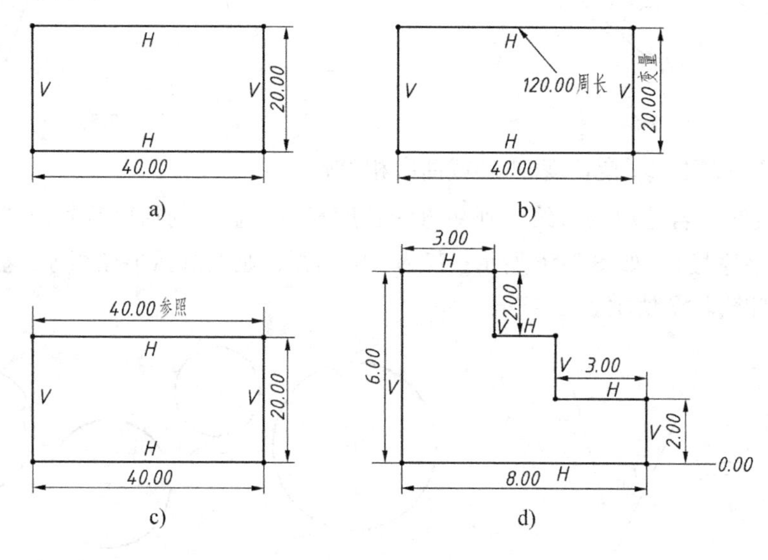

图　2-60

2. 常规尺寸的标注

常规尺寸包括线性尺寸、半径、直径、角度、弧度、样条曲线尺寸等。

标注常规尺寸的方法简而言之就是："左键选对象，中键定位置"，即单击[⟷]按钮后，左键分别选取形成该尺寸的图元，再单击中键确定尺寸的放置位置。

说明：1) 标注半径时，选取对象为单击圆弧；标注直径时，为双击圆弧；旋转截面标注直径尺寸时，选取对象的顺序为图元、旋转中心线和图元。需要大家注意的是，在Pro/E草绘平面图中标注的半径和直径前没有符号R和ϕ。标注在圆或圆弧上尺寸线只有一个箭头的表示半径，尺寸线两端都有箭头的表示直径。角度值也没有符号"°"。

2）标注椭圆长、短轴半径时，单击椭圆选取对象 → 单击中键确定尺寸位置，在弹出的对话框中选择半径类型 → 单击 接受 按钮，即可标注出所需的椭圆半轴尺寸。

3）标注圆弧弧长时，选取对象的顺序为圆弧的两端点及圆弧上某点；标注圆弧圆心角时，选取对象的顺序为圆弧的一个端点、圆心和圆弧的另一个端点。

4）标注样条曲线端点的切线角度时，选取对象为样条曲线、端点和参照线，选取对象时不分顺序。

5）圆锥曲线绘制完毕，系统采用了一个 rho 值来确定其曲线类型。rho 默认值为 0.5，表示该曲线为抛物线；0.05<rho 值<0.5 表示该曲线为椭圆线；0.5<rho 值<0.95 表示该曲线为双曲线。

6）半径和直径尺寸转换、弧长和角度尺寸转换的方法：左键选中尺寸对象 → 单击右键 → 从快捷菜单中选取相应的命令实现转换。

六、图形编辑与修改命令

1. 删除

执行操作时，先选取欲删除的几何图元对象，再选择菜单【编辑】→【删除】命令，或直接按下键盘的<Delete>键，即可删除所选取的几何图元。

2. 修剪

（1）删除段　单击按钮，或选择菜单【编辑】→【修剪】→【删除段】命令，然后依次用鼠标选择图元中要删除的部分即可，如图 2-61 所示。

（2）拐角　单击按钮，或选择菜单【编辑】→【修剪】→【拐角】命令，然后依次用鼠标选择两个图元欲保留的部位即可，如图 2-62 所示。该命令还可将两个未相交图元自动延伸至两图元相交处。

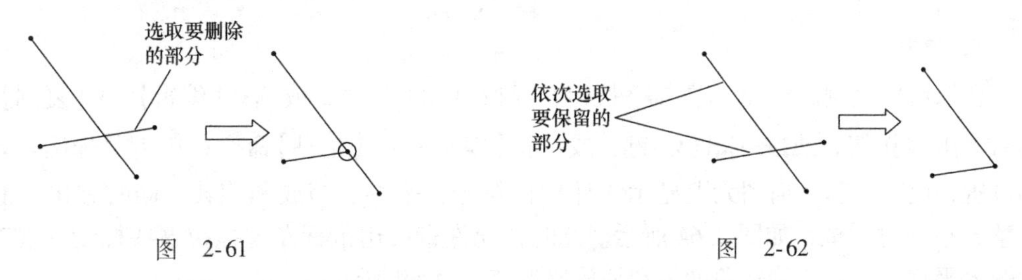

图　2-61　　　　图　2-62

（3）分割　单击按钮，或选择菜单【编辑】→【修剪】→【分割】命令，将鼠标移到图元需分割处单击鼠标左键即可获得分割点。该命令用于在图元的指定位置产生断点，将选取的图元分割为两段。

3. 镜像

选取欲镜像的几何图元，再单击按钮，或选择【编辑】→【镜像】命令，然后选择一条中心线作为镜像的对称轴，即可镜像几何图元，如图 2-63 所示。

注意：在镜像几何图元之前要求必须先绘制中心线作为镜像的对称轴。

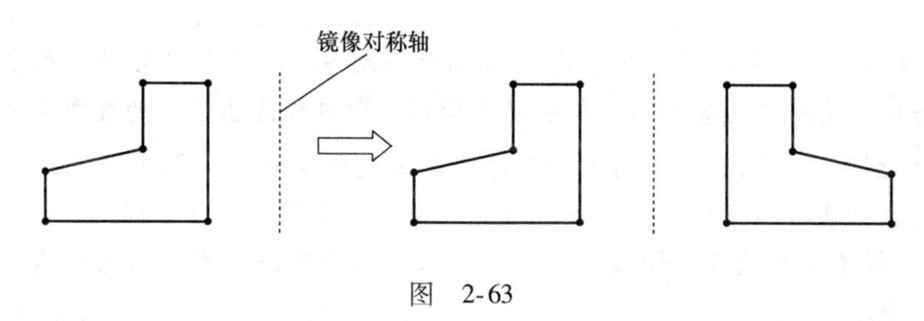

图 2-63

4. 移动和调整大小

选取几何图元后，单击按钮，或选择【编辑】→【移动和调整大小】命令，在几何图元上显示3种操作符号：平移、缩放和旋转，同时弹出“移动和调整大小”对话框，如图2-64所示。此时，允许直接用鼠标左键拖拉这些标记或在对话框中输入平移距离值、旋转角度值和缩放比例值来改变图形。

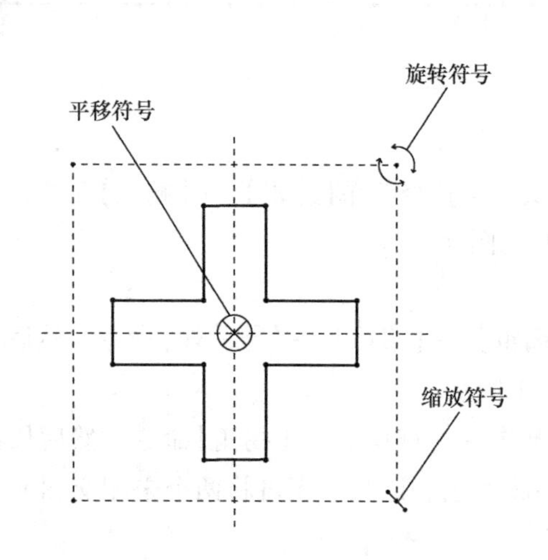

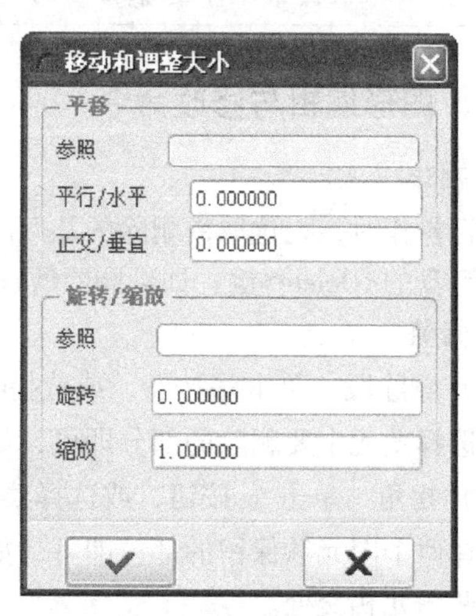

图 2-64

5. 复制

选取需要复制的图元，单击按钮，或按<Ctrl+C>键，或选择【编辑】→【复制】命令；然后单击按钮，或按<Ctrl+V>键，或选择【编辑】→【粘贴】命令；单击鼠标确定新图元的位置，此时在新几何图元上显示3种操作符号：平移、缩放和旋转，同时弹出“移动和调整大小”对话框，如图2-64所示。此时，允许直接用鼠标左键拖拉这些标记或在对话框中输入平移距离值、旋转角度值和缩放比例值来改变图形。

注意：复制操作与移动和调整大小操作是有区别的，复制操作时，原图元保留并产生新图元；移动和调整大小操作时，产生新图元而原图元将被删除。

6. 切换构造

选取欲切换的几何图元(可一次选取多个)，然后选择【编辑】→【切换构造】命令，即可将几何线变换成构造线，或将构造线变换成几何线。

【切换构造】命令用于将选定的图元在几何图形与构造图形之间进行切换。构造图形以特定线条显示，用于表示假想结构，以辅助图形的定位或用作几何参照等，不能作为特征或生成特征的边线。

7. 修改尺寸值

当草绘图元较简单且尺寸较少时，可用鼠标左键双击要修改的尺寸数值，在弹出的文本框中输入新的尺寸数值，按<Enter>键即可完成修改。

当草绘图元较复杂且尺寸较多时，可单击按钮，或选择【编辑】→【修改】命令，然后选取要修改的尺寸数值，弹出“修改尺寸”对话框，如图 2-65 所示。通过该对话框可修改多个尺寸数值，单击按钮完成修改。

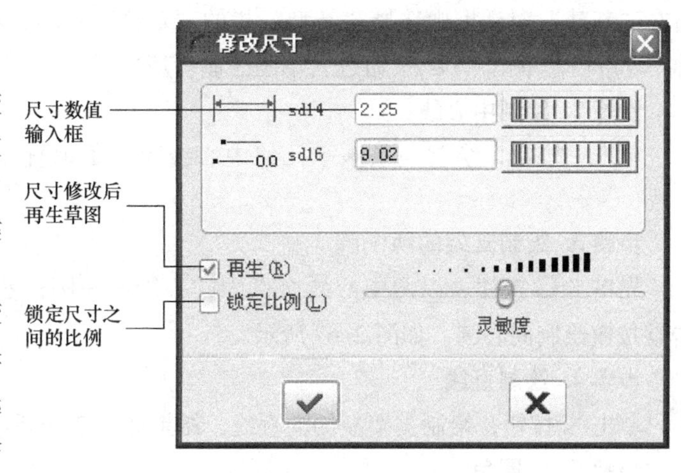

图 2-65

注意：当有多个尺寸需修改时，“再生”复选框应去除勾选。

❖ 实训课题 1：支架平面图

一、目的及要求

目的：通过绘制支架平面图，掌握二维草绘的一般方法和操作步骤。

要求：按照图 2-66 所示的图形，运用绘图和草图编辑命令完成平面图绘制。

二、创建思路和分析

该截面左右具有对称性，故可先绘制出一半图形，再利用镜像工具生成另一半图形。

三、创建要点和注意事项

1）*R*5 圆弧用倒圆角方式绘制出来，可减少约束操作的数量。

2）修剪图线时必须修剪干净，不要残留线段。

3）将 ϕ20 圆的圆心放在参照的交点上，可避免出现一些不必要的尺寸。

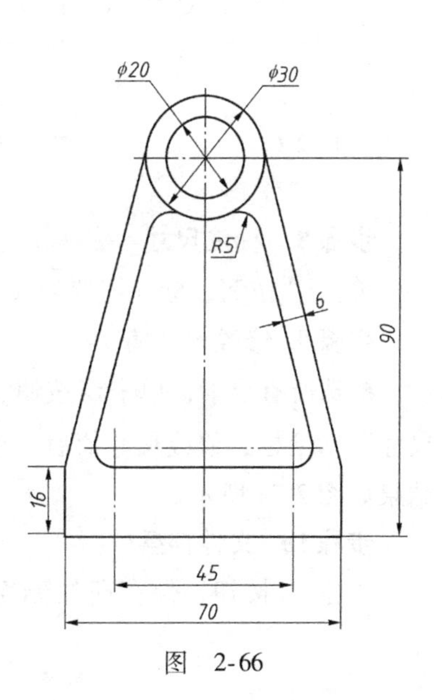

图 2-66

四、操作步骤

步骤 1. 创建文件

单击按钮，或选择菜单【文件】→【新建】命令，然后在“新建”对话框中选择“类型”栏的“草绘”选项，在“名称”文本框中输入文件名称“zhijia”，单击**确定**按钮进入草图绘制环境。

步骤 2. 绘制中心线

单击⁝按钮，绘制一条水平几何中心线和一条垂直几何中心线。

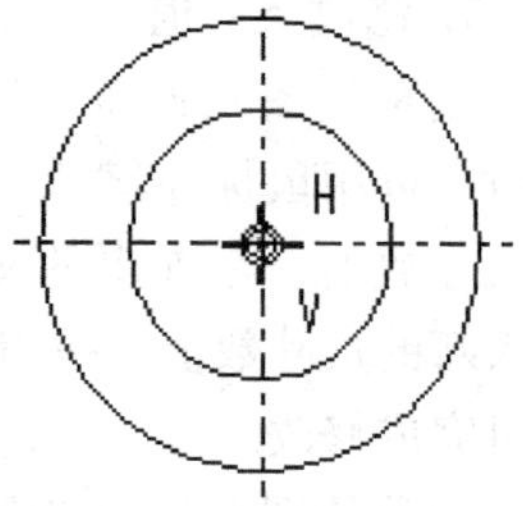

步骤 3. 绘制支架的两个圆

先单击○按钮，以两中心线交点为圆心绘制一圆；然后单击◎按钮绘制同心圆，如图 2-67 所示。

图 2-67

步骤 4. 绘制直线

单击＼按钮，绘制支架左侧的直线，结果如图 2-68 所示。

步骤 5. 倒圆角

单击按钮，绘制圆角，结果如图 2-69 所示。

步骤 6. 修剪多余的线条

单击按钮，修剪多余线段，结果如图 2-70 所示。

步骤 7. 镜像图形

框选所有几何图元，单击按钮，选择垂直中心线作为镜像对称轴进行镜像，结果如图 2-71 所示。

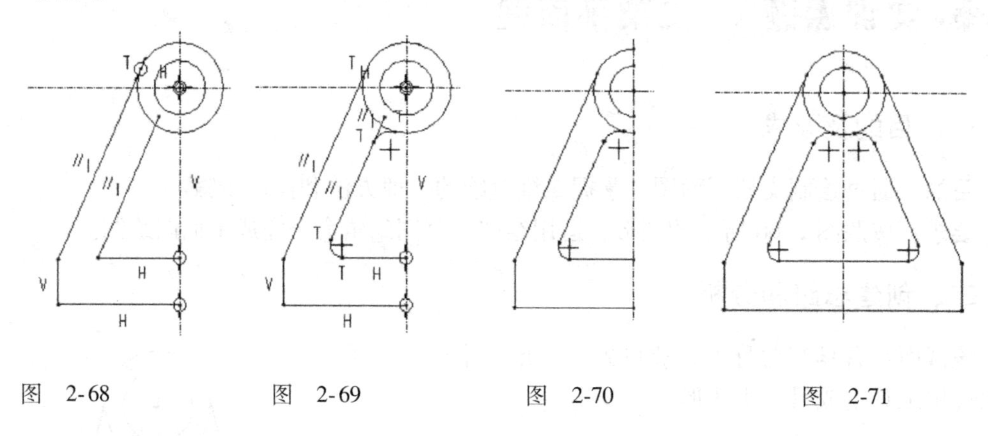

图 2-68　　图 2-69　　图 2-70　　图 2-71

步骤 8. 标注尺寸

单击按钮，标注需要的尺寸，结果如图 2-72 所示。

步骤 9. 修改尺寸值

框选所有要素，单击按钮，弹出如图 2-73 所示的“修改尺寸”对话框，修改尺寸值后，单击✔按钮，重新生成图形，结果如图 2-74 所示。

步骤 10. 文件存盘

单击按钮，保存所绘制图形。至此，支架平面图绘制完成。

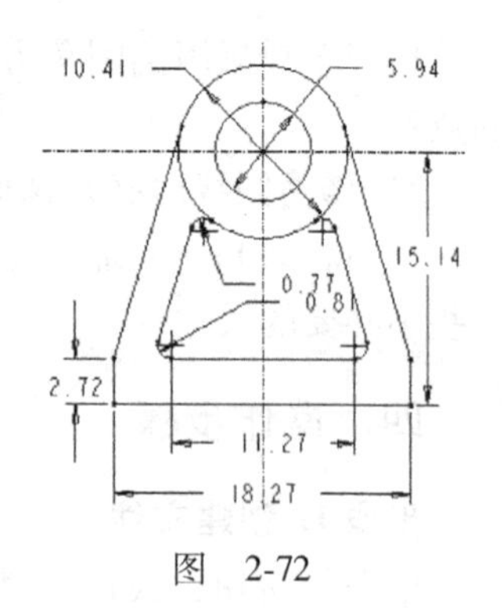

图 2-72

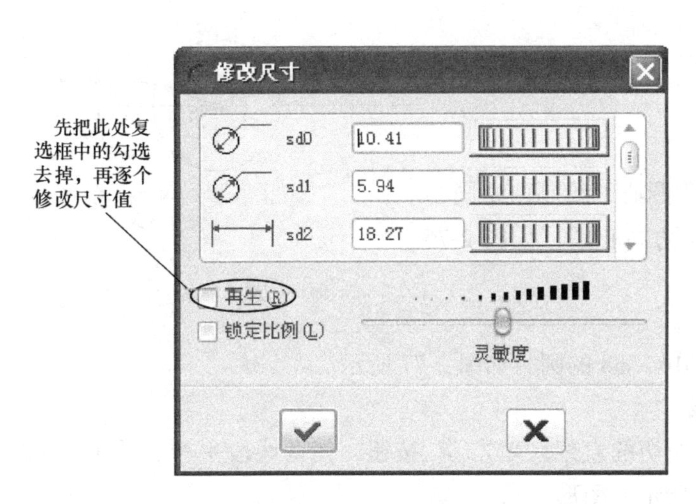

图　2-73

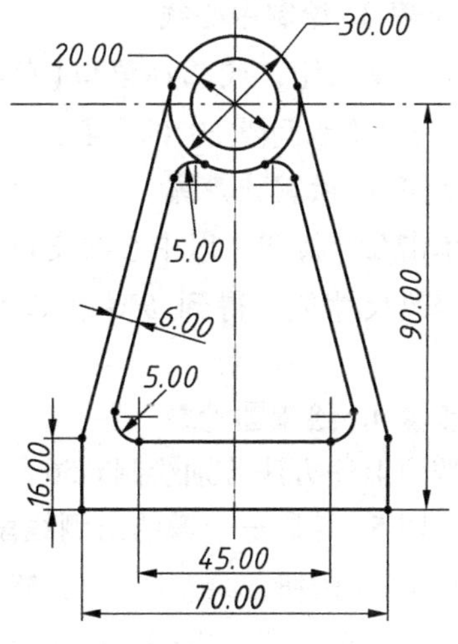

图　2-74

❖ 实训课题 2：槽轮平面图

一、目的及要求

目的：通过绘制槽轮平面图，掌握复制、镜像等操作方法。

要求：根据图 2-75 所示的图形，熟练运用绘图和草图编辑命令完成平面图绘制。

二、创建思路和分析

该截面中，6 个槽和 6 个圆弧呈圆周均布，具有对称性。因此，可先画出一个槽和一个圆弧，然后运用复制和镜像等编辑方法绘制出整个图形。

三、创建要点和注意事项

1）该图形的槽和圆弧的定位需要绘制辅助线，最后应用“切换构造”命令将定位线变成构造线。

2）注意选择镜像的轴线，合理地选择轴线将提高绘图速度。

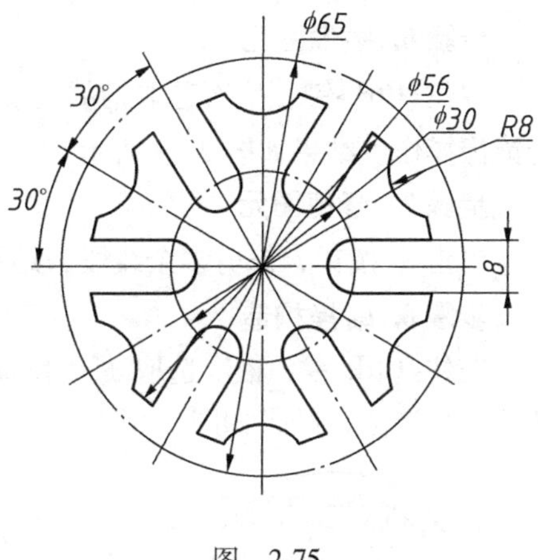

图　2-75

四、操作步骤

步骤 1. 创建文件

单击按钮，或选择菜单【文件】→【新建】命令，然后在“新建”对话框中选择“类型”栏的“草绘”选项，在“名称”文本框中输入文件名称“caolun”，单击确定按钮，进入草图绘制环境。

步骤 2. 绘制中心线

单击┆按钮，或选择菜单【草绘】→【线】→【中心线】命令，绘制间隔 30°的中心线。

步骤 3. 绘制圆轮廓

单击○按钮，以中心线交点为圆心，绘制两个同心圆，修改尺寸值，得到 $\phi30$ 和 $\phi65$ 的同心圆，如图 2-76 所示。

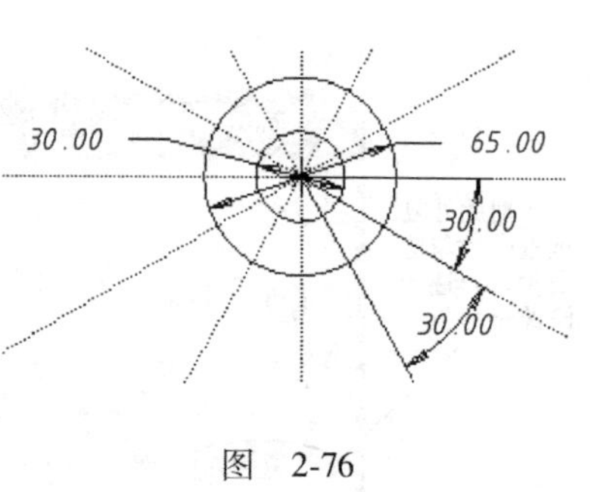

图 2-76

步骤 4. 绘制圆轮廓

按照上述方法分别绘制 $\phi56$、$\phi16$、$\phi8$ 的圆，如图 2-77 所示。

步骤 5. 绘制一个槽的两侧线段

单击＼按钮，绘制两条与 $\phi8$ 相切的直线。单击 // 按钮，使两线段平行。单击按钮，修剪多余线段，得到如图 2-78 所示的图形。

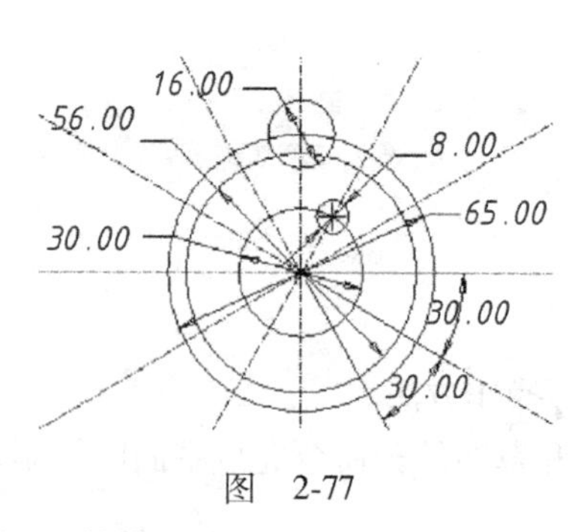

图 2-77

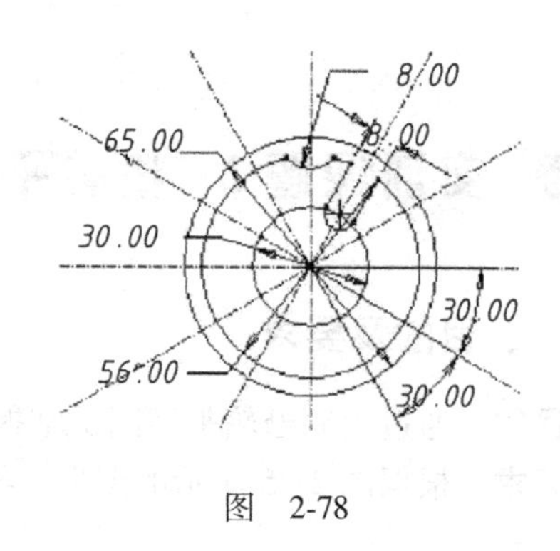

图 2-78

步骤 6. 镜像图元

按住<Ctrl>键，依次选取槽的轮廓和 $R8$ 圆弧，单击按钮，分别以中心线为镜像轴进行镜像操作，结果如图 2-79 所示。

步骤 7. 修剪图元

单击按钮，修剪多余线段，结果如图 2-80 所示。

步骤 8. 转换构造

按住<Ctrl>键，依次选取 $\phi30$ 和 $\phi65$ 的圆，选择【编辑】→【切换构造】命令，将实线圆转换为构造圆，结果如图 2-81 所示。

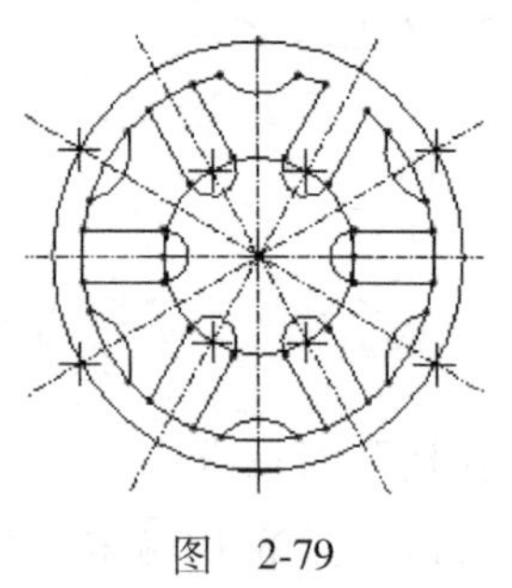

图 2-79

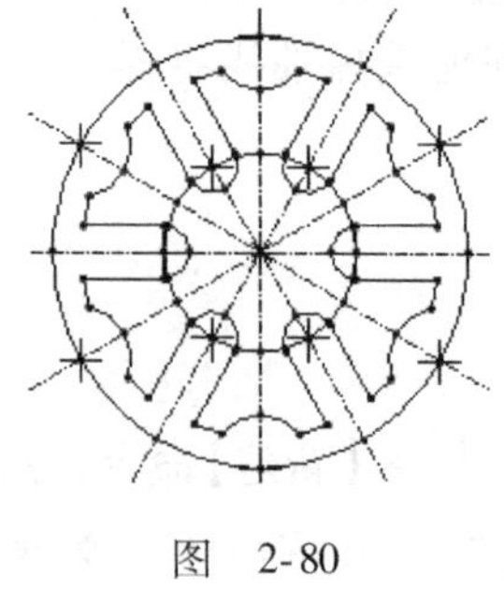

图 2-80

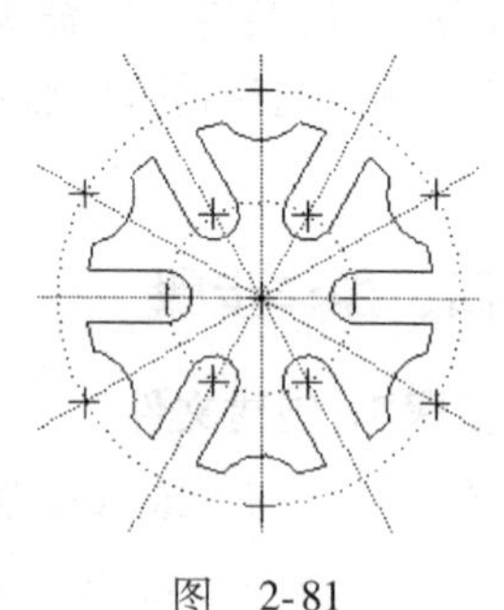

图 2-81

步骤 9. 文件存盘

单击按钮，保存所绘制图形。至此，槽轮平面图绘制完成。

单元小结

二维草绘是三维建模的基础，在 Pro/E 中创建特征时一般都要先绘制截面图形。熟练掌握绘制图形的方法和技巧，将明显提高建模速度。

本单元介绍了草绘截面图形的一般步骤和常用的操作命令，介绍的主要内容有：二维草图的一般绘制步骤；基本的绘图命令；图形的约束和修改编辑命令；尺寸标注和修改命令。

本单元通过两个平面图形绘制的示例，综合介绍了绘制命令的应用技巧和方法。

课后练习

习题 1　绘制如图 2-82 所示的平面图形。

提示：画出四分之一图形，然后分别以两中心线为镜像轴做镜像操作。

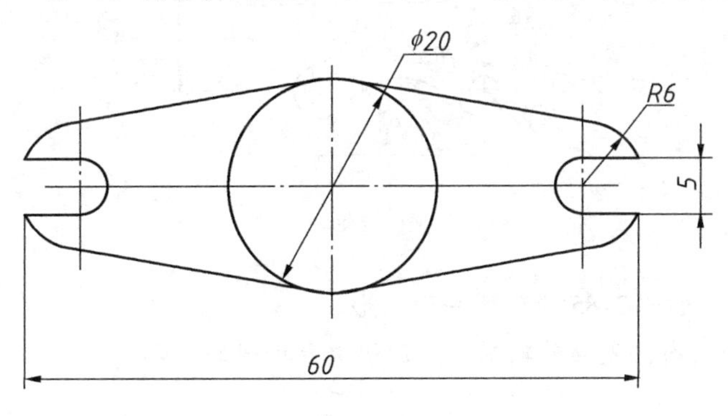

图　2-82

习题 2　绘制如图 2-83 所示的平面图形。

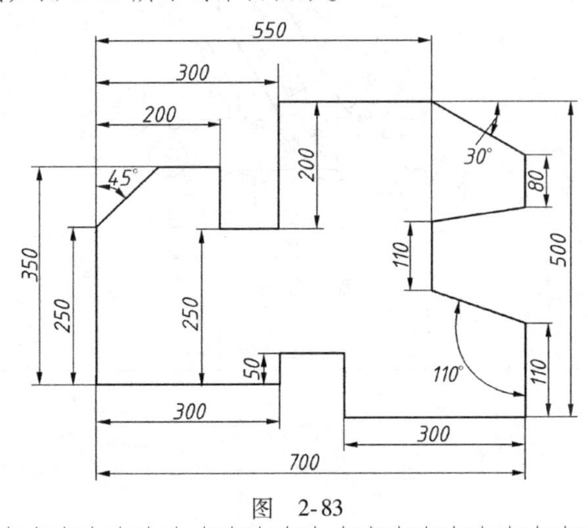

图　2-83

提示：1）将尺寸为 250 的竖线绘在垂直基准上，尺寸为 300 的水平线绘在水平基准上。

2）草绘后注意各线段的几何约束关系，不够的加上，多余的删除。

3）图形中的尺寸较多，标注尺寸的方法可采用先标水平尺寸、后标垂直尺寸、再标角度尺寸，顺序可从左到右，从上到下。

习题 3 绘制如图 2-84 所示的平面图形。

提示：由外到内，首先画一半外围和中间的图形，接着画两个 $\phi6$ 的圆，然后对这一半图形进行镜像，最后画中间 $\phi8$ 的圆。

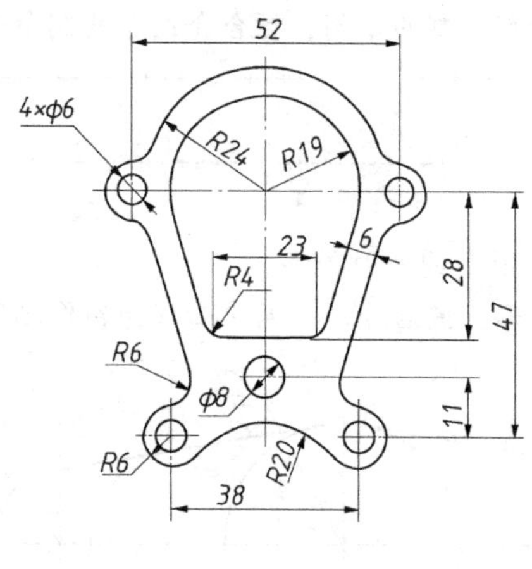

图 2-84

习题 4 绘制如图 2-85 所示的平面图形。

提示：由外到内，先画外轮廓，然后依次画中间的图形。

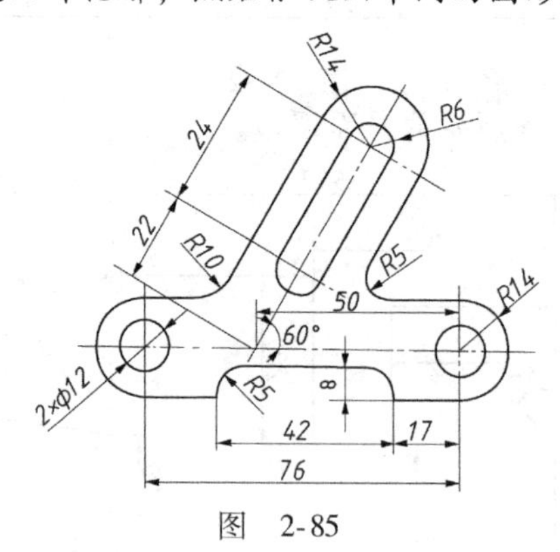

图 2-85

第三单元
拉伸特征

❖ 基础知识

在 Pro/E 中，零件模型由各种特征叠加而生成，因此，在创建零件模型时，要分析清楚零件模型是由哪些特征构成的、各特征的特点以及相互之间的关系，只有这样才能正确创建出零件模型。本单元将介绍 Pro/E 零件建模的一些基本概念和拉伸特征的创建方法。

拉伸特征是将二维截面图形沿着草绘平面的垂直方向拉伸而形成的曲面、实心体或薄体，它适合于构造等截面特征。拉伸特征的典型示例如图 3-1 所示。

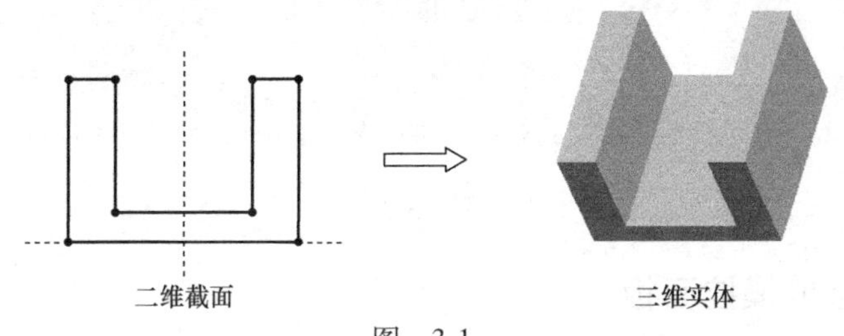

图　3-1

一、零件建模基本概念

1. 特征分类

按特征的建模功能不同，在 Pro/E 系统中通常把特征分为以下三种基本类型。

（1）实体特征　该特征具有形状、体积、质量等实体属性。实体特征是使用 Pro/E 软件进行三维造型设计的主要手段。

（2）曲面特征　该特征具有形状，但没有厚度、体积、质量等实体属性。曲面特征可以进行编辑处理，由此可设计出形状复杂的模型。

（3）基准特征　该特征包括基准面、基准点、基准轴、基准曲线和基准坐标系。基准特征主要为建立其他特征提供定位参照，或为零部件装配提供约束参照。

2. 基准显示设置

当新建一个使用模板的“零件”文件时，系统将自动创建 3 个默认的基准平面和一个基准坐标系，如图 3-2 所示。其中 RIGHT 面相当于侧平面，正方向指向正 x 轴(朝右)；TOP

面相当于水平面，正方向指向正 y 轴(朝上)；FRONT 面相当于正平面，正方向指向正 z 轴(朝向用户)。

在 Pro/ENGINEER Wildfire 5.0 系统中，可以通过单击工具栏中按钮来切换各类基准特征的显示。

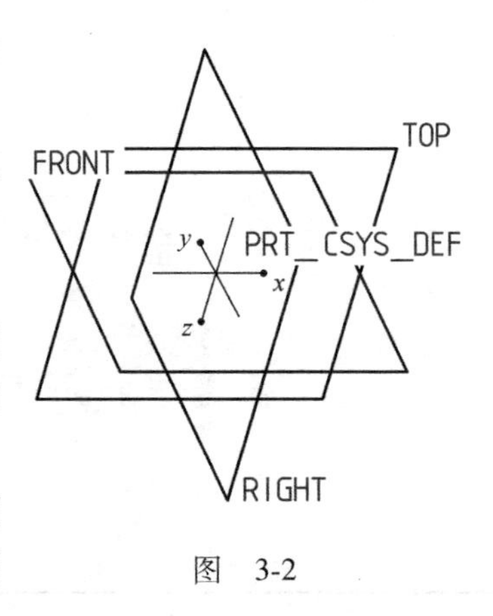

图 3-2

3. 草绘平面和参照平面

草绘平面是指用来绘制特征截面的二维平面；参照平面是指确定草绘平面方位的一个二维平面，用来辅助草绘平面定位。参照平面必须与草绘平面垂直。

如图 3-3 所示，选取长方体上表面为草绘平面、前侧面为参照平面，参照平面的朝向设置不同，将使草绘平面得到不同的放置位置。

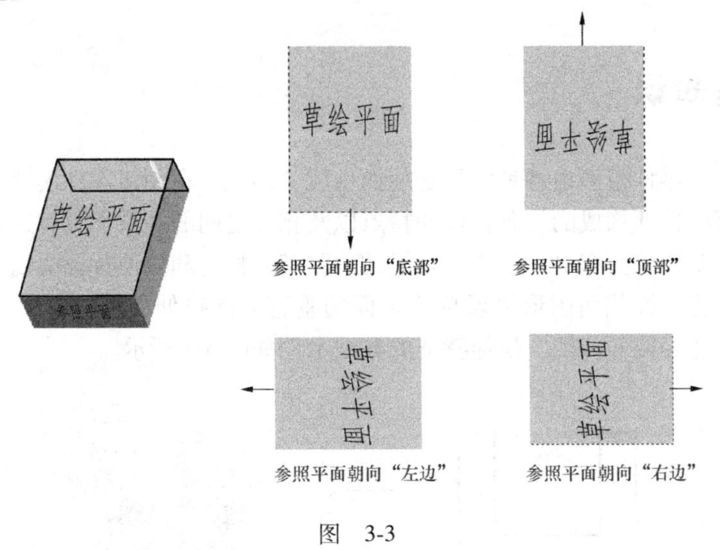

图 3-3

二、拉伸特征的操控面板

单击【插入】→【拉伸】命令，或单击工具栏中图标按钮 → 弹出“拉伸”特征操控面板。该面板各按钮功能的简介如图 3-4 所示。其中拉伸特征深度选项及功能见表 3-1。

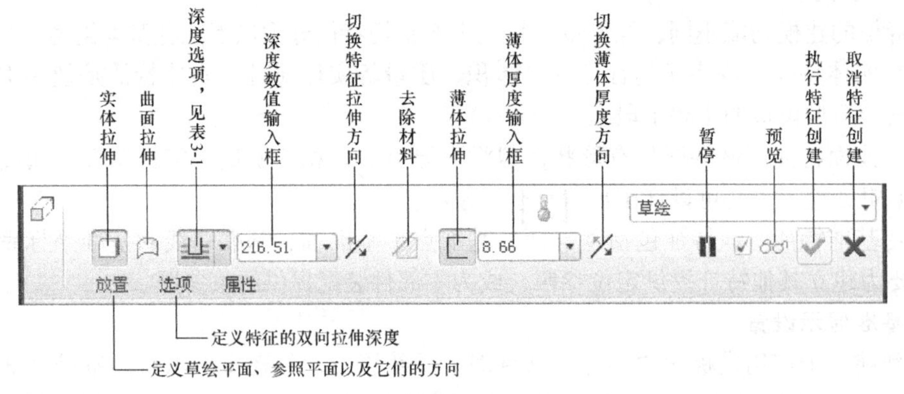

图 3-4

表 3-1　拉伸特征深度选项及功能

深度选项	功能说明
（盲孔）	以指定的深度值拉伸截面，如果输入一个负值会反转拉伸方向
（对称）	以指定的深度值向草绘平面两侧对称拉伸截面，两侧各拉伸指定深度值的一半
（到下一个）	沿拉伸方向拉伸截面至下一个曲面为止。注意：基准平面不能用做终止曲面
（穿透）	沿拉伸方向拉伸截面贯穿整个零件
（穿至）	沿拉伸方向拉伸截面切材料至选定的曲面或平面
（到选定项）	沿拉伸方向拉伸截面至一个选定的点、曲线、基准平面或曲面

单击图 3-4 中的“选项”和“放置”按钮，打开相应的对话框分别如图 3-5、图 3-6 所示。

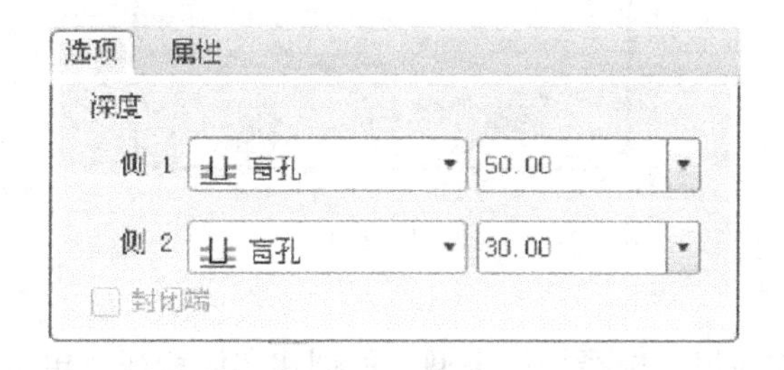

图　3-5

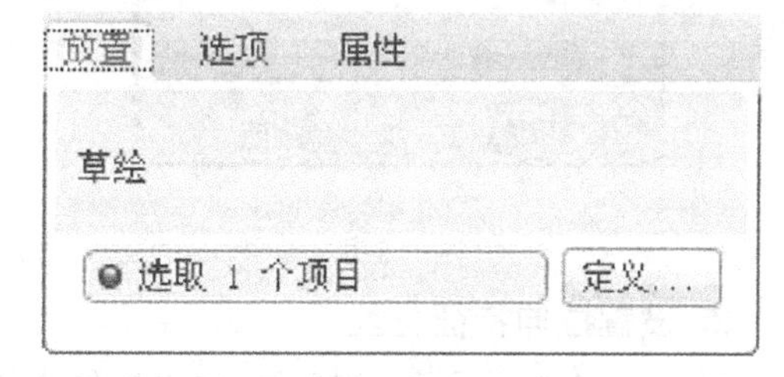

图　3-6

单击图 3-6 中的“定义”按钮，弹出“草绘”对话框，如图 3-7 所示。

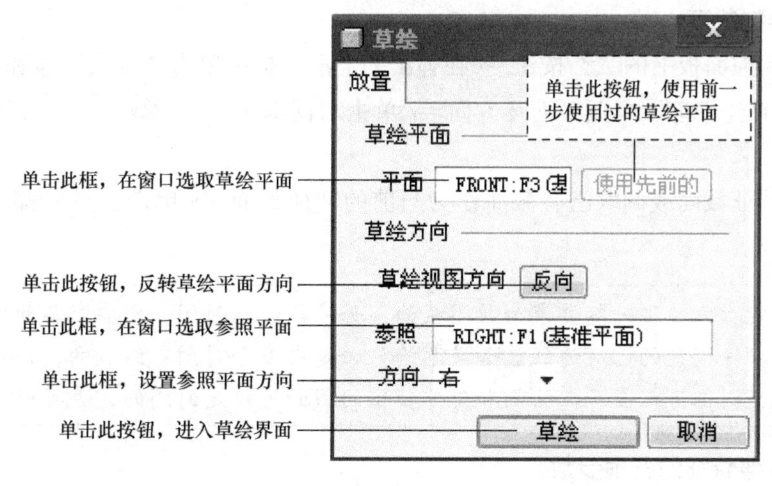

图　3-7

三、创建拉伸特征的一般步骤

1. 建立新的零件文件

单击按钮 → 弹出如图 3-8 所示的“新建”对话框，按图设置 → 单击“确定”按钮 → 弹出如图 3-9 所示的“新文件选项”对话框，按图设置 → 单击“确定”按钮 → 打开零件模块的工作窗口。

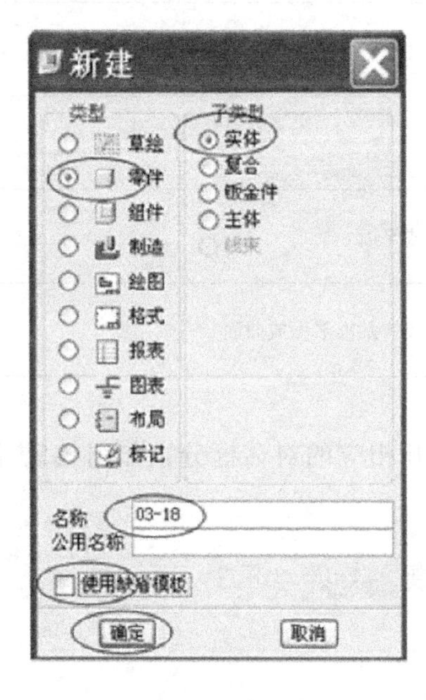

图 3-8

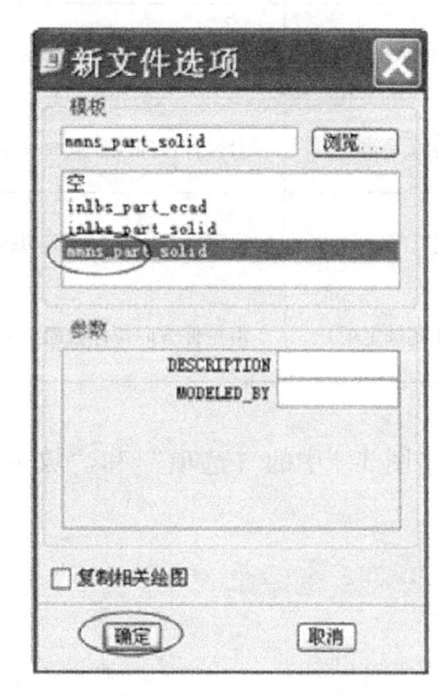

图 3-9

2. 设置拉伸特征类型

单击工具栏图标按钮 → 弹出拉伸操控面板，选择特征类型。如创建实体特征，单击按钮；如果是切除材料特征，应单击按钮；如果是薄体特征，应单击按钮，并设置薄体的厚度及厚度增加的方向。

3. 绘制特征截面

1）单击操控面板上的放置按钮 → 在弹出的下滑面板中单击“定义”按钮 → 在弹出的对话框中设置草绘平面、参照平面及方向 → 单击对话框中草绘按钮，进入草绘模式。

2）绘制特征截面或调取已有截面作为当前的特征截面 → 单击工具栏✔按钮，结束截面绘制。

> **注意：**实心体特征一般要求为封闭截面，如果截面不封闭，则要求其开口处线段端点必须对齐零件模型的已有边线。如果草绘截面是由多个封闭环组成的，则要求封闭环之间不能相交，但可以嵌套。曲面和薄体特征的截面可以是封闭的，也可以是开口的。

4. 设置拉伸特征的各项参数

在操控面板中设置拉伸深度选项、深度方向并输入相应的数值。如果是切除材料特征，可通过单击按钮改变材料的去除区域；如果是薄体特征，可通过单击按钮改变薄体厚度增加的方向。

5. 生成特征

所有特征参数定义完成后，单击操控面板中的按钮执行特征预览 → 单击按钮执行特征的生成。

> **提示**：创建曲面拉伸特征的方法和步骤与创建实体拉伸特征相似。不同之处在于创建曲面拉伸特征时，应选择操控面板的“曲面拉伸”按钮。

❖ 实训课题1：支承座

一、目的及要求

目的：通过创建支承座零件，掌握使用加材料和切减材料方法创建拉伸特征的步骤和基本方法。

要求：根据图3-10所示的支承座工程图，运用拉伸特征的创建方法，正确创建出支承座模型。

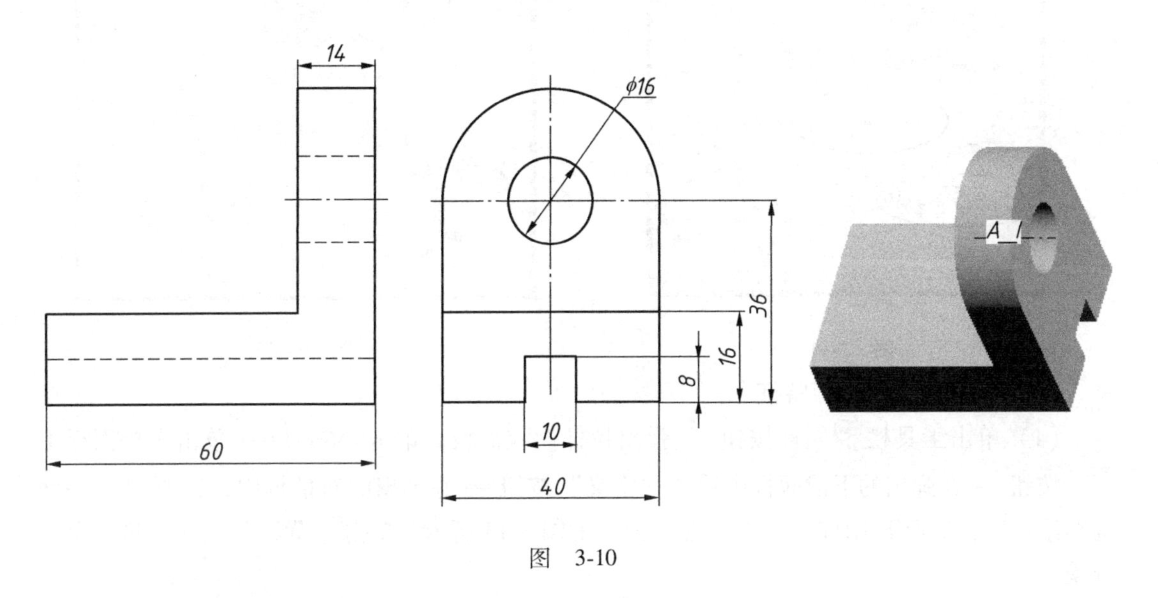

图 3-10

二、创建思路和分析

该零件可分解为四个特征。水平底板和立板采用加材料拉伸特征方式创建；水平底板上的方槽可采用切减材料拉伸特征方式创建；立板上的圆孔可采用切减材料拉伸特征方式创建。也可将水平底板和其上的方槽作为一个特征采用加材料拉伸特征方式创建；将立板和其上的圆孔作为一个特征采用加材料拉伸特征方式创建。

三、创建要点和注意事项

1）截面图形以参照为对称轴绘制，可方便绘图，提高绘图效率。

2）立板截面绘制圆弧时可先画一圆，待绘制好与圆弧相切的直线后修剪多余圆弧，这样处理图形效率高些。

四、创建步骤

步骤 1. 创建文件

单击按钮 → 在“新建”对话框中按照图 3-11 所示进行设置 → 单击确定按钮 → 在“新文件选项”对话框中按照图 3-12 所示进行设置 → 单击确定按钮。

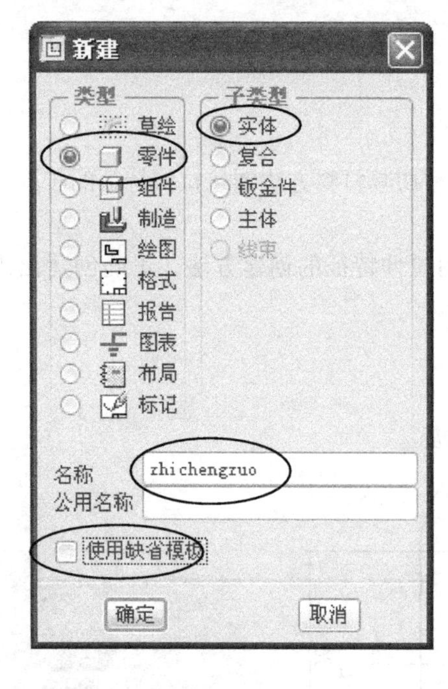

图 3-11

图 3-12

步骤 2. 创建水平底板特征

（1）单击工具栏图标按钮 → 弹出拉伸操控面板，单击按钮 → 单击操控面板上放置按钮 → 在弹出的下滑面板中单击“定义”按钮 → 在弹出的对话框中，选取 TOP 平面为草绘平面，选取 RIGHT 平面为参照平面，如图 3-13 所示，单击“草绘”按钮，进入草绘环境。

（2）单击工具栏按钮 → 绘制一个矩形 → 单击按钮修改尺寸，得到最终截面如图 3-14 所示 → 单击工具栏上✔按钮，完成截面草绘。

（3）在拉伸特征操控面板中，输入拉伸深度值为 16 → 单击<Enter>键 → 单击操控面板中按钮，预览图形 → 单击操控面板中按钮，完成水平底板特征的创建。结果如图 3-15 所示。

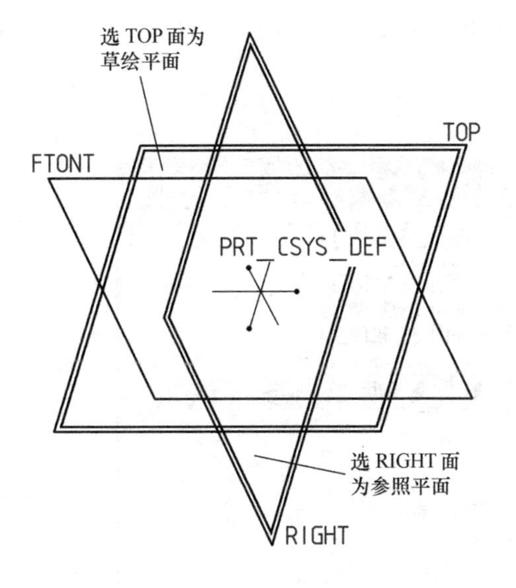

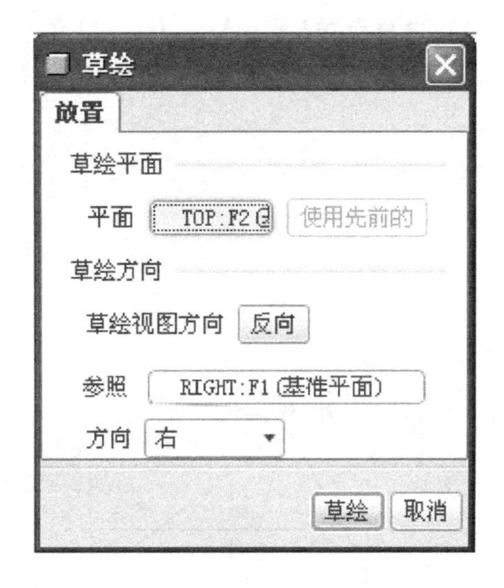

图 3-13

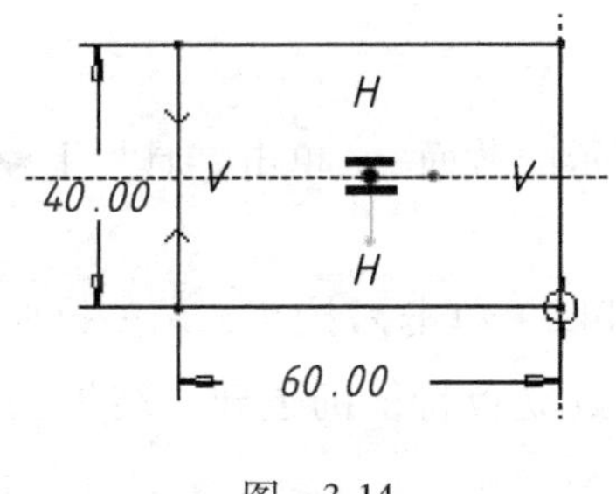

图 3-14

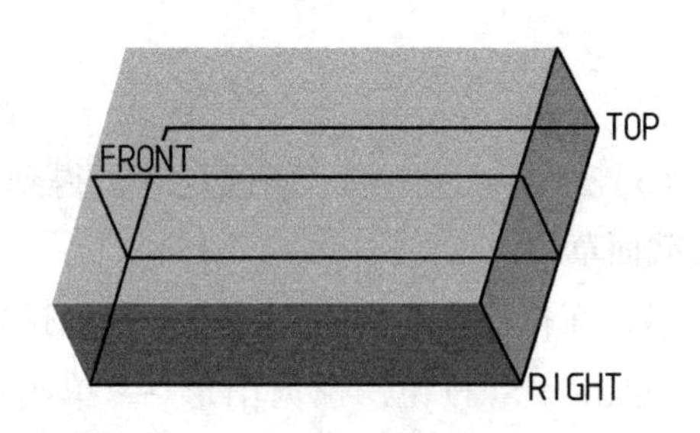

图 3-15

步骤 3. 创建立板特征

(1) 单击工具栏图标按钮 → 弹出拉伸操控面板，单击图标按钮 → 单击操控面板上放置按钮 → 在弹出的下滑面板中单击“定义”按钮 → 按图 3-16 所示选取草绘平面和参考平面 → 单击“草绘”按钮，进入草绘截面环境。

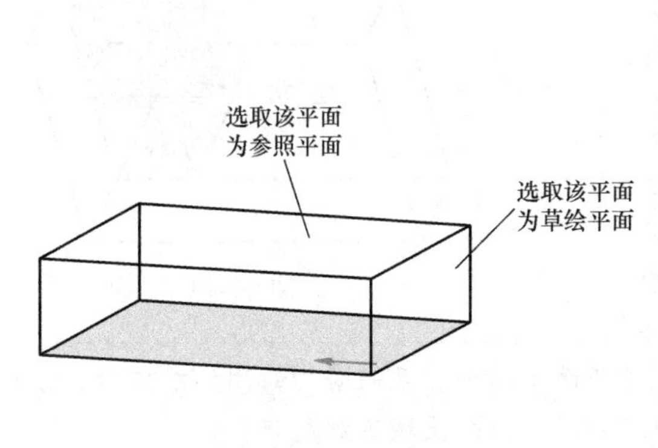

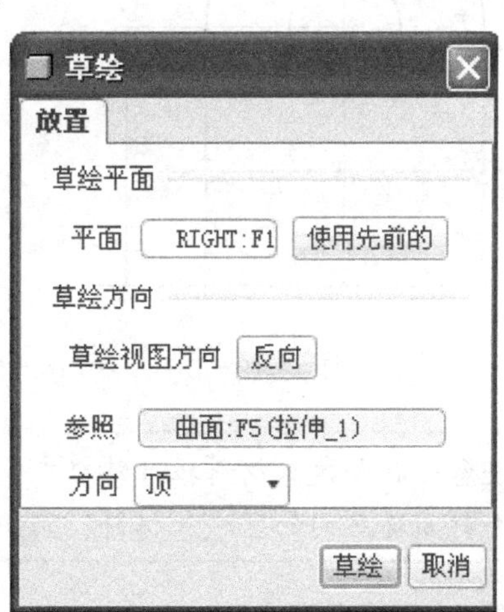

图 3-16

（2）选择菜单【草绘】→【参照】命令 → 弹出“参照”对话框，选取已有模型边界为参照，如图 3-17 所示 ，单击“关闭”按钮。

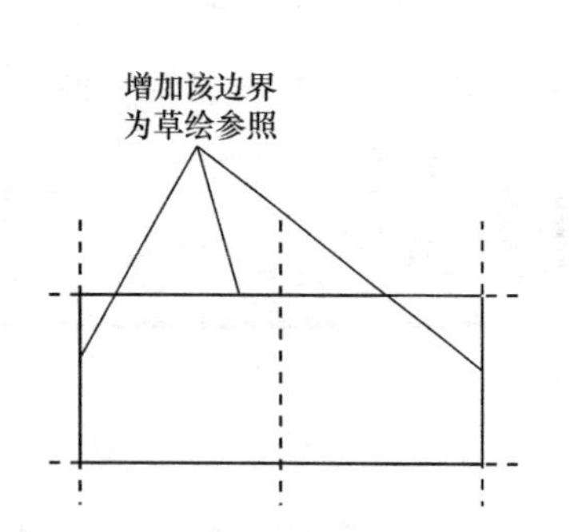

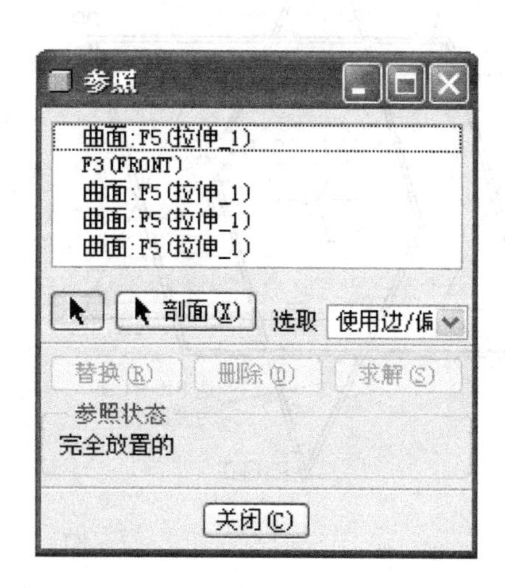

图 3-17

（3）绘制截面图形，修改尺寸，得到如图 3-18 所示的截面 → 单击工具栏上✔按钮，完成截面草绘。

（4）在拉伸特征操控面板中，设置拉伸深度值为 14 → 单击⇗按钮，调整拉伸生成方向 → 单击☑👓按钮，预览图形 → 单击✔按钮，完成立板特征的创建。结果如图 3-19 所示。

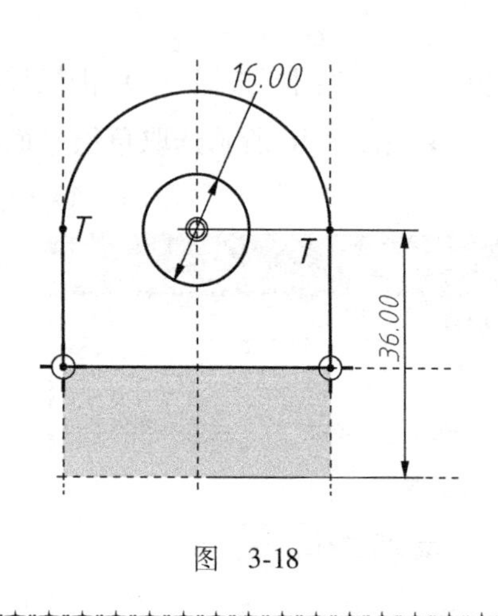

图 3-18

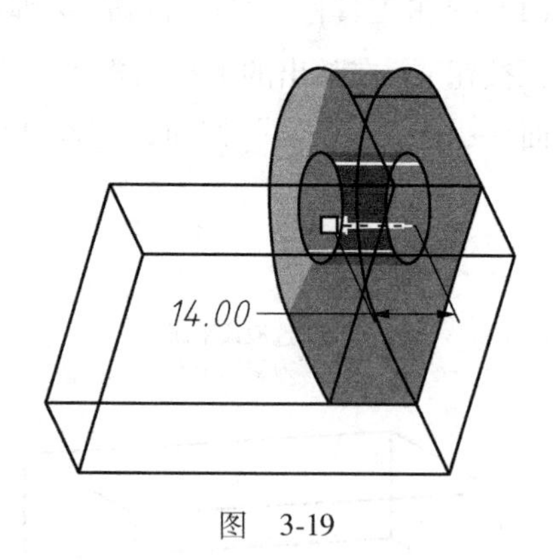

图 3-19

注意：在创建加材料拉伸特征中，当截面由两个相互嵌套的封闭环组成时，系统默认两个封闭环之间的区域加材料，而小的封闭环内的区域不加材料。

步骤 4. 创建方槽特征

（1）单击工具栏□按钮 → 弹出拉伸操控面板，单击□按钮和◿按钮 → 单击操控面板

上放置按钮 → 在弹出的下滑面板中单击“定义”按钮 → 按图 3-20 所示选取草绘平面和参照平面 → 单击“草绘”按钮，进入草绘截面环境。

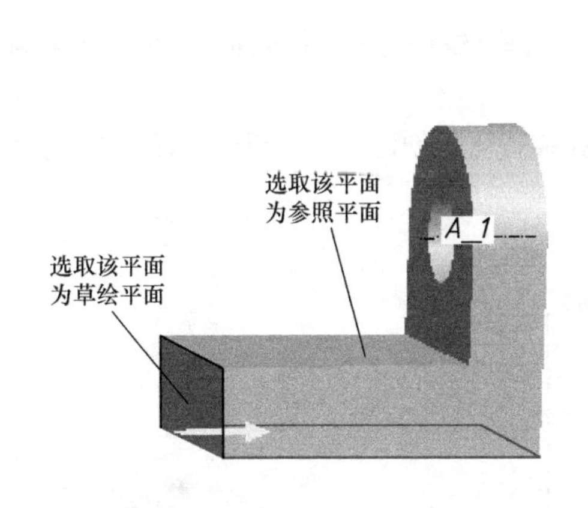

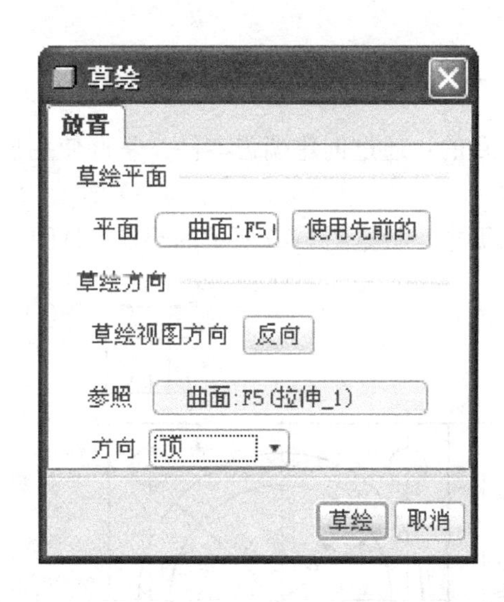

图 3-20

（2）绘制截面图形，修改尺寸，得到如图 3-21 所示的截面 → 单击工具栏上✔按钮，完成截面草绘。

（3）在拉伸特征操控面板中，设置拉伸深度形式为 → 单击反向按钮，调整切减材料方向 → 单击按钮，预览图形 → 单击按钮，完成方槽特征的创建。结果如图 3-22 所示。

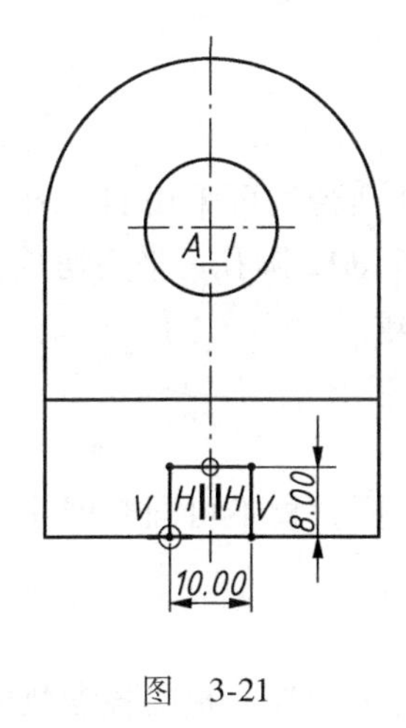

图 3-21

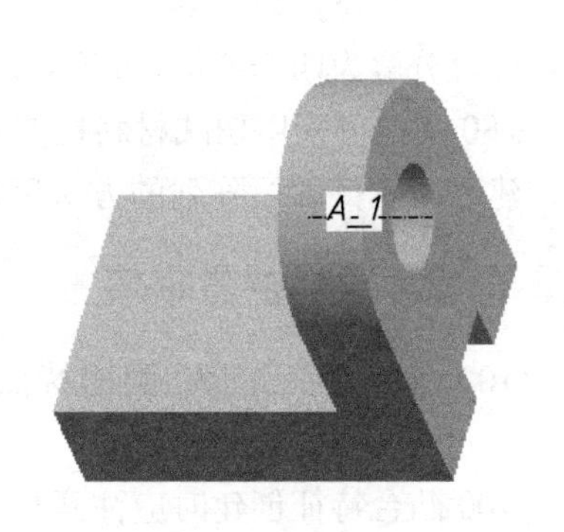

图 3-22

步骤 5. 文件存盘

单击工具栏中的图标按钮 → 选择“缺省方向”→ 单击工具栏中的按钮，保存文件。

❖ 实训课题 2：端盖

一、目的及要求

目的：通过创建端盖零件，掌握使用加材料和切减材料方法创建拉伸特征的步骤和基本方法。

要求：根据图 3-23 所示的端盖零件图，运用拉伸特征的创建方法，正确创建出端盖模型。

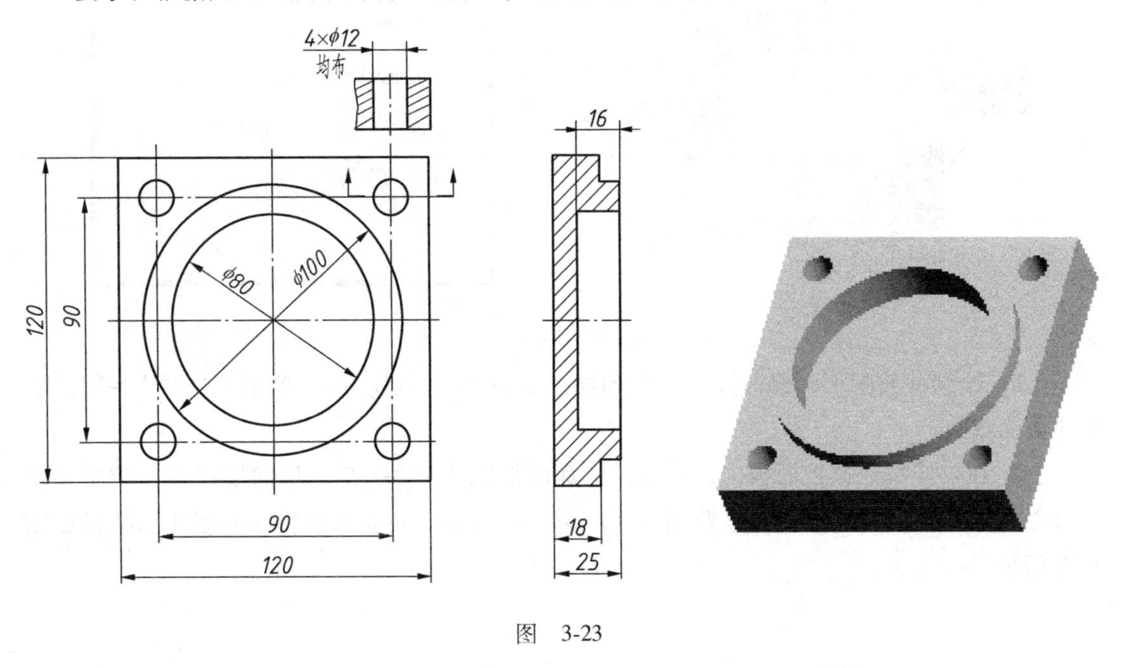

图 3-23

二、创建思路和分析

该零件可分解为四个特征：120×120 正方形板和 ϕ100 凸台均可采用加材料拉伸特征方式创建；ϕ80 圆槽可采用切减材料拉伸特征方式创建；四个 ϕ12 圆孔可采用切减材料拉伸特征方式创建，或者待学习阵列的方法后采用阵列的方法创建。

三、创建要点和注意事项

1）ϕ100 凸台特征和 ϕ80 圆槽特征由于拉伸深度值不同，故不可同时创建，必须分开创建。

2）ϕ100 凸台特征创建时应注意拉伸方向。

3）在采用切减材料方式创建拉伸特征时，设置拉伸特征操控面板的各参数中应注意切减方向的设置。

四、创建步骤

创建步骤略，学生可根据图 3-23 所示的零件图自主完成。

单元小结

拉伸特征是将二维截面图形沿着草绘平面的垂直方向拉伸而形成的曲面、实心体或薄体体积，它适合于构造等截面特征。值得注意的是，对于实心体特征一般要求为封闭截面，如果截面不封闭，则要求其开口处线段端点必须对齐零件模型的已有边线。如果草绘截面由多个封闭环组成，则要求封闭环之间不能相交，但可以嵌套；曲面和薄体特征的截面可以是封闭的，也可以是开口的。本单元还介绍了草绘平面和参照平面的选择方法；拉伸特征创建的一般步骤；最后通过实训课题综合练习了拉伸特征的创建方法和操作技巧。

课后练习

习题 1　利用拉伸特征创建如图 3-24 所示的实体零件。

提示：草绘平面设置在 FRONT 面，参照平面为 RIGHT 面，方向朝右。按照主视图绘制截面图形，设置拉伸深度为 200，即可生成图示实体零件。

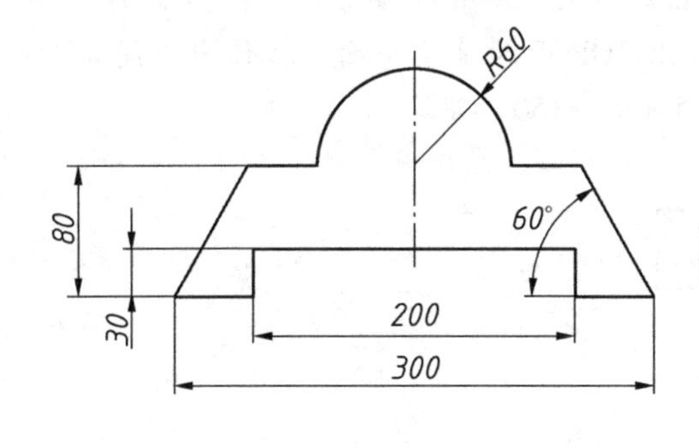

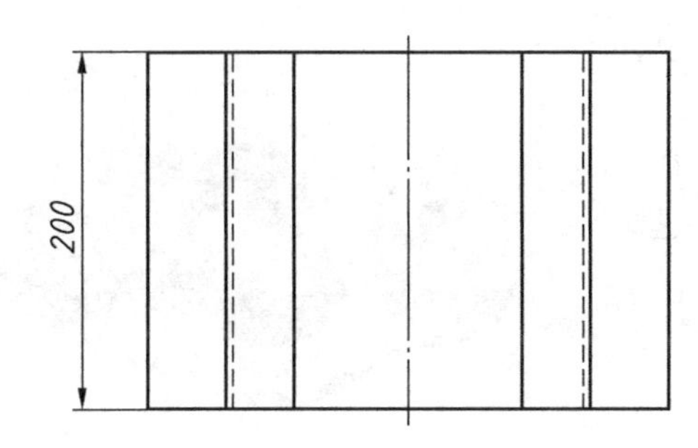

图　3-24

习题 2　采用拉伸特征创建如图 3-25 所示的零件。

提示：ϕ40、ϕ30 圆柱和中间连接板三个特征的草绘平面都设置在 FRONT 面，而且设置拉伸深度时均采用对称拉伸。

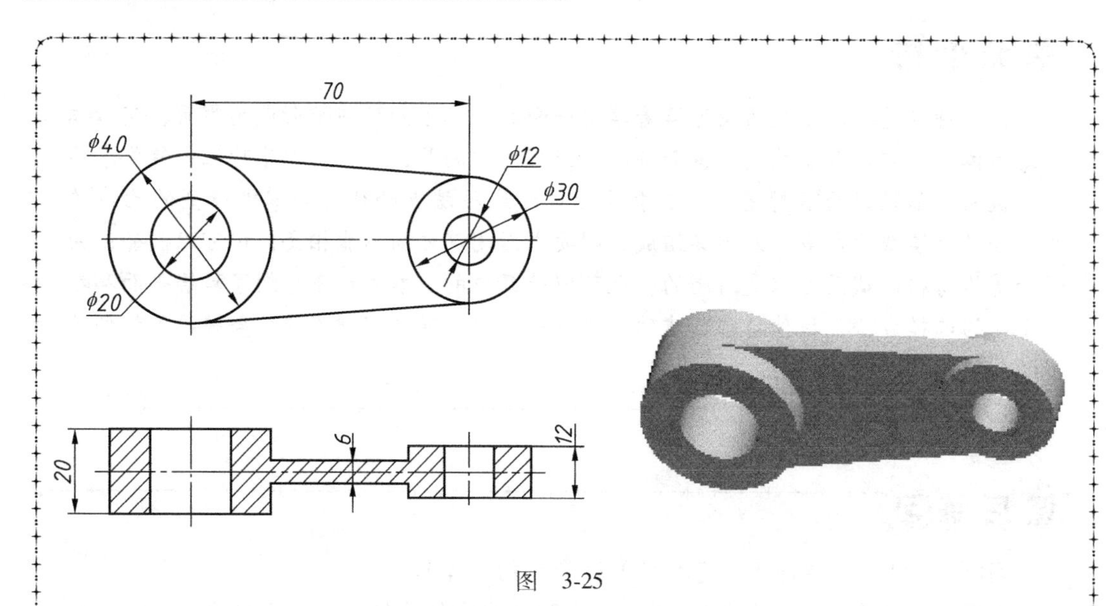

图 3-25

习题 3 采用拉伸特征创建如图 3-26 所示的零件。

提示：先以 TOP 面为草绘平面，拉伸出厚度为 25mm 的腰形底板；仍以 TOP 面为草绘平面，拉伸出两侧 ϕ150 圆柱；继续以 TOP 面为草绘平面，拉伸出中间 ϕ200 圆柱；最后分别用拉伸切减材料切出 ϕ75 通孔和 ϕ150 通孔。

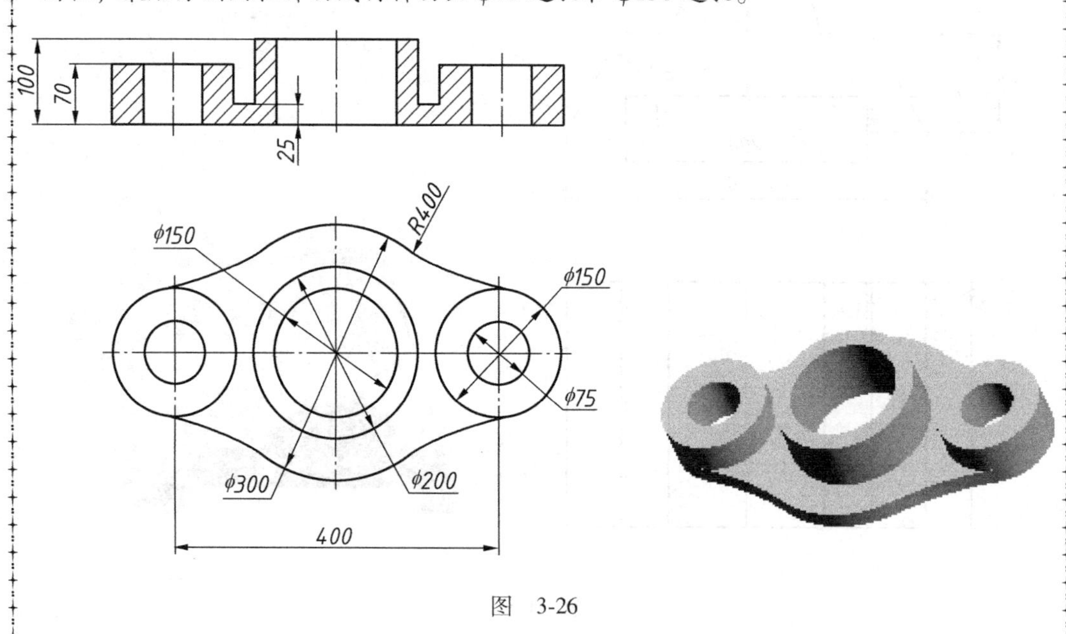

图 3-26

习题 4 采用拉伸特征创建如图 3-27 所示的零件。

提示：以 TOP 面为草绘平面，用拉伸加材料的方法先创建出底板（含 ϕ10 通孔）；再创建出底板上的 U 形实体（含 ϕ10 通孔）；最后用拉伸切材料的方法切出 U 形实体上的小平面。两个通孔也可分别单独用拉伸切减材料的方法切除。

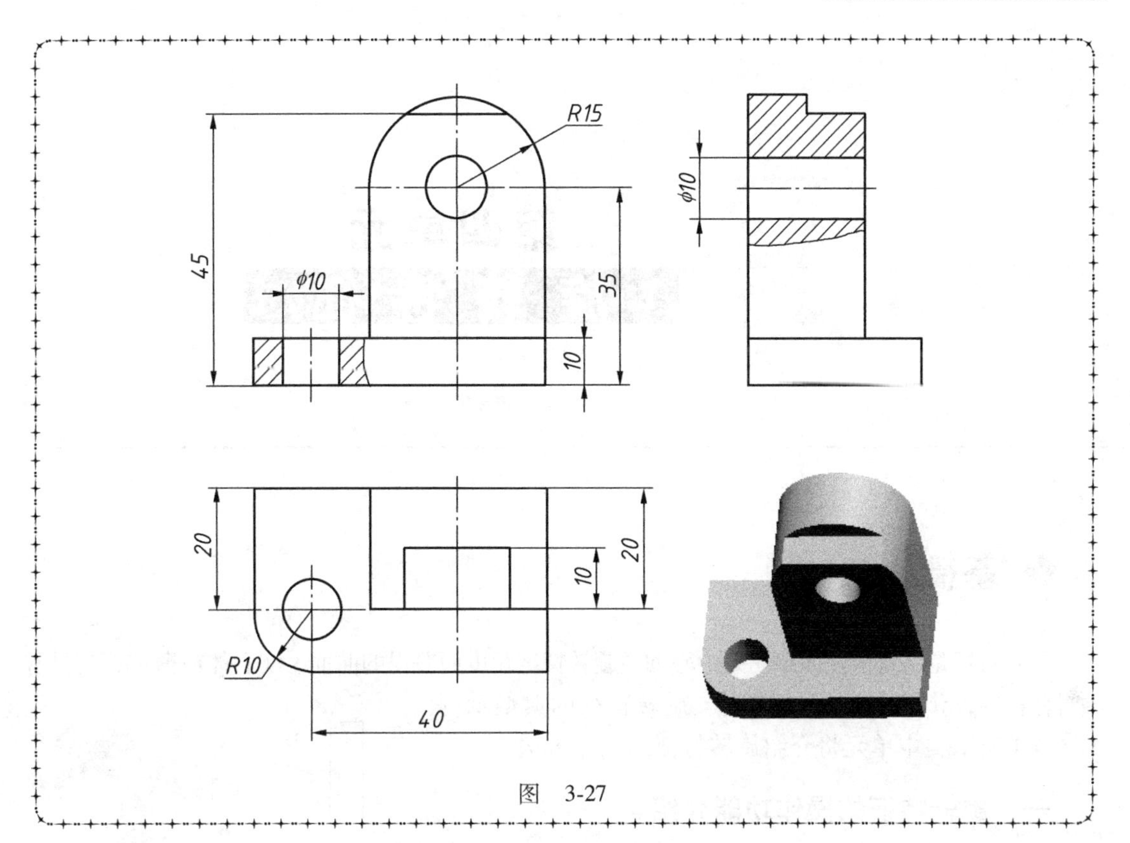

图 3-27

第四单元 旋转特征

◆ 基础知识

旋转特征是将特征截面绕一条中心轴线旋转特定角度而获得的曲面、实心体或薄体，其具有轴对称特性，获得的实体是回转体。旋转特征的典型示例如图 4-1 所示，本单元将介绍旋转特征的创建方法。

图 4-1

一、旋转特征的操作功能介绍

单击【插入】→【旋转】命令，或单击工具栏中图标按钮 → 弹出“旋转”特征操控面板。其大部分功能与拉伸特征相似，该面板各按钮功能的简介如图 4-2 所示。旋转特征角度选项见表 4-1。

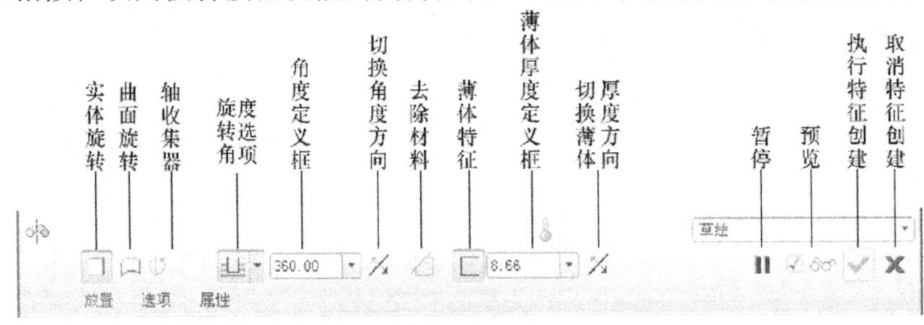

图 4-2

表 4-1 旋转特征的角度选项

角度选项	功能与使用说明
可变	自草绘平面以指定角度值旋转截面，角度值在文本框中输入，或者在文本框的下拉列表中直接选取一个预定义的角度
对称	在草绘平面的两侧以指定角度值的一半对称旋转截面
至选定项	将截面旋转至一个选定的基准点、顶点、基准平面或曲面等，此时，终止平面或曲面必须包含旋转轴

单击图 4-2 中“放置”和“选项”按钮，弹出相应的对话框分别如图 4-3、图 4-4 所示。

放置　选项　属性

草绘

选取 1 个项目　定义...

轴

内部 CL

图　4-3

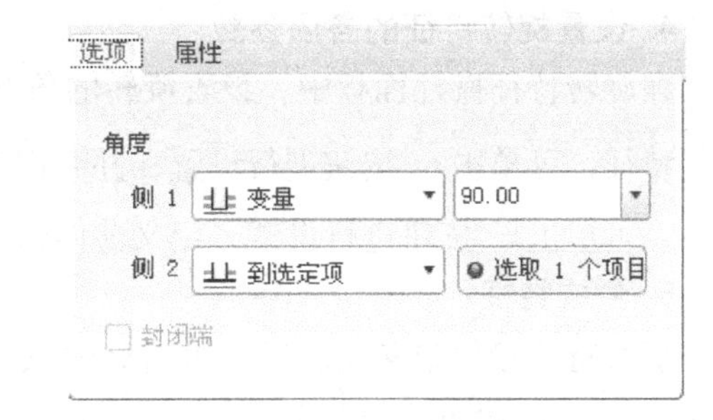

图　4-4

创建旋转特征时，其截面草绘必须注意以下几点：

1）草绘截面时，必须绘制一条中心线作为旋转轴，或者在特征操控面板中用“旋转轴收集器”按钮选取已有轴线作为旋转轴。

注意：若需绘制多条中心线时，系统默认第一条绘制的中心线作为旋转轴。因此，草绘截面时，应首先绘制作为旋转轴的中心线。

2）若为实心体类型，其截面必须是封闭但允许嵌套的图形，否则系统会提示截面不完整；若为曲面或薄体类型，则截面可以是封闭或开口的图形。

3）所有的截面图形必须位于旋转轴的同一侧，不允许跨越中心线。

注意：如果要求建立双侧不对称的旋转特征，可分别指定两侧的旋转角度值。执行时，单击旋转特征操控面板中的选项按钮，然后在弹出的下滑面板中依次定义“侧 1”和“侧 2”的旋转角度即可。

二、创建旋转特征的一般步骤

1. 建立新的零件文件

与拉伸特征创建新文件的方法相同，详见第三单元相关内容。

2. 设置旋转特征类型

（1）单击“旋转”按钮，或者选择【插入】→【旋转】命令。

（2）系统显示旋转特征操控面板，单击操控面板中的按钮，以建立旋转实体特征。

3. 绘制特征截面

（1）单击操控面板上放置按钮 → 在弹出的下滑面板中单击“定义”按钮 → 在弹出的对话框中设置草绘平面、参照平面及方向 → 单击对话框中草绘按钮，进入草绘模式。

（2）绘制特征截面或调取已有截面作为当前的特征截面 → 单击工具栏✔按钮，结束截面绘制。

注意：草绘旋转特征的截面时，必须绘制中心线作为旋转轴，或者在特征操控面板中用“旋转轴收集器”按钮选取已有轴线作为旋转轴，否则操控面板中的✔按钮将不显亮，处于不可操作状态。

4. 设置旋转特征的各项参数

在旋转特征操控面板中，设置旋转的角度的确定方式、角度方向及其数值。如果是切除材料特征，可单击按钮进行设置，并允许单击按钮改变材料的去除区域。如果是薄体特征，可单击按钮进行设置，定义薄体的厚度以及厚度方向。

5. 生成特征

所有特征参数定义完成后，单击旋转操控面板中的按钮执行特征预览，然后单击按钮执行特征的生成。

> **提示**：创建曲面旋转特征的方法和步骤与创建实体旋转特征相似。不同之处在于创建曲面旋转特征时，在旋转特征操控面板中，单击操控面板的“曲面旋转”按钮，以建立旋转曲面特征。

❖ 实训课题 1：顶杆套

一、目的及要求

目的：通过创建顶杆套零件，掌握创建旋转特征的一般方法、技巧和操作步骤。

要求：根据如图 4-5 所示的顶杆套零件图，运用旋转特征的创建方法，正确创建出顶杆套零件模型。

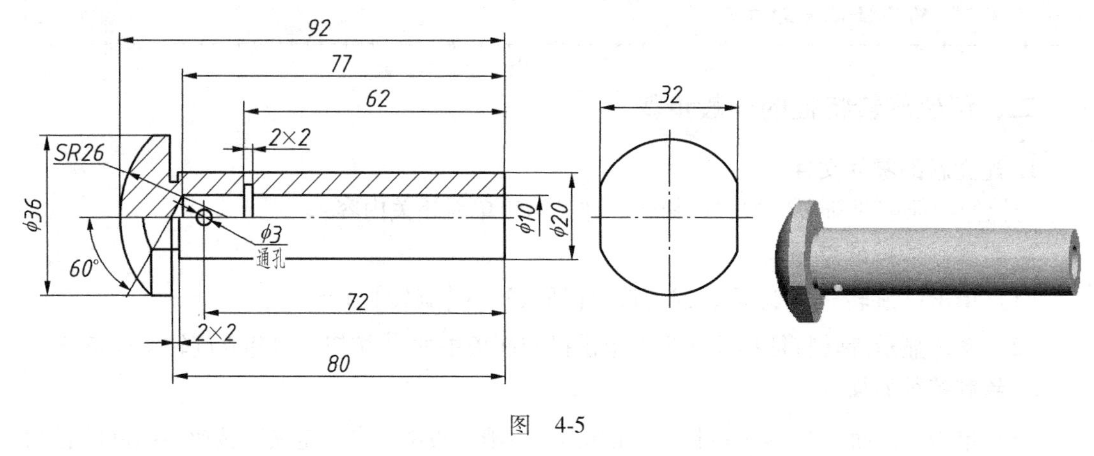

图 4-5

二、创建思路和分析

该零件主体是回转体，可采用旋转特征方式创建；ϕ3 孔和球帽上平面采用切减材料拉伸特征方式创建。当然，零件主体部分可分解成两个特征，一个是采用旋转加材料特征方式创建基础体；另一个是采用旋转切减材料特征方式创建 ϕ10 孔。

三、创建要点和注意事项

1）绘制旋转特征截面时，必须绘制一条中心线作为旋转轴，或者预先绘制一条基准轴线作为旋转轴，截面图形按照零件主视图的一半绘制且必须封闭。

2）创建球帽上平面特征时，设置切减材料的范围为矩形截面外围，可同时创建出两个平面，拉伸深度选项设置为穿透。

3）创建 $\phi 3$ 孔特征时，以对称面（FRONT 面）为草绘平面，拉伸深度选项设置为双侧穿透。

四、创建步骤

步骤 1. 创建文件

（1）单击按钮，然后在“新建”对话框中输入文件名称：dinggantao，进行“类型”设置，然后单击确定按钮，进入模板设置对话框。

（2）在“新文件选项”对话框的模板中选择“mmns_part_solid”选项，单击确定按钮。

步骤 2. 创建顶杆套主体结构

（1）单击“旋转”按钮，或者选择菜单【插入】→【旋转】命令。系统打开旋转特征操控面板 → 单击操控面板的“实体旋转”按钮以建立旋转实体特征。单击操控面板的“放置”按钮，打开下滑面板 → 单击下滑面板中的“定义”按钮，打开“草绘”对话框，分别选取图 4-6 所示的平面为草绘平面和参照平面。

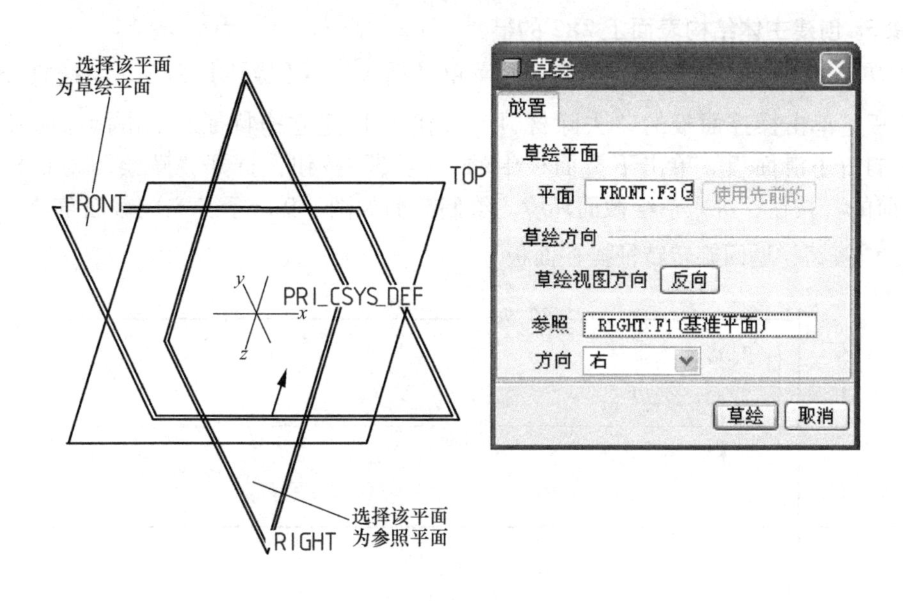

图　4-6

（2）单击“草绘”按钮，进入草绘截面环境。绘制如图 4-7 所示的截面，完成截面草绘后，单击工具栏上✔按钮，返回旋转特征操控面板。

（3）在操控面板中接受各默认选项设置，单击✔按钮，生成顶杆套主体结构，如图 4-8 所示。

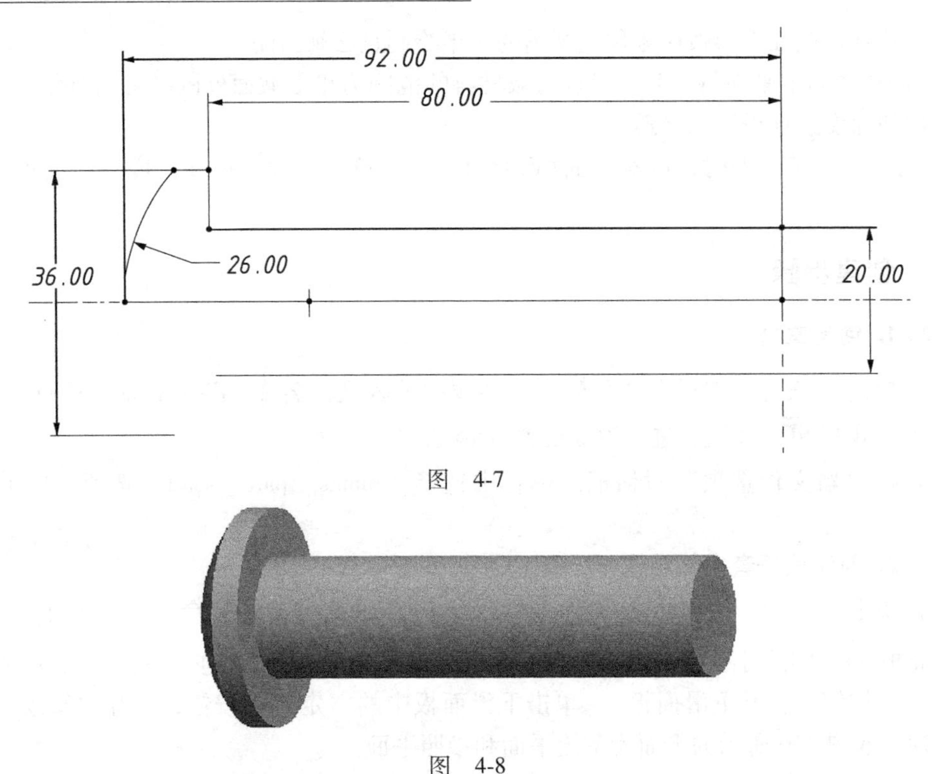

图 4-7

图 4-8

步骤 3. 创建主体结构表面上 2×2 的槽

（1）单击“旋转”按钮，或者选择菜单【插入】→【旋转】命令。系统打开旋转特征操控面板，单击操控面板的“去除材料”按钮以建立槽特征。单击操控面板的“放置”按钮打开下滑面板。单击下滑面板中的“定义”按钮，打开“草绘”对话框，单击“使用先前的”按钮，进入草绘截面环境。绘制截面如图 4-9 所示，完成截面草绘后，单击工具栏上✔按钮，返回旋转特征操控面板。

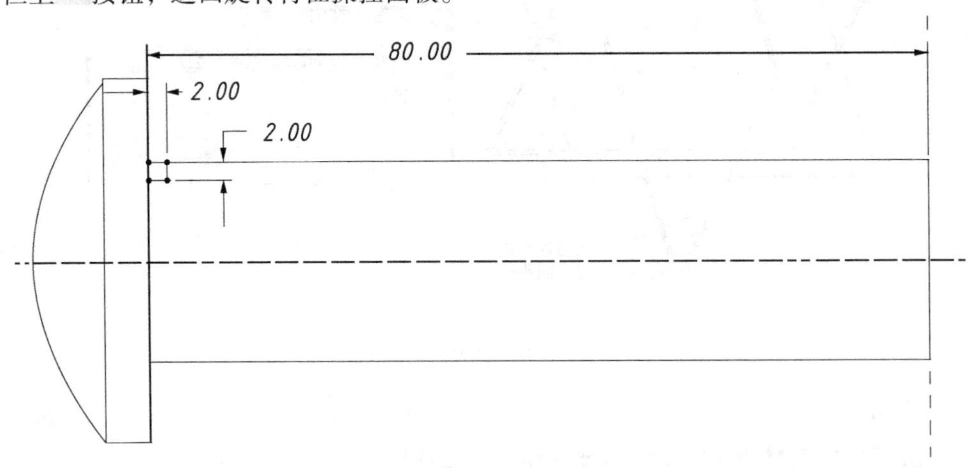

图 4-9

（2）在操控面板中接受各默认选项设置，单击✔按钮生成主体结构表面上 2×2 槽结构，如图 4-10 所示。

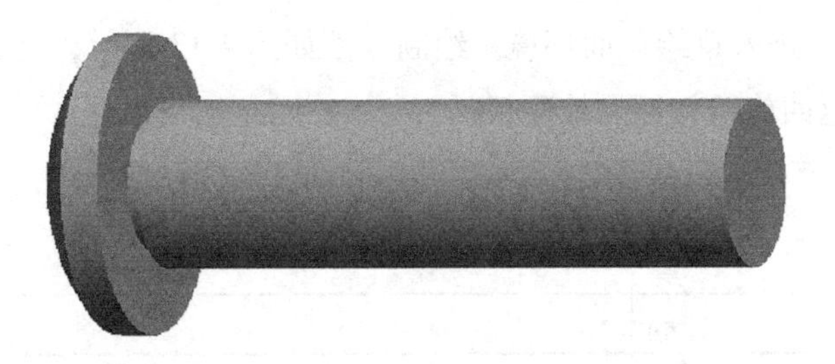

图　4-10

步骤 4. 创建 ϕ10 孔结构

（1）单击“旋转”按钮，或者选择菜单【插入】→【旋转】命令。系统打开旋转特征操控面板，单击操控面板的“去除材料”按钮以建立孔特征。单击操控面板的“放置”按钮打开下滑面板。单击下滑面板中的“定义”按钮，打开“草绘”对话框，单击“使用先前的”按钮，进入草绘截面环境。绘制如图 4-11 所示的截面，完成截面草绘后，单击工具栏上按钮，返回旋转特征操控面板。

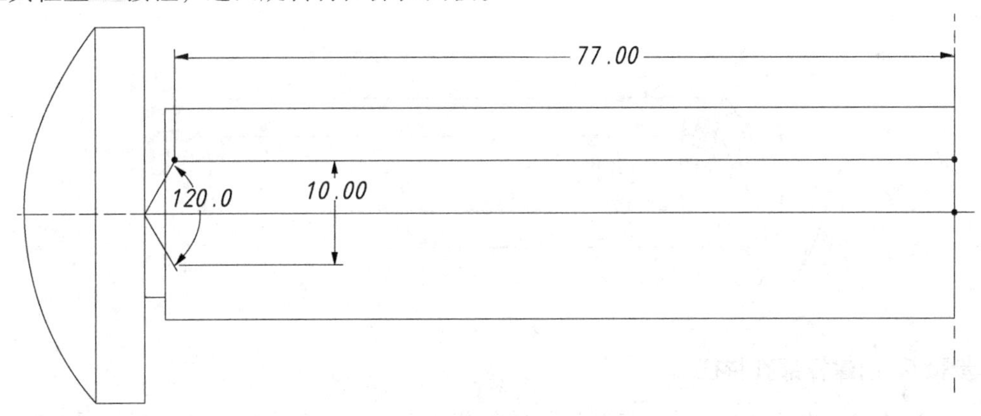

图　4-11

（2）在操控面板中接受各默认选项设置，单击图标按钮生成 ϕ10 孔结构，如图 4-12 所示。

图　4-12

步骤 5. 创建孔内 2×2 槽结构

（1）单击“旋转”按钮，或者选择菜单【插入】→【旋转】命令。系统打开旋转特征操控面板，单击操控面板的“去除材料”按钮以建立槽特征。单击操控面板的“放置”按钮打开下滑面板。单击下滑面板中的“定义”按钮，打开“草绘”对话框，单击

“使用先前的”按钮，进入草绘截面环境。绘制截面如图 4-13 所示，完成截面草绘后，单击工具栏上✔按钮，返回旋转特征操控面板。

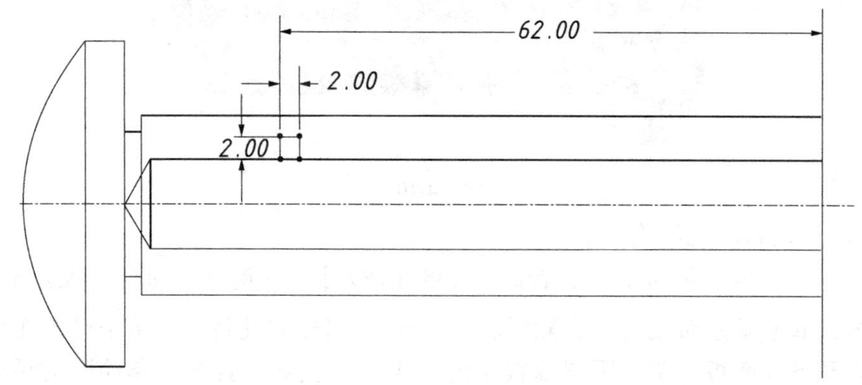

图 4-13

（2）在操控面板中接受各默认选项设置，单击✔按钮生成孔内 2×2 槽结构，如图 4-14 所示。

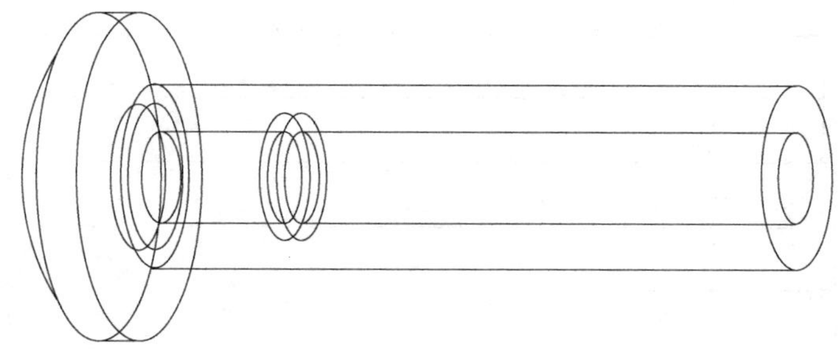

图 4-14

步骤 6. 创建杆部孔特征

（1）单击“拉伸”按钮，打开拉伸特征操控面板 → 单击操控面板的按钮 → 单击按钮，设置切减材料 → 单击操控面板的“放置”按钮，打开下滑面板 → 单击下滑面板中的“定义”按钮，打开“草绘”对话框，选取如图 4-15 所示的平面为草绘平面，默认参照平面

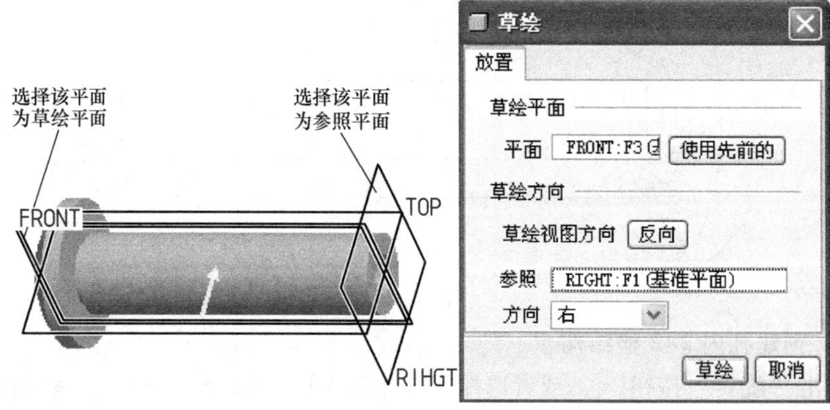

图 4-15

（2）单击“草绘”按钮，进入草绘截面环境，绘制截面如图 4-16 所示，完成截面草绘后，单击工具栏上✔按钮，返回拉伸特征操控面板。

（3）单击操控面板的“选项”按钮，打开下滑面板，拉伸深度选项设置如图 4-17 所示，在操控面板中接受其他默认选项设置 → 单击按钮，生成杆部孔特征，如图 4-18 所示。

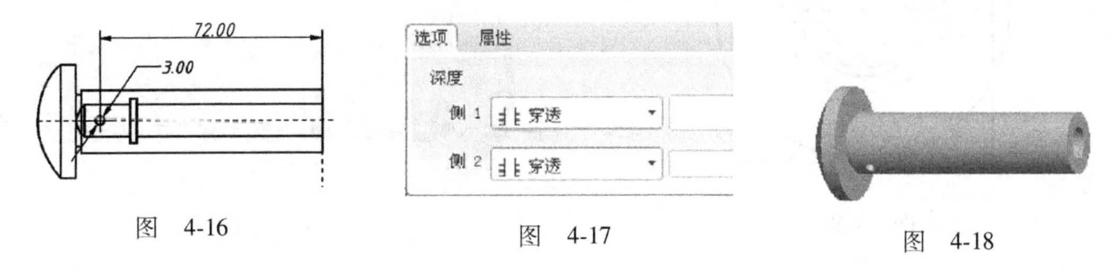

图　4-16　　　图　4-17　　　图　4-18

步骤 7. 创建球帽部平面特征

（1）单击“拉伸”按钮，打开拉伸特征操控面板 → 单击操控面板的按钮 → 单击按钮，设置切减材料 → 单击操控面板的“放置”按钮，打开下滑面板 → 单击下滑面板中的“定义”按钮，打开“草绘”对话框 → 选取如图 4-19 所示的平面为草绘平面，默认参照平面。

（2）单击“草绘”按钮，进入草绘截面环境 → 绘制如图 4-20 所示的截面 → 完成截面草绘后，单击工具栏上✔按钮，返回拉伸特征操控面板。

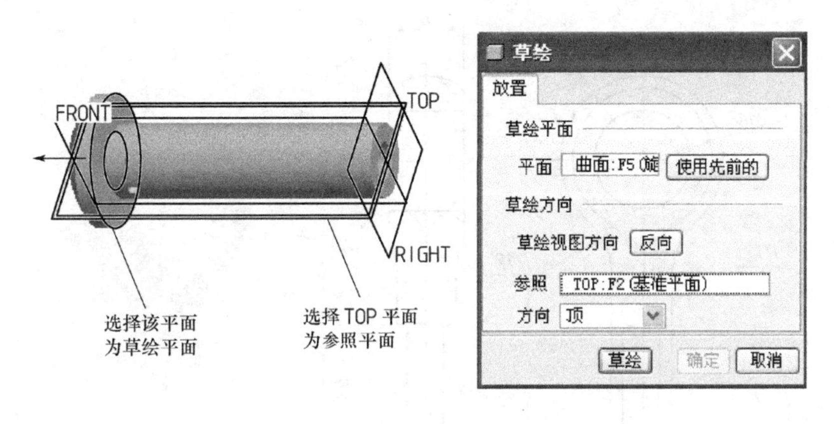

图　4-19

（3）在拉伸特征操控面板中，设置拉伸深度形式为 → 单击反向按钮，调整切减材料的范围，接受其他默认选项设置 → 单击按钮，生成球帽部平面特征。最终创建顶杆套零件如图 4-21 所示。

步骤 8. 文件存盘

单击工具栏中的图标按钮 →“缺省方向”→ 单击菜单【文件】→【保存】命令，或单击工具栏图标按钮，保存文件。

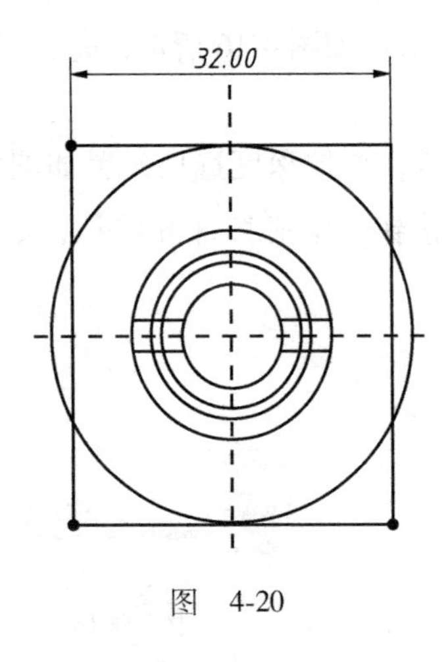

图 4-20

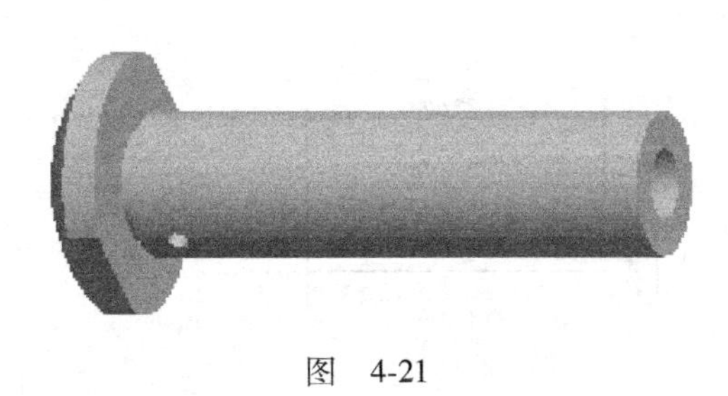

图 4-21

❖ 实训课题 2：连接杆头

一、目的及要求

目的：通过创建连接杆头零件，掌握创建旋转特征的一般方法、技巧和操作步骤。

要求：根据如图 4-22 所示的连接杆头零件图，运用旋转特征的创建方法，正确创建出连接杆头零件模型。

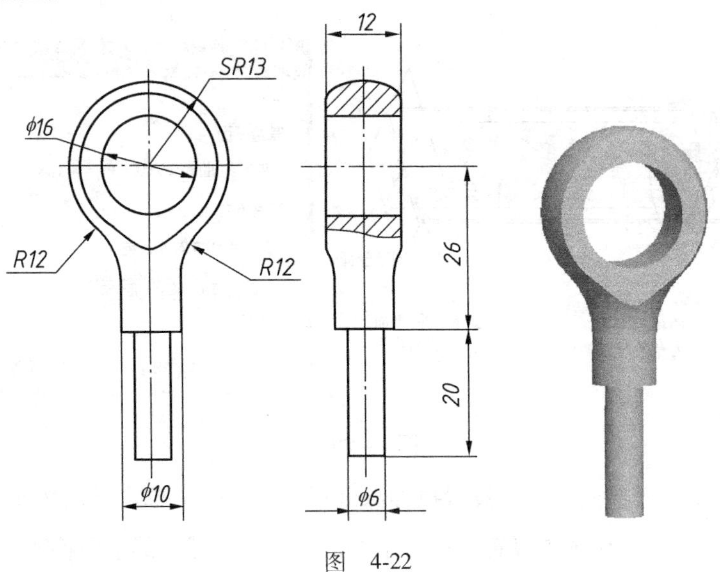

图 4-22

二、创建思路和分析

该零件主体是回转体，可采用旋转特征方式创建；$\phi16$ 孔采用切减材料拉伸特征方式创建；两平面可绘制一矩形截面，采用切减材料拉伸特征方式创建。

三、创建要点和注意事项

1）绘制旋转特征截面时，必须绘制一条旋转轴，截面图形按照零件主视图的一半绘制且必须封闭。需要特别注意的是，不是该旋转特征截面的图元不能画出。

2）两平面特征的创建采用双侧拉伸切减材料，切减材料的范围为矩形外围。深度选项为双侧穿透。

3）ϕ16 孔选取切减出的平面作为草绘平面。

四、创建步骤

创建步骤略，学生可根据图 4-22 所示的零件图自主完成。

单元小结

旋转特征是将特征截面绕一条中心轴旋转特定角度而获得的曲面、实心体或薄体，其具有轴对称特性，获得的实体是回转体。草绘旋转特征的截面时，一定要记住绘制中心线作为旋转轴。本单元介绍了创建旋转特征的一般步骤，并通过示例综合介绍了旋转特征的创建方法和技巧。

课后练习

习题 1　利用旋转特征方式创建图 4-23 所示的顶尖零件模型。

提示：1）利用旋转特征加材料方式创建顶尖主体结构特征。

2）利用旋转特征切减材料方式创建顶尖尾部孔结构。

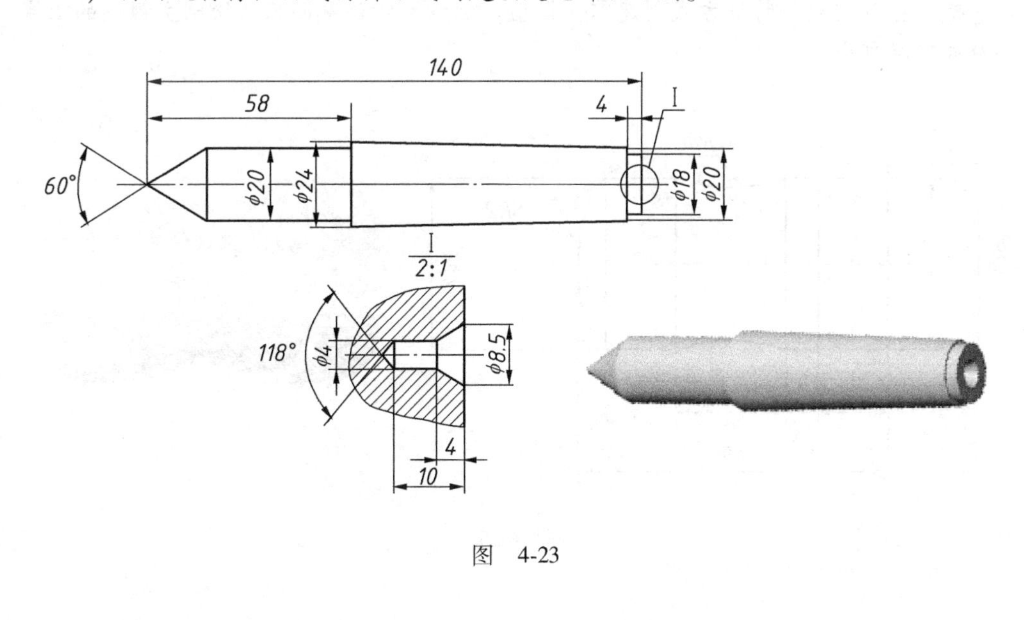

图　4-23

习题 2 创建图 4-24 所示的连接杆零件模型。

提示：1）利用旋转特征方式创建连接杆主体结构特征。

2）利用拉伸特征方式创建连接杆切口结构特征。

3）利用拉伸特征方式创建连接杆孔结构特征。

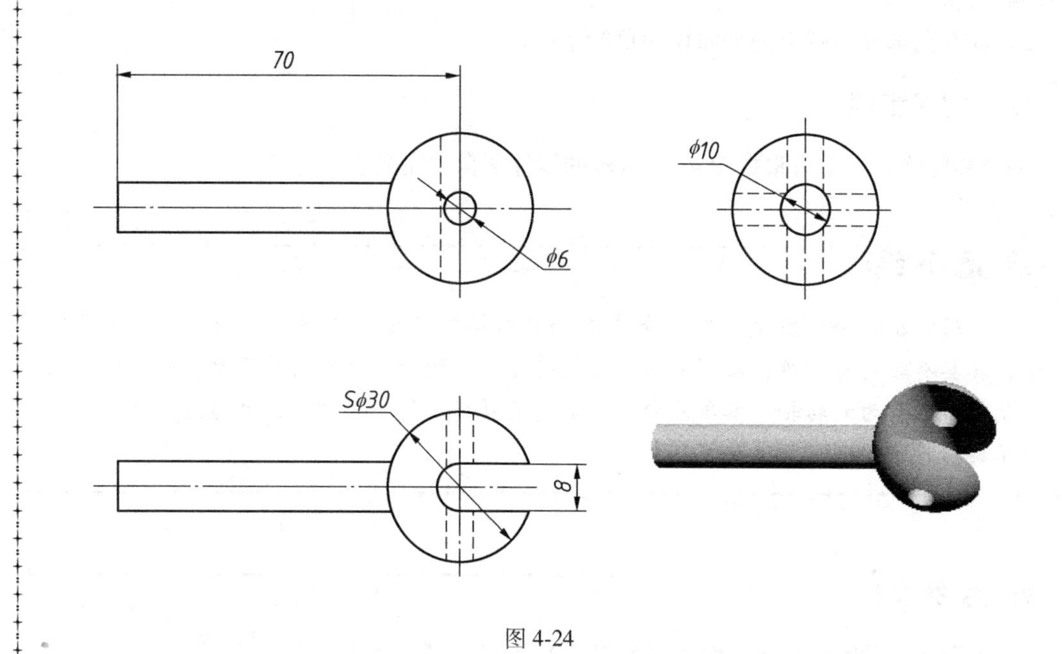

图 4-24

习题 3 创建图 4-25 所示的零件模型。

提示：利用旋转特征方式创建零件模型。注意：特征截面只需绘制主视图的上半部分或下半部分。

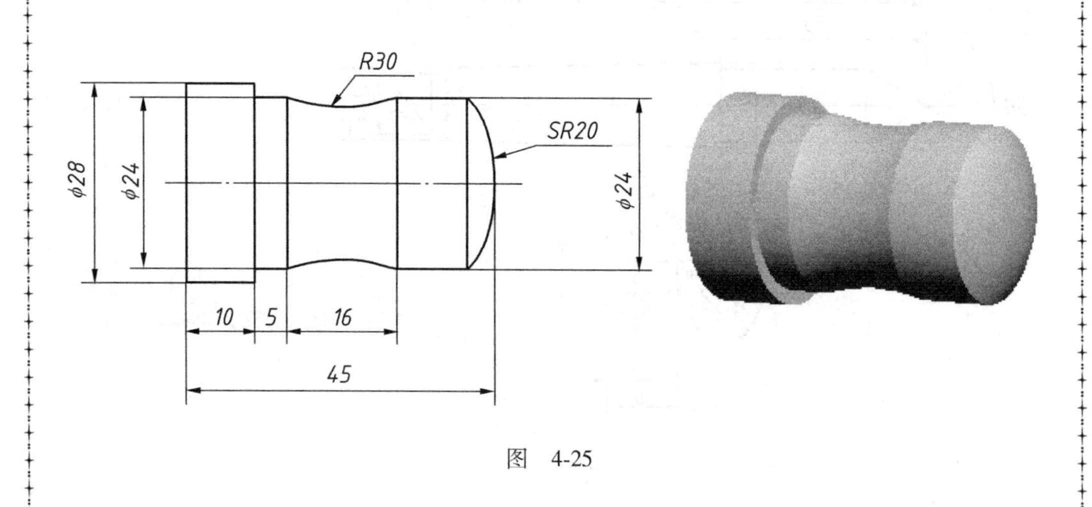

图 4-25

习题 4 创建图 4-26 所示的带轮零件模型。

提示：1）采用旋转特征创建带轮基础特征。

2）采用旋转特征切减材料方式创建带轮 V 形槽。

3）采用拉伸特征切减材料方式创建带轮键槽。

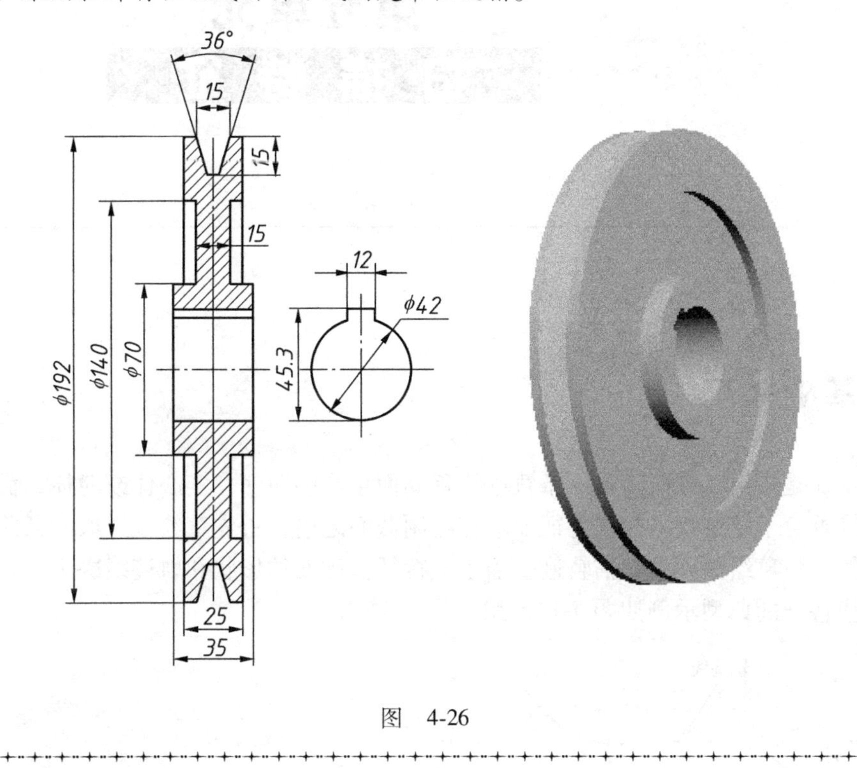

图 4-26

第五单元 扫描特征

◆ 基础知识

扫描特征是指由二维截面沿一条轨迹线移动而生成的曲面、实心体或薄体，截面在扫描过程中始终垂直于轨迹线。扫描特征要求在绘制截面之前，首先草绘或选取一条曲线作为扫描轨迹，然后将草绘截面沿扫描轨迹扫描生成特征。截面的形状和轨迹线决定了扫描特征的形状。扫描特征的典型示例如图 5-1 所示。

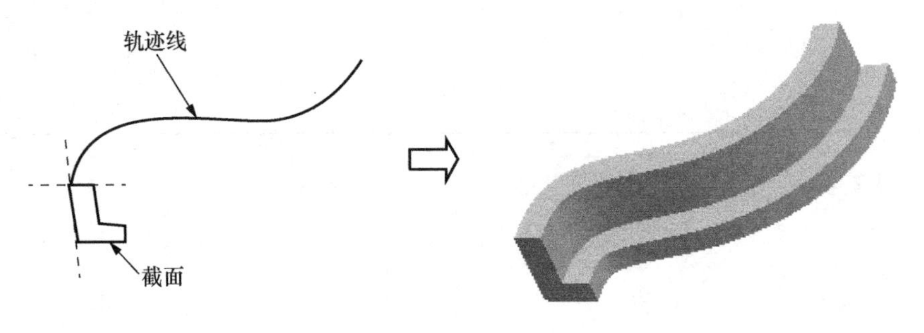

图 5-1

一、扫描特征类型

扫描特征类型包括“伸出项”“薄板伸出项”“切口”“薄板切口”“曲面”“曲面修剪”和“薄曲面修剪”7 种形式，如图 5-2所示。

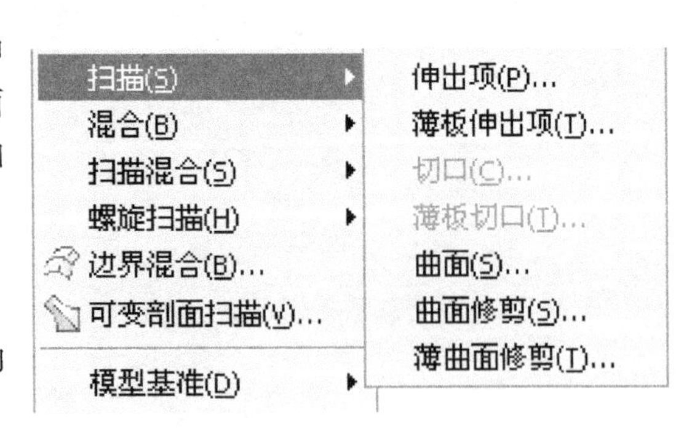

图 5-2

二、扫描轨迹线的建立方式

系统提供了两种建立轨迹线的方式，即草绘轨迹与选取轨迹。

（1）草绘轨迹方式　需要依次设置草绘

平面、参照平面，在指定的草绘平面上绘制轨迹线。该方式只限于建立平面轨迹线。

（2）选取轨迹方式　需要选取已存在的基准曲线或实体边链作为轨迹线，该轨迹线可为平面曲线，也可为空间三维曲线。

注意：1）更改起始点方向的方法：选择需更改方向的起始点，使其变为红色，然后选择菜单【草绘】→【特征工具】→【起点】命令，则起始点的方向改变成反方向。在混合特征单元中，起始点改变方向的方法与此相同。

2）当扫描轨迹线绘制完成后，系统会自动切换视角至该轨迹线起始点处与轨迹线正交的平面上，进行特征截面的绘制。

三、扫描特征的属性设置

按照轨迹与截面关系的不同，扫描特征的属性有以下两种情况。

1. 合并端与自由端

如果轨迹线为开口型，且其端点与已有实体特征相接时，系统提供如图 5-3 所示的两种属性设定。

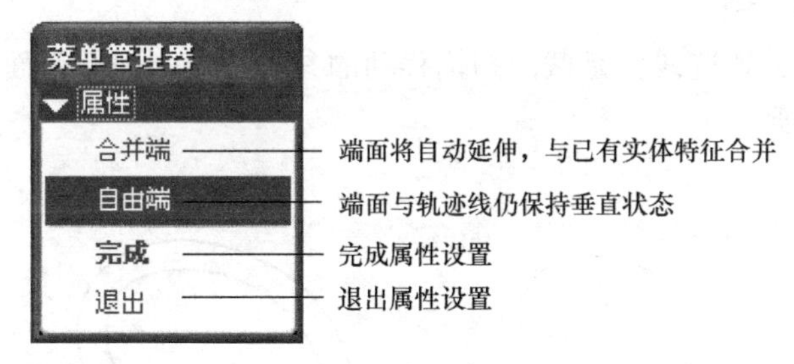

图　5-3

执行“合并端”与“自由端”命令的结果分别如图 5-4、图 5-5 所示。

图　5-4

图　5-5

注意：轨迹线为开口型时，截面必须为闭合型。

2. 添加内表面与无内表面

如果轨迹线为封闭型，系统提供如图 5-6 所示的两种属性设定。

注意：对于“添加内表面”，截面开口应朝向封闭轨迹线的内部。

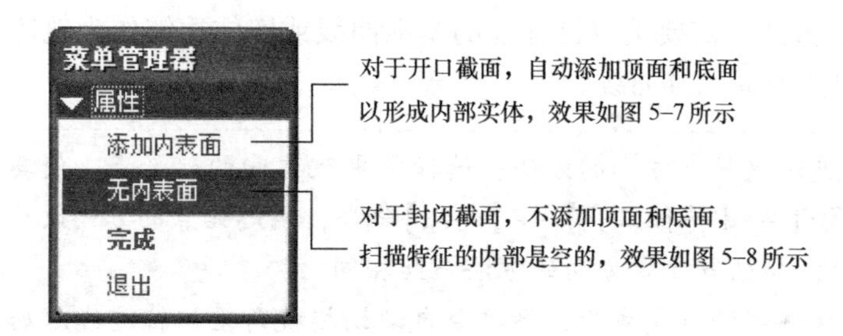

图 5-6

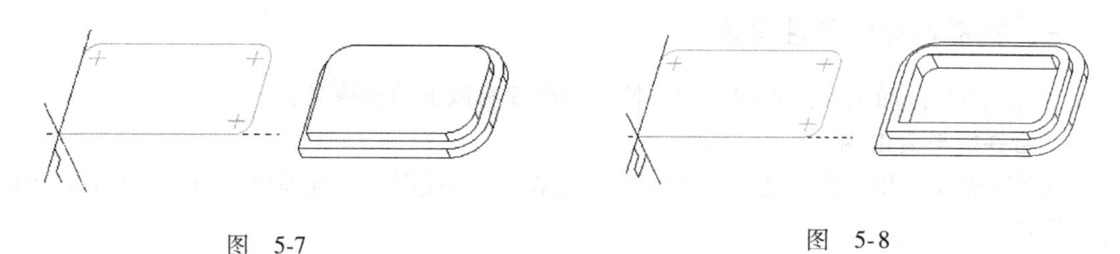

图 5-7　　图 5-8

建立扫描特征时，轨迹线仅是截面扫描移动的参考路径，因而截面可与轨迹线相接触或不相接触，如图 5-9 所示。

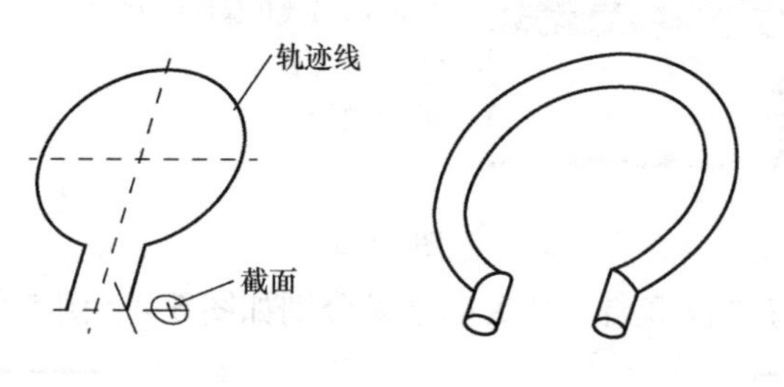

图 5-9

注意：轨迹线与截面间应相互协调，避免因截面过大或轨迹线曲率半径过小而导致截面干涉，产生特征生成失败现象。

四、创建扫描特征的一般步骤

扫描特征的类型有多种，创建的步骤大致相同。这里以实体特征为例说明创建扫描特征的一般步骤。

步骤 1. 建立新的零件文件

与拉伸特征创建新文件的方法相同，详见第三单元相关内容。

步骤 2. 设置扫描特征类型

选择【插入】→【扫描】→【伸出项】命令，系统打开如图 5-10 所示的对话框，并显示“扫描轨迹”菜单，如图 5-11 所示。

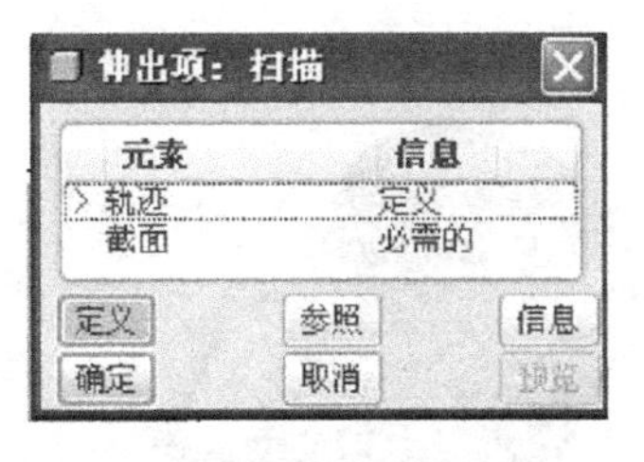

图 5-10

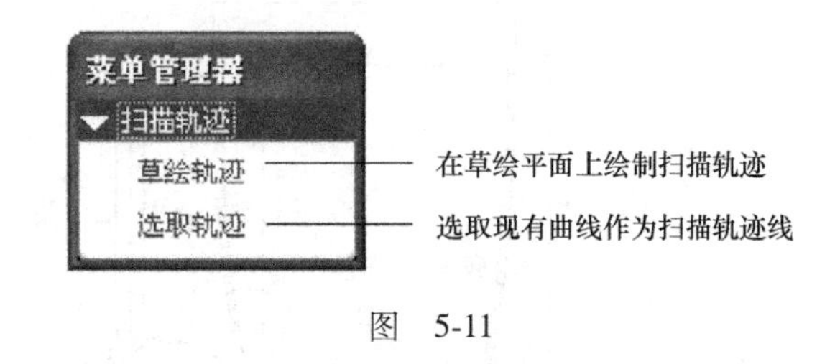

图 5-11

步骤 3. 确定扫描轨迹线

在“扫描轨迹”菜单中，选择【草绘轨迹】命令草绘扫描轨迹线，或者选择【选取轨迹】命令选取现有曲线作为扫描轨迹线(这里以草绘轨迹为例)，按设计要求依次定义草绘平面、参照平面及其方向，进入草绘窗口，绘制所需的轨迹线，完成后单击✔按钮。

步骤 4. 设置扫描特征的属性

如果是开口轨迹线，并且与已有实体特征相接触，则需从“属性”菜单中指定是“合并端”还是“自由端”，完成属性定义后选择“完成”命令。如果是闭合轨迹线，则需从“属性”菜单中指定是“添加内表面”还是“无内表面”，完成属性定义后选择“完成”命令。

步骤 5. 绘制扫描特征的截面

自动进入草绘模式，绘制扫描特征的截面。如果该扫描特征为切口，应指定扫描切口材料的去除侧。完成后单击✔按钮。

步骤 6. 生成扫描特征

所有特征参数定义完成后，单击特征对话框中的[预览]按钮，执行特征预览，或者单击特征对话框中的[确定]按钮，创建该扫描特征。

提示： 创建曲面扫描特征的方法和步骤与创建实体扫描特征相似。不同之处在于创建曲面扫描特征时，在下拉菜单中选择【插入】→【扫描】→【曲面】命令，其他操作与创建实体扫描特征一样。

❖ 实训课题 1：茶杯

一、目的及要求

目的：通过创建茶杯，掌握创建薄体旋转特征的一般方法和扫描特征的创建操作步骤。

要求：根据图 5-12 所示的茶杯零件图，运用旋转特征和扫描特征的创建方法，正确创建茶杯零件模型。

二、创建思路和分析

茶杯的杯体是回转体且壁厚均匀(等厚)，故可采用薄体旋转特征创建；手柄为等截面，是截面沿轨迹线运动生成的，故可采用扫描特征创建。

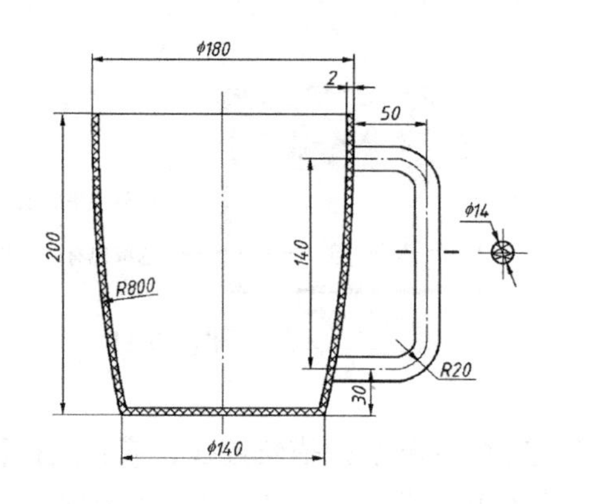

图 5-12

三、创建要点和注意事项

1）茶杯的杯体采用薄体旋转特征创建，薄体厚度增长方向设置为朝内。

2）手柄轨迹线为开口型，绘制轨迹线时选择杯体外侧 R800 弧线为草绘参照；因手柄与杯体融合，故扫描特征的属性设置为合并端。

四、创建步骤

步骤 1. 创建文件

（1）单击□按钮 → 在“新建”对话框中输入文件名称：chabei → 设置“类型” → 单击 确定 按钮，进入模板设置对话框。

（2）在“新文件选项”对话框的模板中选择“mmns _ part _ solid”选项，单击 确定 按钮。

步骤 2. 创建茶杯杯体

（1）单击“旋转”按钮，系统打开旋转特征操控面板 → 单击操控面板的□按钮 → 单击“薄体旋转”按钮□ → 单击操控面板的“放置”按钮，打开下滑面板 → 单击下滑面板中的“定义”按钮，打开“草绘”对话框 → 分别选取如图 5-13 所示的平面为草绘平面和参照平面。

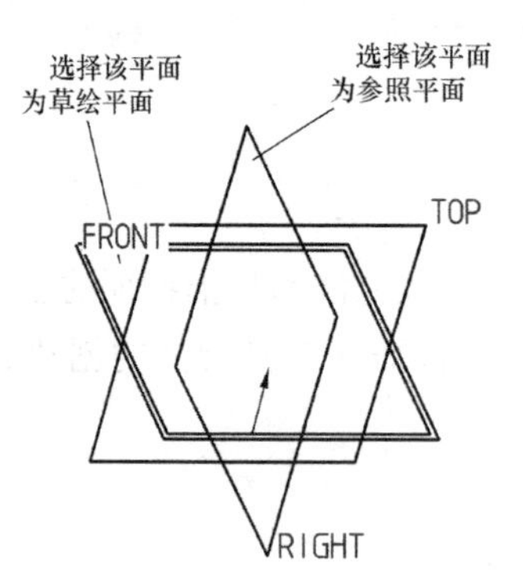

图 5-13

（2）单击“草绘”按钮，进入草绘截面环境。绘制截面如图 5-14 所示，完成截面草绘后，单击工具栏上✔按钮，返回旋转特征操控面板。

（3）在旋转特征操控面板中定义旋转角度为 360°，薄体厚度为 2，单击“切换”按钮，使薄体厚度增长方向朝内，如图 5-15 所示。

（4）单击✔按钮，生成水杯杯体特征，如图 5-16 所示。

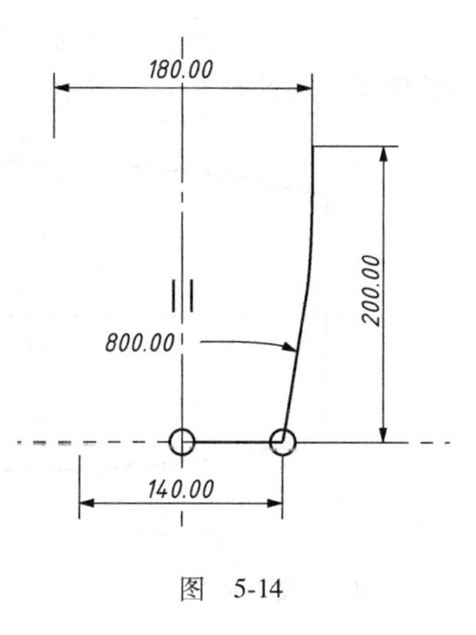

图 5-14

步骤 3. 创建茶杯手柄

（1）选择菜单【插入】→【扫描】→【伸出项】命令，系统打开如图 5-10 所示“伸出项：扫描”对话框，并显示“扫描轨迹”菜单，如图 5-11 所示。

图 5-15

（2）选择“草绘轨迹”命令，选择 FRONT 面为草绘平面，单击“方向”菜单中的“确定”命令；单击“草绘视图”菜单中的“顶”命令，选择 TOP 面为参照平面，以指定其方向朝上。

（3）进入草绘截面环境，选择菜单【草绘】→【参照】命令，选择杯体外弧线为草绘参照，绘制如图 5-17 所示的扫描轨迹线，完成后单击工具栏上✔按钮结束。

注意： 选择杯体外弧线为草绘参照，可使绘制的扫描轨迹线端点重合在杯体表面，避免生成特征端部与杯体有突出或不相交的情况发生。

图 5-16

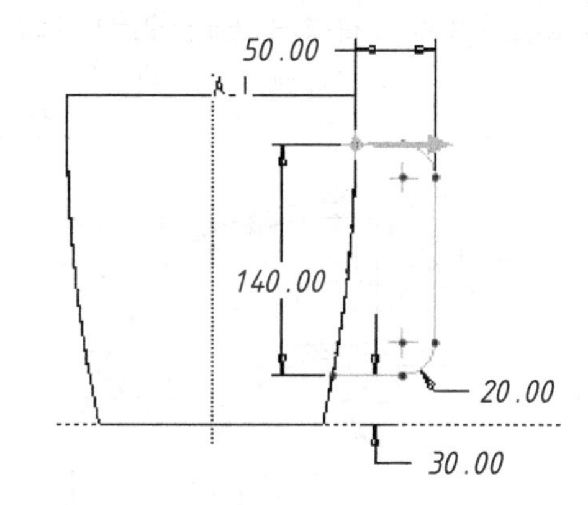

图 5-17

（4）在【属性】菜单中选择“合并端”→“完成”命令，使扫描特征端部与杯体融合。

（5）自动进入草绘截面环境，绘制图 5-18 所示的扫描特征截面，之后单击工具栏上✔按钮结束。

（6）单击“伸出项：扫描”对话框中的 确定 按钮，完成手柄的创建。至此，完成了茶杯的创建，效果如图 5-19 所示。

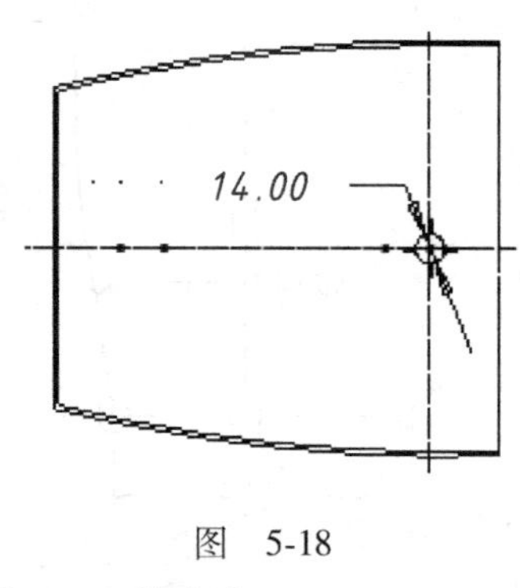

图 5-18

图 5-19

步骤 4. 文件存盘

单击工具栏中的图标按钮 →“缺省方向” → 单击工具栏图标按钮，保存文件。

❖ 实训课题 2：管接头

一、目的及要求

目的：通过创建管接头，掌握创建扫描特征的一般方法和操作步骤。

要求：根据图 5-20 所示的管接头零件图，运用扫描特征的创建方法，正确创建管接头零件模型。

二、创建思路和分析

管接头是壁厚均匀(等厚)的细长弯曲管道，两端的直径比中间大，故两端凸缘用拉伸特征创建；中间弯曲段用扫描【伸出项】命令创建；管接头的空腔用扫描【切口】命令创建，两端止口用拉伸切除材料方式创建。

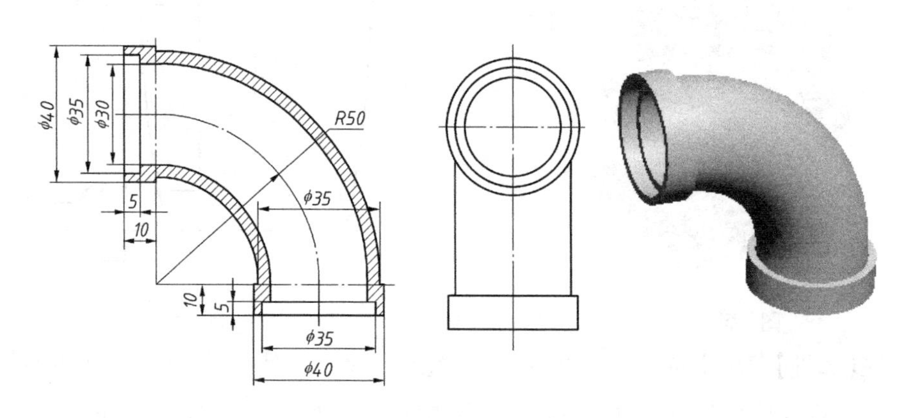

图 5-20

三、创建要点和注意事项

1）创建中间弯曲段特征时，选择菜单【插入】→【扫描】→【伸出项】命令，【属性】菜单中选择【合并端】命令。

2）创建管接头的空腔特征时，选择菜单【插入】→【扫描】→【切口】命令，注意切除材料的方向。

四、创建步骤

创建步骤略，学生可根据图 5-20 所示的零件图自主完成。

单元小结

扫描特征是指由二维截面沿一条轨迹线移动而生成的曲面、实心体或薄体，截面在扫描过程中始终垂直于轨迹线。值得注意的是，轨迹线与截面间应相互协调，避免因截面过大或轨迹线曲率半径过小而发生截面干涉现象，造成特征生成失败。本单元介绍了创建扫描特征的一般步骤和属性设置，并通过示例综合介绍了扫描特征的创建方法和技巧。

课后练习

习题 1 利用扫描特征方式创建图 5-21 所示的六角扳手模型。

提示： 以断面图为扫描特征截面创建扫描特征。

习题 2 创建图 5-22 所示的扶手零件模型。

提示： 1）以 ϕ20 的圆为截面利用扫描特征方式创建扶手主体。

2）利用拉伸特征方式创建两个扶手底座。

3）利用扫描特征方式创建扶手中的 ϕ10 孔。

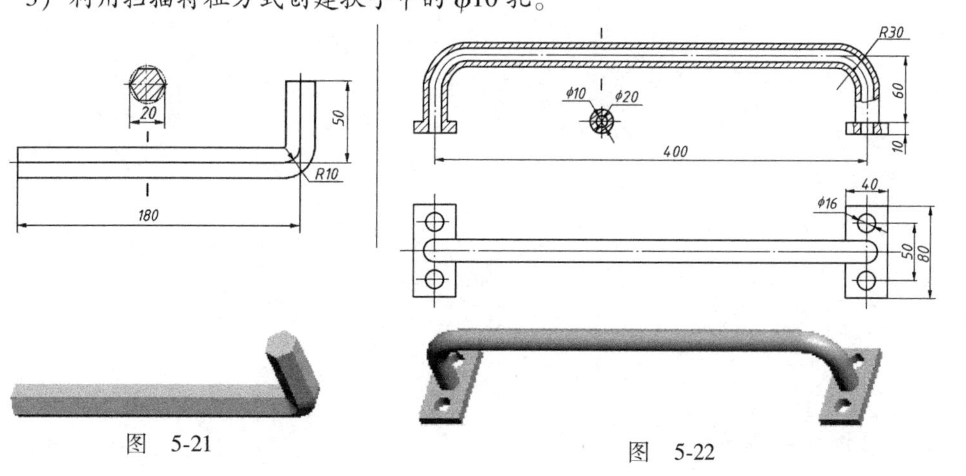

图 5-21

图 5-22

习题 3 利用扫描特征创建如图 5-23 所示的衣架。

提示：以断面图 ϕ10 圆为扫描特征截面创建扫描特征。

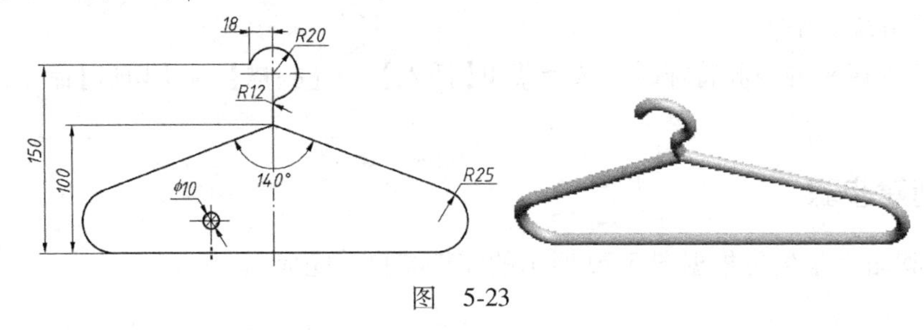

图 5-23

习题 4 创建如图 5-24 所示的提手模型。

提示：1）以 12×5mm 矩形截面为扫描特征截面，利用扫描特征创建提手模型的主体结构。

2）利用拉伸特征创建中间的加强筋结构。

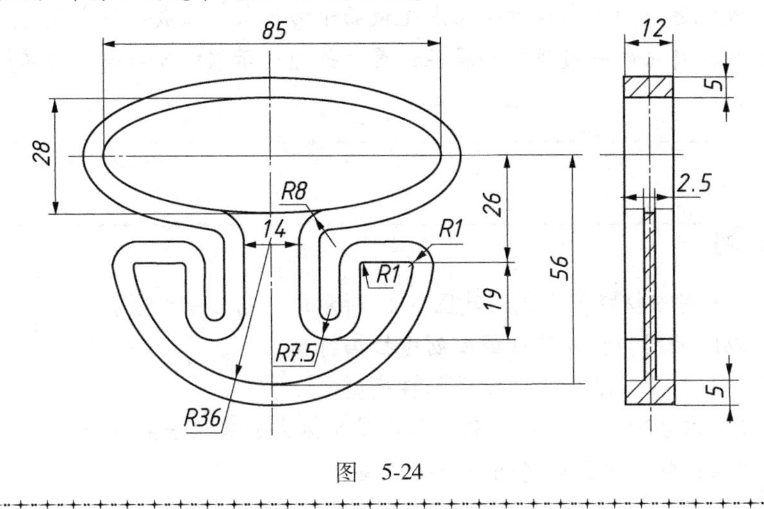

图 5-24

第六单元

混合特征

❖ 基础知识

混合特征是将多个截面通过一定的方式连接起来生成的曲面、实心体或薄体，各截面之间用过渡表面连接形成一个连续的特征。图 6-1 所示为典型的混合特征。本单元将介绍三种基本混合特征的创建方法。

一、混合特征的应用类型

混合特征共有 7 种类型，即“伸出项”“薄板伸出项”“切口”“薄板切口”“曲面”“曲面修剪”和“薄曲面修剪”，如图 6-2 所示。

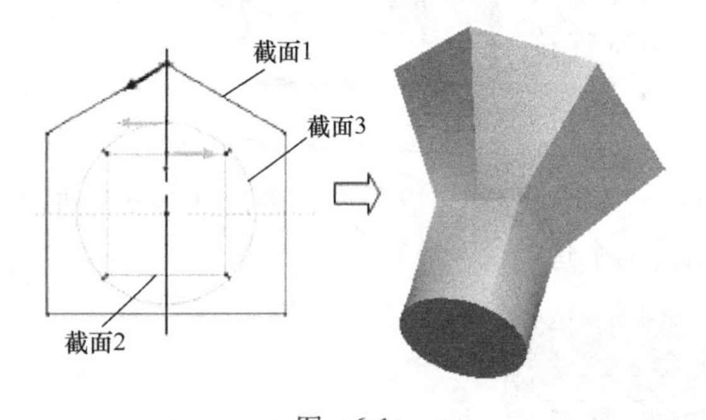

图 6-1

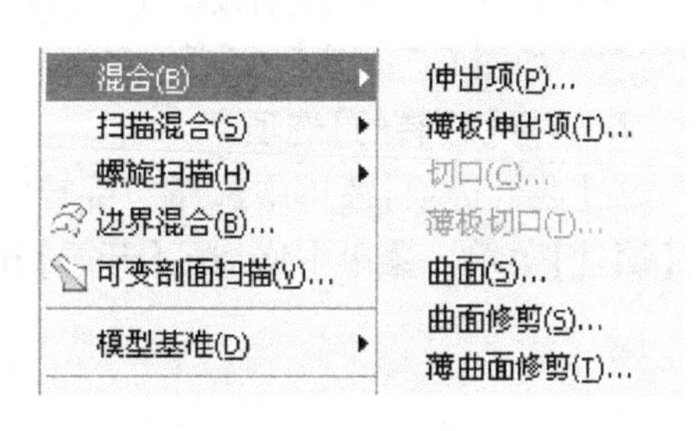

图 6-2

建立混合特征必须绘制多个特征截面，截面的形状、位置关系及截面之间的连接方式决定了混合特征的形状。

二、混合选项说明

单击【插入】→【混合】命令 → 在图 6-2 所示的菜单中选择一个选项 → 弹出“混合选项”菜单。菜单中各选项的含义如图 6-3 所示。

图 6-3 所示菜单中的三种混合类型，说明如下：

（1）平行混合　各混合截面位于多个相互平行的平面上。所有的截面在同一草绘平面中绘制，但需通过【草绘】→【特征工具】→【切换截面】命令将刚绘制的截面“冻结”，之后再绘制下一个截面。

（2）旋转混合　各混合截面以 y 轴为旋转中心，旋转角度设定范围为 0~120°。各截面必须单独绘制在不同的草绘平面上，因此每个截面必须建立一个坐标系用作对齐各截面的参照。

（3）一般混合　各混合截面可以绕 x、y、z 轴旋转，旋转角度设定范围为±120°，也可以沿着三根轴平移。各截面必须单独绘制在不同的草绘平面上，并且每个截面都需要建立坐标系作为对齐参照。

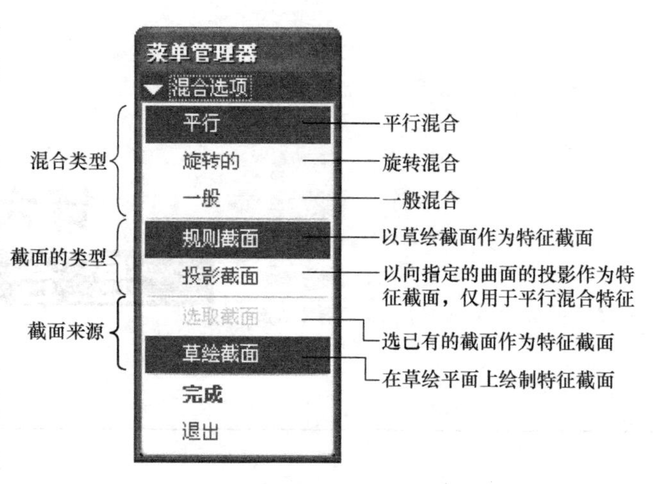

图　6-3

三、设置属性

在【混合选项】菜单中选择不同的混合类型选项，将弹出不同属性菜单，在此以【伸出项】选项来介绍混合特征的各个属性选项。

1. 选择【平行】或【一般】选项

在【混合选项】菜单中选择“平行”或“一般”/“规则截面/草绘截面/完成”时，弹出如图 6-4 所示的【属性】菜单。

各截面的对应点分别按“直”和“光滑”方式连接后的效果如图 6-5、图 6-6 所示。

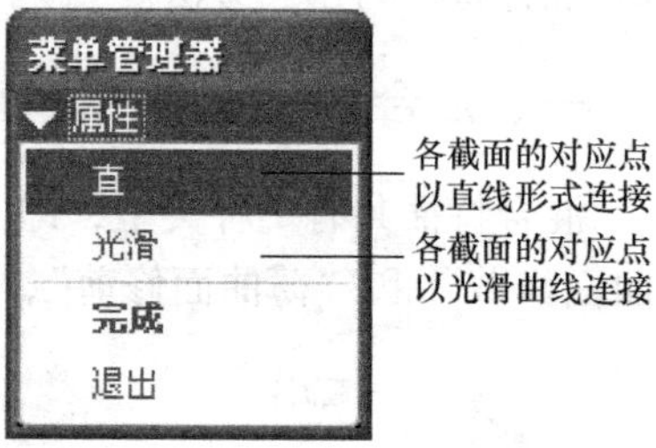

菜单管理器
属性
直　—　各截面的对应点以直线形式连接
光滑　—　各截面的对应点以光滑曲线连接
完成
退出

图　6-4

2. 选择【旋转的】选项

在【混合选项】菜单中选择“旋转的/规则截面/草绘截面/完成”时，弹出如图 6-7 所示的【属性】菜单。菜单中增加了【开放】和【封闭的】两个选项。

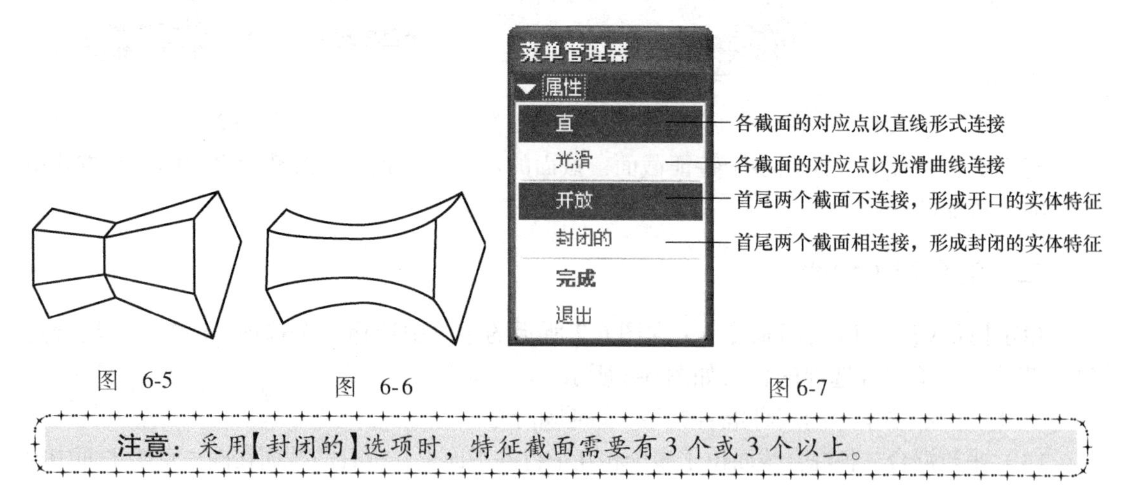

图　6-5　　图　6-6　　图 6-7

注意：采用【封闭的】选项时，特征截面需要有 3 个或 3 个以上。

采用“开放”和“封闭的”两种截面连接方式所形成的实体特征，分别如图 6-8 和图 6-9 所示。

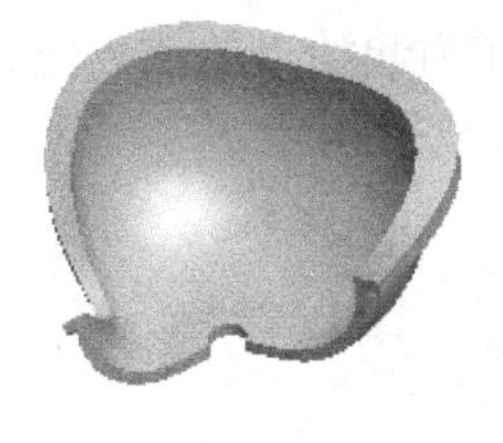

图　6-8

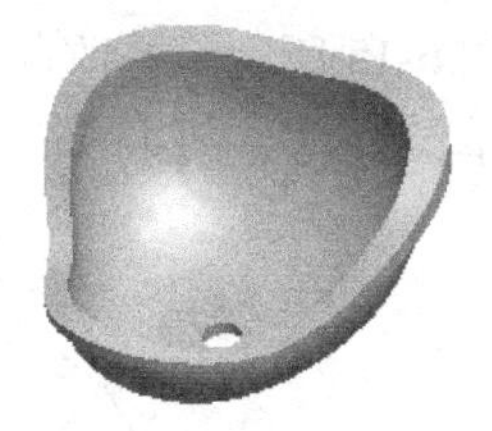

图　6-9

四、绘制截面注意事项

（1）各截面的图元数（顶点数）必须相等　无论创建何种类型的混合特征，各截面的图元数（顶点数）必须相等。若截面的图元数不相等，可采用以下两种方式解决。

1）使用草绘工具按钮 来分割图元数量（顶点数量）少的截面，使各截面的图元数（顶点数）相等。如图 6-10 所示，将圆分割成四段圆弧，与第一截面的四条边对应，生成如图 6-11 所示的平行混合特征。

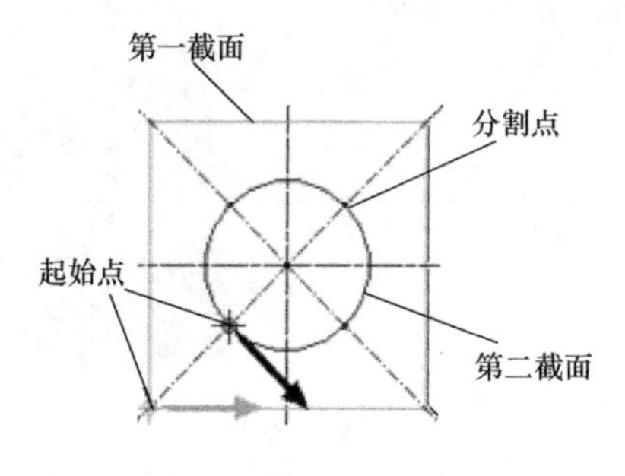

图　6-10

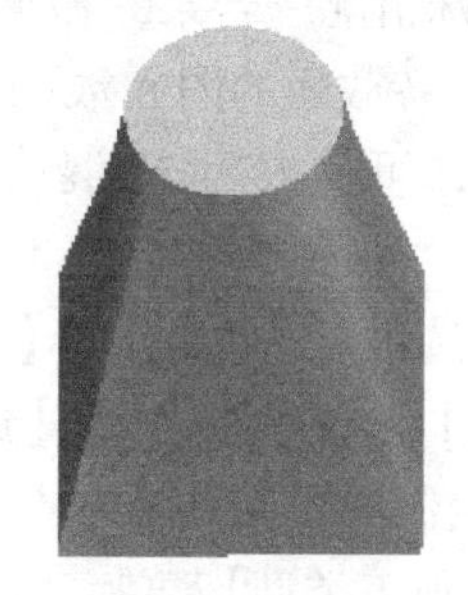

图　6-11

2）若截面的图元数不相等，且不能对图元进行分割，此时可通过选择菜单【草绘】→【特征工具】→【混合顶点】命令添加混合顶点，如图 6-12 所示。具体操作方法如图 6-13 所示，先选择欲添加混合顶点的点，使其变成红色，然后选择菜单【草绘】→【特征工具】→【混合顶点】命令，即可在该点处添加混合顶点，生成如图 6-14 所示的混合特征。

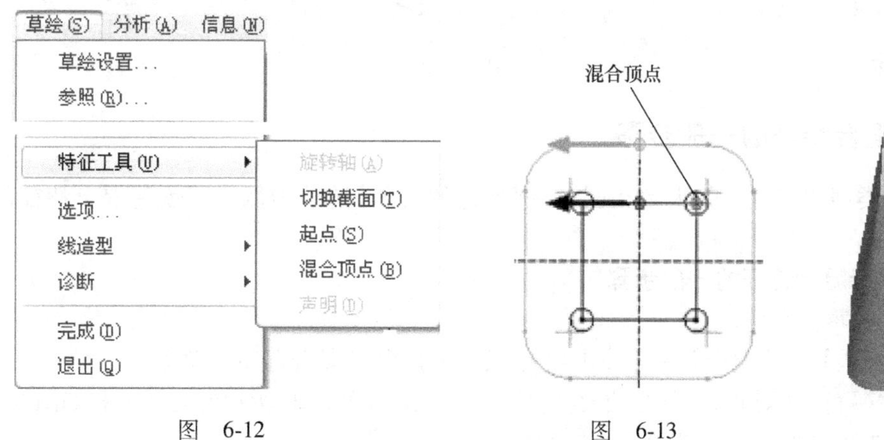

图　6-12　　图　6-13

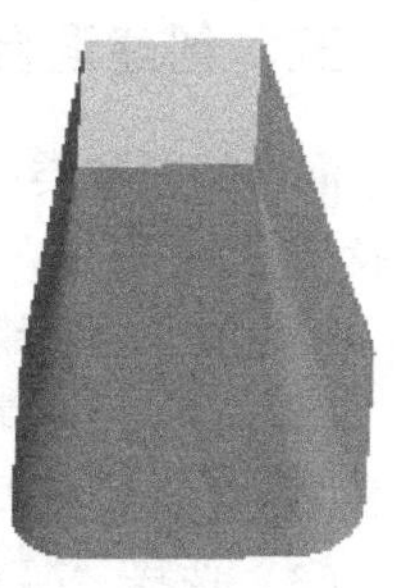

图　6-14

（2）各截面起始点的位置需对应　各截面都有一个箭头，指示起始点的位置和方向，在绘制各截面时，应使起始点的位置对应。如果起始点的位置不对应，生成的混合特征将发生扭曲，如图 6-15 所示。更改起始点位置的方法是：选择作为起始点的点，使其变为红色，然后选择菜单【草绘】→【特征工具】→【起点】命令，如图 6-12 所示。

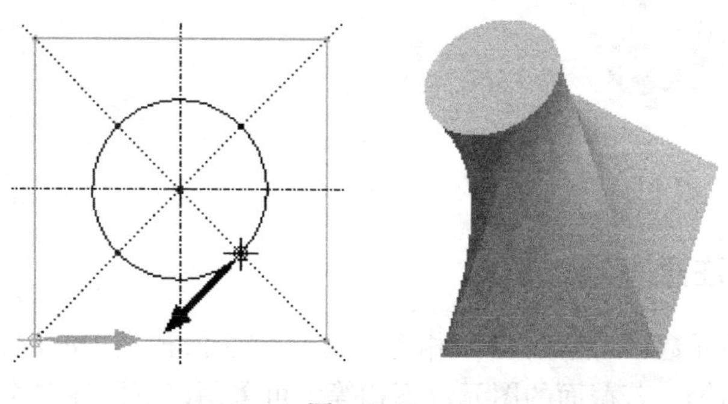

图　6-15

注意：起始点处不能添加混合顶点。

（3）特殊情况　若某一截面图元只是一个点，则该点不受“各截面的图元数（顶点数）必须相等”原则的限制，可直接生成混合特征，如图 6-16 所示。

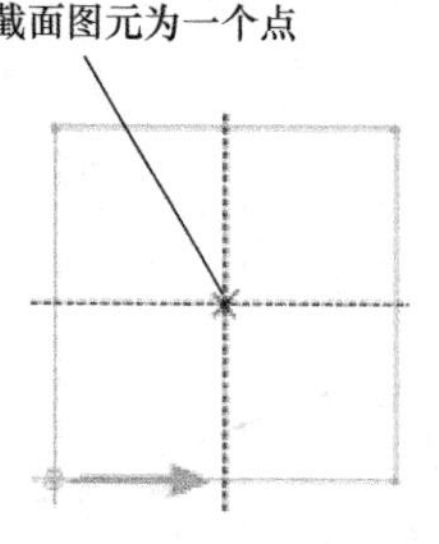

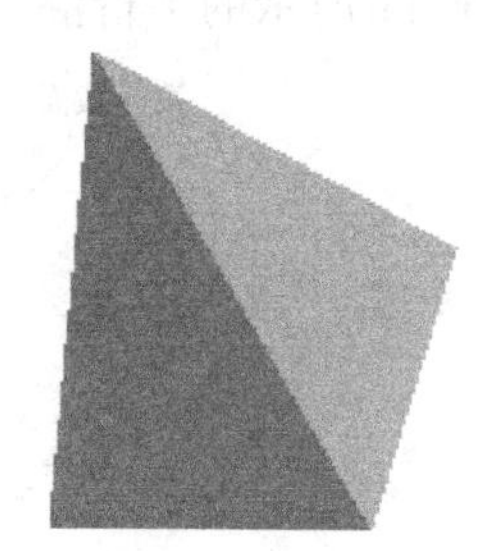

图　6-16

若【混合选项】菜单中选择【旋转的】或【一般】选项，【属性】菜单选择【光滑】选项，第一个或最后一个截面绘制的图元是一个点，此时将弹出如图 6-17 所示的【顶盖类型】菜单。

采用“尖点”“光滑”两种方式形成的特征分别如图 6-18 和图 6-19 所示。

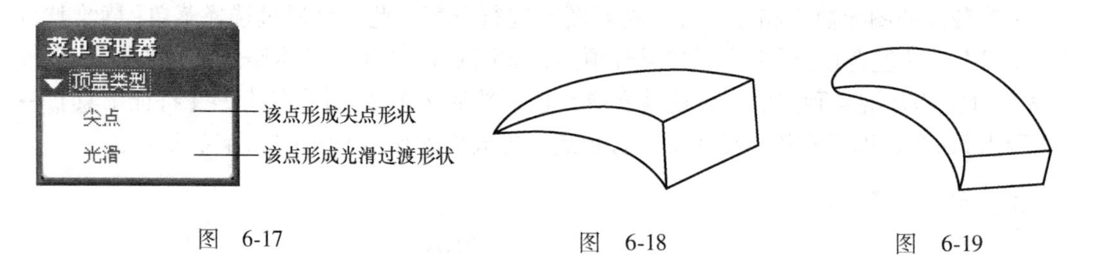

图　6-17　　图　6-18　　图　6-19

五、创建混合特征的一般步骤

混合特征各类型的创建步骤大致相同，在此以【伸出项】选项为例介绍创建混合特征的一般步骤。

1. 创建具平行混合特征的一般步骤

（1）建立新的零件文件。

（2）选择【插入】→【混合】→【伸出项】命令 → 弹出“混合选项”菜单。

（3）选择“平行/规则截面/草绘截面/完成”→ 弹出如图 6-20 所示的对话框和如图 6-4 所示的菜单 → 选择“直”或“光滑”/“完成”。

（4）设置草绘平面和参照平面。

（5）草绘第一个截面。

（6）选择【草绘】→【特征工具】→【切换截面】命令，切换至第二个截面并进行绘制。此时，第一个截面变成灰色，为非活动截面，无法对其进行任何修改操作。采用相同方法，逐个绘制各个截面图元，直到完成最后一个截面图元。

图　6-20

（7）完成所有截面草绘后，单击✔按钮，退出草绘模式。

（8）在信息提示区的文本框中依次定义相邻两截面间的距离，即各截面的深度。

（9）在特征对话框中单击确定按钮，完成特征的创建。

2. 创建旋转混合特征的一般步骤

（1）建立新的零件文件。

（2）选择【插入】→【混合】→【伸出项】命令→弹出“混合选项”菜单。

（3）选择“旋转的/规则截面/草绘截面/完成”→弹出如图 6-21 所示的对话框和如图 6-7 所示的菜单→选择“直”或“光滑”/“开放”或“封闭的”/“完成”。

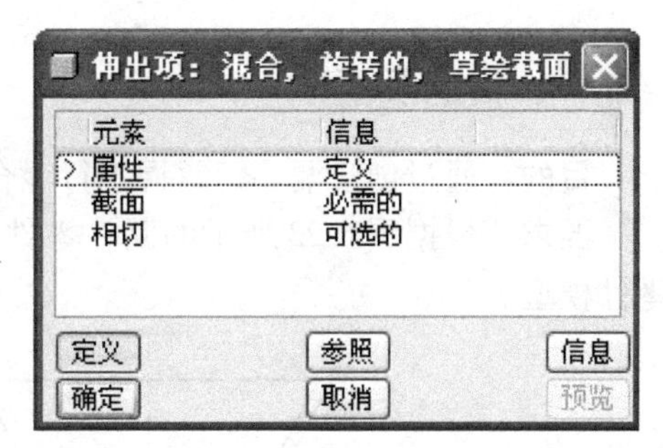

图　6-21

（4）设置草绘平面和参照平面。

（5）草绘第一个截面。在草绘截面时，必须用按钮添加坐标系，以建立各截面的旋转中心和尺寸参照。单击✔按钮，结束当前截面草绘。

（6）依据提示为下一截面输入 y 轴旋转角度(范围为 0~120°)。

（7）继续草绘下一截面，完成后单击✔按钮。

（8）系统提示是否要继续下一截面，如果回答“是”，则继续按上述方式绘制截面，直到完成最后一个截面；如回答“否”，则结束截面绘制。

（9）在特征对话框中单击确定按钮，完成特征的创建。

3. 创建一般混合特征的一般步骤

（1）建立新的零件文件。

（2）选择【插入】→【混合】→【伸出项】命令→弹出“混合选项”菜单。

（3）选择“一般/规则截面/草绘截面/完成”→弹出如图 6-22 所示的对话框和如图 6-4 所示的菜单→选择“直”或“光滑”/“完成”。

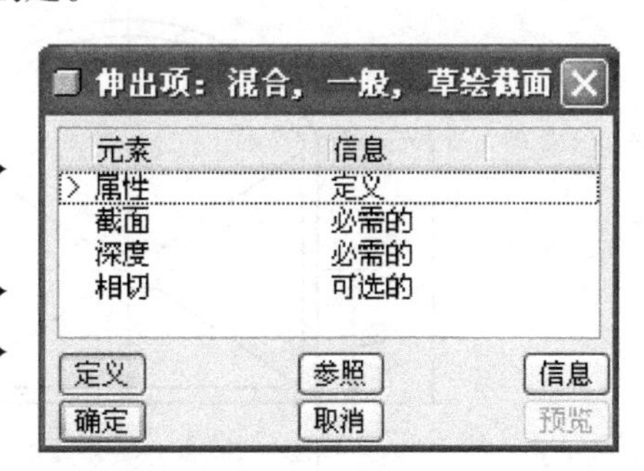

图　6-22

（4）设置草绘平面和参照平面。

（5）草绘第一个截面。在草绘截面时，必须用按钮添加草绘坐标系，以建立各截面的旋转中心和尺寸参照。单击✔按钮，结束当前截面草绘。

（6）依据提示依次输入下一个截面相对前一截面绕 *x*、*y* 和 *z* 轴的旋转角度（范围为 ±120°），以确定截面的位置。草绘完所有的混合截面后，在提示“是否继续下一个截面”时选择“否”。

（7）依次输入下一截面相对前一截面的偏距深度值。

（8）单击特征对话框中的确定按钮，完成特征的创建。

提示：创建曲面混合特征的方法和步骤与创建实体混合特征相似。不同之处在于创建曲面混合特征时，在下拉菜单中选择【插入】→【混合】→【曲面】命令，其他操作与创建实体混合特征一样。

❖ 实训课题 1：漏斗

一、目的及要求

目的：通过创建漏斗，掌握平行混合特征的一般创建方法和操作步骤。

要求：根据图 6-23 所示的漏斗零件图，运用平行混合特征的创建方法，正确创建漏斗零件模型。

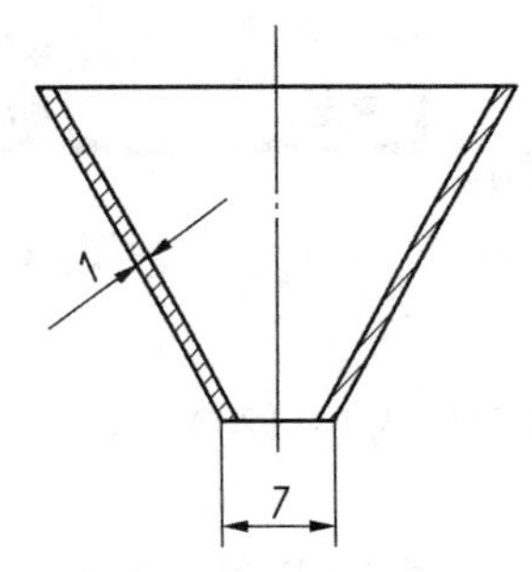

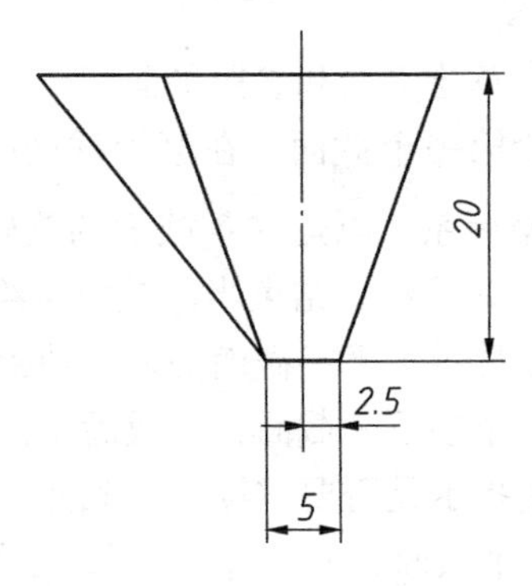

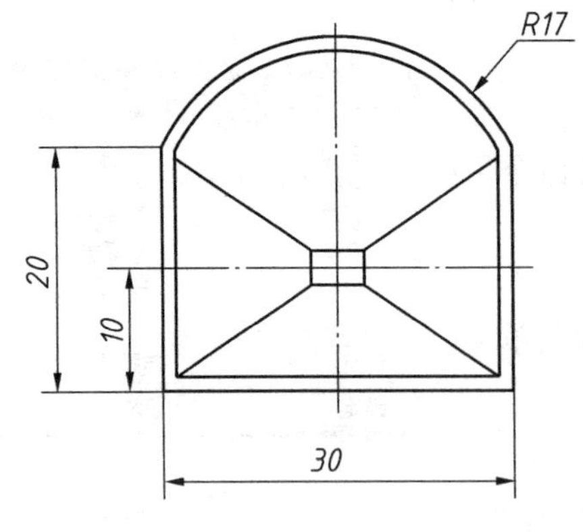

图 6-23

二、创建思路和分析

该漏斗为薄壁零件，且顶端和底部的截面平行但形状不同，因此，可用“薄板伸出项”平行混合方式创建漏斗零件模型。

三、创建要点和注意事项

1）用平行混合特征创建漏斗时，截面顶点数必须相等。

2）绘制两截面时，须用【草绘】→【特征工具】→【切换截面】命令进行截面切换。

四、创建步骤

步骤 1. 创建文件

（1）单击□按钮，在“新建”对话框中输入文件名：loudou，进行“类型”设置，然后单击确定按钮，进入模板设置对话框。

（2）选择“mmns _ part _ solid”选项，单击确定按钮。

步骤 2. 创建漏斗特征

（1）选择菜单【插入】→【混合】→【薄板伸出项】命令，弹出【混合选项】菜单。选择“平行/规则截面/草绘截面/完成”命令，如图 6-24 所示。

（2）在弹出的【属性】菜单中，选择“直/ 完成”命令，如图 6-25 所示。

（3）选择 TOP 面为草绘平面，且默认其视角方向向上 → 单击“方向”菜单中的“确定”命令 → 单击“草绘视图”菜单中的“右”命令 → 在绘图窗口选择 RIGHT 面为参照平面。

（4）系统自动进入草绘模式，草绘第一个截面如图 6-26 所示。完成之后选择【草绘】→【特征工具】→【切换截面】命令，切换至第二个截面，并绘制截面如图 6-27 所示。

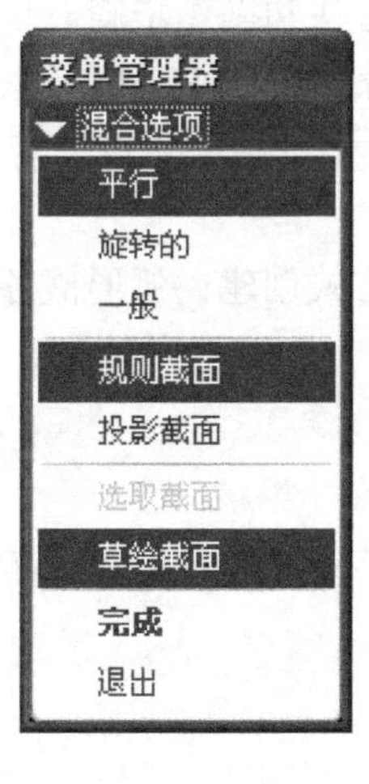

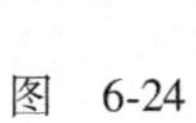
图　6-24

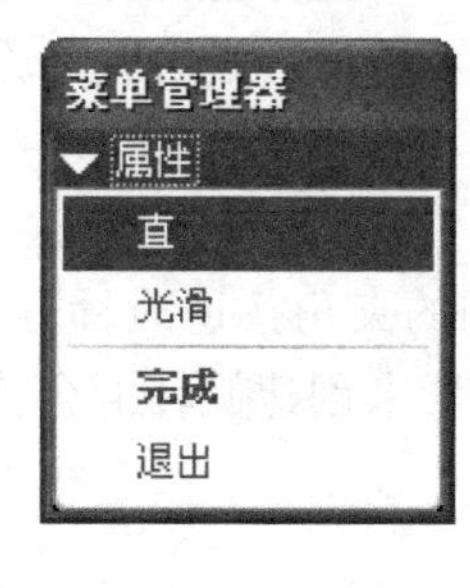

图　6-25

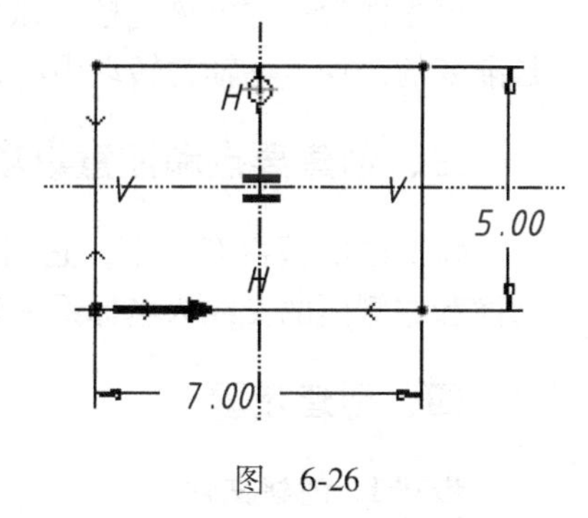

图　6-26

（5）完成所有截面草绘后，单击✔按钮，退出草绘模式。

（6）弹出【薄板选项】菜单，选择默认的材料厚度增加方向，单击菜单中的【确定】命令。

（7）输入“薄特征的宽度”（即材料厚度）为 1，单击☑退出。

（8）输入截面 2 的深度为 20，单击✓退出。

（9）在特征对话框中单击 确定 按钮，完成漏斗特征的创建，如图 6-28 所示。

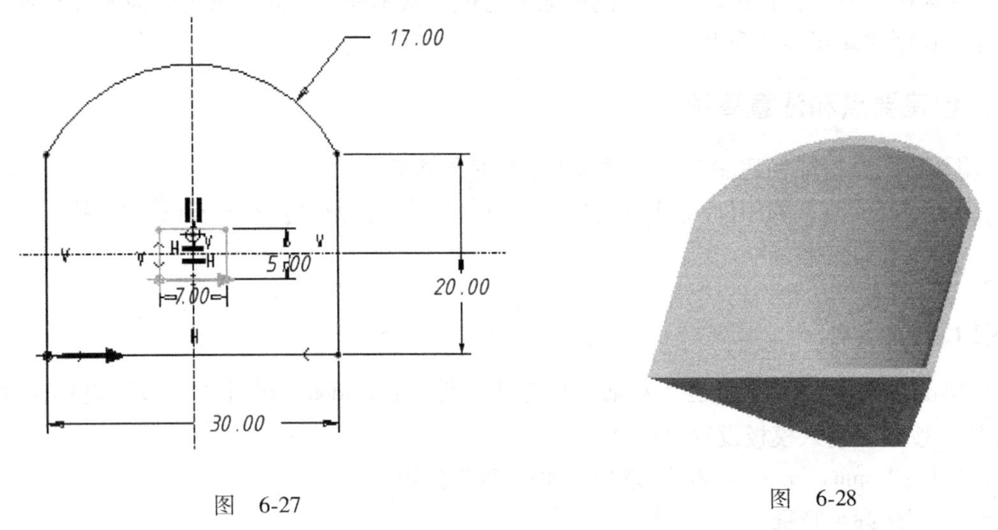

图 6-27　　图 6-28

步骤 3. 文件存盘

单击工具栏中的图标按钮 →“缺省方向” → 单击工具栏图标按钮，保存文件。

❖ 实训课题 2：挖槽零件

一、目的及要求

目的：通过创建挖槽零件，掌握旋转混合特征方式的一般创建方法和操作步骤。
要求：根据图 6-29 所示的零件图，利用旋转混合特征方式创建挖槽零件模型。

二、创建思路和分析

该零件为一立方体上挖一弧形槽，因此，立方体可用拉伸特征方式创建；弧形槽各截面是渐变的，且以 y 轴为转动中心，故可用旋转混合特征方式创建。

三、创建要点和注意事项

弧形槽的截面有 3 个，它们之间的夹角按逆时针方向分别为 30°和 60°，它们以立方体前面和左侧面的交线为坐标系 y 轴位置来创建旋转混合特征。

四、创建步骤

步骤 1. 创建文件

（1）单击按钮，在“新建”对话框中输入文件名：wacaolingjian，进行“类型”设置，然后单击 确定 按钮，进入模板设置对话框。

（2）在“新文件选项”对话框的模板中选择“mmns _ part _ solid”选项，单击 确定 按钮。

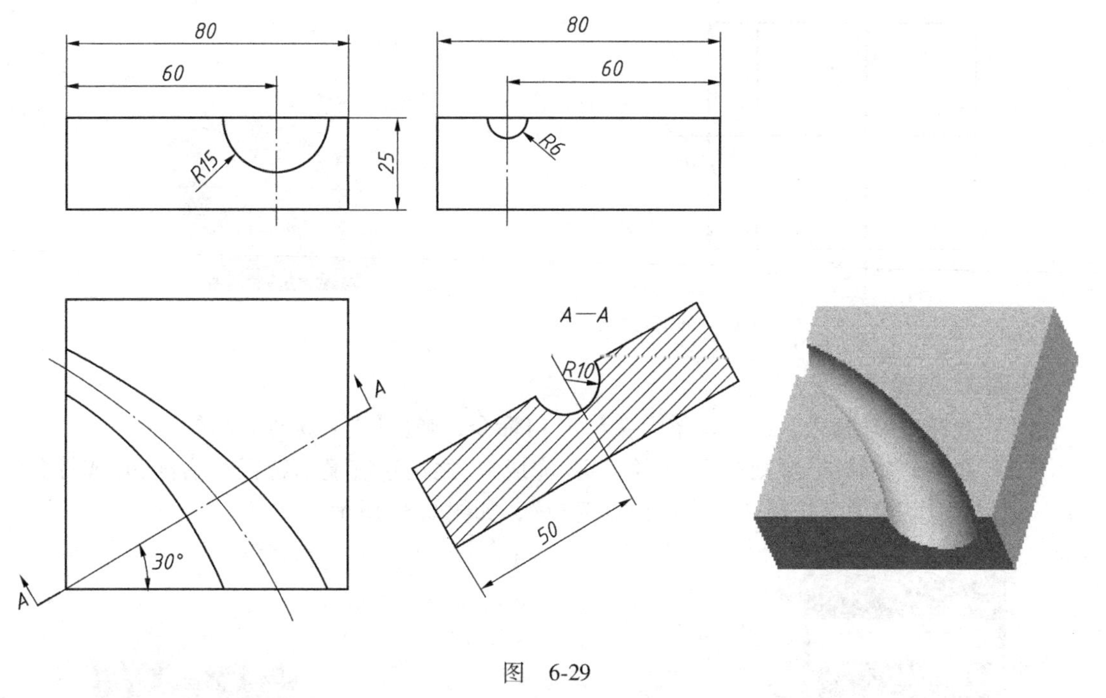

图　6-29

步骤 2. 创建立方体

（1）单击“拉伸”按钮 ，打开拉伸特征操控面板，单击操控面板的“实体拉伸”按钮，以建立拉伸实体特征。单击操控面板的“放置”按钮，打开下滑面板。单击下滑面板中的“定义”按钮，打开“草绘”对话框。选取如图 6-30 所示的平面为草绘平面，默认参照平面。

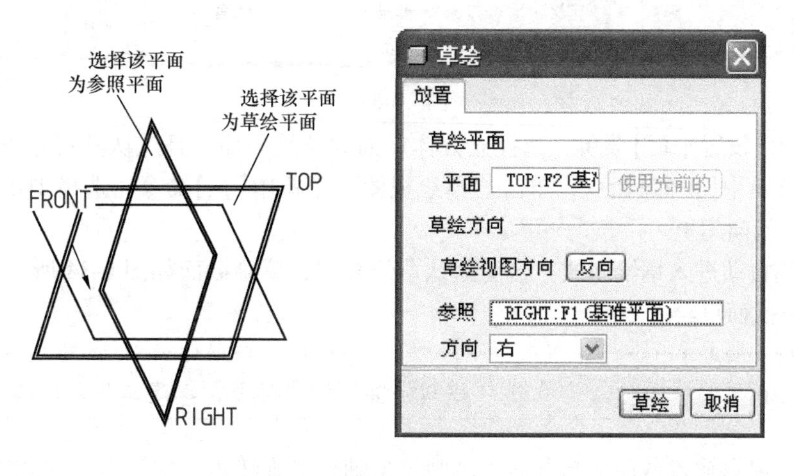

图　6-30

（2）单击“草绘”按钮，进入草绘截面环境，绘制截面如图 6-31 所示。完成截面草绘后，单击工具栏上按钮，返回拉伸特征操控面板。

（3）设置拉伸深度为 25，接受其他默认选项设置，单击按钮，生成立方体特征，如图 6-32 所示。

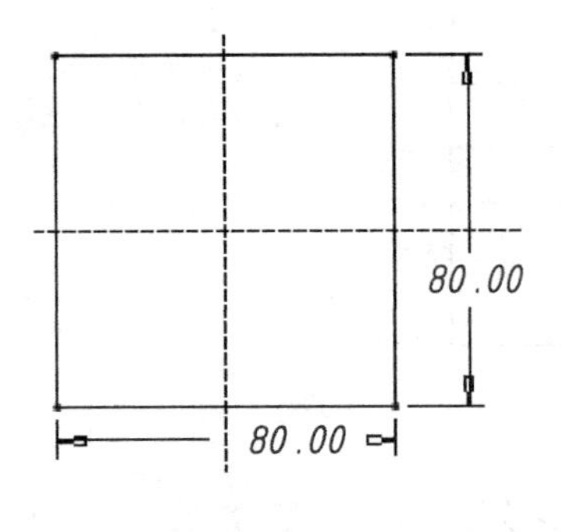

图 6-31

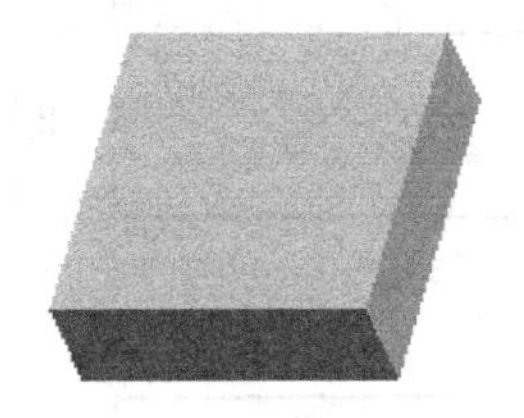

图 6-32

步骤 3. 创建弧形槽

（1）选择菜单【插入】→【混合】→【切口】命令，弹出【混合选项】菜单。

（2）选择“旋转的/规则截面/草绘截面/完成”。之后系统显示特征对话框和【属性】菜单。在【属性】菜单中，选择“光滑/开放/完成”，如图 6-33 所示。

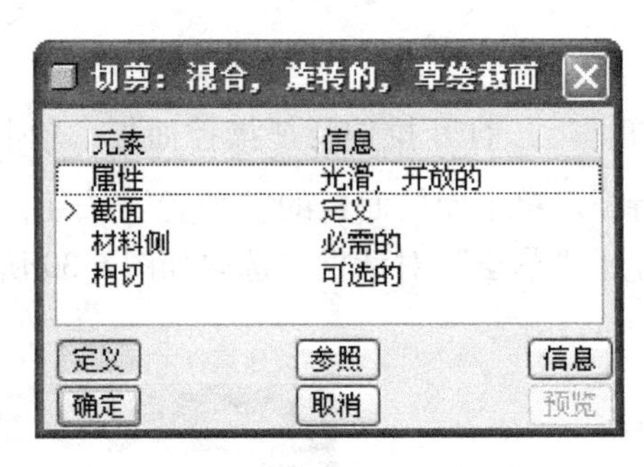

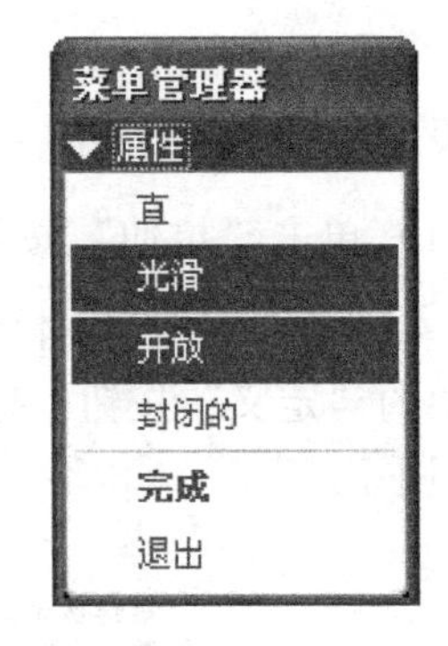

图 6-33

（3）弹出【设置平面】菜单，选择立方体前面为草绘平面，且默认其视角方向向后，单击“方向”菜单中【正向】命令；单击“草绘视图”菜单中【顶】命令，选择 TOP 面为参照平面，以指定其朝向朝上。

（4）系统自动进入草绘模式，接受默认草绘参照，草绘截面如图 6-34 所示。单击✔按钮，结束当前截面草绘。

> **注意：**在草绘截面时，必须用 ⅄ 按钮添加草绘坐标系，以建立各截面的旋转中心。

（5）依据提示输入截面 2 与截面 1 之间绕 y 轴相对旋转角度数值 30，单击☑按钮。

（6）绘制第二个截面如图 6-35 所示。单击☑按钮结束第二个截面草绘。

（7）系统提示是否要继续下一截面，回答“是”，依据提示输入截面 3 与截面 2 之间绕 y 轴相对旋转角度数值 60，单击☑按钮。

（8）系统自动进入草绘模式，绘制第三个截面如图 6-36 所示。单击✔按钮，结束第三

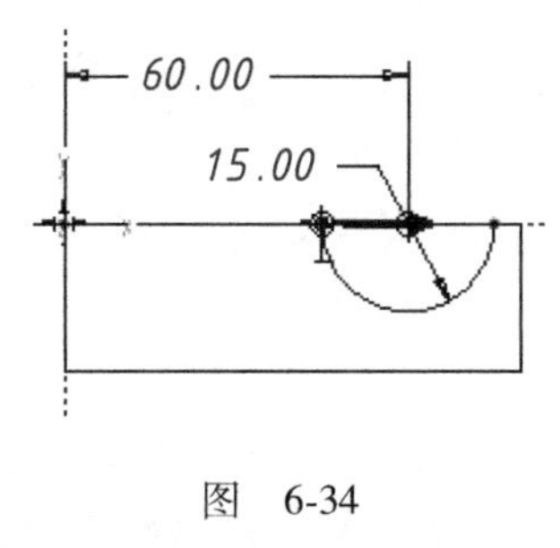

图　6-34

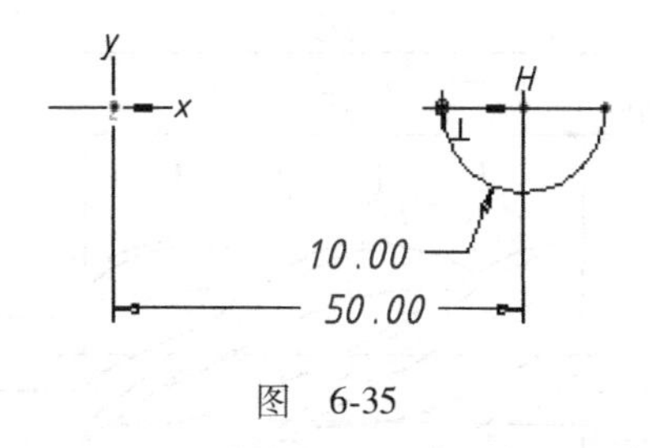

图　6-35

个截面草绘。

（9）系统提示是否要继续下一截面，回答“否”，结束截面绘制。弹出“方向”菜单，选择要切除材料的区域，单击【正向】命令，默认图中箭头指向的区域。

（10）在特征对话框中单击确定按钮，完成特征的创建，如图 6-37 所示。

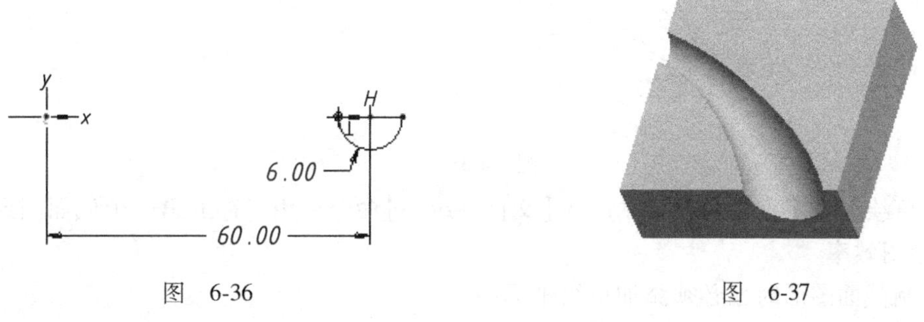

图　6-36　　图　6-37

步骤 4. 文件存盘

单击工具栏中的图标按钮 →“缺省方向”→ 单击工具栏图标按钮，保存文件。

❖ 实训课题 3：螺旋送料辊

一、目的及要求

目的：通过创建螺旋送料辊零件，掌握创建一般混合特征的方法、技巧和操作步骤。

要求：根据如图 6-38 所示的螺旋送料辊零件图，利用一般混合特征方式创建螺旋送料辊零件模型。

二、创建思路和分析

该零件由一个圆柱体和一个螺旋齿实体特征组成，因此，先采用拉伸特征方式生成圆柱体，然后采用一般混合特征方式生成螺旋齿实体特征。

三、创建要点和注意事项

1）从零件图可以看出：螺旋齿部分共切了六个截面，这六个截面大小相同，每个截面相对前一个截面旋转了 45°。

2）在绘制好第一个截面图形后，用【保存副本】命令将其保存。绘制其他 5 个截面图形

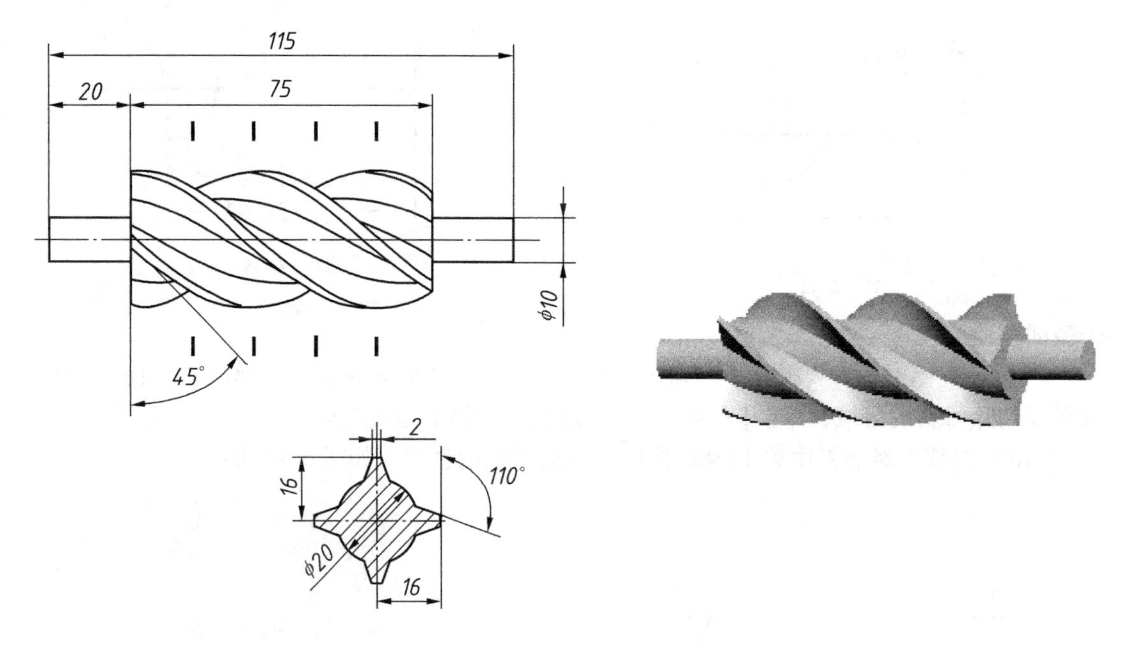

图　6-38

时，运用【草绘】→【数据来自文件】→【文件系统…】命令调用保存的第一个截面图形，这样可提高绘图效率。

3）绘制截面图形时，必须添加草绘坐标系。

四、创建步骤

步骤 1. 创建文件

（1）单击按钮，然后在“新建”对话框中输入文件名：luoxuansongliaogun，进行“类型”设置，然后单击 确定 按钮，进入模板设置对话框。

（2）在“新文件选项”对话框的模板中选择“mmns _ part _ solid”选项，单击 确定 按钮。

步骤 2. 创建圆柱体

采用拉伸特征方式创建如图 6-39 所示的直径为 ϕ10、长度为 115 的圆柱体。

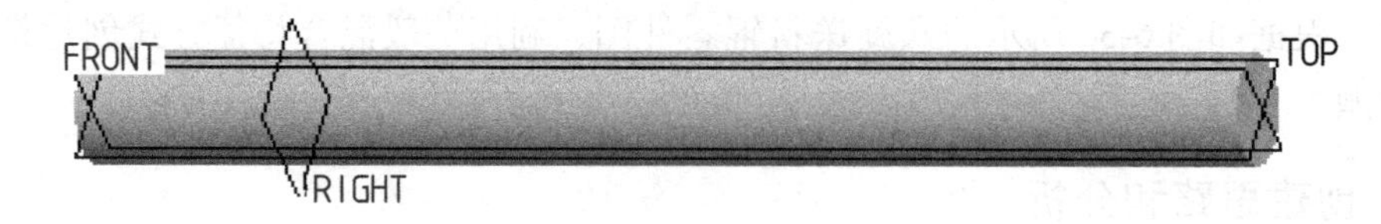

图　6-39

提示：选择 RIGHT 面为草绘平面；TOP 面为参照平面，方向朝上。双侧拉伸，“选项”下滑面板两侧深度设置分别为：左侧拉伸距离 20，右侧拉伸距离 95。

步骤 3. 创建一般混合特征的第一个截面

（1）选择菜单【插入】→【混合】→【伸出项】命令，弹出【混合选项】菜单。

（2）选择“一般/规则截面/草绘截面/完成”。之后系统显示特征对话框和【属性】菜单。

（3）在【属性】菜单中选择“光滑/完成”命令。此时系统要求设置草绘平面，选择RIGHT面为草绘平面。单击【确定】命令，确认特征创建方向为默认方向。设置TOP面朝上为参照平面，系统自动进入草绘模式。

（4）草绘截面如图6-40所示，然后将截面用【保存副本】命令改名保存。单击按钮，结束第一个截面草绘。

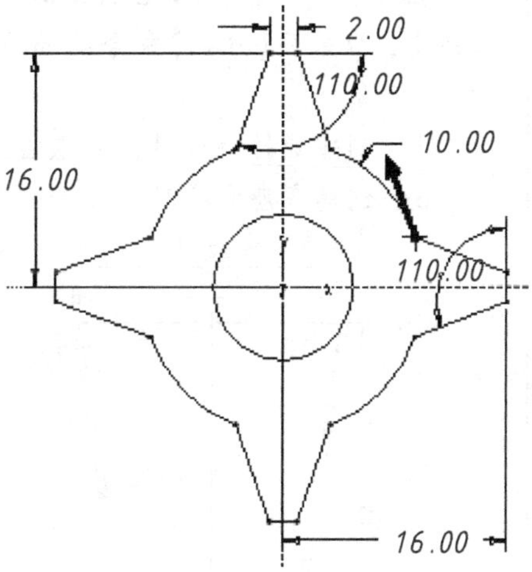

图　6-40

注意：在草绘截面时，必须用按钮添加草绘坐标系，并使坐标系定位在圆柱的中心轴线上。

步骤4. 创建一般混合特征的第二个截面

（1）按照系统提示输入第二个截面相对于第一个截面绕x、y和z轴的旋转角：x轴为0°；y轴为0°；z轴为45°。完成之后，系统自动进入第二个草绘面。

（2）选择菜单【草绘】→【数据来自文件】→【文件系统…】命令，选择刚刚保存的第一个截面图形文件，并将文件打开。

（3）用鼠标在窗口中单击，同时弹出“移动和调整大小”对话框，输入缩放比例为1，旋转角为0°，单击按钮确认，图形显示在窗口中，单击按钮，结束第二个截面草绘。

步骤5. 创建一般混合特征的其他截面

（1）系统提示“继续下一截面吗?”，回答“是”。

（2）按照步骤4的操作方法，创建其余截面。

步骤6. 生成螺旋齿特征

输入各截面间距离值为15。在特征对话框中单击确定按钮，完成一般混合特征的创建。最后生成螺旋送料辊零件如图6-41所示。

图　6-41

步骤7. 文件存盘

单击工具栏中的图标按钮→“缺省方向”→单击菜单【文件】→【保存】命令，或单击工具栏图标按钮，保存文件。

单元小结

混合特征是将多个截面通过一定的方式连接起来生成的曲面、实心体或薄体。混合特征的类型分为：平行混合、旋转混合和一般混合。绘制混合特征截面时应注意：各截面的图元数(顶点数)必须相等；各截面起始点的位置需对应；起始点处不能添加混合顶点；若某一截面图元只是一个点，则该点不受“各截面的图元数(顶点数)必须相等”原则的限制。本单元介绍了创建平行混合、旋转混合、一般混合的一般步骤，并通过示例综合介绍了平行混合、旋转混合、一般混合特征的创建方法和技巧。

课后练习

习题 1 创建图 6-42 所示的圆口杯。

提示：1）用平行混合特征创建圆口杯外形时，因两个截面，分别为 ϕ70 圆和 40×40 正方形，故采用【分割】命令将 ϕ70 圆“打断”，获得 4 个顶点，其位置与正方形顶点对齐。

2）创建旋转特征时，必须首先绘制作为旋转轴的中心线，截面必须封闭。

3）创建底座方槽时，截面图形可用【偏移】命令完成。

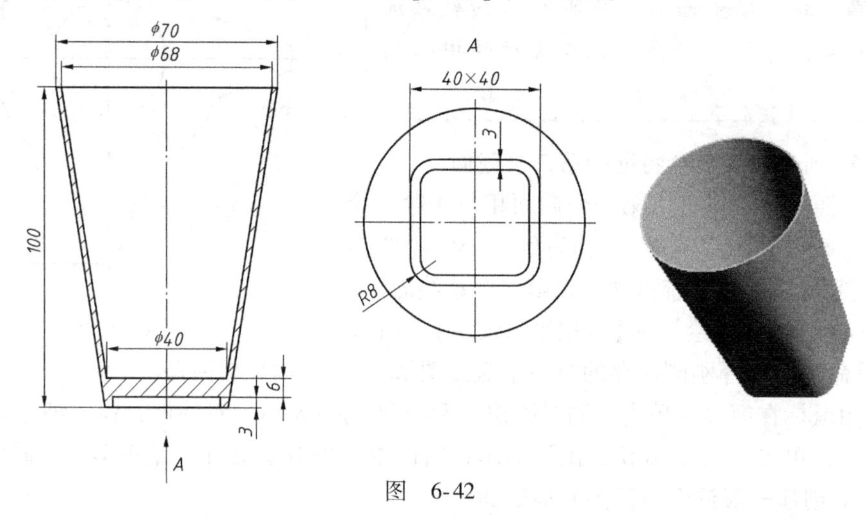

图 6-42

习题 2 利用混合特征创建图 6-43 所示的零件。

提示：绘制三个截面——圆、正六边形、点，运用平行混合方式创建模型。在【属性】菜单中，选择【光滑】命令。

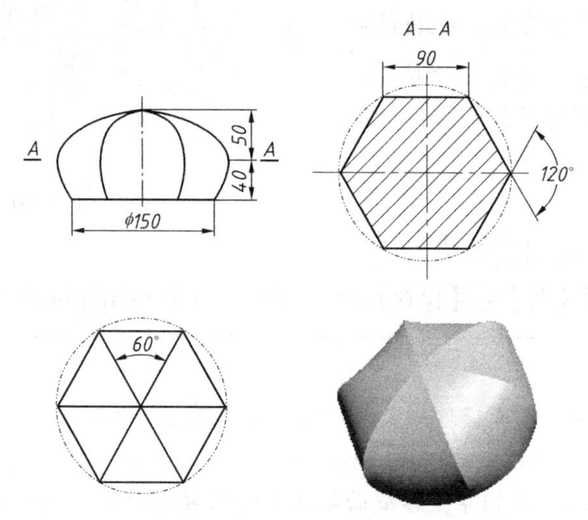

图 6-43

习题 3 创建图 6-44 所示的零件。

提示：绘制两个截面——四角形和点，运用平行混合方式创建模型。

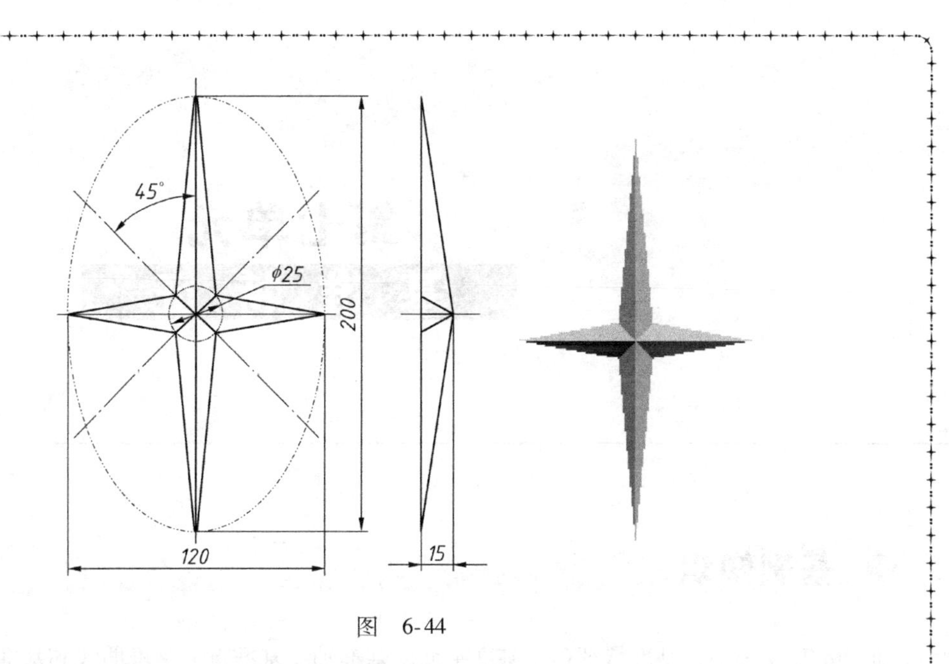

图　6-44

习题 4　创建图 6-45 所示的零件。

提示：1）用旋转混合特征创建弯角。

2）用拉伸特征创建余下部分。

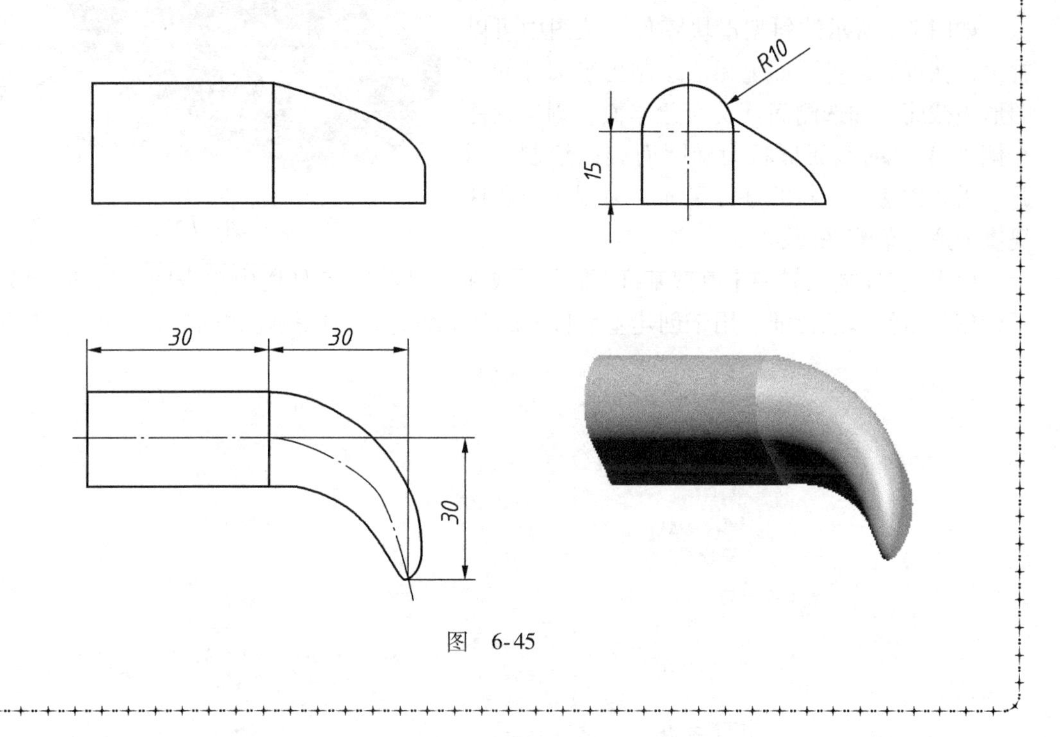

图　6-45

第七单元 基 准 特 征

◆ 基础知识

在 Pro/E 系统中，基准特征包括基准平面、基准轴、基准点、基准曲线和基准坐标系，它们是三维零件造型的重要辅助工具。在复杂的三维零件造型中，往往需要添加大量的基准特征。本单元主要学习各种基准特征的常用创建方法。

如图 7-1 所示的斜架滑块零件，从图中可以看出，在现有的各平面上无法绘制出半圆柱的半圆形横截面，如选侧面 A 为草绘平面，则半圆柱在侧面 A 上的截面形状为椭圆而难以绘制，因此，需要创建一个新的基准平面，为创建半圆柱提供合适的草绘平面。

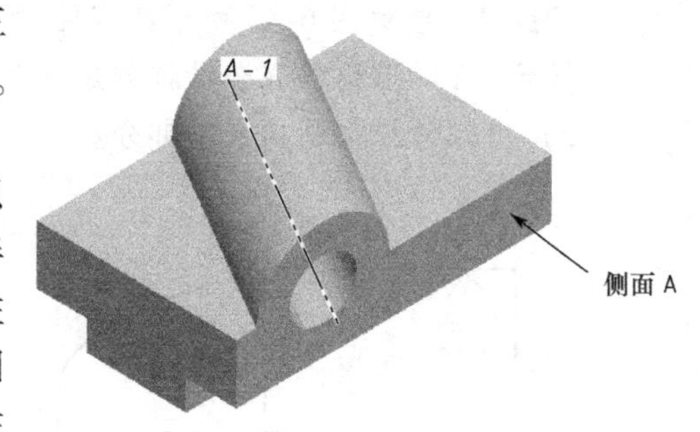

图 7-1

单击菜单【插入】→【模型基准】命令，或在“基准”工具栏中单击图标按钮，都可以开始创建新的基准特征。用于创建基准特征的菜单命令和图标按钮如图 7-2 所示。

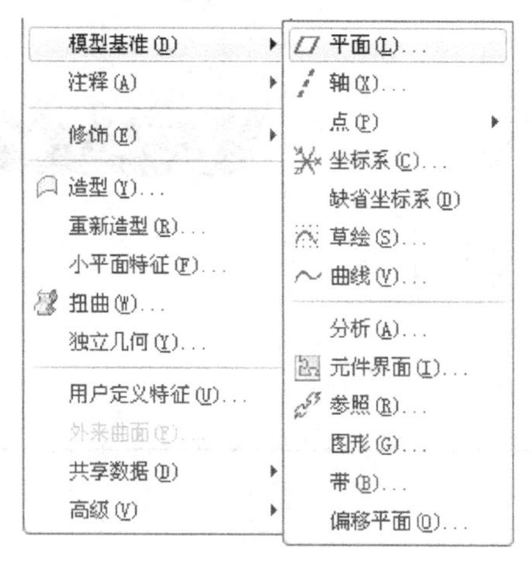

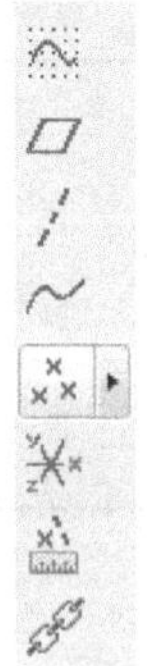

图 7-2

一、基准平面

基准平面是所有基准特征中使用最频繁，同时也是最重要的基准特征，它主要用作草绘平面和尺寸标注的参照。创建新的基准平面后，系统会按先后顺序用 DTM1、DTM2 等依次自动为其命名。

基准平面有正反面之分，在默认的系统颜色状态下，橘黄色侧为正向，红色侧为负向。

1. 创建基准平面的步骤

1）在工具栏中单击按钮，弹出如图 7-3 所示的“基准平面”对话框。

2）在图形窗口中选择对象作为新建基准平面的参照 → 在“基准平面”对话框的“参照”栏的下拉列表中选择合适的约束条件(如“偏移”,各种约束条件和参照条件之间的搭配关系见表 7-1)。

3）在对话框中输入相关数据。

4）单击“确定”按钮，完成基准平面的创建。

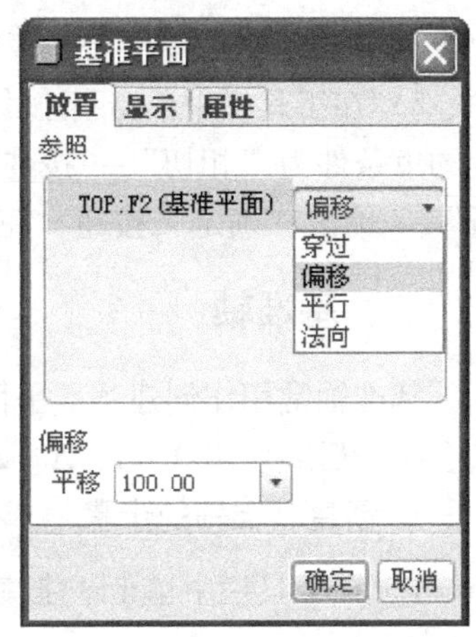

图 7-3

表 7-1 约束条件与参照条件的搭配

约束条件	约束条件的含义	与之搭配的参照条件
穿过	基准平面穿过选定的参照	轴、边、曲线、点/顶点、平面、圆柱
偏移	基准平面由选定的参照平移而成	平面、坐标系
平行	基准平面与选定的参照平行	平面
法向	基准平面与选定的参照垂直	轴、边、曲线、平面
角度	基准平面由选定的参照旋转而成	平面
相切	基准平面与选定的参照相切	圆柱
混合截面	基准平面与选定的混合特征截面重合	混合截面

2. 创建基准平面的注意事项

1）除偏移及混合截面约束条件外，创建基准平面一般都需要定义两个或两个以上的参照。

2）若创建基准平面需选择多个参照，应先按住<Ctrl>键，再在图形窗口中选择新的对象作为参照。

例 7-1 以图 7-4 为例介绍常用基准平面的创建过程。

1）打开准备文件 \ CH07 \ 7-4. prt。

2）在工具栏中单击按钮，弹出“基准平面”对话框 → 选择 RIGHT 面作为参照 → 设置约束条件为“偏移” → 输入偏移距离为 30 → 单击“确定”按钮，完成基准平面 DTM1 的创建。

3）在工具栏中单击按钮，弹出“基准平面”对话框 → 选择轴 A _ 1 作为参照 → 设置约束条件为“穿过” → 按住<Ctrl>键，选择 RIGHT 面作为参照 → 设置约束条件为“偏移”→ 输入偏移角度为 60 → 单击“确定”按钮，完成基准平面 DTM2 的创建。

4）在工具栏中单击按钮，弹出“基准平面”对话框 → 选择边 A 作为参照 → 设置约束条件为“穿过”→ 按住<Ctrl>键，选择边 B 作为参照 → 设置约束条件为“穿过”→ 单击“确定”按钮，完成基准平面 DTM3 的创建。

5）在工具栏中单击按钮，弹出“基准平面”对话框 → 选择圆孔面作为参照 → 设置约束条件为“相切”→ 按住<Ctrl>键，选择 RIGHT 面作为参照 → 设置约束条件为“平行”→ 单击“确定”按钮，完成基准平面 DTM4 的创建。

二、基准轴

基准轴常用作创建基准平面、同轴特征、轴阵列特征等的参照。在创建新基准轴时，系统会按先后顺序用 A _ 1、A _ 2 等自动为基准轴命名。

1. 创建基准轴的步骤

1）在工具栏中单击按钮，弹出如图 7-5 所示的“基准轴”对话框。

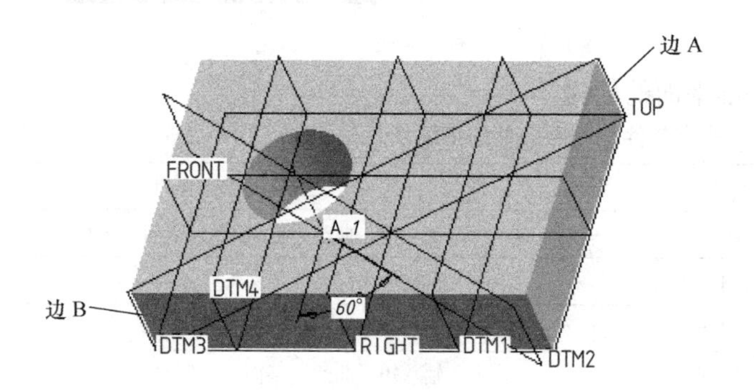

图 7-4

图 7-5

2）在图形窗口中选择对象作为新建基准轴的参照 → 在“基准轴”对话框的“参照”栏的下拉列表中选择合适的约束条件(如“穿过”等)。

3）如果新建的基准轴需要尺寸定位，则先单击“偏移参照”输入框，然后在图形窗口中选择作为定位基准的对象，再在对话框中输入相关数据。

4）单击“确定”按钮，完成基准轴的创建。

2. 创建基准轴的注意事项

若创建基准轴需选择多个参照，则应先按下<Ctrl>键，再在图形窗口中选择参照对象。

例 7-2 以图 7-6 为例介绍常用的基准轴的创建过程。

1）打开准备文件 \ CH07 \ 7-6. prt。

2）在工具栏中单击按钮，弹出“基准轴”对话框 → 选择 A 面作为参照 → 设置约束条件为“穿过”→ 按住<Ctrl>键，选择 B 面作为参照 → 设置约束条件为“穿过”→ 单击“确定”按钮，完成基准轴 A _ 1 的创建。

3）在工具栏中单击按钮，弹出“基准轴”对话框 → 选择圆柱面作为参照 → 设置约束条件为“穿过”→ 单击“确定”按钮，完成基准轴 A _ 2 的创建。

4）在工具栏中单击按钮，弹出“基准轴”对话框 → 选择顶点 1 作为参照 → 设置约束条件为“穿过”→ 按住<Ctrl>键，选择顶点 2 作为参照 → 设置约束条件为“穿过”→单击“确定”按钮，完成基准轴 A _ 3 的创建。

5）在工具栏中单击 按钮，弹出“基准轴”对话框 → 选择 C 面作为参照，设置约束条件为“法向”→ 单击“偏移参照”栏 → 依次选择 A、B 面作为参照 → 分别将偏移距离修改为 50 和 30 → 单击“确定”按钮，完成基准轴 A _ 4 的创建，如图 7-7 所示。

注意：选择 C 面作为参照后，也可直接拖动图形中两个定位滑块到 A、B 面，然后修改偏移距离(定位尺寸)为 50 和 30。

6）在工具栏中单击 按钮，弹出“基准轴”对话框 → 选择边 D 作为参照 → 设置约束条件为“穿过”→ 单击“确定”按钮，完成基准轴 A _ 5 的创建。

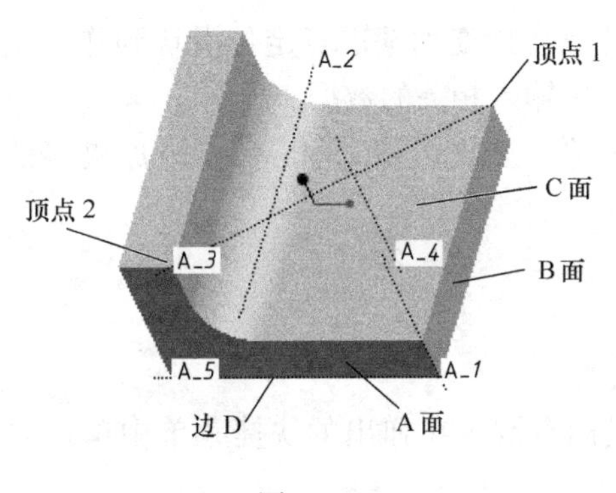

图　7-6

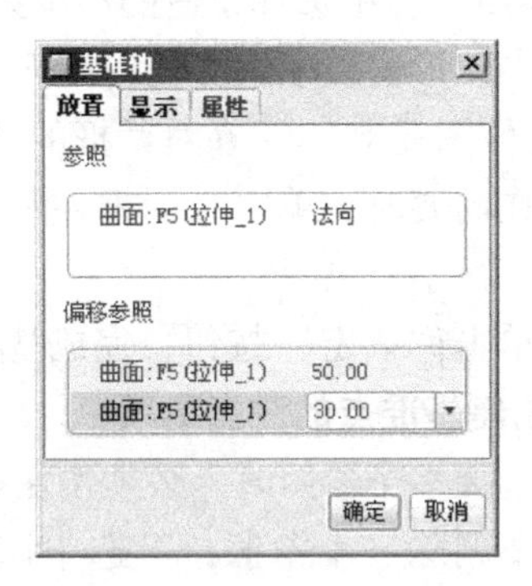

图　7-7

三、基准点

基准点的用途非常广泛，既可用于辅助建立其他基准特征，也可辅助定义特征的位置。在创建新的基准点时，系统会按先后顺序用 PNT0、PNT1 等依次自动为基准点命名。

在工具栏中单击“基准点”按钮右边的小三角形，会弹出一组如图 7-8 所示的创建基准点的按钮。各按钮的含义如下：

基准点工具：在现有的几何图元上采用参照定位的方式创建基准点。

偏移坐标系创建基准点：在选定的坐标系中采用输入各点三维坐标的方式创建基准点。

域基准点工具：直接在几何图元上单击鼠标左键即可创建基准点，此种基准点仅在行为建模中分析时使用。

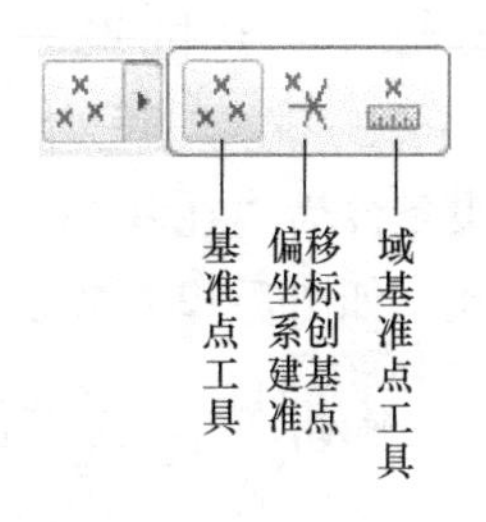

图　7-8

在工具栏中单击 按钮后，系统弹出如图 7-9 所示的“基准点”对话框。该对话框的“放置”选项卡的内容会随着放置对象不同而不同。新基准点放置的对象一般有以下几种情况：

1）在面上：创建的基准点在选定的曲面上或偏移该曲面一定距离的位置。点的位置由偏移参照栏的定位尺寸和点到曲面的偏距确定。

2）在线上：创建的基准点在选定的直线或曲线上，点的位置是以其在线上的位置或相对其他参照的位置而确定的。

3）在顶点上：创建的基准点在选定的顶点上。

4）曲面与曲线相交：创建的基准点在选定的曲面与曲线相交处。

5）三平面相交：创建的基准点在选定的三个平面相交处。

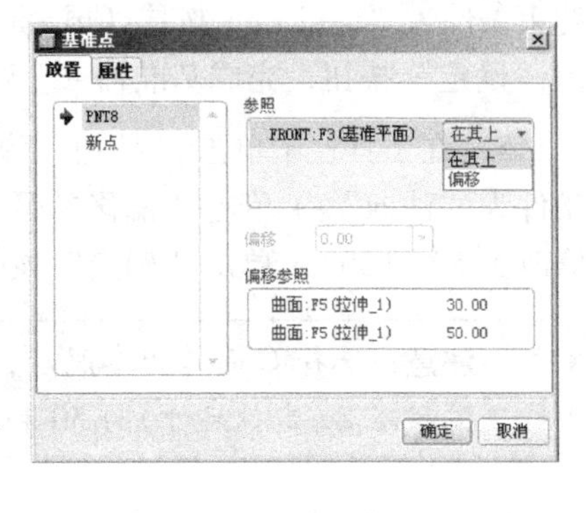

图 7-9

1. 创建基准点的步骤

1）在工具栏中单击按钮，弹出“基准点”对话框。

2）在图形窗口中选择几何图元作为参照 → 在对话框的“参照”栏中选择合适的约束条件(如“在其上”等)。

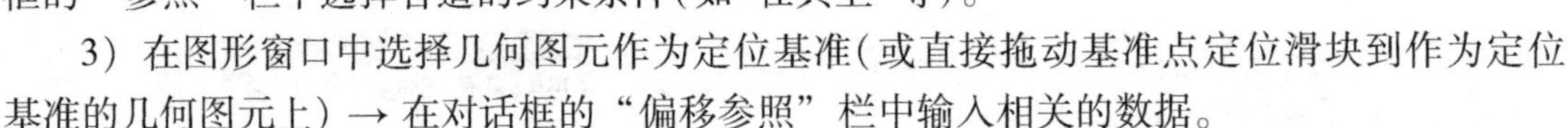

3）在图形窗口中选择几何图元作为定位基准(或直接拖动基准点定位滑块到作为定位基准的几何图元上) → 在对话框的“偏移参照”栏中输入相关的数据。

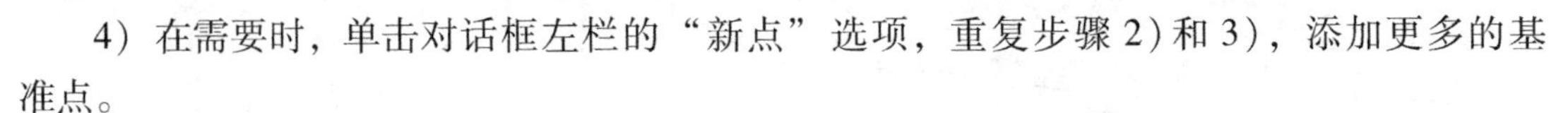

4）在需要时，单击对话框左栏的“新点”选项，重复步骤 2) 和 3)，添加更多的基准点。

5）单击“确定”按钮，完成基准点的创建。

2. 创建基准点的注意事项

1）选择多个参照时，必须按住<Ctrl>键进行选择。

2）要删除一个参照，可选中该参照，单击鼠标右键，在弹出的快捷菜单中单击“移除”选项。

例 7-3 以图 7-10 为例介绍常用的基准点的创建过程。

1）打开准备文件 \ CH07 \ 7-10. prt。

2）在工具栏中单击按钮，弹出“基准点”对话框 → 选择 C 面作为参照 → 设置约束条件为“在其上” → 单击“偏移参照”栏 → 先后选择 A、B 面作为参照 → 分别输入偏移距离为 30 和 40 → 单击“确定”按钮，完成基准点 PNT0 的创建，如图 7-11 所示。

3）在工具栏中单击按钮，弹出“基准点”对话框 → 选择边 D 作为参照 → 设置约束条件为“在其上” → 设置偏移比率为 0. 5 → 单击“确定”按钮，完成基准点 PNT1 的创建，如图 7-12 所示。

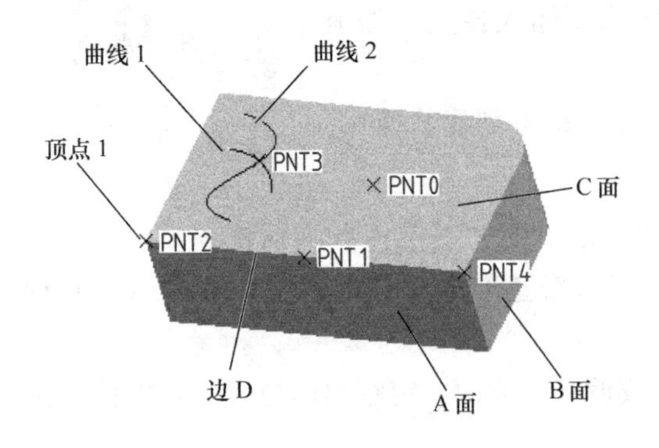

图 7-10

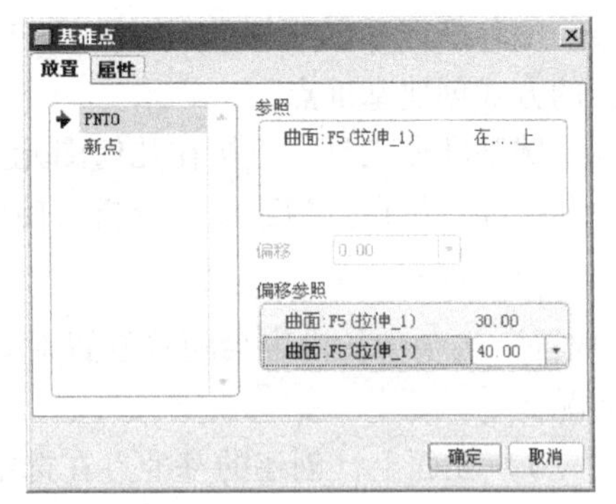

图 7-11

4）在工具栏中单击按钮，弹出“基准点”对话框 → 选择顶点 1 作为参照 → 设置约束条件为“在其上” → 单击“确定”按钮，完成基准点 PNT2 的创建。

5）在工具栏中单击按钮，弹出“基准点”对话框 → 选择曲线 1 作为参照 → 设置约束条件为“在其上” → 按住<Ctrl>键，选择曲线 2 作为参照 → 设置约束条件为“在其上” → 单击“确定”按钮，完成基准点 PNT3 的创建。

6）在工具栏中单击按钮，弹出“基准点”对话框 → 选择 A 面作为参照 → 设置约束条件为“在其上” → 按住<Ctrl>键，先后选择 B、C 面作为参照 → 设置约束条件均为“在其上” → 单击“确定”按钮，完成基准点 PNT4 的创建，如图 7-13 所示。

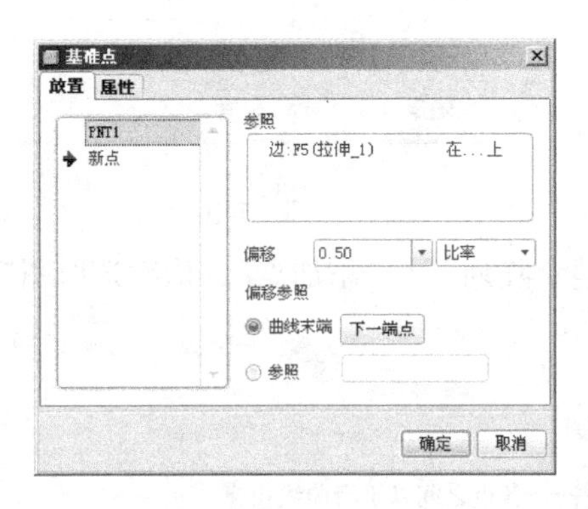

图 7-12

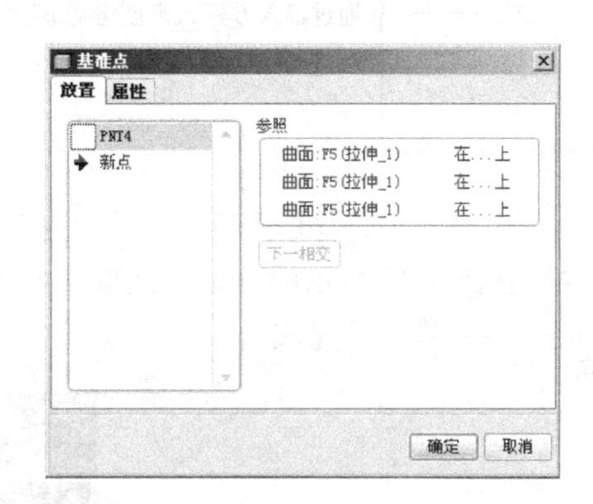

图 7-13

四、基准曲线

基准曲线主要用来创建线形框架，作为创建复杂曲面模型的边界线或作为扫描特征的轨迹线。创建基准曲线的方法有以下两种。

1. 草绘基准曲线

创建基准曲线的方法是：选定一个草绘平面，通过草绘的方式创建一条或多条基准曲线。创建步骤如下：

1）在“基准”工具栏中单击按钮 → 选定草绘平面和参考平面。

2）进入草绘窗口，绘制所需曲线。

3）在“草绘器工具”工具栏中单击按钮，完成基准曲线的创建。

2. 插入基准曲线

创建基准曲线的方法是：利用已知的条件（如一系列的空间点）来创建基准曲线。下面通过实例了解插入基准曲线的创建过程。

例 7-4 依次通过图 7-14 所示的长方体各顶点创建基准曲线。

1）打开准备文件 \ CH07 \ 7-14. prt。

2）在工具栏中单击按钮，弹出如图 7-15

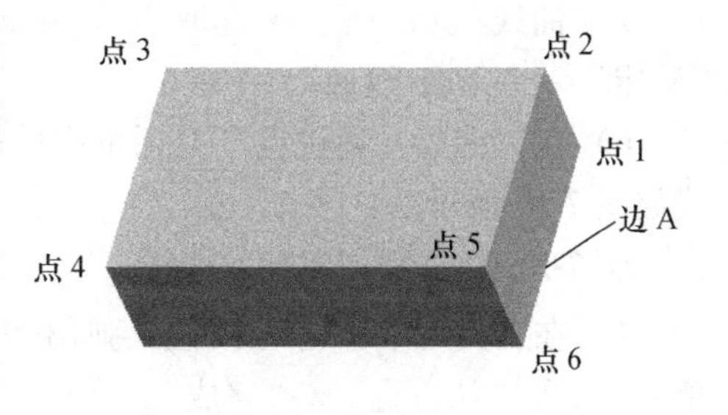

图 7-14

所示“曲线选项”菜单 → 选取“通过点”/“完成”，弹出如图 7-16 所示的“曲线：通过点”对话框。

3）在图 7-16 所示对话框中选取“曲线点”→“定义”，弹出如图 7-17 所示的“连接类型”菜单。

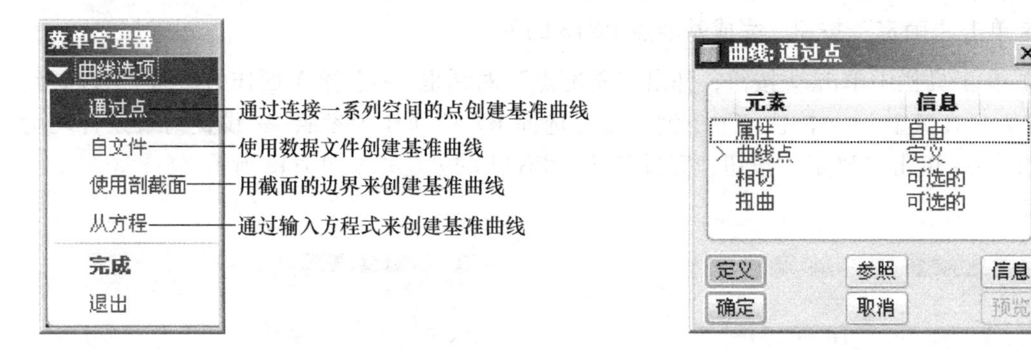

图 7-15　　　图 7-16

4）在图 7-17 所示的菜单中选取“样条”/“整个阵列”/“添加点”，依次选取图 7-14 中的各点 → 单击“完成”。

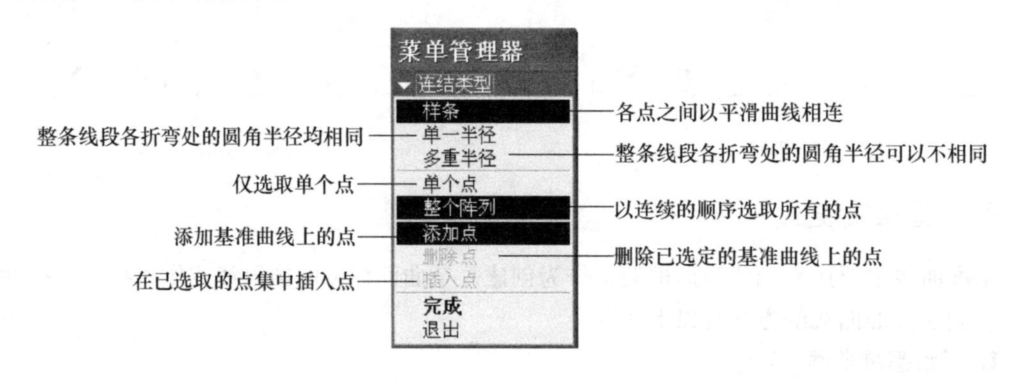

图 7-17

5）在图 7-16 所示的对话框中选取“相切可选的”，弹出如图 7-18 所示的“定义相切”菜单。

定义曲线起始点处的切线方向：在图 7-18 所示的菜单中选取“起始”/“曲线/ 边/ 轴”→ 选取边 A → 设置切线的方向朝向实体外部 →“确定”。

定义曲线终止点处的切线方向：图 7-18 所示的菜单自动跳至“终止”/“曲线/ 边/ 轴”→ 选取边 A → 设置切线的方向朝向实体内部 →“确定”→“完成/返回”。

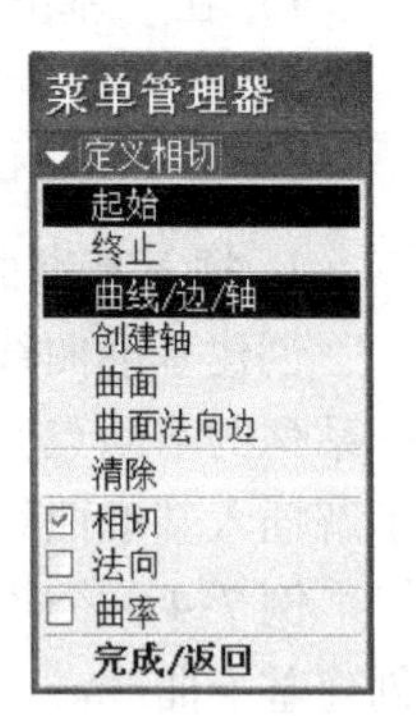

图 7-18

6）在“曲线：通过点”对话框中单击“确定”按钮，创建的基准曲线如图 7-19 所示。

例 7-5　从方程创建基准曲线。

1）在工具栏中单击按钮，弹出如图 7-15 所示的“曲线选项”菜单 → 选取“从方程”/“完成”，弹出如图 7-20 所示的“曲线：从方程”对话框和“得到坐标系”菜单。

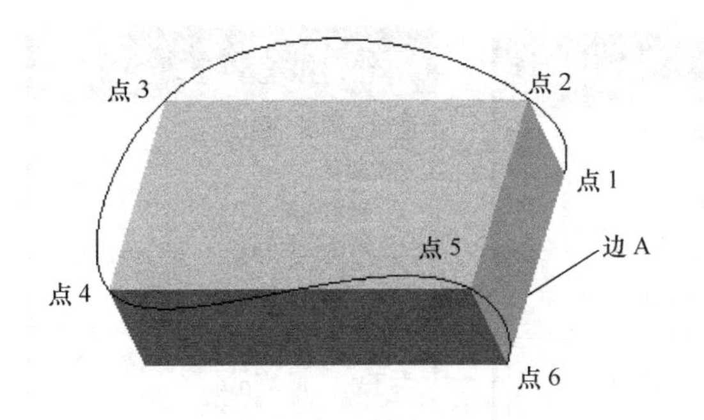

图 7-19

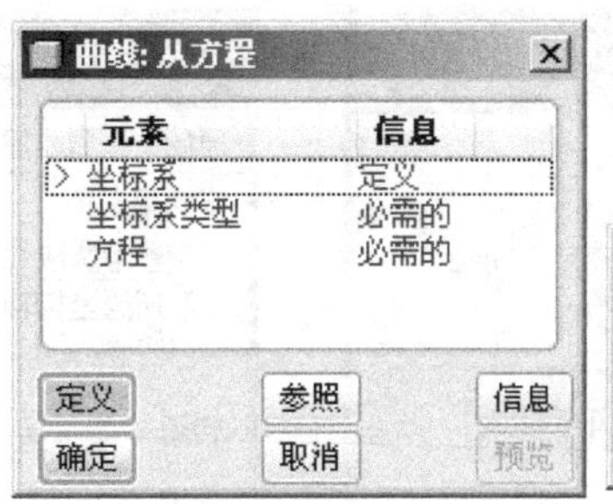

图 7-20

2）选取窗口中的坐标系作为参照，弹出如图 7-21 所示的“设置坐标类型”菜单 → 选取“笛卡尔”，系统弹出记事本窗口 → 在记事本窗口输入如图 7-22 所示的曲线参数方程 → 单击记事本菜单“文件”→“保存”→ 关闭记事本。

图 7-21

3）在图 7-20 所示的对话框中单击“确定”按钮，创建的基准曲线如图 7-23 所示。

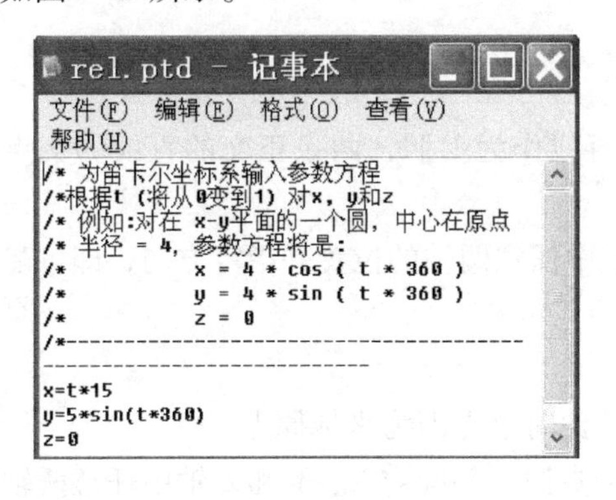

图 7-22

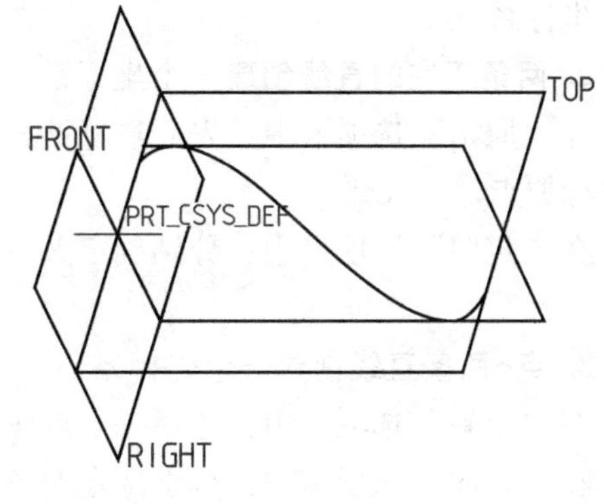

图 7-23

五、基准坐标系

基准坐标系主要用于：辅助计算零件的质量、质心、体积等；在零件装配中建立坐标系约束条件；使用加工模块时，设定程序原点；辅助建立其他基准特征；定位参照和导入其他格式文件等。

系统默认的坐标系名称为 PRT _ CSYS _ DEF，在创建新的坐标系时，系统会按先后顺序用 CS0、CS1 等依次自动为新坐标系命名。

创建新的基准坐标系的方法是：在工具栏中单击按钮，弹出“坐标系”对话框，先在“原始”选项卡中选定一些参照，然后在“定向”选项卡中确定坐标系 X 轴、Y 轴和 Z 轴的方向。各选项卡及选项如图 7-24 所示。

下面简要介绍常用的创建基准坐标系方法。

1. 三个平面创建一个坐标系

在“原始”选项卡中：先后选择互不平行的三个平面作为参照，三平面的交点即为坐标原点。

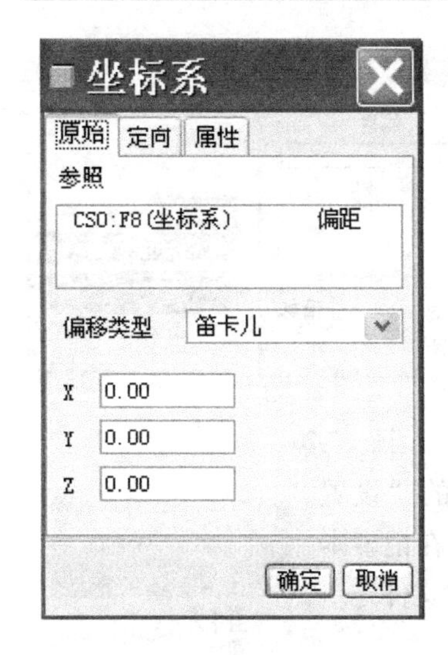

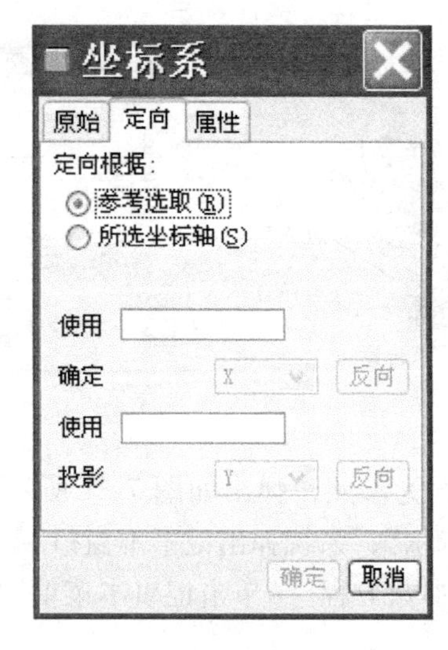

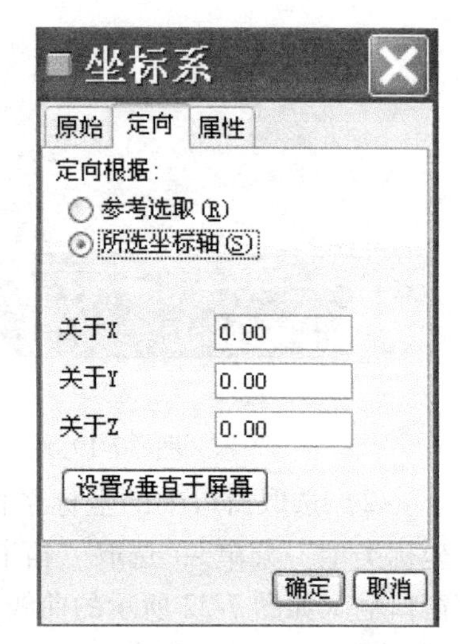

图 7-24

在“定向”选项卡中：分别确定 X、Y 和 Z 轴中任意两轴的位置并指定方向，即可建立一个坐标系。

2. 两条正交的直线创建一个坐标系

在“原始”选项卡中：先后选择两条正交的直线作为参照，两条正交的直线的交点即为坐标原点。

在“定向”选项卡中：分别确定 X、Y 和 Z 轴中任意两轴的位置并指定方向，即可建立一个坐标系。

3. 点+两条直线创建一个坐标系

在“原始”选项卡中：选择一个点作为参照，此时该点即为坐标原点。

在“定向”选项卡中：分别选定两条直线作为参照，并确定 X、Y 和 Z 轴中任意两轴的位置并指定方向，即可建立一个坐标系。

4. 偏移坐标系

在“原始”选项卡中：选择一个坐标系作为参照，输入偏移值以确定新坐标系的原点。

在“定向”选项卡中：分别设定新坐标系相对于参照坐标系各轴的转角来确定 X、Y 和 Z 轴的位置及方向，即可建立一个坐标系。

❖ 实训课题 1：草莓状曲线模型

一、目的及要求

目的：通过创建草莓状曲线模型，主要掌握新建基准平面、基准轴、基准点在零件模型创建过程中的应用。

要求：运用新建基准点、基准轴、基准平面的知识，采用绘制基准曲线的方法正确绘制图 7-25 所示的草莓状曲线模型。

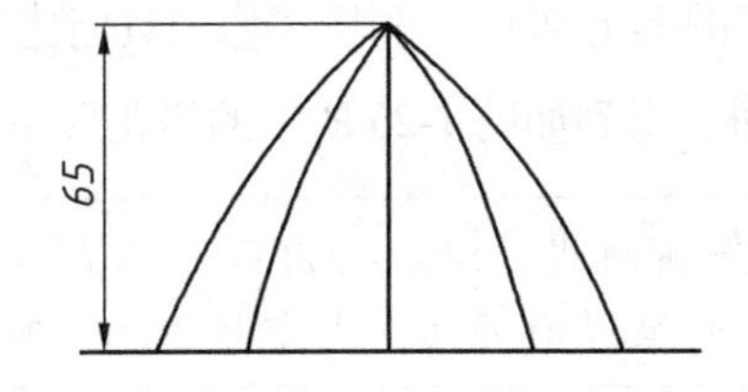

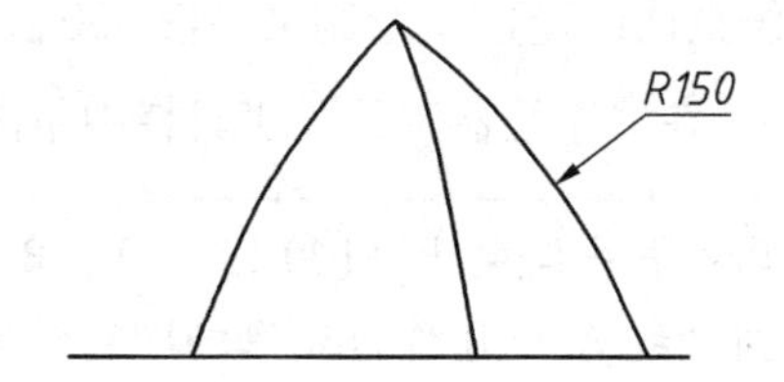

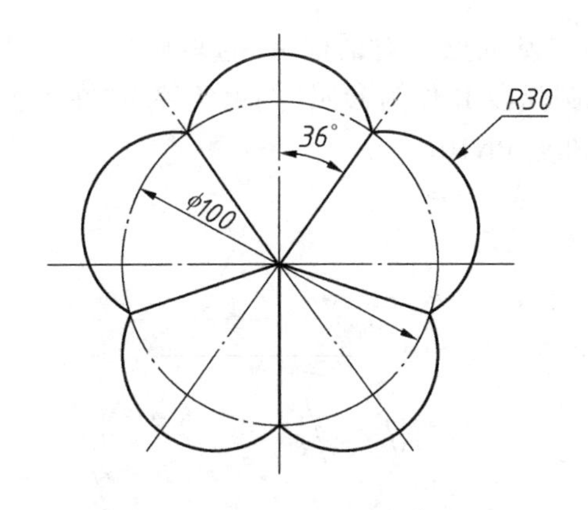

图 7-25

二、创建思路和分析

该曲线模型是由底面梅花形曲线和上部五根 *R*150 圆弧曲线组成。底面梅花形由五根 *R*30 的圆弧组成，它们均布在一个 ϕ100 的圆上。底面梅花形可以考虑放在 TOP 面上创建，而上部的五根 *R*150 曲线没有统一的草绘平面，需要先在 RIGHT 面上草绘出第一根 *R*150 曲线，再利用新建的基准平面和 RIGHT 面镜像出其他 *R*150 曲线。考虑先利用 FRONT 面和 RIGHT 面的交线创建一根基准轴，然后令 RIGHT 面绕新建的基准轴旋转 36°，创建一个新基准面。利用这个新基准面和 RIGHT 面就可以镜像出其他四根 *R*150 曲线。

三、创建要点或注意事项

1）创建基准特征时，如需两个以上的参照，在选取第二个参照时应在按住<Ctrl>键后再选取对象。

2）创建第一根 *R*150 曲线时，为了定位方便，需要事先在两根 *R*30 的圆弧的交点处创建一个基准点。

3）使用镜像工具时，需要用到镜像平面或镜像中心线。在创建镜像平面或镜像中心线时，应事先考虑好它们的位置。

四、创建步骤

步骤 1. 新建零件文件 caomei

步骤 2. 创建底面梅花形曲线

在“基准”工具栏中单击按钮，弹出“草绘”对话框 → 选择 TOP 面为草绘平面(视图方向按系统默认设置）→ 绘制第一根 R30 圆弧（位于图形上部）→ 利用镜像工具创建其余四根 R30 圆弧 → 在“草绘器工具”工具栏中单击✓按钮，得到如图 7-26 所示的梅花形曲线。

技巧：首先绘制出 ϕ100 圆和 A、B 线这三条辅助线，然后绘出第一根 R30 圆弧，再利用辅助线 A 和 B 作为镜像轴即可镜像出其余四根 R30 圆弧。大家想想怎么做？

步骤 3. 创建基准点 PNT0

在“基准”工具栏中单击按钮，弹出“基准点”对话框 → 选取圆弧段 A（见图 7-27）作为参照（约束条件为“在其上”）→ 选取圆弧段 B 作为参照（约束条件为“在其上”）→ 单击“确定”按钮，生成如图 7-27 所示的基准点 PNT0。

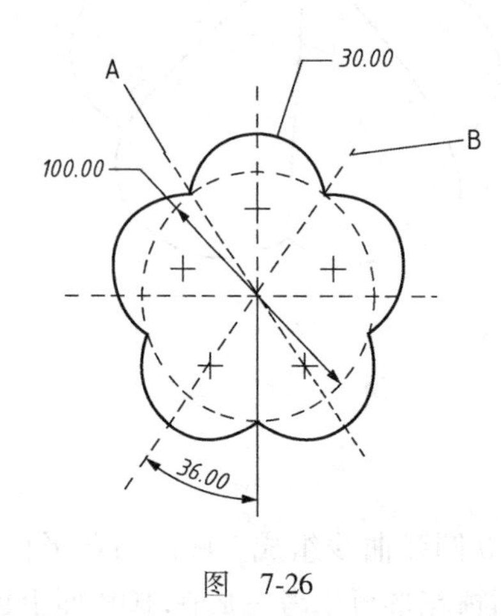

图 7-26

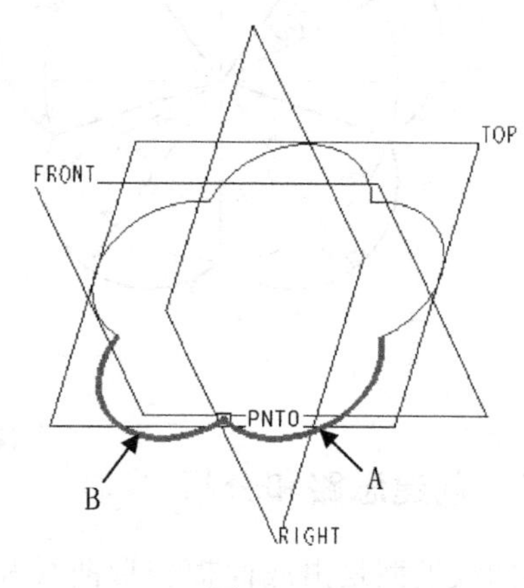

图 7-27

步骤 4. 创建出第一根 R150 曲线

在“基准”工具栏中单击按钮，弹出“草绘”对话框 → 选择 RIGHT 为草绘平面（视图方向按系统默认设置）→ 绘制曲线如图 7-28 所示 → 在“草绘器工具”工具栏中单击✓按钮，得到如图 7-29 所示的 R150 曲线。

技巧：在草绘 R150 曲线时，需添加基准点 PNT0 作为参照，以便在绘制 R150 曲线时能够将其一个端点定位在圆弧段 A 和 B 的交点处。

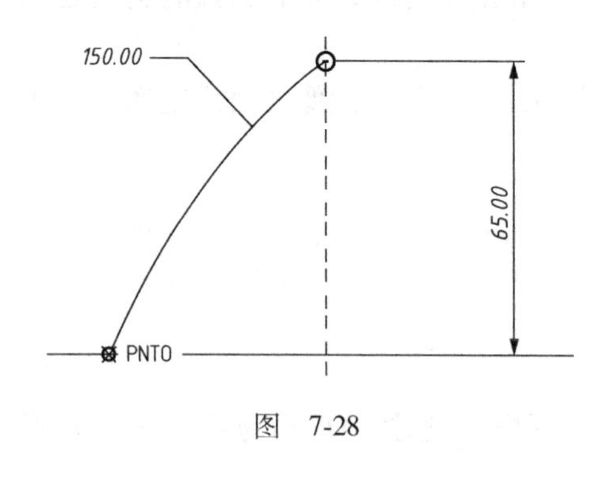

图 7-28

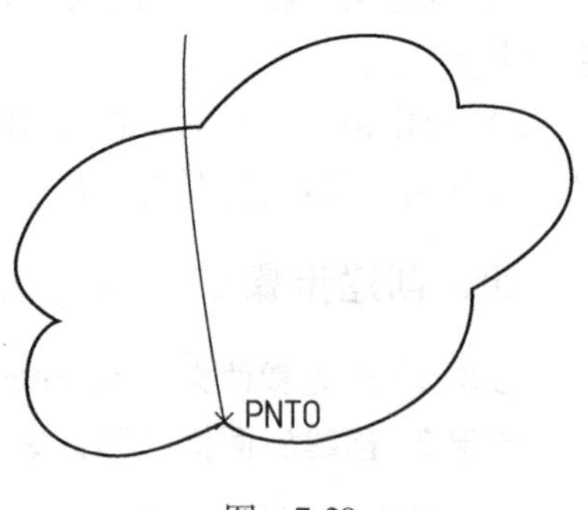

图 7-29

步骤 5. 创建基准平面 DTM1

（1）在“基准”工具栏中单击按钮，弹出“基准轴”对话框 → 选取 FRONT 面作为参照（约束条件为“穿过”）→ 选取 RIGHT 面作为参照（约束条件为“穿过”）→ 单击“确定”按钮，生成基准轴 A _ 1。

（2）在“基准”工具栏中单击按钮，弹出“基准平面”对话框 → 选取基准轴 A _ 1 作为参照（约束条件为“穿过”）→ 选取 RIGHT 面作为参照（约束条件为“偏移”）→ 输入偏移旋转角度 36 → 单击“确定”按钮，生成基准平面 DTM1，如图 7-30 所示。

步骤 6. 创建其余 *R*150 曲线

（1）选择已绘制的 *R*150 曲线 → 单击菜单【编辑】→【镜像】命令 → 选取 DTM1 作为镜像面 →得到曲线 A。

（2）选择曲线 A → 单击菜单【编辑】→【镜像】命令→ 选取 RIGHT 作为镜像面 → 得到曲线 B。

（3）选择曲线 B → 单击菜单【编辑】→【镜像】命令→ 选取 DTM1 作为镜像面 → 得到曲线 C。

（4）选择曲线 C → 单击菜单【编辑】→【镜像】命令→ 选取 RIGHT 作为镜像面 → 得到曲线 D。

图 7-31 所示为各曲线位置示意图，创建的草莓状曲线模型如图 7-25 所示。

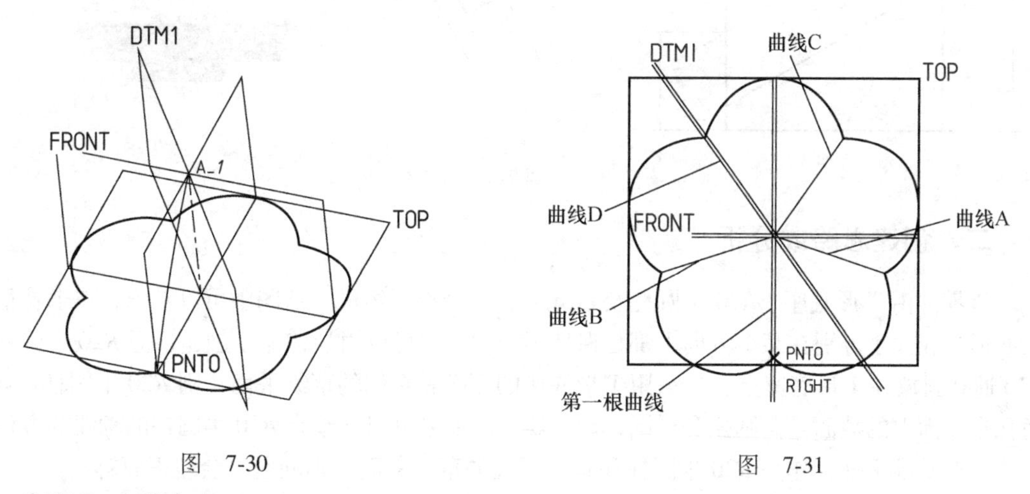

图 7-30 图 7-31

步骤 7. 文件存盘

在“视图”工具栏中单击按钮 → 选择“缺省方向” → 单击菜单【文件】→【保存】命令，或在“文件”工具栏中单击按钮，保存文件。

◆ 实训课题 2：斜架滑块

一、目的及要求

目的：通过创建斜架滑块零件模型（见图 7-32），主要掌握新建基准平面、基准轴在零件模型创建过程中的应用。

要求：创建适当的基准平面，为斜架滑块零件模型中 *R*20 斜圆柱提供合适的草绘平面。

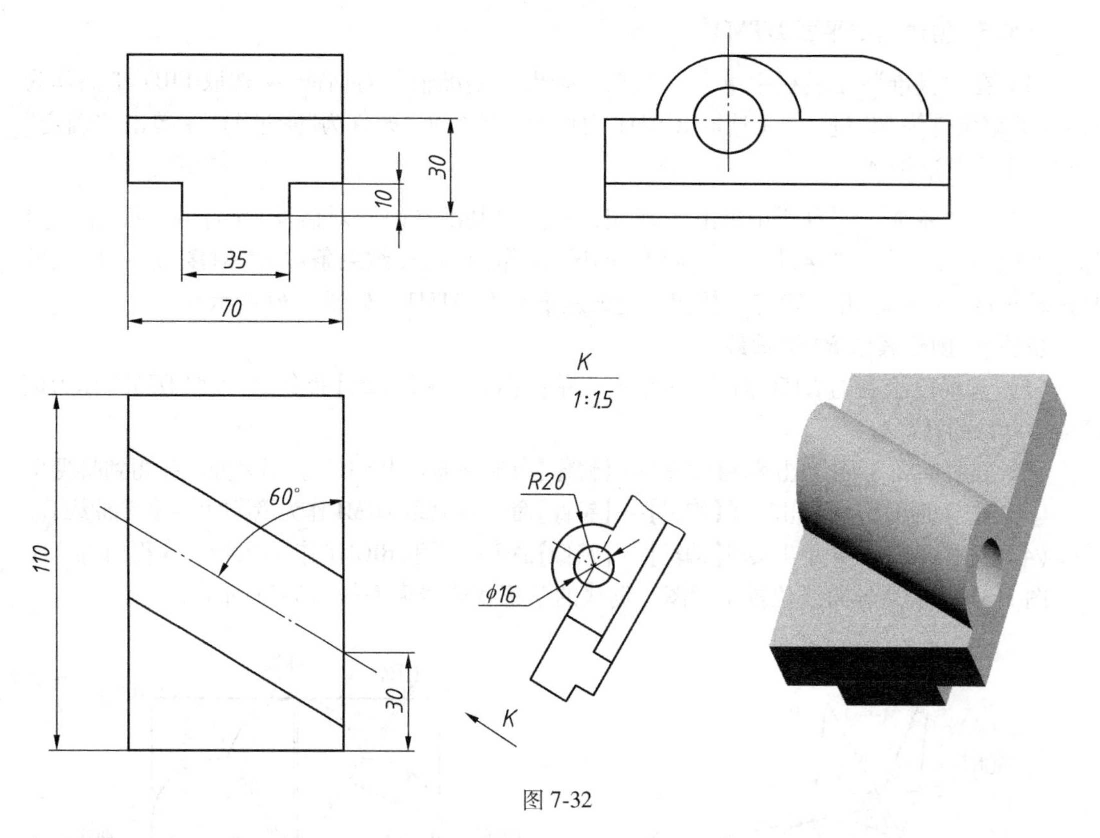

图 7-32

二、创建思路或分析

该零件由 T 形底座、*R*20 半圆柱及 ϕ16 通孔三个特征组成。从图中可以看出，三个特征的截面形状和大小分别在某个方向上都是保持不变的，都可以由拉伸命令创建，但 *R*20 半圆柱和 ϕ16 通孔斜放在 T 形底座上，如采用 T 形底座的侧面做它们的草绘平面，则 *R*20 半圆柱和 ϕ16 通孔在该面上的截面是椭圆弧和椭圆，难以绘制。如果可以在垂直 *R*20 半圆柱的轴线的方位上创建一个基准平面，作为 *R*20 半圆柱和 ϕ16 通孔的草绘平面，则问题将会迎刃而解。

三、创建要点或注意事项

1）在创建基准特征时，如需两个以上的参照，应按住<Ctrl>键后再选取第二个参照对象。

2）创建 *R*20 半圆柱时，由于草绘平面与系统默认的基准平面不平行，此时系统只提供了一个方向的尺寸参照，绘制的截面将无法定位，需要选基准轴作为另一个方向的尺寸参照。

3）拉伸 *R*20 半圆柱和 ϕ16 通孔特征时，深度应分别选择 T 形底座的两个侧面作为向两侧拉伸的界面。

四、创建步骤

创建步骤略，学生可根据图 7-32 所示零件图自主完成。

单元小结

本单元介绍了基准平面、基准轴、基准点、基准曲线和基准坐标系等几种常用的基准特征，它们是三维零件造型的重要辅助工具。

基准平面、基准轴、基准点和基准坐标系的创建方法：

虽然创建这几种基准特征的对话框、所需参照、约束条件等要素各不相同，但它们的创建原理基本相同。创建时都要先到图形窗口选取对象作为新基准特征的参照(如TOP面、模型的表面等)，然后在参照后面选定约束条件(如穿过等)，最后根据需要确定是否需要输入新基准特征的定位尺寸。

基准曲线的创建方法包括两种：

一种是采用草绘的方法来创建基准曲线，即先选定一个草绘平面，再通过草绘的方式创建基准曲线，绘图的方法与第二单元中的绘图方法相同。

另一种是利用已知的条件来创建基准曲线，如选取图形窗口已有的一系列点或输入已知的方程式来创建基准曲线。这一类创建基准曲线的方法一般都是选取创建命令后，根据菜单的指引，将对基准曲线的设计要求(即已知条件)逐步告知系统，最后创建出基准曲线。

课后练习

习题1　创建如图7-33所示的轴模型。

提示：首先采用旋转特征方式创建轴特征主体，然后采用拉伸特征方式创建键槽。在创建键槽特征时，需要分别建立新的基准平面为两个键槽提供草绘平面。

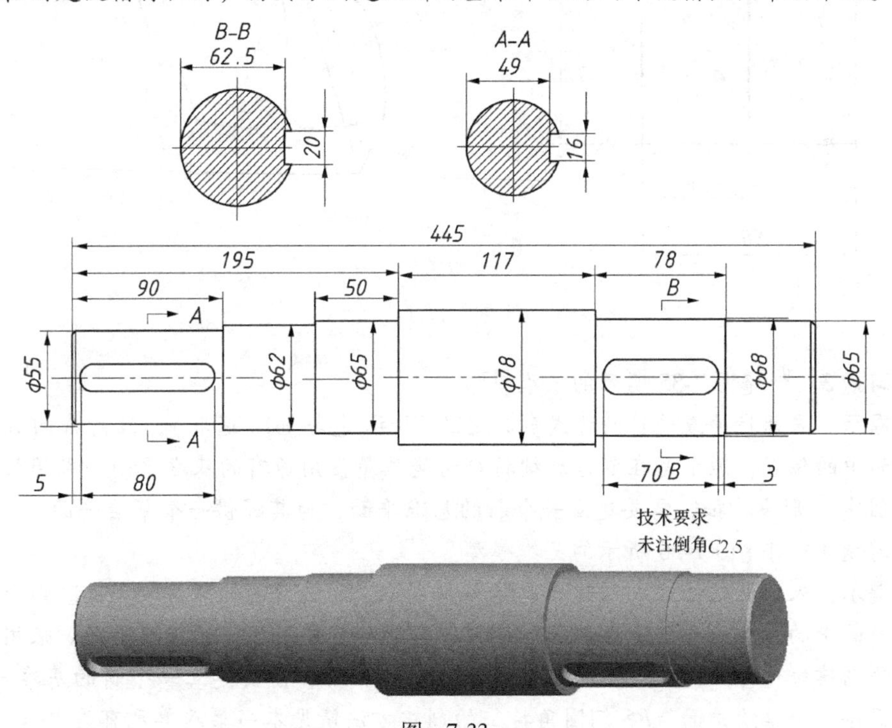

图　7-33

习题 2 创建图 7-34 所示的三维曲线模型。

提示： 创建半径为 *R*100 和 *R*30 的基准曲线后，分别在这两个圆弧的中点上创建一个基准点，作为绘制 *R*60 的参照，方便确定 *R*60 圆弧两端点的位置。注意在四根长 20mm 的竖线上不要绘制重复图线。

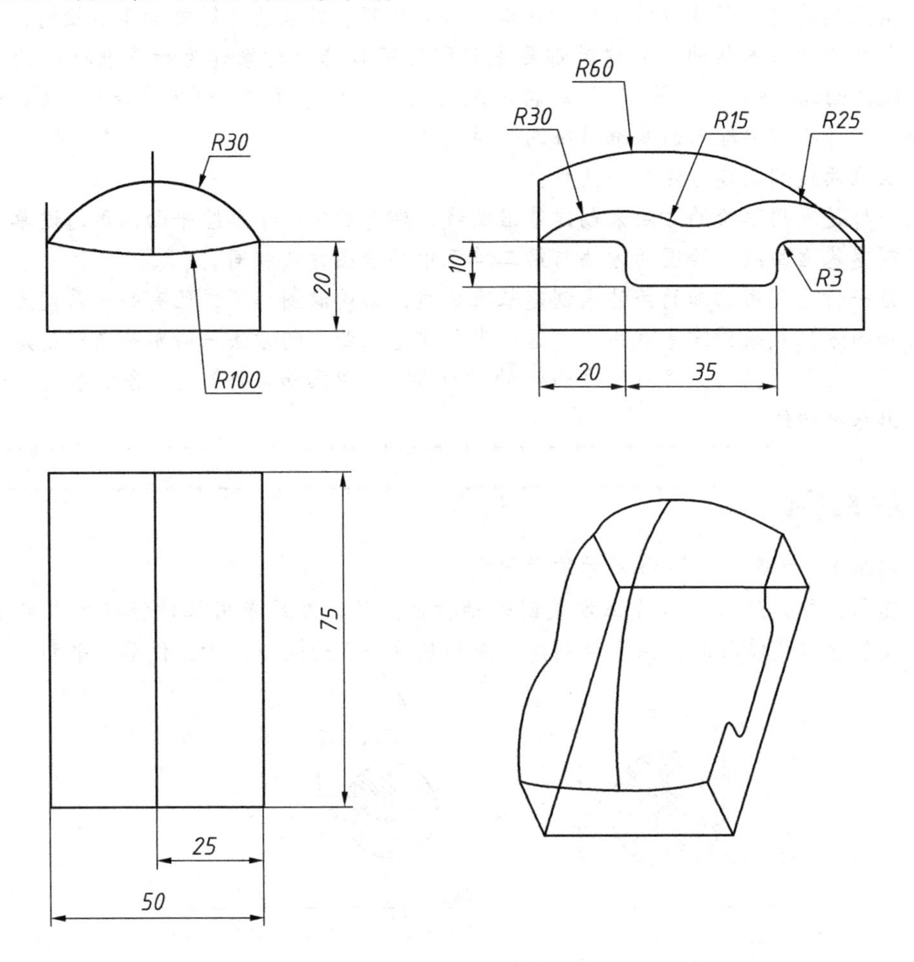

图 7-34

习题 3 创建图 7-35 所示的三维模型。

提示： 采用拉伸或旋转的方式创建 ϕ20 圆柱(包括 ϕ10 通孔)，注意截面放在草绘平面中的位置，原则是在创建后续特征时能尽量使用原有的基准平面。采用拉伸的方法创建 U 形块特征，需要建立一个新的基准平面，为其提供一个草绘平面。

习题 4 创建图 7-36 所示的三维模型。

提示： 采用旋转的方式创建出缸体基础特征(带法兰的圆柱体)，注意截面放在草绘平面中的位置，原则是在创建后续特征时能尽量使用原有的基准平面。采用拉伸的方法创建缸体耳环(U 形块)。创建进出油口特征时，需要建立一个新的基准平面，为其提供一个草绘平面。*R*5 倒圆角特征的创建方法请见本书第八单元有关内容。

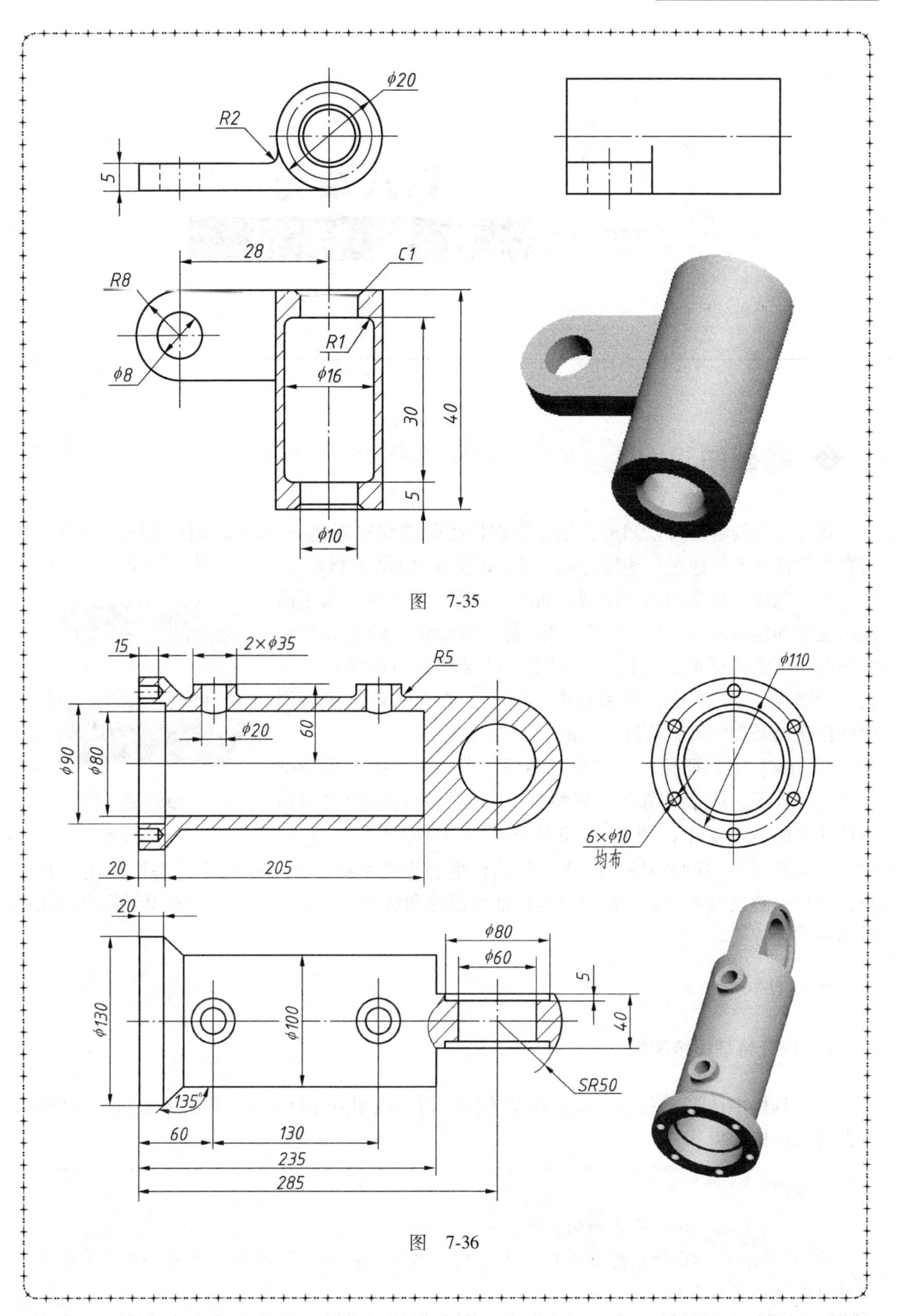

ϕ20
R2
5
28
C1
R8
R1
ϕ16
ϕ8
30
40
5
ϕ10
15
2×ϕ35
R5
ϕ110
ϕ20
60
ϕ90
ϕ80
6×ϕ10
均布
20
205
20
ϕ80
ϕ60
5
ϕ130
ϕ100
40
SR50
135°
60
130
235
285

图 7-35

图 7-36

第八单元 放置特征

❖ 基础知识

通过前面的学习可以知道：创建零件模型时需要先创建一个基础特征(俗称毛坯)，然后在基础特征上，通过一些特定的方法(如拉伸等)增加材料或切除材料，创建出一系列特征，从而创建出复杂的零件模型，如图 8-1 所示的零件。采用前面所说的创建特征的方法(如拉伸等)都需要指定草绘平面和参考平面、草绘特征截面等操作。对于一些结构简单的特征，如孔、倒圆角、倒角、壳、筋和拔模等特征，能否不草绘截面图形就创建出来呢？答案是肯定能的。

图 8-1

在 Pro/E 中，把孔、倒圆角、倒角、壳、筋和拔模等特征称作工程特征，通常又称作放置特征。创建放置特征的菜单命令位于【插入】菜单，图标按钮位于“工程特征”工具栏 。这些特征可以使零件建模更加方便快捷。在零件建模过程中使用放置特征，用户一般只需要给系统提供放置特征的位置和放置特征的尺寸即可。本单元将介绍几种常用的放置特征。

一、孔特征

(一) 孔特征操控面板

在工具栏中单击按钮，或选择菜单【插入】→【孔…】命令后，系统弹出如图 8-2 所示的孔特征操控面板。

说明：

1) 简单孔：具有圆截面的直孔。

2) 标准孔：基于相关工业标准的螺孔。单击“标准孔”按钮，弹出如图 8-3 所示标准孔特征操控面板。

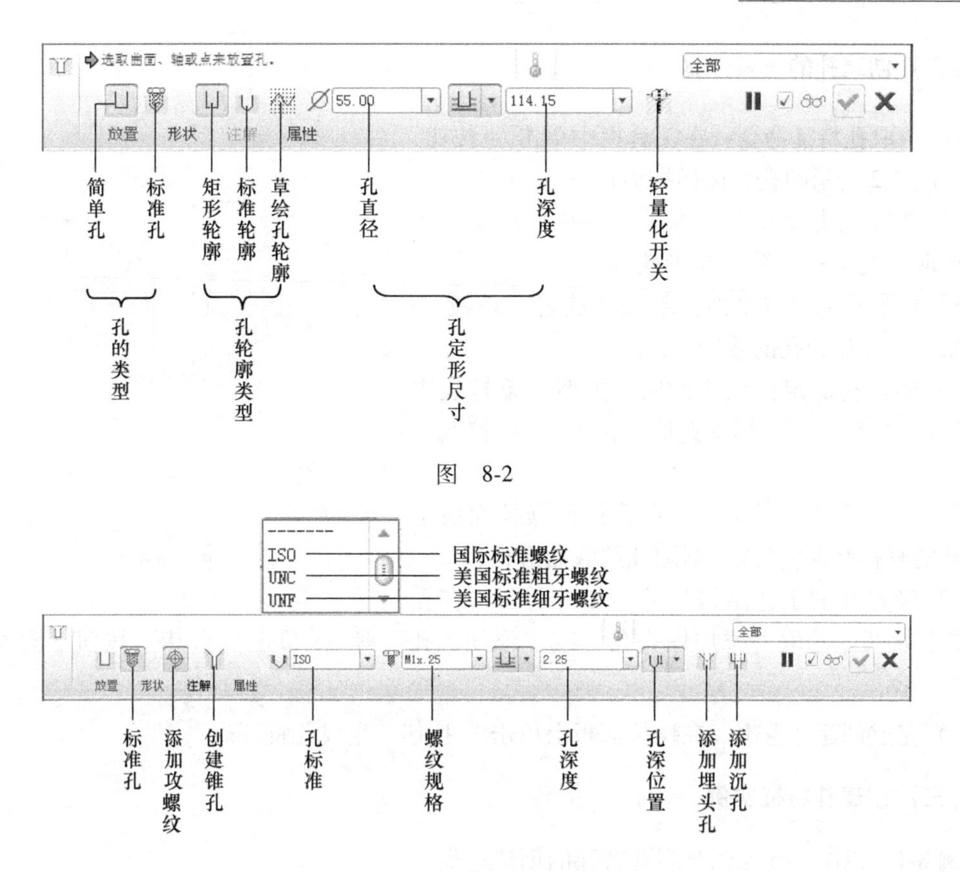

图　8-2

图　8-3

在操控面板上单击“放置”按钮，弹出如图 8-4 所示的“放置”下滑面板。在该下滑面板中可以设置孔的放置位置及孔的定位尺寸。

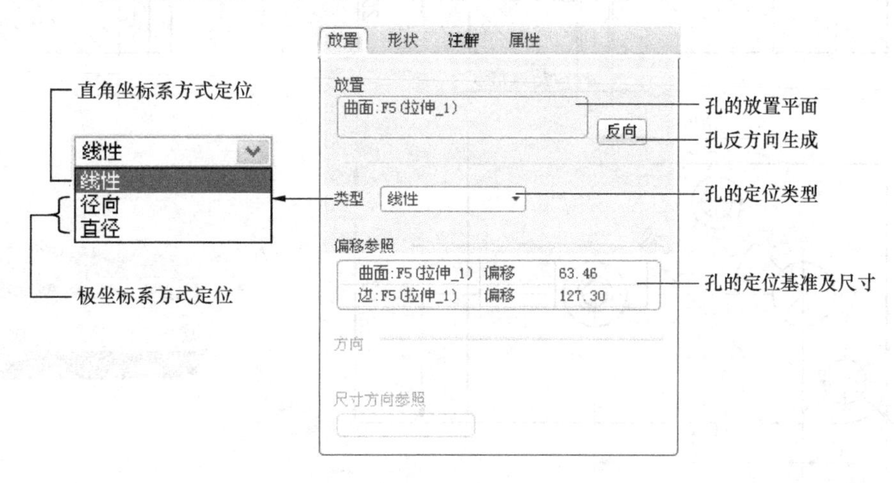

图　8-4

在操控面板上单击“形状”按钮，弹出如图 8-5 所示的“形状”下滑面板。在该下滑面板中可以设置孔的各种工艺结构尺寸。值得注意的是，随着选取的孔类型和孔轮廓不一样，该对话框内容有所不同。

（二）创建孔的一般步骤

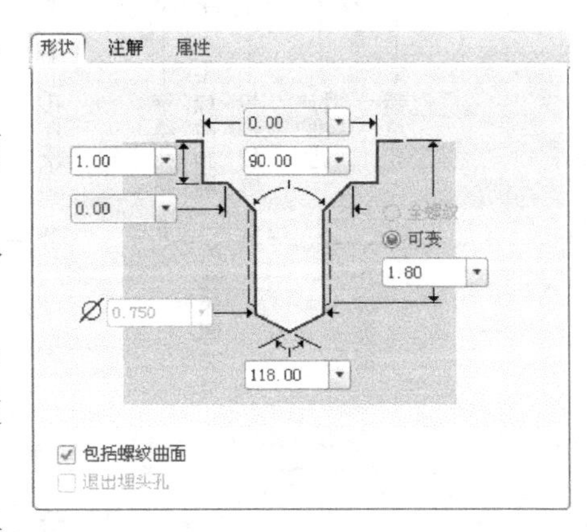

图 8-5

1）选取孔特征命令：在工具栏中单击按钮，弹出如图 8-2 所示的孔特征操控面板。

2）选取孔类型和孔轮廓：如在孔特征操控面板上选取“简单孔”和“矩形轮廓”。

3）确定孔的放置平面：单击“放置”按钮 → 选取某一平面作为孔的放置平面。

4）确定孔的定位尺寸：从“类型”下拉表中选定定位类型 → 从图形中选取定位平面 → 修改定位尺寸。

5）确定孔的定形尺寸：在孔特征操控面板上输入孔的直径和深度(或绘制圆孔的截面形状)。

6）确定孔的工艺结构尺寸：如有需要，在孔特征操控面板上选取“添加埋头孔”或“添加沉孔”等 → 单击“形状”按钮，输入各结构尺寸。

7）完成创建并退出：在操控面板上单击按钮，生成孔特征。

（三）创建孔特征实例

例 8-1 以图 8-6 为例介绍孔特征的创建过程。

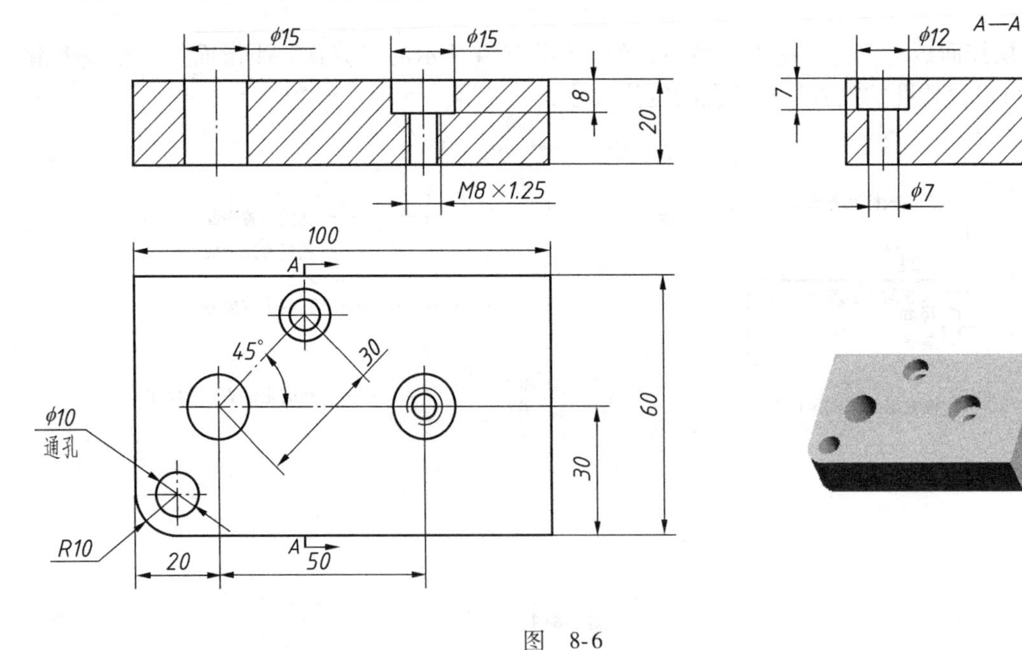

图 8-6

1. 创建基础实体

利用拉伸工具创建如图 8-7 所示的带圆角的长方体，并利用基准轴工具创建 *R*10 圆角的中心轴线 A _ 1。

2. 创建 ϕ15 通孔

1）在工具栏中单击按钮 → 在孔特征操控面板上选取“简单孔”和“矩形轮廓”。

2）单击“放置”按钮 → 选取长方体上表面为放置平面，如图 8-8 所示，长方体上表面高亮显示 → 从“类型”下拉表中选“线性”→ 单击“偏移参照”栏，按住<Ctrl>键选取前面和左侧面为定位平面 → 分别将定位尺寸修改为 30 和 20。

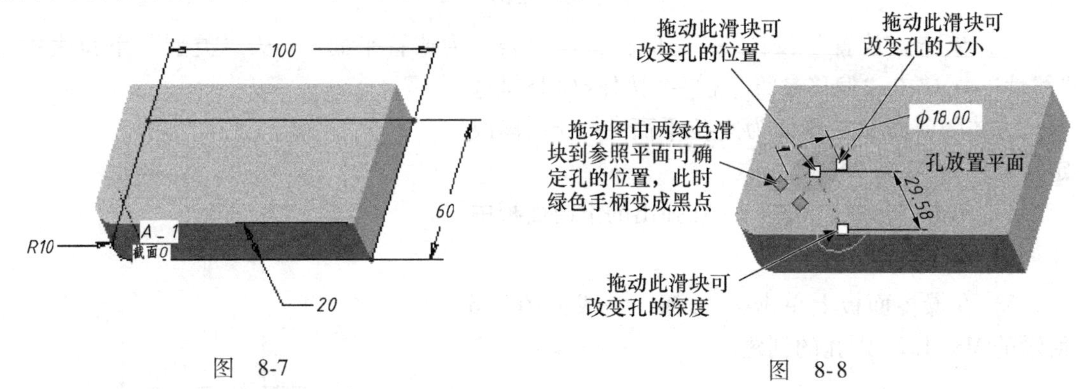

图　8-7　　　　图　8-8

> **技巧**：拖动图 8-8 中的小滑块可以方便快捷地改变孔的形状尺寸和定位尺寸。

3）在孔特征操控面板上输入孔的直径 ϕ15，设置深度为“穿透”。

4）在操控面板上单击按钮，完成如图 8-6 所示的 ϕ15 通孔的创建。

3. 创建埋头孔

1）在工具栏中单击按钮 → 在孔特征操控面板上选取“简单孔”和“草绘孔轮廓”。

2）在孔特征操控面板上单击草绘图标 → 在草绘窗口中，绘制如图 8-9 所示的孔截面形状 → 在“草绘器工具”工具栏中单击按钮，完成草绘。

3）单击“放置”按钮 → 选取长方体的上表面作为放置平面 → 从“类型”下拉表中选择“径向”→ 单击“偏移参照”栏 → 按住<Ctrl>键选取 ϕ15 通孔的中心线和长方体的前面作为参照 → 分别修改偏移半径为 30 和偏移角度为 45。

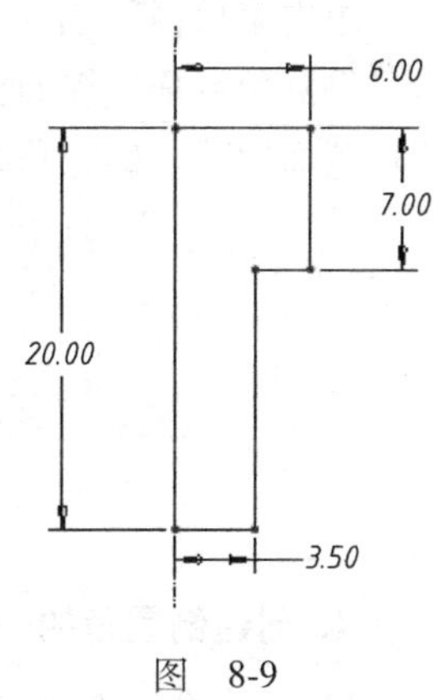

图　8-9

4）在操控面板上单击按钮，完成如图 8-6 所示的埋头孔的创建。

4. 创建 ϕ10 通孔

1）在工具栏中单击按钮 → 在孔特征操控面板上选取“简单孔”和“矩形轮廓”。

2）单击“放置”按钮 → 选取长方体上表面为放置平面 → 按住<Ctrl>键再选取 A _ 1 为放置参照。

3）在孔特征操控面板上输入孔的直径 ϕ10，设置深度为“穿透”。

4）在操控面板上单击按钮，完成如图 8-6 所示的 ϕ10 通孔的创建。

5. 创建 M8×1. 25 螺孔

1）在工具栏中单击按钮，弹出孔特征操控面板。

2）在孔特征操控面板上作如图 8-10 所示设置。

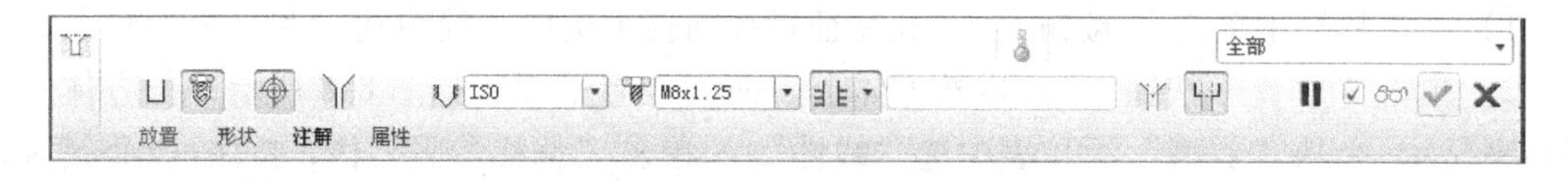

图 8-10

3）单击“放置”按钮 → 选取长方体上表面为放置平面 → 从“类型”下拉表中选“线性” → 单击“偏移参照”栏 → 按住<Ctrl>键选取长方体的前面和左侧面为定位平面 → 分别修改定位尺寸为 30 和 70。

4）单击“形状”按钮 → 在弹出的下滑面板中作如图 8-11 所示设置。

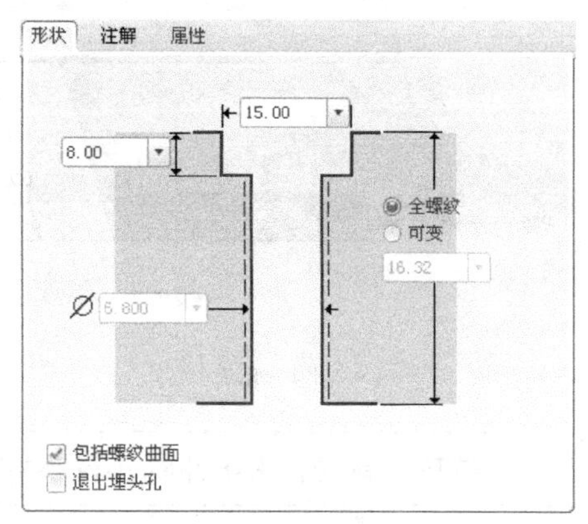

图 8-11

5）在操控面板上单击 ✓ 按钮，完成如图 8-6 所示的 M8×1.25 螺孔的创建。

二、倒圆角特征

在零件设计中，常常要用到倒圆角特征。Pro/E 提供的倒圆角功能非常丰富，常用的是以下四种简单倒圆角类型：

1）等半径倒圆角：建立的圆角特征半径为一个常数。

2）变半径倒圆角：建立的圆角特征可以在不同的点设置不同的半径。

3）完全倒圆角：在选取的曲面之间或选取的边之间自动产生全圆角。

4）曲线驱动倒圆角：通过选取的曲线或边界来产生圆角。

单击菜单【插入】→【倒圆角】命令，或在工具栏中单击按钮，可以打开如图 8-12 所示的倒圆角特征操控面板。单击“集”按钮，弹出如图 8-13 所示的下滑面板，从中可以对圆角截面形状、倒圆角的对象、倒圆角半径等进行设置。

图 8-12

1. 创建倒圆角的一般步骤

1）选命令：在工具栏中单击按钮，打开倒圆角特征操控面板。

2）选对象：选取要倒圆角的边或曲面。

3）定尺寸：等半径倒圆角仅需在操控面板上输入倒圆角半径尺寸即可。

4）设置其他参数：单击“集”按钮，在打开的下滑面板中设定倒圆角各种参数。单击“过渡”按钮，设置转角的形状。单击“选项”按钮，选择生成的倒圆角是实体形式还是曲面形式。

5）在操控面板上单击☑按钮，完成倒圆角特征的创建。

2. 创建倒圆角实例

例 8-2 以图 8-14 所示的“毛坯”为例介绍倒圆角特征的创建过程。

(1)打开准备文件\ CH08 \ 8-14. prt。

(2)创建 *R*10 等半径倒圆角。

1）在工具栏中单击按钮，打开倒圆角特征操控面板。

2）选取边 A。

3）在操控面板上输入倒圆角半径 10。

4）在操控面板上单击☑按钮，完成如图 8-15 所示的 *R*10 倒圆角特征的创建。

(3)创建变半径倒圆角。

1）在工具栏中单击按钮，打开倒圆角特征操控面板。

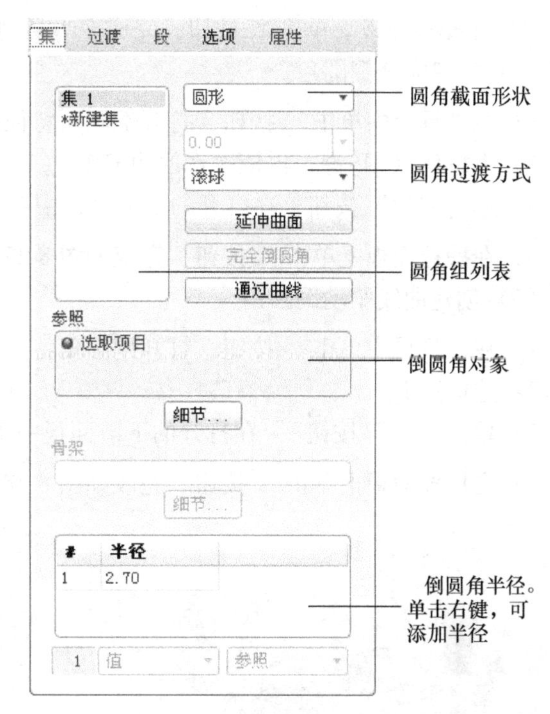

图 8-13

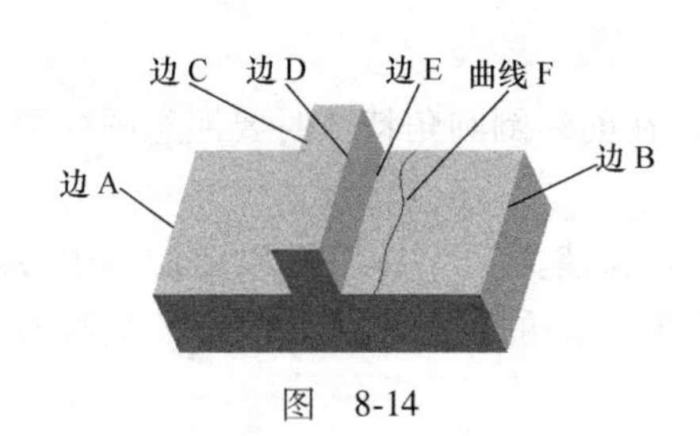

图 8-14

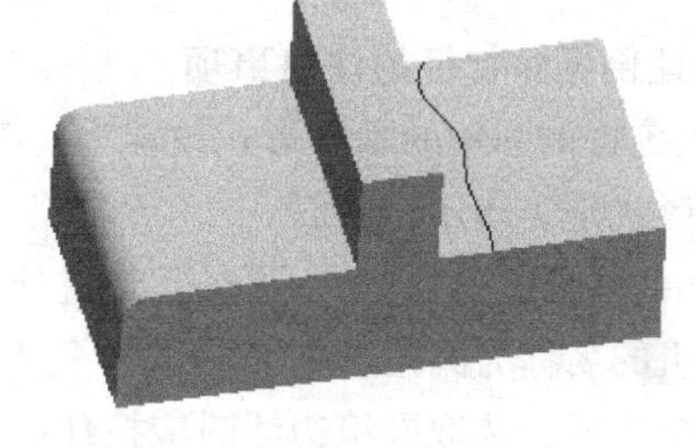

图 8-15

2）选取边 B。

3）单击“集”按钮 → 在打开的下滑面板的“半径”栏中单击右键 → 在快捷菜单中选“添加半径” → 分别修改半径值为 25 和 15 → 继续在“半径”栏中单击右键 → 在快捷菜单中选“添加半径” → 将第三个半径值改为 10，位置定在边 B 的中点上，如图 8-16 所示。

#	半径	位置
1	15.00	顶点:边:...
2	25.00	顶点:边:...
3	10.00	0.50

3　值　比率

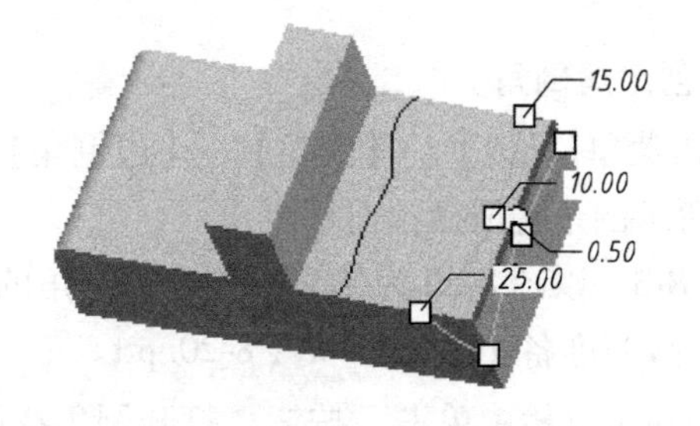

图 8-16

4）在操控面板上单击✔按钮，完成变半径倒圆角的创建。

（4）创建完全倒圆角。

1）在工具栏中单击按钮，打开倒圆角特征操控面板。

2）先按住<Ctrl>键，再依次选取边 C 和边 D。

3）单击“集”按钮，在打开的下滑面板中单击“完全倒圆角”按钮。

4）在操控面板上单击✔按钮，完成如图 8-17 所示的完全倒圆角的创建。

（5）创建曲线驱动倒圆角。

1）在工具栏中单击按钮，打开倒圆角特征操控面板。

2）选取边 E。

3）单击“集”按钮 → 在打开的下滑面板中单击“通过曲线”按钮 → 选取曲线 F。

4）在操控面板上单击✔按钮，完成如图 8-18 所示的曲线驱动倒圆角的创建。

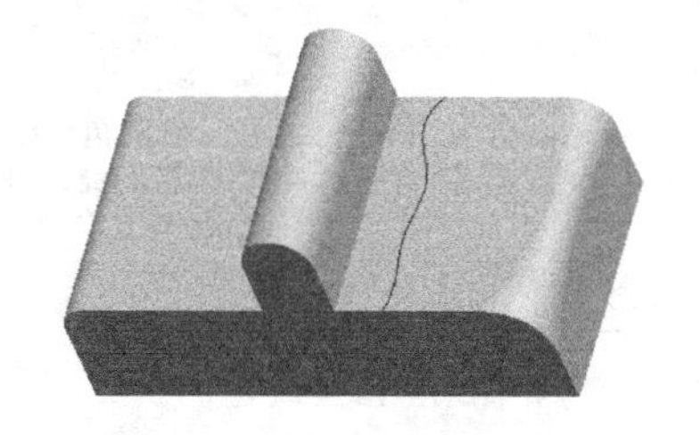

图 8-17

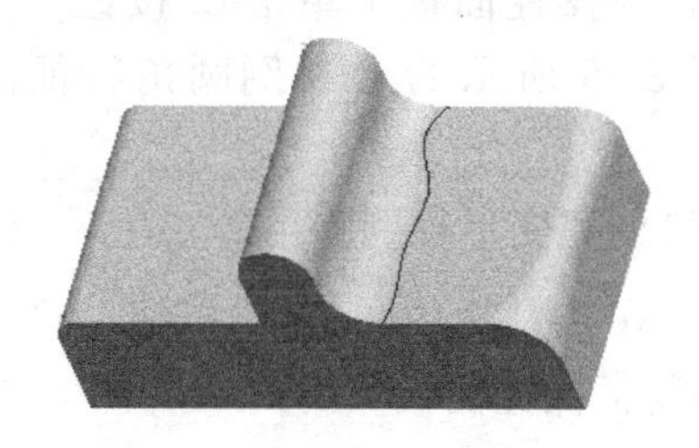

图 8-18

3. 创建倒圆角特征的注意事项

1）系统将倒圆角的默认形式设定为“实体”形式，在创建倒圆角特征时要注意图样要求圆角的形式是实体还是曲面。

2）如对多条边倒圆角，可进行分组处理。单击“＊新建集”字符串可以增加一组设置，每一组的名称为圆角组列表中的“集#”。各组可以有不同的圆角半径。同组的边具有相同的圆角半径，选取同组边线时应按住<Ctrl>键。

三、倒角特征

Pro/E 提供了两种倒角功能，即边倒角和拐角倒角。

1）边倒角：用于对零件的边进行倒角。

2）拐角倒角：用于对零件的顶角进行倒角（注意：拐角倒角命令只能通过菜单进行选取）。

1. 创建边倒角

单击菜单【插入】→【倒角】→【边倒角】命令，或在工具栏中单击按钮，可以打开如图8-19所示倒角特征操控面板。

例 8-3 以图 8-20 为例介绍创建边倒角的一般步骤。

1）打开准备文件 \ CH08 \ 8-20. prt。

2）在工具栏中单击按钮，打开倒角特征操控面板。

3）选取要倒角的边，如图 8-20 所示的边 A。

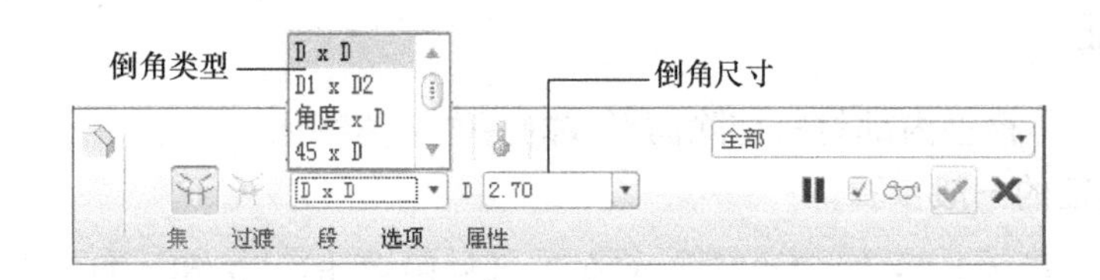

图 8-19

4）在操控面板中选择倒角类型“D1×D2”，分别输入 D1 和 D2 值为 3 和 2。

5）在操控面板上单击按钮，完成如图 8-21 所示的倒角的创建。

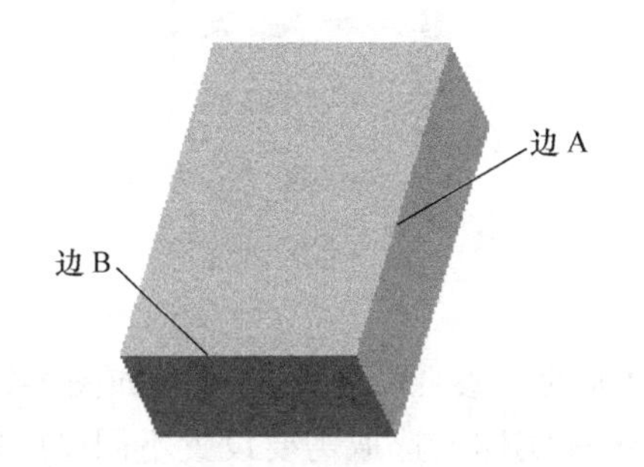

图 8-20

图 8-21

如需将边 B 倒成 30°×2，创建步骤与上述完全相同，只需选择倒角类型为“角度×D”，分别输入角度值为 30，D 值为 2 即可。

2. 创建拐角倒角

例 8-4 以图 8-20 为例介绍创建拐角倒角的一般步骤。

1）打开准备文件 \ CH08 \ 8-20. prt。

2）单击菜单【插入】→【倒角】→【拐角倒角】命令，弹出如图 8-22 所示的“倒角（拐角）：拐角”对话框。

3）任意选取顶角的一条边，此时该边高亮显示，弹出如图 8-23 所示的“选出/输入”菜单 → 在菜单中选取指定该边倒角尺寸的方式 → 指定倒角尺寸。

4）系统逐一高亮显示顶点处的其他边线，重复步骤 3）依次指定其他边线的倒角尺寸。

5）在操控面板上单击按钮，完成如图 8-24 所示的拐角倒角的创建。

图 8-22

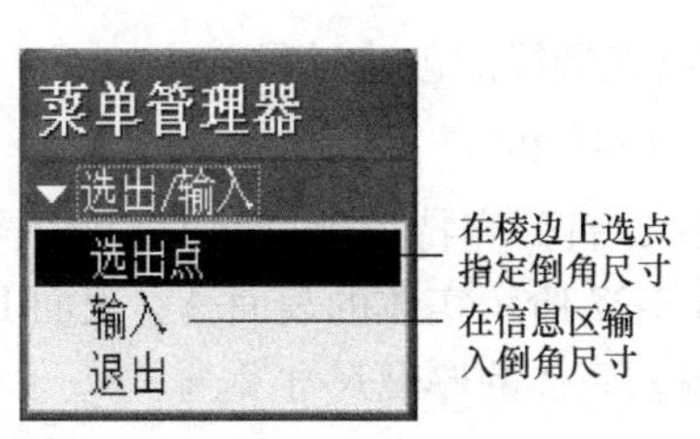

图 8-23

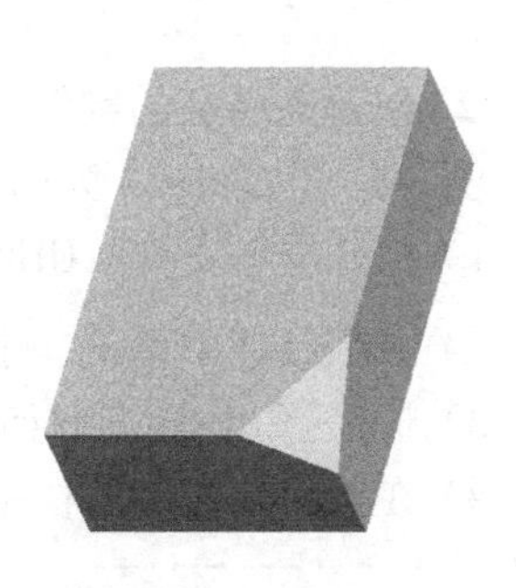

图 8-24

四、壳特征

壳特征是将实体模型内部材料挖除而形成的薄壳实体特征。

1. 创建壳特征的一般步骤

1）单击菜单【插入】→【壳】命令，或在工具栏中单击按钮，打开如图 8-25 所示的壳特征操控面板。

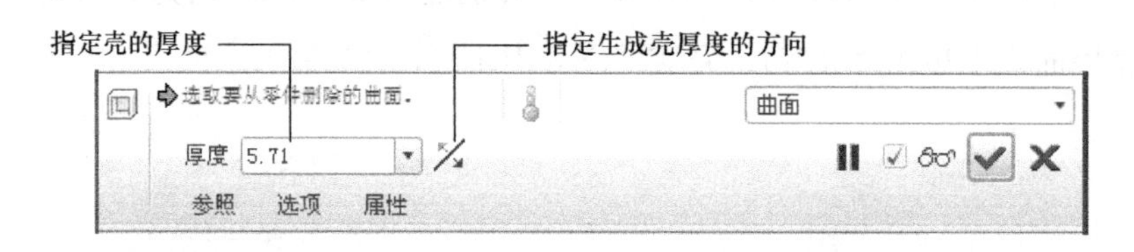

图 8-25

2）在实体上选取要移除的表面。

3）在操控面板中输入壳体的厚度尺寸。

4）如要创建厚度不等的壳特征，则单击操控面板的“参照”按钮，弹出如图 8-26 所示的下滑面板 → 在“非缺省厚度”栏中单击左键 → 在实体上选取需要设置不同厚度的表面 → 在“非缺省厚度”栏中输入该表面的厚度尺寸。

5）在操控面板上单击按钮，完成壳特征的创建。

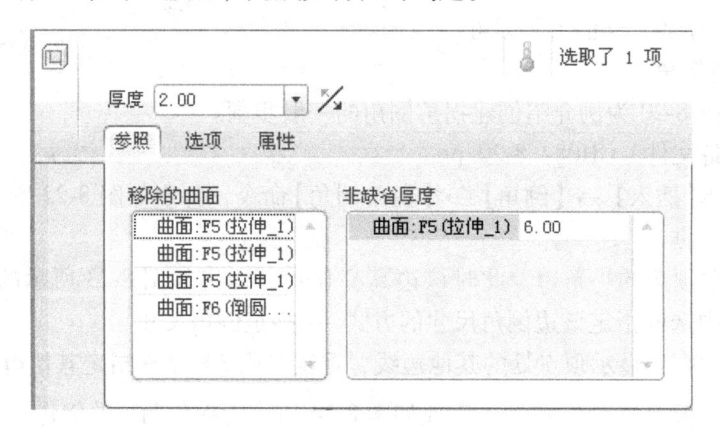

图 8-26

2. 创建壳特征的实例

例 8-5 以图 8-27 为例介绍壳特征的创建过程。

1）打开准备文件 \ CH08 \ 8-27. prt。

2）在工具栏中单击按钮，打开壳特征操控面板。

3）按住<Ctrl>键选取如图 8-27 所示实体的表面 A、表面 B、表面 C 和表面 D。

4）在操控面板厚度栏中输入壳体的厚度尺寸 2。

注意：单击操控面板的按钮，可切换壳厚度的方向(有轮廓内、外两个方向)。

5）单击操控面板的“参照”按钮，弹出如图 8-26 所示下滑面板 → 在“非缺省厚度”栏中单击左键 → 选取实体的后表面 → 在“非缺省厚度”栏中输入后表面的厚度尺寸 6。

6）在操控面板上单击 按钮，完成如图 8-28 所示的壳的创建。

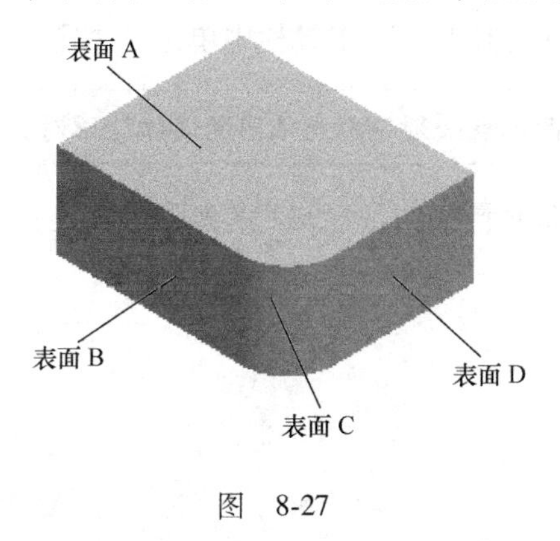

图 8-27

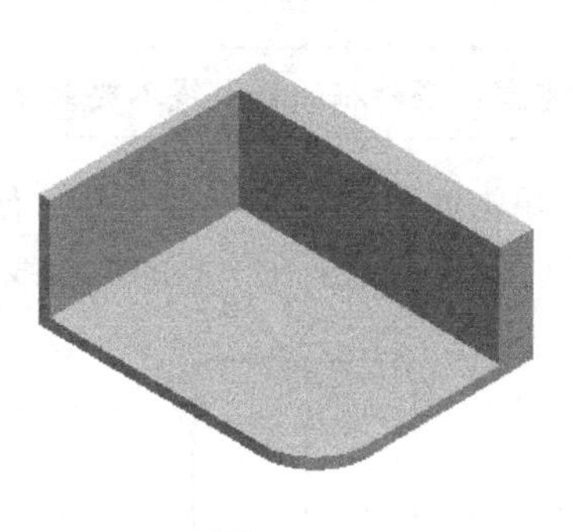

图 8-28

五、筋特征

筋特征的创建过程与拉伸特征的创建过程类似，不同的是绘制的筋特征截面线必须是开放的。

创建筋特征的命令有两个，即轨迹筋(图标按钮为)和轮廓筋(图标按钮为)。下面介绍轮廓筋。

1. 创建轮廓筋的一般步骤

1）单击菜单【插入】→【筋】→【轮廓筋】命令，或在工具栏中单击 按钮，打开如图 8-29 所示的轮廓筋特征操控面板。

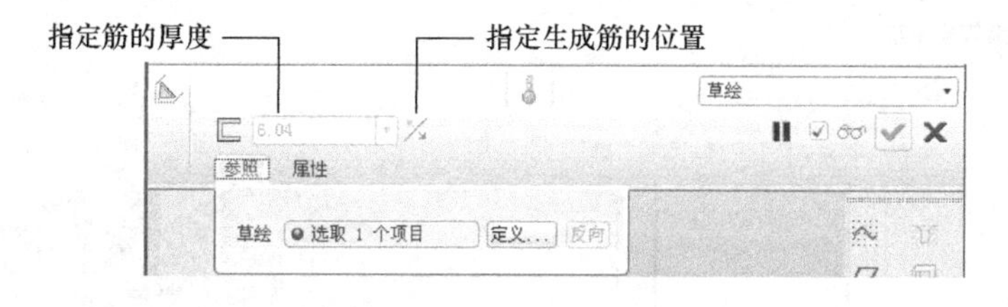

图 8-29

2）单击操控面板的“参照”按钮 → 单击“定义”按钮 → 设置草绘平面和绘制截面等操作。

3）在操控面板厚度栏中输入筋特征的厚度尺寸。

4）在操控面板上单击 按钮，完成筋特征的创建。

2. 创建轮廓筋的实例

例 8-6 以图 8-30 为例介绍轮廓筋的创建过程。

1）打开准备文件 \ CH08 \ 8-30. prt。

2）在工具栏中单击 按钮，打开轮廓筋特征操控面板。

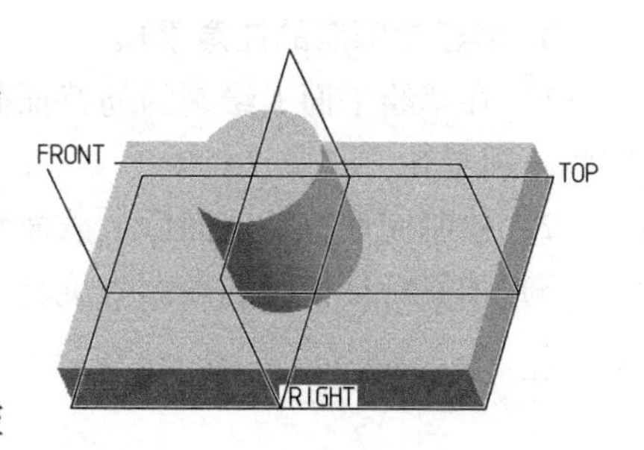

图 8-30

3）单击操控面板的“参照”按钮 → 单击下滑面板的“定义”按钮，弹出“草绘”对话框。

4）选取 FRONT 面为草绘平面，进入草绘窗口。

5）绘制筋特征截面线，如图 8-31 所示，在“草绘器工具”工具栏中单击✔按钮。

注意： 筋特征的截面线不要封闭，且截面线的两端点必须分别与依附的实体轮廓对齐。

6）单击如图 8-32 所示的箭头，使箭头方向指向筋特征内部区域（该步骤的含义是告诉系统，筋特征生成范围在绘制的截面线以内）。

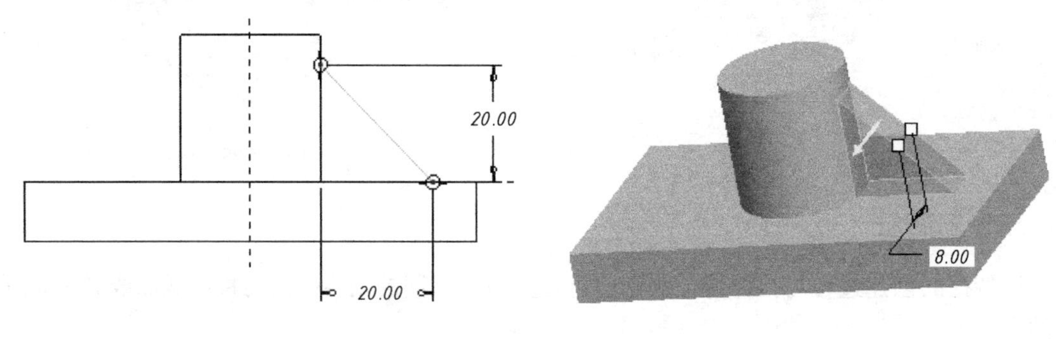

图 8-31　　图 8-32

7）在操控面板厚度栏中输入筋特征的厚度尺寸 8。

8）单击操控面板的按钮，调整筋特征的位置（筋特征位置有三种，默认状态为图 8-33a，单击按钮可调整筋特征到图 8-33b 或 c 所示位置）。

9）在操控面板上单击✔按钮，完成如图 8-34 所示的筋特征的创建。

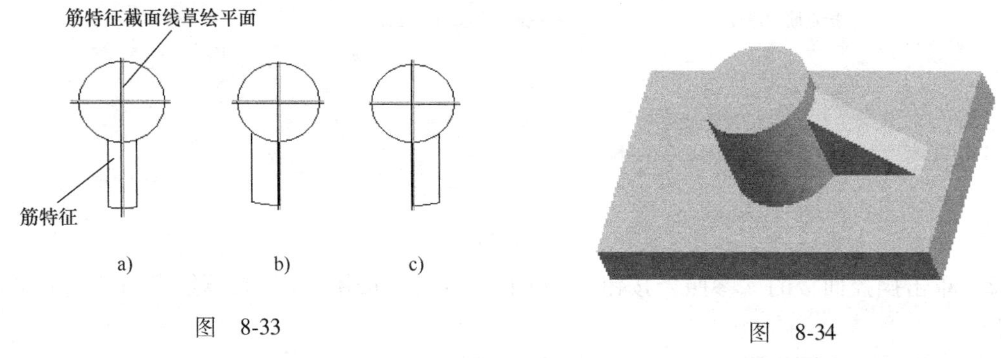

图 8-33　　图 8-34

3. 创建轮廓筋的注意事项

1）在草绘平面上绘制的筋特征截面线必须是开放的，且截面线的两端点必须与依附的实体轮廓对齐。

2）绘制完筋特征截面后，截面轮廓上箭头的方向应指向筋特征内部区域。

3）如筋特征依附的表面为旋转表面时，选定的草绘平面应通过该表面的旋转轴线。

六、拔模特征

拔模是把零件模型上的垂直面改变成斜面，产生拔模斜度，以便零件能顺利从模具中取出。

拔模方式分单向拔模和双向拔模两种。

单向拔模：整个拔模面向一个方向倾斜，即只有一个拔模角度。

双向拔模：拔模面以某个平面或某个对象作为分界线，向两个方向倾斜，即可有两个拔模角度。

单击菜单【插入】→【斜度】命令，或在工具栏中单击按钮，可以打开如图 8-35 所示的拔模特征操控面板，单击操控面板的“参照”按钮，弹出下滑面板，即可进行选取拔模曲面、拔模枢轴、拖拉方向等操作。

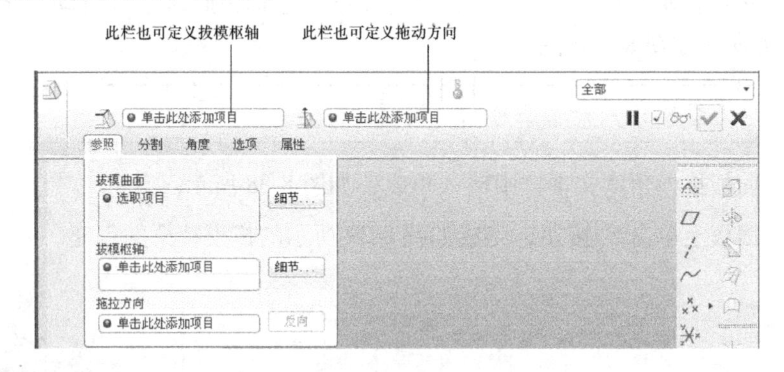

图 8-35

1. 单向拔模的一般步骤

下面先以图 8-36 为例介绍几个重要的名词术语：

1）拔模曲面：要产生拔模斜度的零件表面。

2）拔模枢轴：拔模面的旋转轴线。它必须位于拔模面上，拔模过程中其位置不发生变化。也可选取平面来定义拔模枢轴，此时该平面与拔模面的交线就作为拔模枢轴。

3）拖拉方向：也就是拔模方向，用于测量拔模角度的方向。可以通过选取平面（平面的法线方向为拔模方向）、直边、基准轴或坐标系等来定义拖拉方向。

4）拔模角度：指拔模方向与生成的拔模曲面之间的角度，系统规定该角度必须在 −30°~+30°之间。

例 8-7 下面以图 8-37 为例，介绍单向拔模的创建过程。

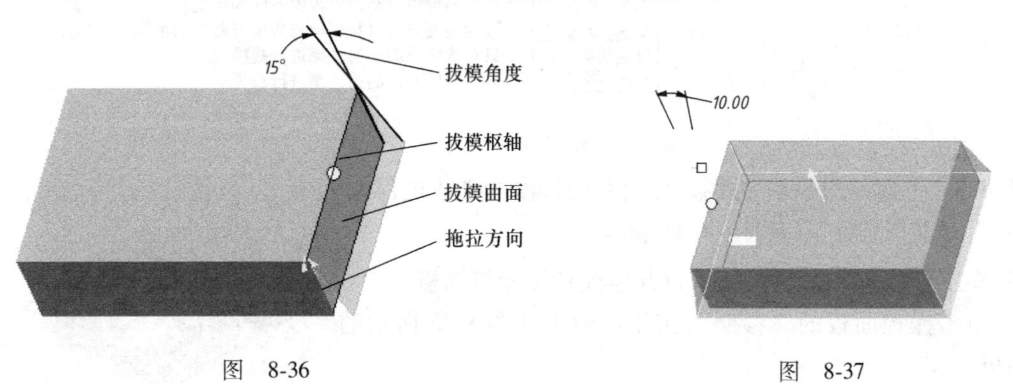

图 8-36 图 8-37

1）打开准备文件\CH08\8-37.prt。

2）在工具栏中单击按钮，打开拔模特征操控面板。

3）单击操控面板的“参照”按钮，弹出如图 8-35 所示的下滑面板。

4）选取如图 8-37 所示的四个侧面为拔模曲面。

> **技巧**：选取上表面 → 按住<Shift>键，选取上表面的任意一条边线，则系统会自动选取与上表面相连的四个侧面作为拔模曲面。

5）单击“拔模枢轴”栏 → 选取上表面定义拔模枢轴，此时系统自动以上表面的法线方向作为拔模方向，如图 8-37 所示。

> **技巧**：单击图 8-37 所示箭头可切换拔模方向。

6）在操控面板拔模角度文本框中输入角度，如图 8-38 所示。

7）在操控面板上单击按钮，完成如图 8-39 所示的拔模特征的创建。

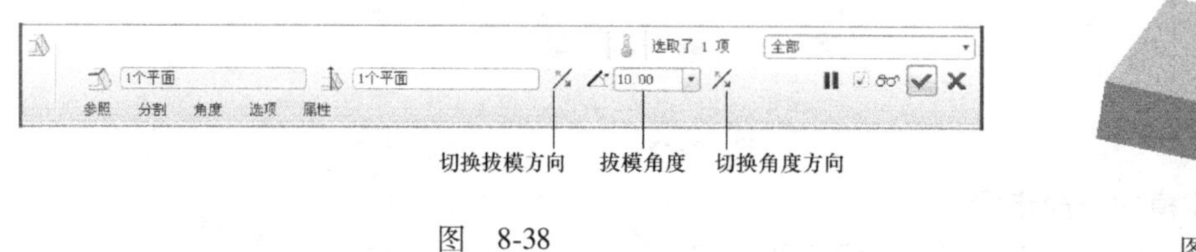

图 8-38

图 8-39

2. 双向拔模的一般步骤

单击如图 8-35 所示的操控面板的“分割”按钮，弹出如图 8-40 所示的下滑面板，即可进行设置分割选项、侧选项等操作。

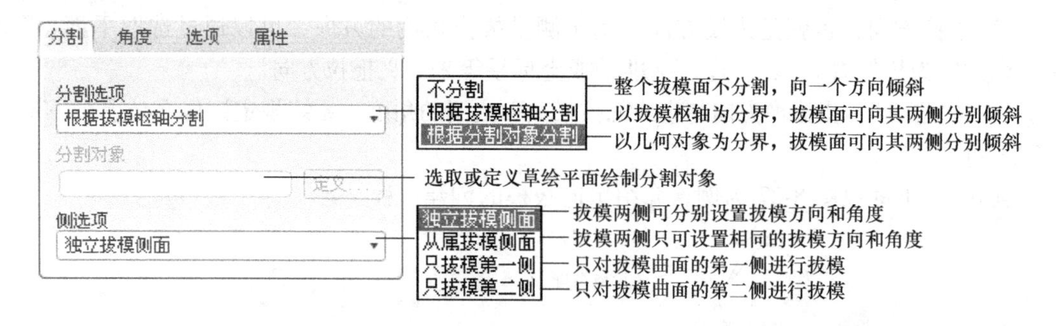

图 8-40

例 8-8 下面以图 8-41 为例，介绍双向拔模的创建过程。

1）打开准备文件\CH08\8-41.prt。

2）在工具栏中单击按钮，打开拔模特征操控面板。

3）单击操控面板的“参照”按钮，弹出如图 8-35 所示的下滑面板。

4）选取如图 8-41 所示四个侧面为拔模曲面。

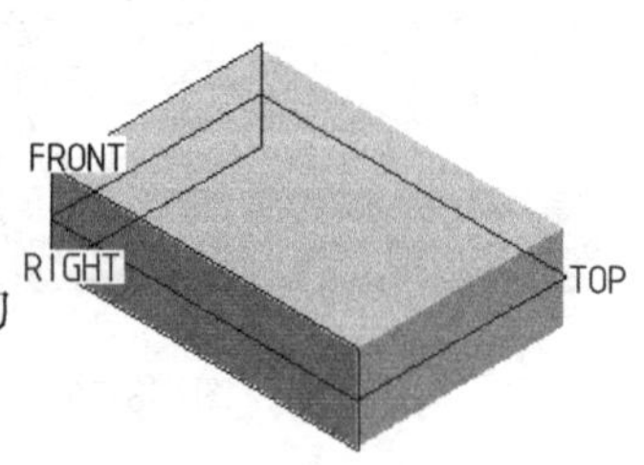

图 8-41

5）单击“拔模枢轴”栏 → 选取 TOP 面定义拔模枢轴。

6）单击操控面板的“分割”按钮 → 在下滑面板中进行设置：

“分割选项”设置为“根据拔模枢轴分割”；

“侧选项”设置为“独立拔模侧面”。

7）在操控面板中分别输入角度 15 和 20，设置如图 8-42 所示。

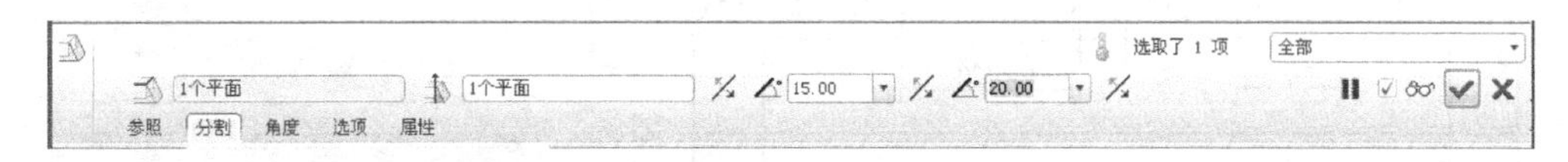

图 8-42

8）在操控面板上单击✓按钮，完成如图 8-43 所示的拔模特征的创建。

图 8-43

3. 创建拔模特征注意事项

1）只有平面或柱面才可选作拔模面。

2）当选择平面定义拔模枢轴时，应保证该平面与拔模面有交线（交线即为拔模枢轴）。

3）当选择边链作为拔模枢轴时，边链必须在拔模面上。

❖ 实训课题 1：减速箱箱盖

一、目的及要求

目的：通过创建减速箱箱盖实体模型，主要掌握创建孔、倒圆角、拔模等工程特征的操作步骤及它们在零件模型创建过程中的应用。

要求：根据如图 8-44 所示零件图，运用创建工程特征的知识，正确绘制出减速箱箱盖三维实体零件模型。

二、创建思路和分析

该零件是一个比较典型的壳类零件，它包含了孔、倒圆角、倒角、壳、筋和拔模等放置特征。首先使用拉伸方法创建出箱盖基础特征，然后对其进行拔模、倒圆角和抽壳处理，最后创建零件上的其他特征。该零件具有对称性质，因此可先创建出零件一边的各种结构特征，通过镜像得到另一边的结构。箱盖上 ϕ35 安装孔（一边 5 个）利用拉伸切材料的方法一次性创建比利用孔工具加复制来得更简便。轴承座上 M18×2.5 螺孔位置均布，因此可先创建出一个螺孔，然后利用轴阵列得到其余两个螺孔，而两个轴承座上安装孔的个数及位置具有相似性，故另一个轴承座上的安装孔可利用复制平移命令得到。该零件是一个铸造件，因此最后还要加上铸造圆角。

三、创建要点或注意事项

1）由于在箱盖基础特征上做了拔模处理，故采用拉伸方法创建轴承座、轴承座凸台时，深度类型选择“拉伸到面”较为合适。

2）创建出箱盖基础特征后，抽壳要放在拔模和倒圆角之后进行。

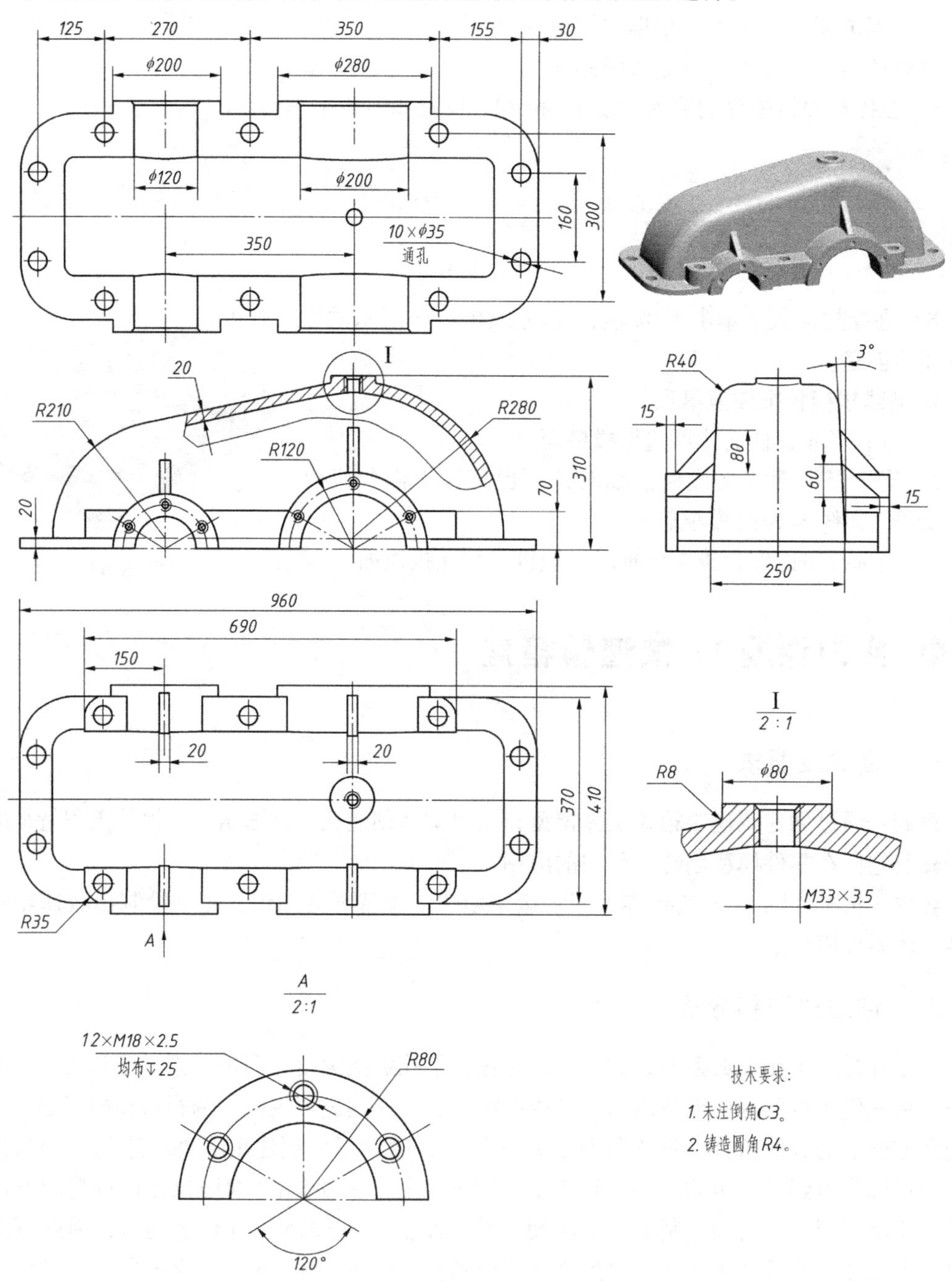

图 8-44

四、创建步骤

步骤 1. 新建零件文件 xianggai

步骤 2. 创建箱盖基础特征

在工具栏中单击按钮，打开拉伸特征操控面板 → 选择 FRONT 面为草绘平面(视图方向按系统默认设置) → 绘制如图 8-45 所示截面 → 设置拉伸深度为 250，关于草绘平面双向对称拉伸 → 在操控面板上单击按钮，生成箱盖基础特征如图 8-46 所示。

步骤 3. 箱盖基础特征拔模

在工具栏中单击按钮，打开拔模特征操控面板 → 单击“参照”按钮，弹出下滑面板 → 选取箱盖基础特征两垂直侧面为拔模曲面 → 选取箱盖基础特征底面定义拔模枢轴(见图8-47) → 输入拔模角度 3 → 在操控面板上单击按钮，完成拔模特征的创建。

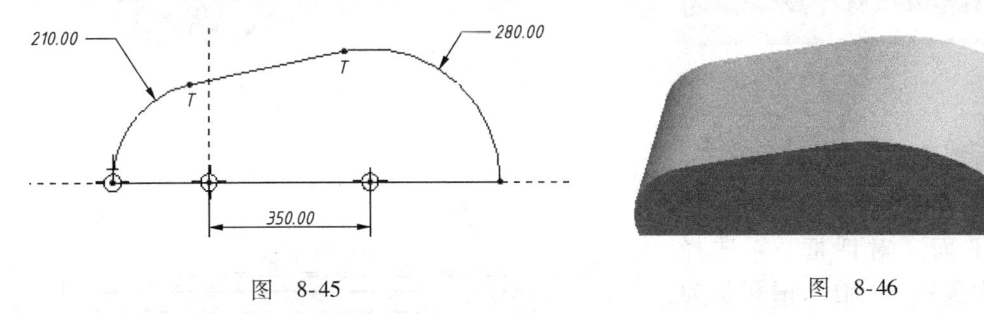

图　8-45　　　　图　8-46

步骤 4. 箱盖基础特征倒圆角

在工具栏中单击按钮，打开倒圆角特征操控面板 → 输入圆角半径为 40 → 选择如图 8-48 所示的边线 → 在操控面板上单击按钮，完成倒圆角特征的建立。

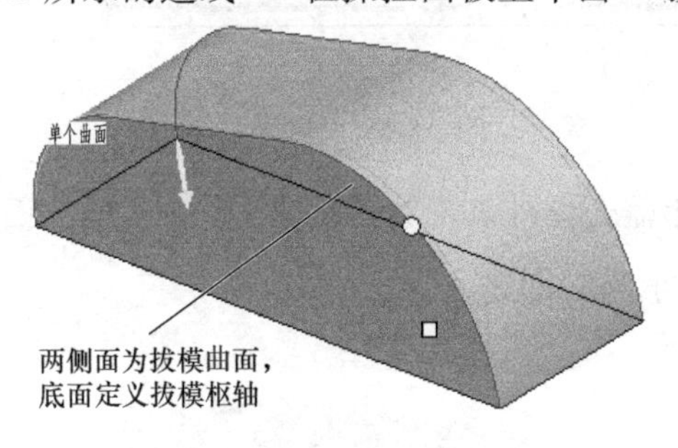

图　8-47

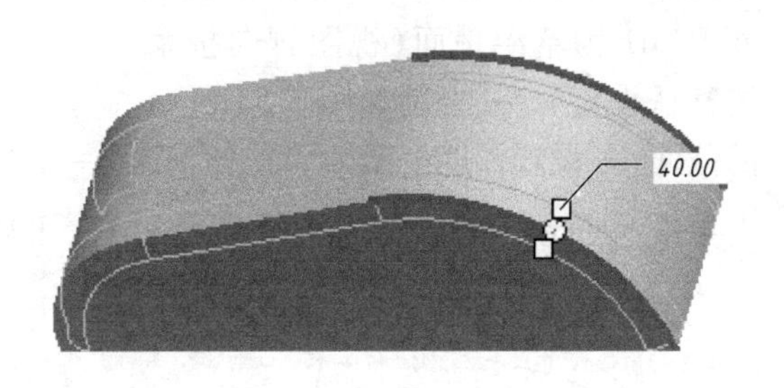

图　8-48

步骤 5. 创建箱盖装配凸缘

在工具栏中单击按钮，打开拉伸特征操控面板 → 选择 TOP 面为草绘平面(视图方向按系统默认设置) → 绘制如图 8-49 所示的截面 → 设置拉伸深度为 20 → 在操控面板上单击按钮，生成箱盖装配凸缘如图 8-50 所示。

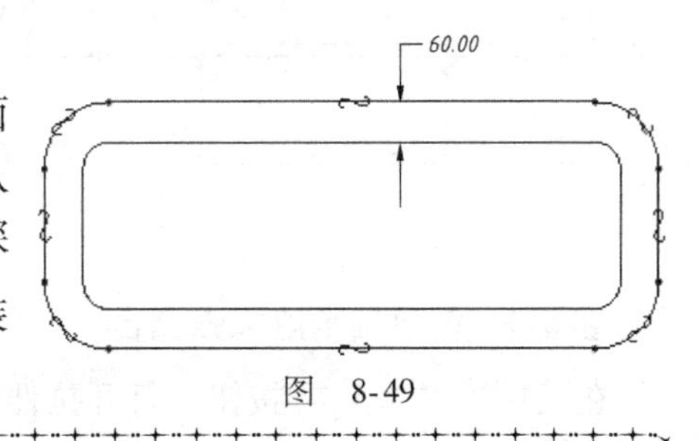

图　8-49

> **提示**：在绘制截面时，可选用“草绘器工具”工具栏的按钮，选择箱盖的外轮廓线向外偏移 60，即可得到如图 8-49 所示截面。

步骤 6. 建立抽壳特征

在工具栏中单击按钮，打开壳特征操控面板 → 选取箱盖实体的底面为“移除的曲面”→输入壳体的厚度尺寸 20 →在操控面板上单击按钮，完成如图 8-51 所示的壳特征的创建。

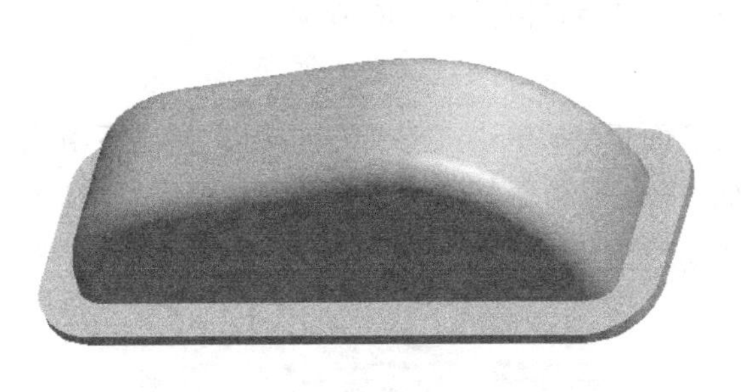

图 8-50

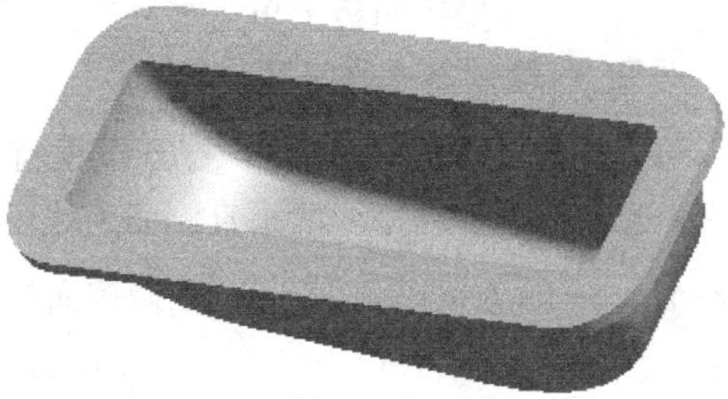

图 8-51

步骤 7. 创建Ⅰ、Ⅱ轴轴承座

1）在工具栏中单击按钮，打开“基准平面”对话框→选择 FRONT 面为参照→输入偏移量为 205 →建立如图 8-52 所示的基准平面 DTM1。

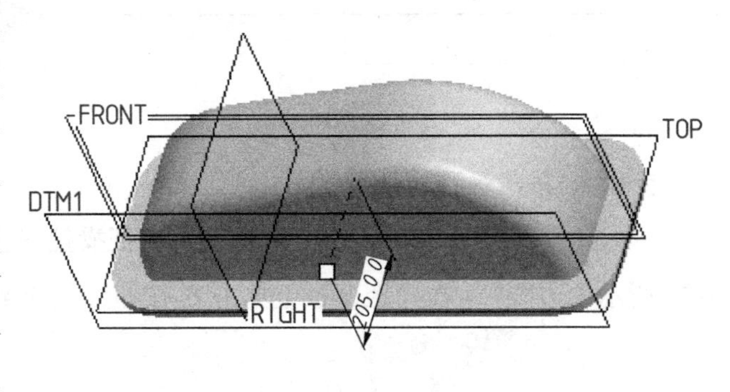

图 8-52

2）在工具栏中单击按钮，打开拉伸特征操控面板→选择基准平面 DTM1 为草绘平面（视图方向按系统默认设置）→绘制如图 8-53 所示的截面→设置深度类型为“拉伸到面”→选择箱盖壳体外表面为深度界限→在操控面板上单击按钮，完成如图 8-54 所示的Ⅰ、Ⅱ轴轴承座的创建。

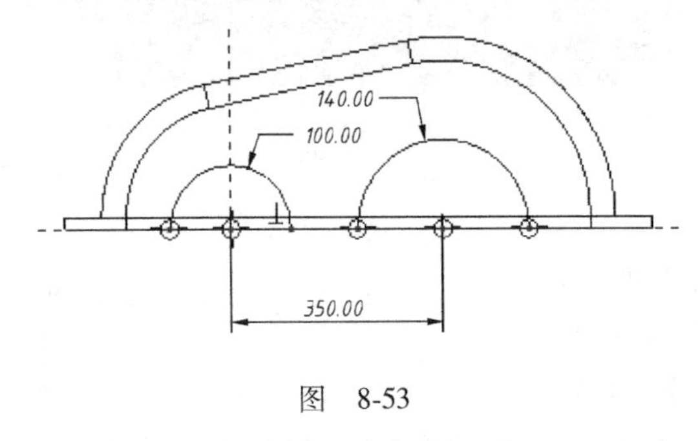

图 8-53

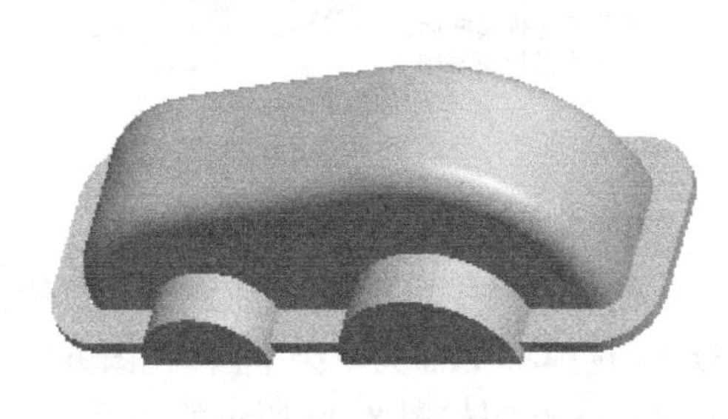

图 8-54

步骤 8. 创建轴承座加强凸台

在工具栏中单击按钮，打开拉伸特征操控面板→选择箱盖装配凸缘前面为草绘平面（视图方向按系统默认设置）→绘制如图 8-55 所示的截面→设置深度类型为“拉伸到面”→选择箱盖壳体外表面为深度界限→在操控面板上单击按钮，生成的轴承座加强凸台如图 8-56 所示。

步骤 9. 凸台倒圆角

在工具栏中单击按钮，打开倒圆角操控面板→按住<Ctrl>键并选取如图 8-56 所示的

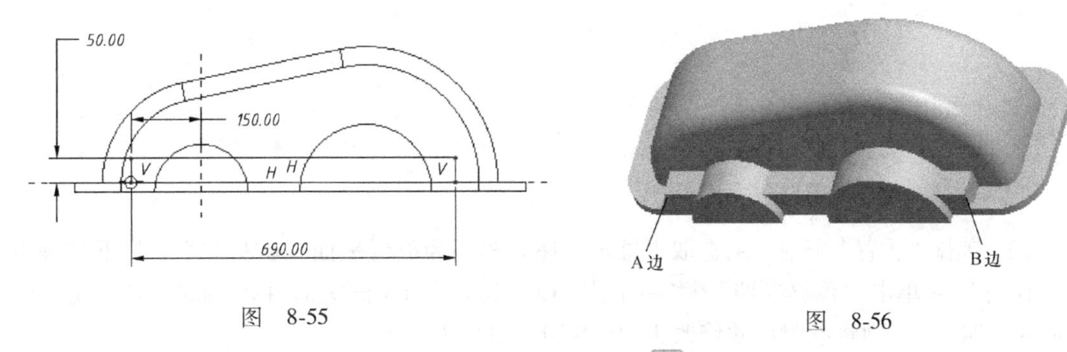

图　8-55　　　　图　8-56

A 边和 B 边 → 输入圆角半径 35 → 在操控面板上单击按钮，创建出轴承座加强凸台的倒圆角特征。

步骤 10. 创建轴承安装孔

在工具栏中单击按钮，打开拉伸特征操控面板 → 单击“移除材料”按钮 → 选择基准平面 DTM1 为草绘平面(视图方向按系统默认设置) → 绘制如图 8-57 所示的截面 → 设置深度类型为“拉伸到面” → 选择箱盖壳体内表面为深度界限 → 在操控面板上单击按钮，生成的轴承安装孔如图 8-58 所示。

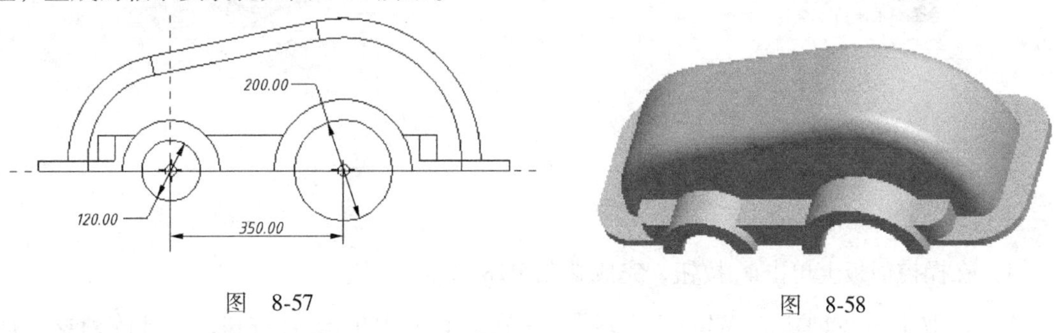

图　8-57　　　　图　8-58

步骤 11. 创建箱盖安装孔

在工具栏中单击按钮，打开拉伸特征操控面板 → 单击“移除材料”按钮 → 选择箱盖装配凸缘底面为草绘平面(视图方向按系统默认设置) → 绘制如图 8-59 所示的截面 → 设置深度类型为“穿透” → 在操控面板上单击按钮，生成的箱盖安装孔如图 8-60 所示。

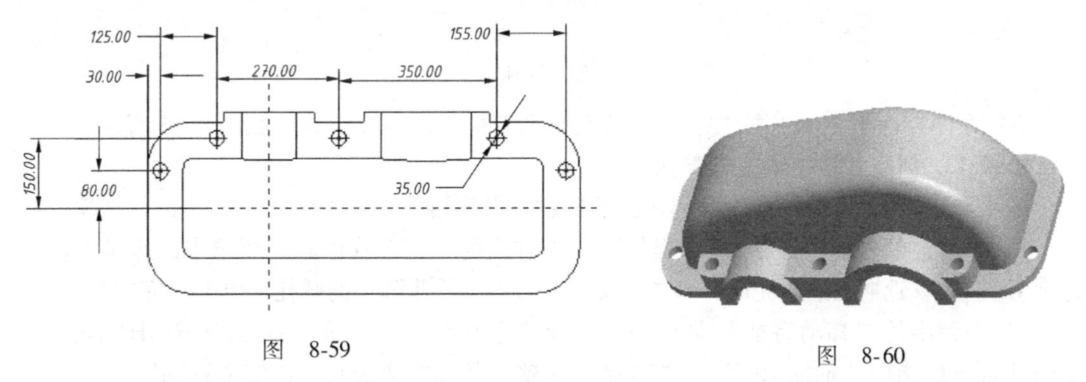

图　8-59　　　　图　8-60

步骤 12. 创建 I 轴轴承盖安装孔

1）在工具栏中单击按钮，打开孔特征操控面板 → 在操控面板上作如图 8-61 所示的设置。

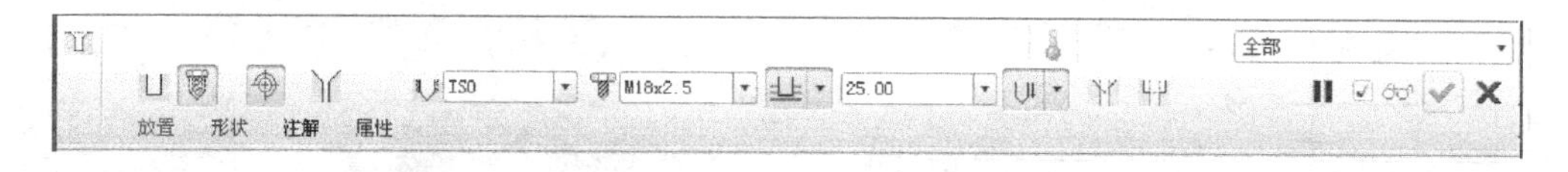

图 8-61

2）单击“放置”按钮 → 选取Ⅰ轴轴承座外表面为放置平面 → 从“类型”下拉表中选“径向” → 单击“偏移参照”栏 → 按住<Ctrl>键选取Ⅰ轴轴承座中心轴和箱盖装配凸缘底面为参照 → 分别将参照尺寸修改为 80 和 30，如图 8-62 所示。

3）单击“形状”按钮 → 在弹出的下滑面板中作如图 8-63 所示的设置。

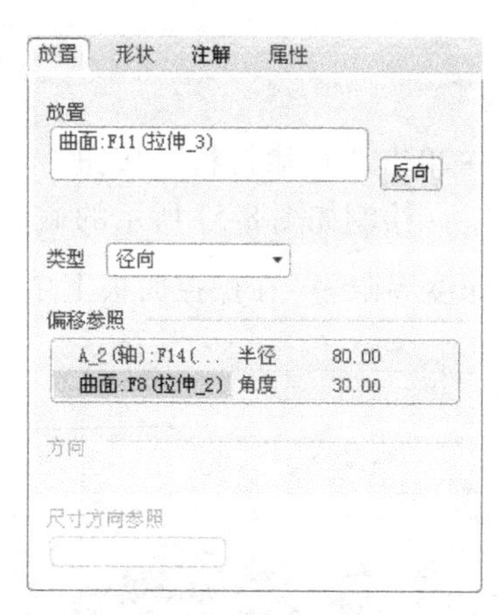

图 8-62

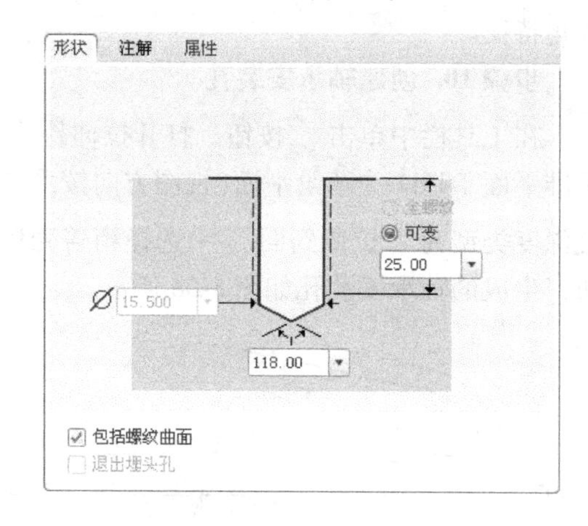

图 8-63

4）在操控面板上单击✔按钮，完成螺孔 M18×2.5 的创建。

5）选取上一步创建的 M18×2.5 螺孔 → 在工具栏中单击▦按钮，打开阵列操控面板 → 选择阵列类型为“轴” → 选取Ⅰ轴轴承座中心轴 A _ 1 为旋转轴线 → 在操控面板上作如图 8-64 所示的设置。

图 8-64

6）在操控面板上单击✔按钮，完成其余两个螺孔的创建，效果如图 8-65 所示。

步骤 13. 创建Ⅱ轴轴承盖安装孔

采用与步骤 12 相同的方法可创建出Ⅱ轴轴承盖安装孔，也可按以下方法进行创建。

1）单击菜单“编辑” →“特征操作” → 在弹出的“菜单管理器”菜单中，选择“复制”选项 →“移动/选取/独立/完成” →“选取” → 选取上一步阵列的螺孔，单击“完成”。

2）在弹出的“移动特征”菜单中，选择“平移” →“平面” → 选取 RIGHT 面（注意 RIGHT 面方向指向Ⅱ轴轴承座）→“确定” → 输入偏离距离 350 →“完成移动”。

3）在弹出的“组可变尺寸”菜单中，选择“DIM8”（即图中尺寸 R80）→“完成” → 输入 DIM8 尺寸 120 。

4）单击“组元素”对话框的“确定”按钮，生成如图 8-66 所示Ⅱ轴轴承盖安装孔。

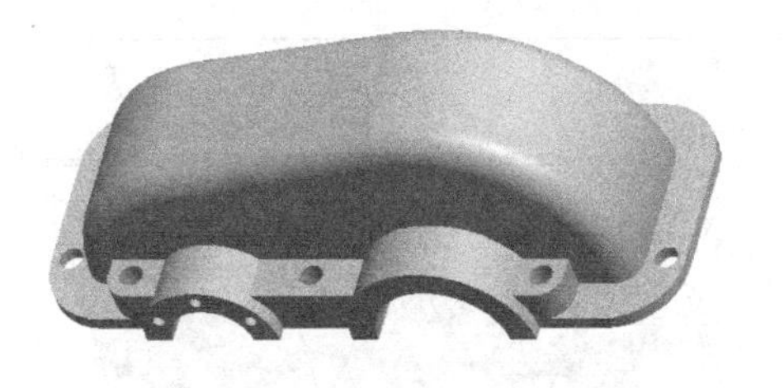

图 8-65

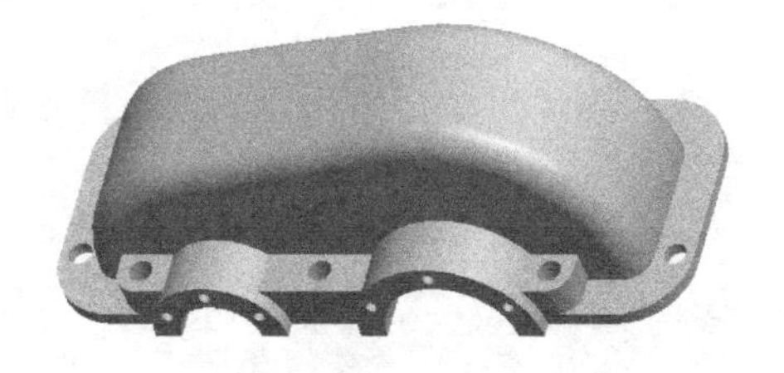

图 8-66

步骤 14. 创建加强筋

1）在工具栏中单击按钮，打开轮廓筋特征操控面板 → 单击操控面板的“参照”按钮→ 单击下滑面板的“定义”按钮，弹出“草绘”对话框。

2）选取 RIGHT 面为草绘平面 → 绘制如图 8-67 所示的筋特征截面线（注意截面线两端应分别与实体的边线对齐）→ 在“草绘器工具”工具栏中单击按钮 → 确认预览图中箭头方向指向筋特征内部区域。

3）在操控面板的厚度栏中输入筋特征的厚度尺寸 20。

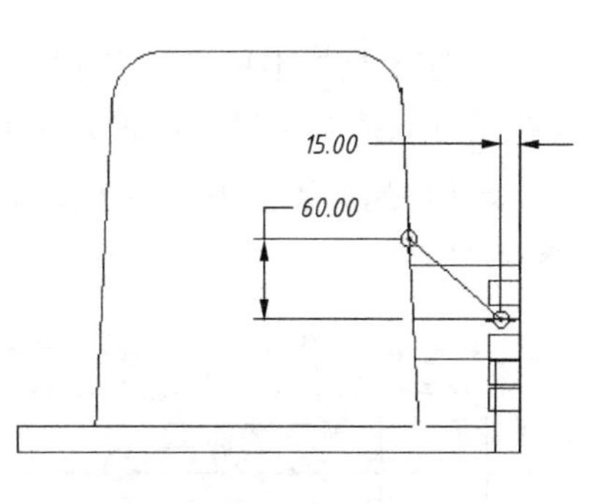

图 8-67

4）在操控面板上单击按钮，完成如图 8-68 所示的Ⅰ轴轴承座筋特征的创建。

5）同理，可创建另一加强筋，绘制的截面线如图 8-69 所示，生成的加强筋如图 8-68 所示。

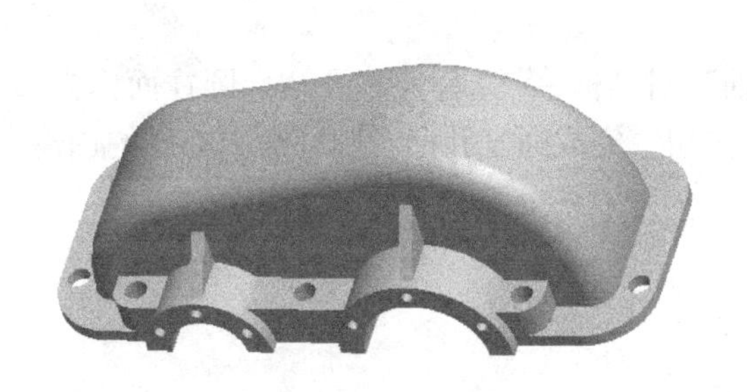

图 8-68

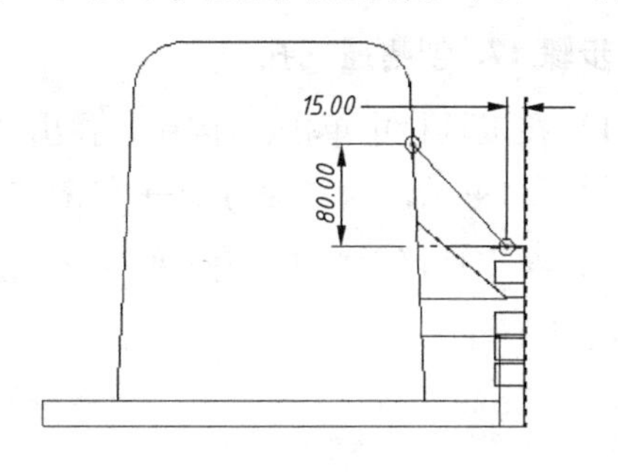

图 8-69

步骤 15. 镜像复制

1）按住<Shift>键，在模型树中依次单击“拉伸 3”至“轮廓筋 2”，选中如图 8-70 所示特征。

2）在工具栏中单击按钮 → 选择 FRONT 面为镜像平面 → 在操控面板上单击按钮，完成镜像复制，结果如图 8-71 所示。

图 8-70

步骤 16. 创建通气孔凸台

1）在工具栏中单击按钮，打开“基准平面”对话框 → 选择 TOP 面为参照 → 输入偏移量为 290 → 单击“确定”按钮，建立如图 8-72 所示的基准平面 DTM3。

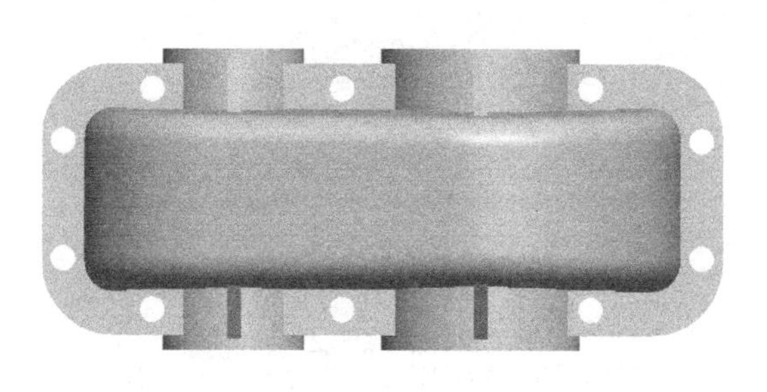

图 8-71

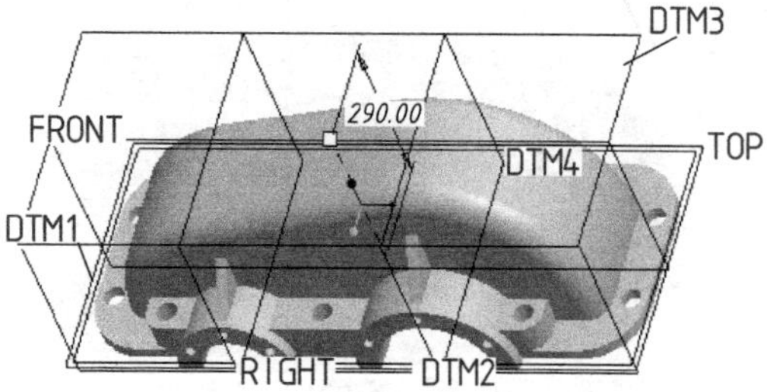

图 8-72

2）在工具栏中单击按钮，打开拉伸特征操控面板 → 选择基准平面 DTM3 为草绘平面（视图方向按系统默认设置）→ 绘制如图 8-73 所示的截面 → 设置深度类型为“拉伸到面”→ 选择箱盖壳体上表面为深度界限 → 在操控面板上单击按钮，生成的通气孔凸台如图 8-74 所示。

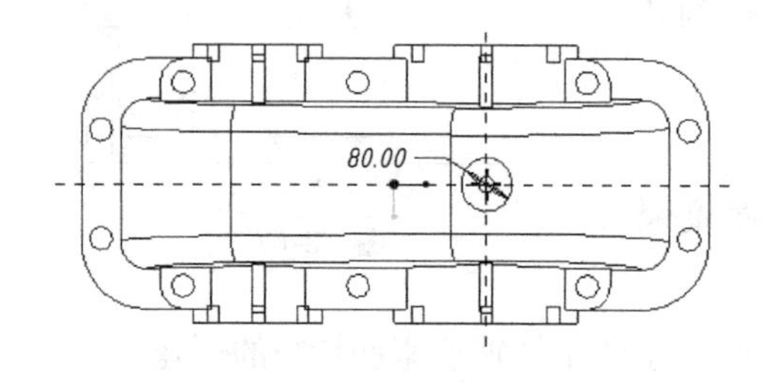

图 8-73

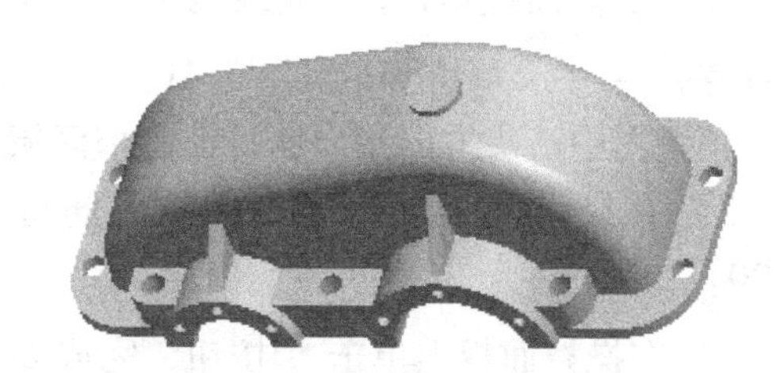

图 8-74

步骤 17. 创建通气孔

1）在工具栏中单击按钮，弹出“基准轴”对话框 → 选择通气孔凸台圆柱面作为参照，设置约束条件为“穿过”→ 单击“确定”按钮，完成通气孔凸台圆柱面中心线的创建。

2）在工具栏中单击按钮 → 在孔特征操控面板上按图 8-75 所示进行设置。

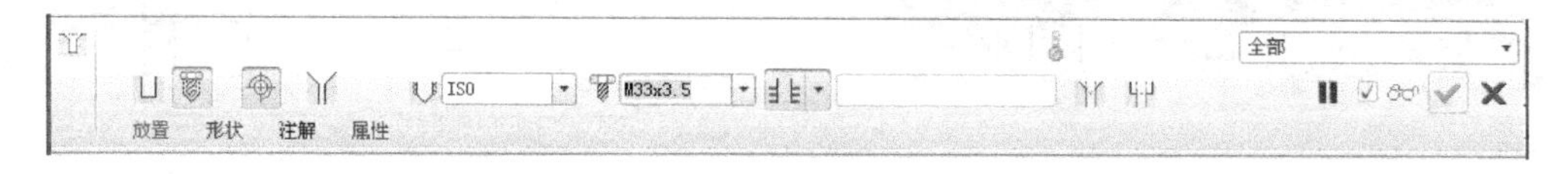

图 8-75

3）单击“放置”按钮 → 选取通气孔凸台上表面为放置平面 → 按住<Ctrl>键再选取通气孔凸台圆柱面中心线为放置参照。

4）在操控面板上单击按钮，生成的通气孔如图 8-76 所示。

步骤 18. 创建通气孔倒角

1）在工具栏中单击按钮，打开倒角特征操控面板。

2）选取通气孔 M33×3.5 的边 → 选择倒角类型“D×D”→ 输入 D 的值 3。

3）在操控面板上单击按钮，生成的通气孔倒角如图 8-77 所示。

步骤 19. 创建通气孔凸台倒圆角特征

1）在工具栏中单击按钮，打开倒圆角特征操控面板。

2）选取通气孔凸台与箱盖的交线 → 输入倒圆角半径 8。

3）在操控面板上单击按钮，生成的倒圆角特征如图 8-78 所示。

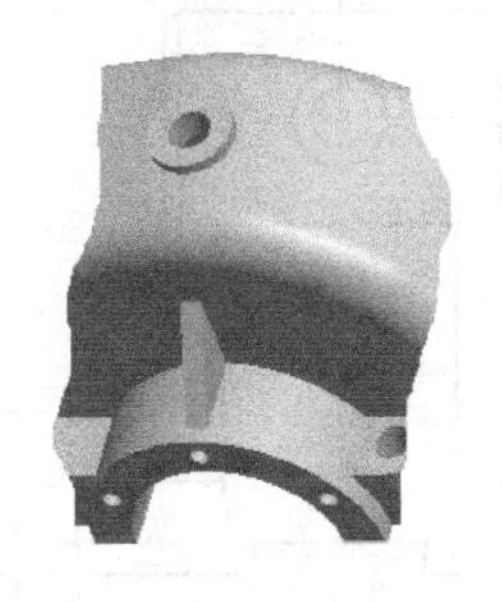
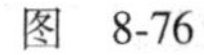
图 8-76

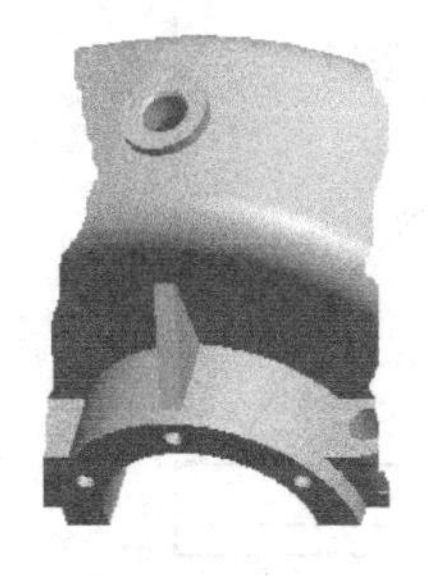
图 8-77

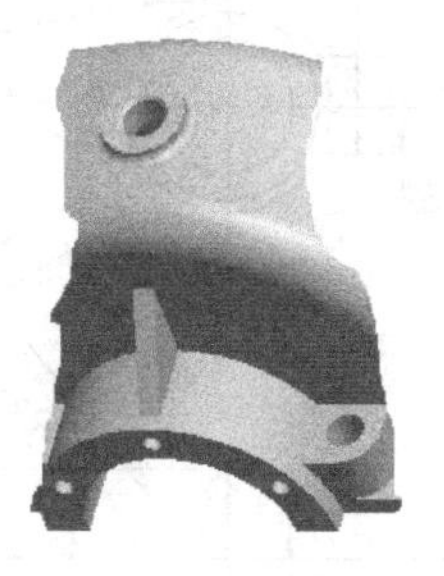
图 8-78

步骤 20. 创建轴承支承凸台螺纹联接孔和轴承安装孔处倒角

方法与步骤 18 相同，倒角值为 3。

步骤 21. 创建箱盖铸造圆角

方法与步骤 19 相同，倒圆角半径为 4。

至此箱盖实体模型创建结束，效果如图 8-44 所示。

步骤 22. 文件存盘

在“视图”工具栏中单击按钮 → 选择“缺省方向” → 单击菜单【文件】→【保存】命令或在“文件”工具栏中单击按钮，保存文件。

❖ 实训课题 2：支架

一、目的及要求

目的：通过创建支架实体模型，主要掌握创建孔、倒圆角、倒角、筋板等工程特征的操作步骤及它们在零件模型创建过程中的应用。

要求：根据如图 8-79 所示零件图，运用创建工程特征的知识，正确绘制出支架三维实体零件模型。

二、创建思路和分析

首先使用拉伸方法分别创建出 80×90×15 底板和 ϕ35 圆柱，用拉伸切材料的方法切出 30×5 通槽，用拉伸方法创建连接上述两特征的 R70 圆弧板，然后用轮廓筋工具创建 R140 筋板。利用孔工具先创建底板上四个 ϕ10 圆孔之一，再使用镜像工具创建出其余 ϕ10 圆孔。创建带通孔的 ϕ16 凸台时，需要先创建一个基准平面，然后以此平面为草绘平面拉伸出 ϕ16 凸台。最后按图样要求完成倒圆角和倒角。

三、创建要点或注意事项

1）由于该零件有对称性，因此创建第一个特征时（如 80×90×15 底板或 ϕ35 圆柱），深度类型最好选取“对称”，便于后续特征继续使用同一个草绘平面。

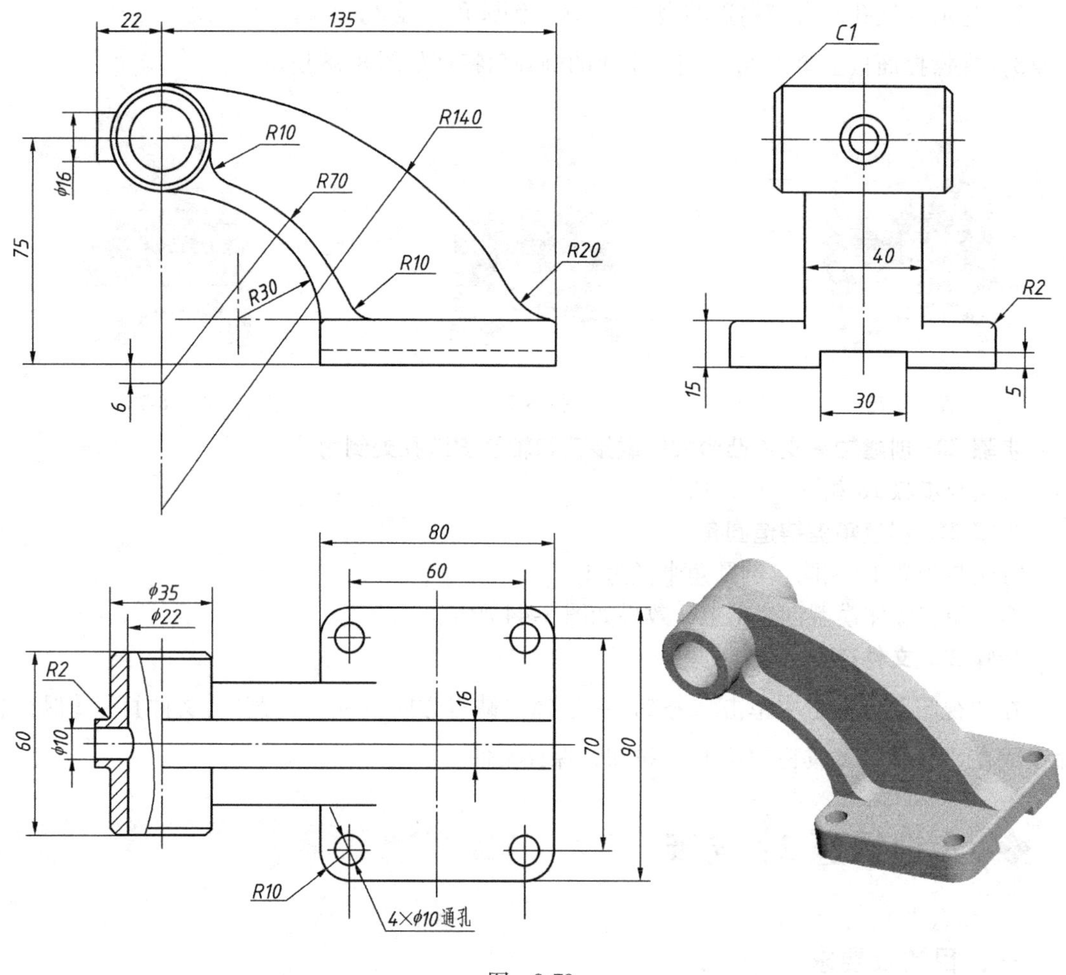

图 8-79

2）在创建连接 80×90×15 底板和 ϕ35 圆柱的 R70 圆弧板的草绘截面时，注意圆弧板下部是由 R30 圆弧和另一段圆弧组成，该段圆弧尺寸不详，但它一端与 R30 圆弧相切，另一端与 ϕ35 圆柱相切。

3）利用轮廓筋特征工具创建 R140 筋板时，注意截面不要封闭。

四、创建步骤

创建步骤略，由学生根据如图 8-79 所示的零件图自主完成。

单元小结

本单元介绍了创建几种常用放置特征的基本方法和一般步骤，使用它们可以使零件建模更加方便快捷。介绍的主要内容如下：

（1）创建直孔、草绘孔和标准孔的方法。

（2）创建等半径倒圆角、变半径倒圆角、完全倒圆角和曲线驱动倒圆角的方法。

(3) 创建边倒角和拐角倒角的方法。

(4) 创建相同厚度的壳体和不等厚度的壳体的方法。

(5) 创建筋板的方法。

(6) 在实体表面创建拔模斜度的方法。

值得注意的是，这些放置特征必须“依附”在其他特征上，也就是说，必须在创建出基础特征之后，才可以使用这些放置特征。

一般而言，使用这些放置特征必须指定两类参数：一类是定位参数，用于确定特征的位置，一般通过选定放置参照(包括面、线、点)，然后修改图中尺寸数值或直接输入尺寸数值而得到；另一类是定形参数，用于确定特征的形状及大小，可通过修改图中尺寸数值或直接输入尺寸数值而得到。

课后练习

习题1 创建如图8-80所示的三维模型。

提示：创建60×50×10底板时，要考虑好截面在草绘平面中的位置，以便在创建圆柱、连接板、筋板和镜像沉孔时都可以利用默认的基准平面。

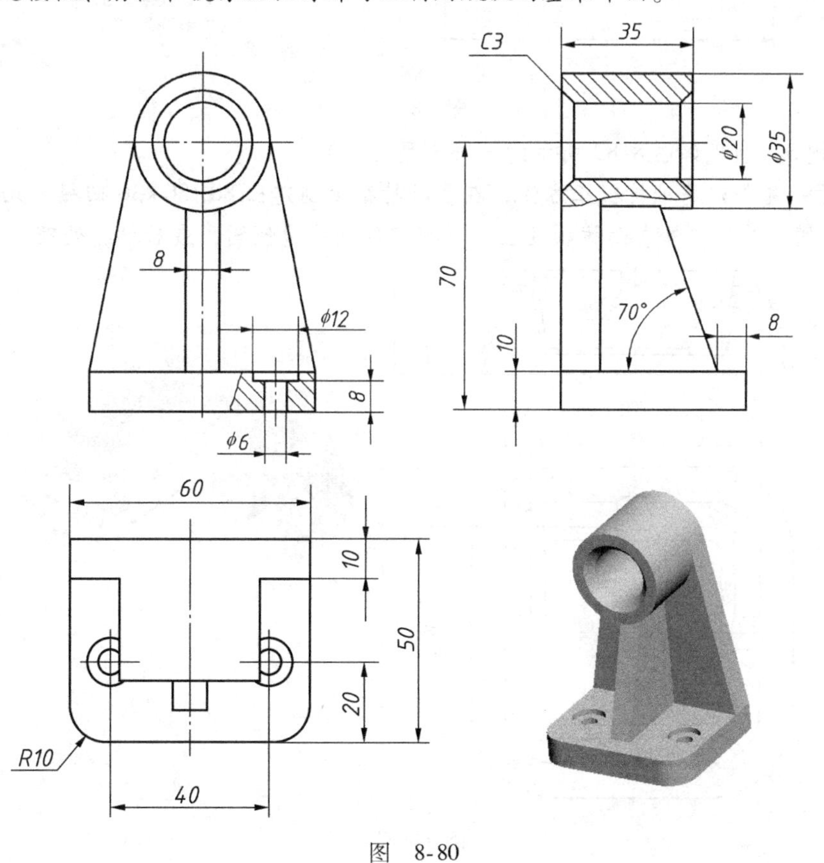

图 8-80

习题 2 创建如图 8-81 所示的三维模型。

提示：先创建基础特征长方体，然后在基础特征上倒圆角、倒角、钻孔，最后抽壳。注意该零件为不等厚度的壳体，需要指定非默认厚度的表面及其厚度。

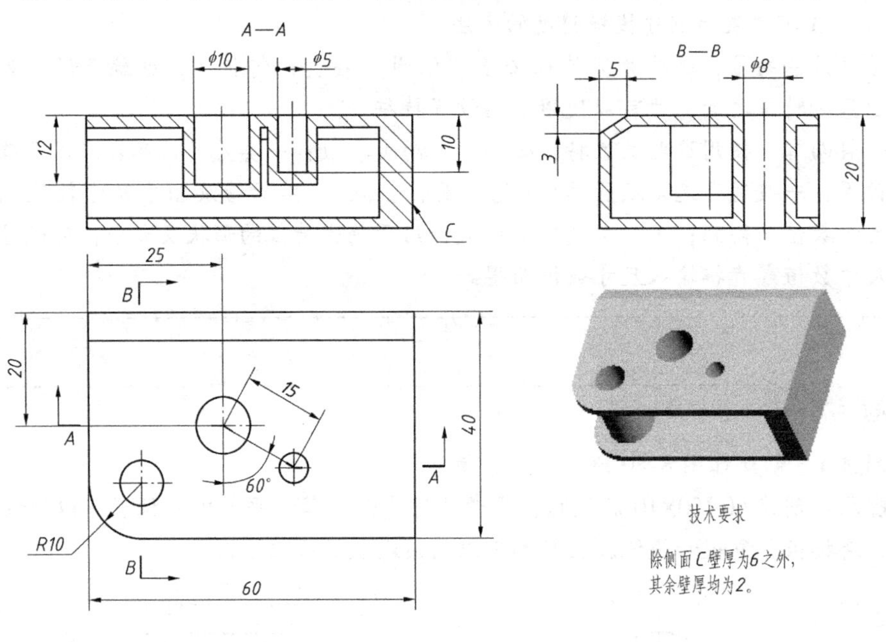

图 8-81

习题 3 创建如图 8-82 所示的三维模型。

提示：先创建基础特征正方体，在基础特征上创建出 80×80×30 凹槽，切出 4 个 R 6 半圆槽，然后内外表面拔模处理，再将零件的棱边倒圆，最后抽壳处理。

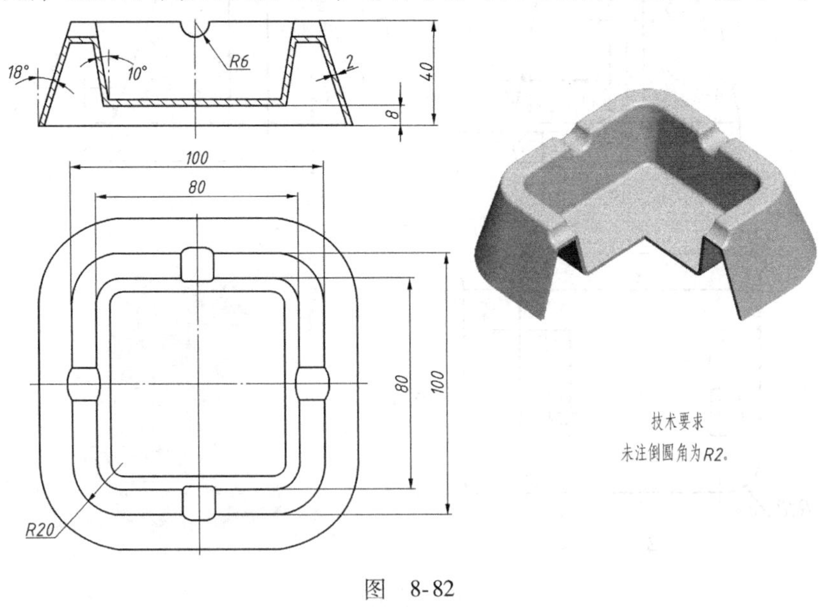

图 8-82

习题 4　创建如图 8-83 所示的三维模型。

提示：先采用拉伸的方式创建 T 形体，对 T 形体外表面拔模后，对各棱边进行倒圆角处理，接着对零件进行抽壳。在创建 $\phi8$ 圆柱时要先创建一个基准平面，为其提供一个合适的草绘平面。草绘 T 形体截面时，要考虑好截面在草绘平面中的位置，以便利用默认的基准平面创建支承板和镜像圆柱及支承板。

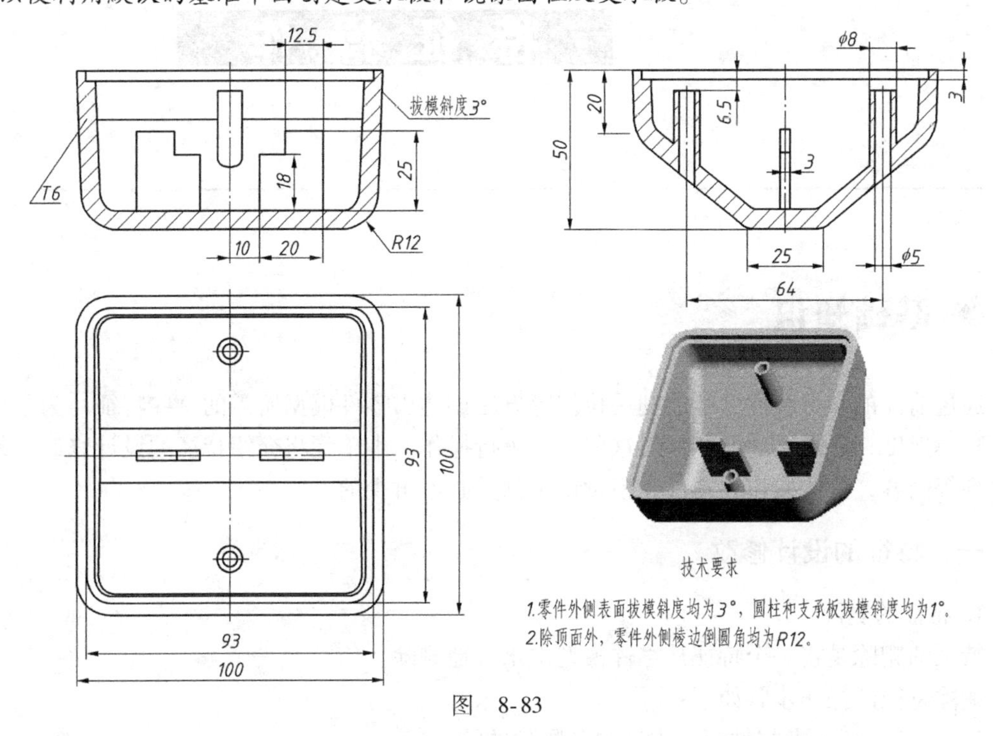

图　8-83

第九单元 特征操作

❖ 基础知识

通过前面的学习我们已经能利用拉伸等方法创建出零件模型所需的一些特征。为了加快零件建模速度，还需要学习如何对这些特征进行操作。本单元将介绍特征的设计修改、复制和阵列等内容，这些操作在零件建模设计中都是必不可少的。

一、特征的设计修改

1. 特征的删除

特征的删除是将一个特征从零件模型中永久地删除。

删除特征的操作步骤如下：

1）在模型树或者零件模型中选中要删除的特征。

2）单击右键 → 在弹出的快捷菜单中选中“删除”命令。

3）如要删除的特征不包含子特征，则弹出如图 9-1 所示的“删除”对话框 → 单击“确定”按钮，删除选中的特征。

如要删除的特征包含子特征，则弹出如图 9-2 所示的“删除”对话框 → 单击“确定”按钮，删除选中的特征及子特征；或者单击“取消”按钮，取消当前的操作；或者单击“选项”按钮，弹出如图 9-3 所示“子项处理”对话框，分别设置各个子特征的处理方式。

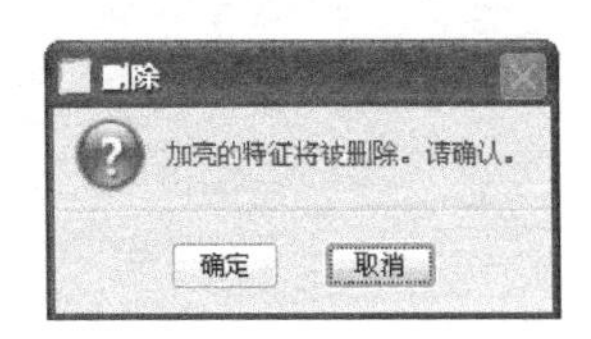

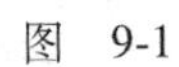
图 9-1

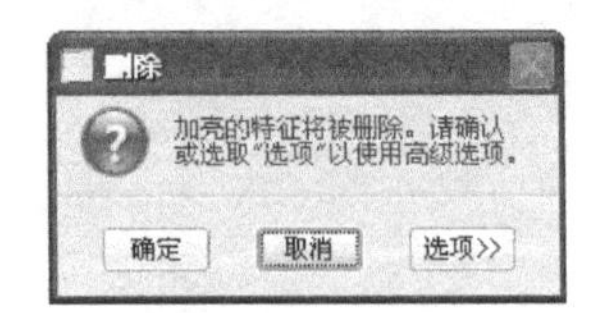

图 9-2

2. 特征的隐含

特征的隐含是将模型中某些特征隐藏起来。在处理复杂零件时，可以隐藏一些暂时不需要的特征，使图面显得简洁、易于操作，同时由于显示内容的减少也提高了模型的再生速度。值得注意的是，被隐含的特征虽不在模型中显示并且不参与重新生成计算，但它们仍存在于数据库中，可以使用“恢复”命令随时恢复隐含的特征。

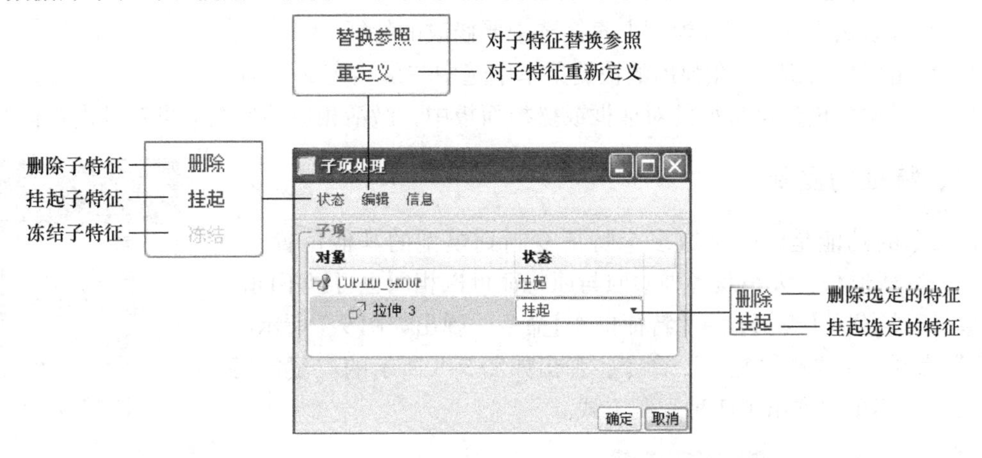

图　9-3

特征隐含的操作步骤如下：

1）在模型树中或者零件模型上直接选中要隐含的特征。

2）单击鼠标右键 → 在弹出的快捷菜单中选中“隐含”命令。

3）弹出如图 9-4 或图 9-5 所示的“隐含”对话框 → 单击“确定”按钮，隐含选中的特征。

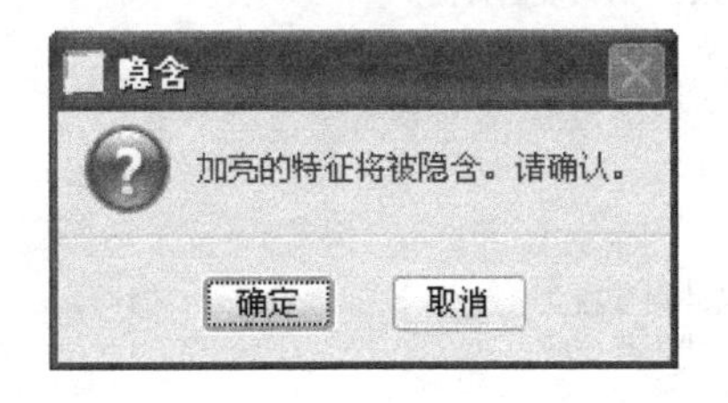

图　9-4

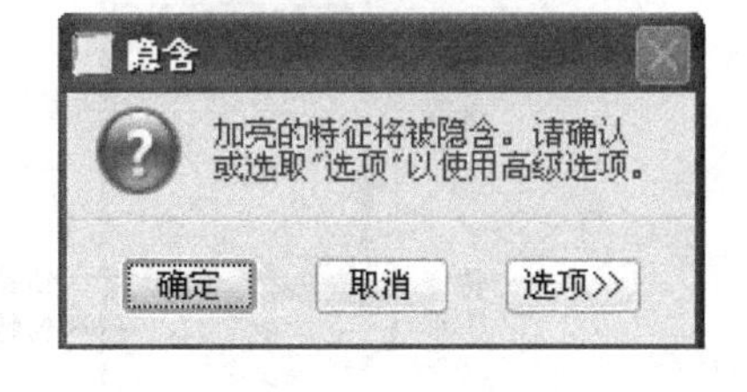

图　9-5

注意：对子特征的隐含处理与对子特征的删除处理方式相同，此处不赘述。

3. 特征的恢复

特征被隐含后，可使用“恢复”命令恢复。

特征恢复的操作步骤如下：

1）单击下拉菜单【编辑】→【恢复】命令，弹出如图 9-6 所示的子菜单。

2）如在弹出的子菜单中选中“恢复全部”命令，则隐含的全部特征将重新显示。

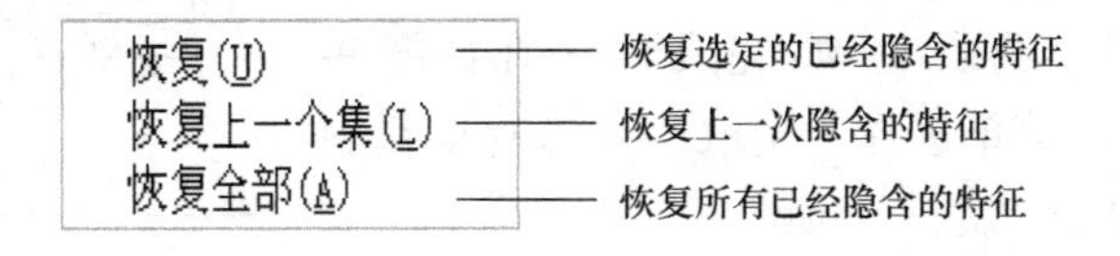

图　9-6

4. 特征的编辑定义

系统允许用户对已有的特征进行重新定义，以达到修改该特征的目的。它可以修改特征的参照、属性、截面形状和几何尺寸等，也是零件设计时最常用的修改方式之一。

特征的编辑定义操作步骤如下：

1）在模型树中或者零件模型上直接选中要修改的特征。

2）单击鼠标右键 → 在弹出的快捷菜单中选中“编辑定义”命令。

3）在弹出的创建该特征的对话框或操控面板中，激活相应的参数即可对其进行修改。

二、特征的复制

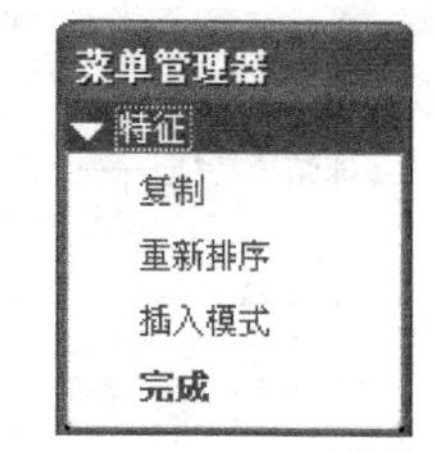

图 9-7

该命令的功能是将一个或多个特征复制到模型的其他位置上，新产生的特征形状、大小及各种参照与原特征可以相同也可以不同。

单击下拉菜单【编辑】→【特征操作】命令，弹出如图 9-7 所示的“特征”菜单 → 选择“复制”命令，弹出如图 9-8 所示的“复制特征”菜单，菜单中列出了四种复制方式。

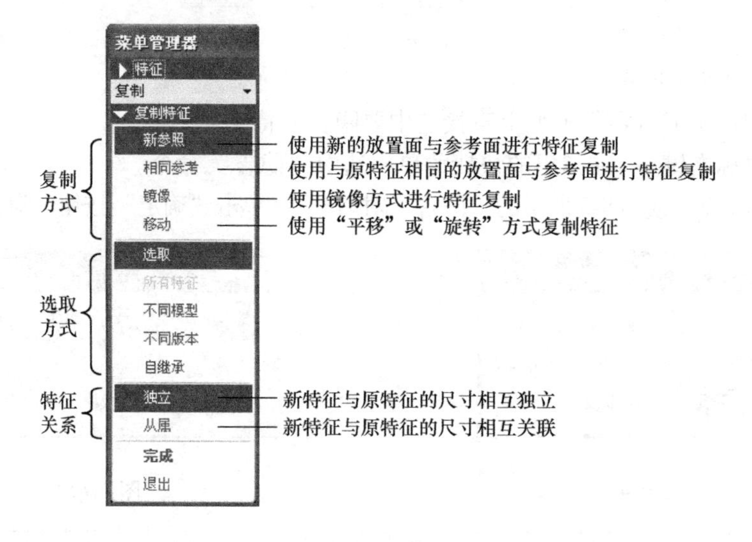

图 9-8

下面分别介绍特征的四种复制方式的操作方法。

1. 新参照方式复制

例 9-1 以图 9-9 为例介绍新参照方式复制的操作步骤。

1）打开准备文件 \ CH09 \ 9-9. prt。

2）单击【编辑】→【特征操作】命令 → 在如图 9-7 所示的“特征”菜单中选择“复制” → 在如图 9-8 所示的菜单中选择“新参照/选取/独立/完成” → 在如图 9-10 所示的“选取特征”菜单选择“选取” → 选择要复制的原始特征圆柱 → 单击“完成”命令。

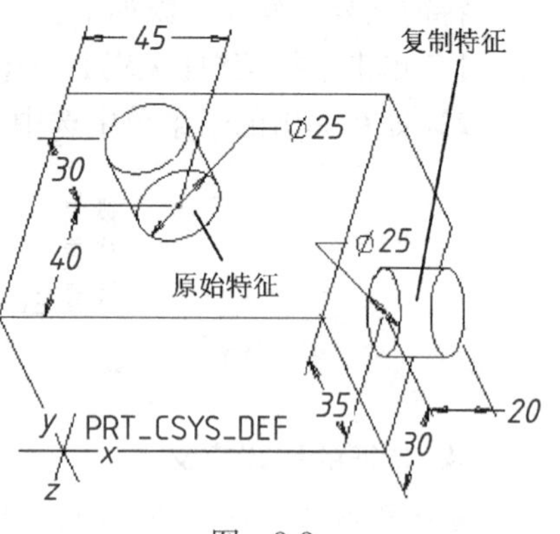

图 9-9

3）系统弹出如图 9-11 所示的“组可变尺寸”菜单，显示当前特征的所有尺寸 → 在模型中选中尺寸 40、45 和 30 为可变尺寸 → 单击“完成”。

4）在信息提示区分别输入新特征的定位尺寸 -30、

-35 和定形尺寸 20，并相应地单击输入框的按钮。

> **注意：**此处两个定位尺寸 30 和 35 均输入负值，是因为新特征分别是由实体的上表面向下定位和实体的前面向后定位。这两个方向与特征坐标系的 y 轴和 z 轴正方向相反，故两个定位尺寸均输入负值。

5）选择如图 9-12 所示的“参考”菜单中的“替换”选项 → 分别选择长方体的右侧面、顶面和前面替换接连高亮显示的平面（接连高亮显示的平面分别为原特征的草绘平面和两个定位基准平面）。

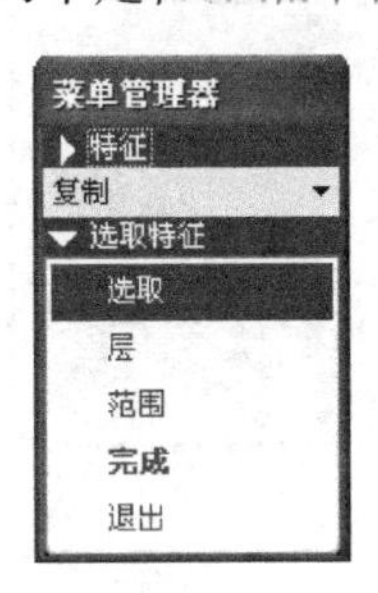

图 9-10

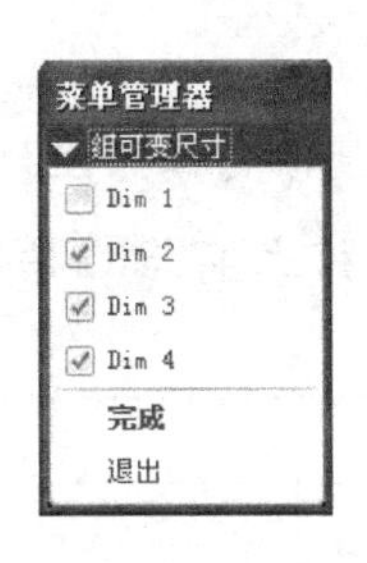

图 9-11

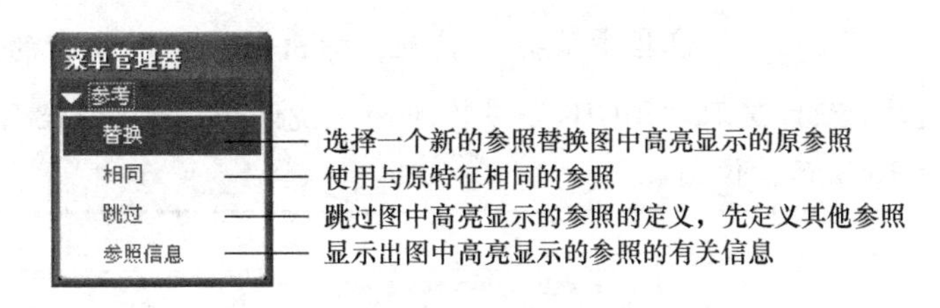

图 9-12

6）在如图 9-13 所示的“方向”菜单中，单击“确定”按钮，弹出如图 9-14 所示的“组放置”菜单 → 单击“完成”命令，结果如图 9-9 所示。

图 9-13

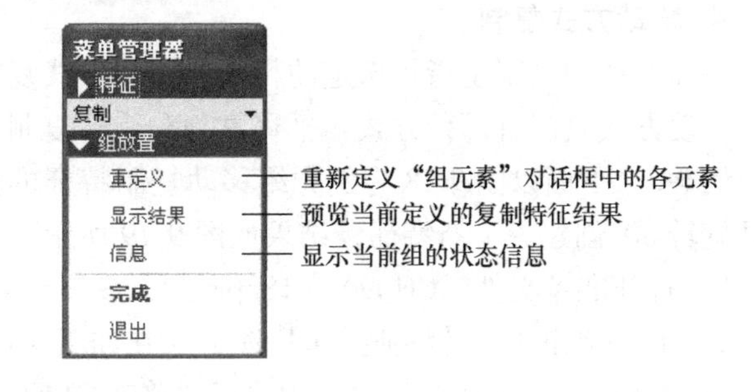

图 9-14

2. 相同参考方式复制

该方式属于“新参考方式”的特例，即新特征和原特征的草绘平面和两个定位基准平面均相同，因此，不需要对参照进行替换，其余操作步骤与“新参考方式”相同，此处不再赘述。

3. 镜像方式复制

例 9-2 以图 9-15 为例介绍镜像方式复制的操作步骤。

1）打开准备文件 \ CH09 \ 9-15. prt。

2）单击【编辑】→【特征操作】命令→ 在如图 9-7 所示的“特征”菜单中选择“复制” → 在如图 9-8 所示的“复制特征”菜单中选择“镜像/选取/独立/完成”→ 在如图 9-10 所示的“选取特征”菜单选择“选取”→ 选取要复制的圆孔 → 单击“完成”命令。

3）选取“RIGHT”基准平面为镜像面，得到如图 9-16 所示的镜像圆孔。

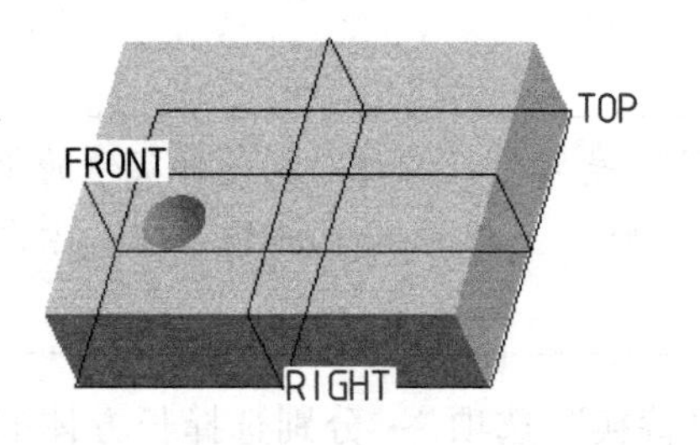

图 9-15

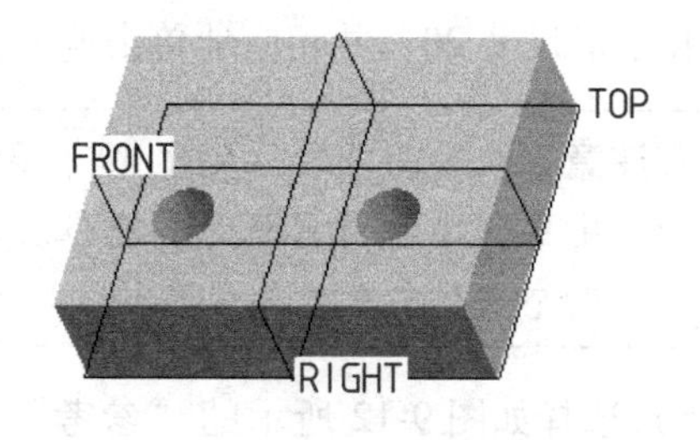

图 9-16

注意：本例圆孔镜像也可采用下述方法快速创建。

1）选取要复制的圆孔。

2）在工具栏中单击按钮，弹出如图 9-17 所示的镜像特征操控面板。

3）选取“RIGHT”基准平面为镜像面 → 在操控面板上单击按钮，得到如图 9-16 所示镜像圆孔。

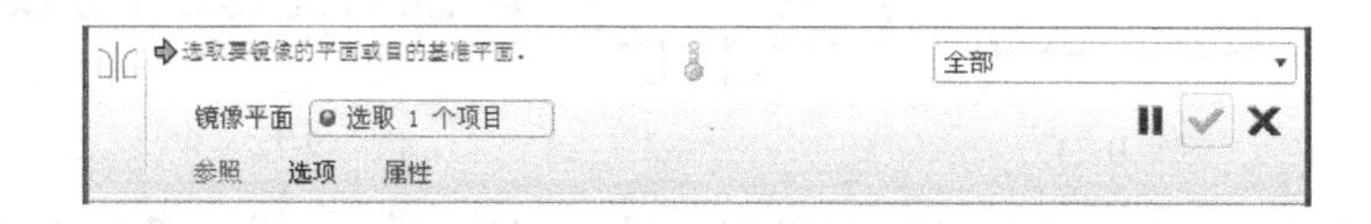

图 9-17

4. 移动方式复制

特征的移动复制是指将选定的特征以移动方式复制到零件模型的新位置。

移动方式复制有两种方式：平移复制和旋转复制。

例 9-3 下面以图 9-18 为例介绍移动复制特征的操作步骤。要求向上平移 60mm，并逆时针旋转 60°创建一个新特征，结果如图 9-19 所示。

1）打开准备文件 \ CH09 \ 9-18. prt。

2）单击【编辑】→【特征操作】命令→ 在如图 9-7 所示的“特征”菜单中选择“复制”→ 在如图 9-8 所示“复制特征”菜单中选择“移动/选取/独立/完成”→ 在如图9-10所示“选取特征”菜单选择“选取”→ 选择要复制的特征矩形块 → 单击“完成”命令。

3）在弹出的如图 9-20 所示的“移动特征”菜单中，选择“平移”，弹出如图 9-21 所示的“一般选取方向”菜单 → 选择“平面”→ 选中圆柱的上表面，弹出如图 9-22 所示的“方向”菜单 → 选择“确定”→ 输入偏移量“60”→ 单击输入框右边的按钮。

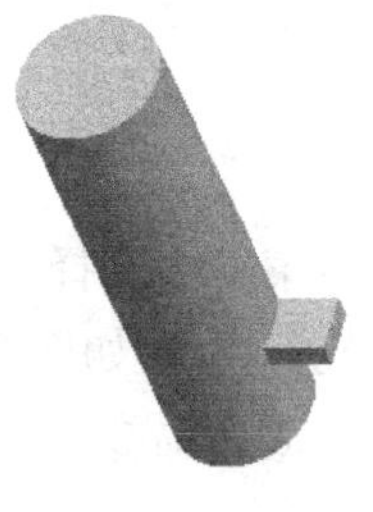

图 9-18

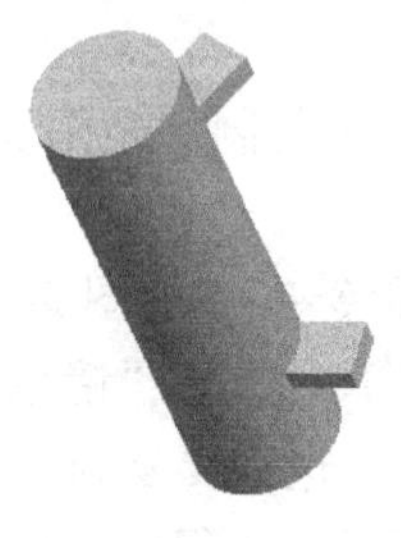

图 9-19

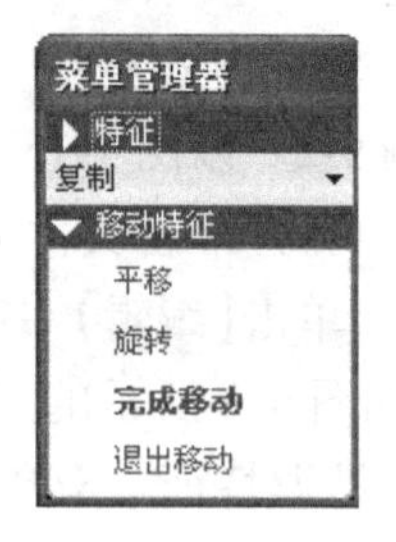

图 9-20

4）在如图 9-20 所示“移动特征”菜单中，选择“旋转”→ 在如图 9-21 所示的“一般选取方向”菜单中，选择“曲线/边/轴”→ 选取圆柱的轴线 → 在如图 9-22 所示的“方向”菜单中，选择“确定”→ 输入旋转角度“60”→ 单击输入框右边的✓按钮。

5）在如图 9-20 所示的“移动特征”菜单中，选择“完成移动”，弹出如图 9-23 所示的“组可变尺寸”菜单 → 如不需要改变原特征的尺寸，则单击“完成”命令。

图　9-21　　图　9-22　　图　9-23

6）在“组元素”对话框中单击“确定”按钮，结果如图 9-19 所示。

三、特征的阵列

利用阵列命令可以一次性建立多个相同的特征，设计效率非常高。应注意如下两点：

1）特征阵列完成后，父特征和子特征成为一个整体，可以将它们作为一个特征进行相关操作，如进行删除或修改等。若只删除阵列特征中的子特征，则应使用“删除阵列”命令。

2）阵列特征一次只能复制一个特征，如果要同时阵列多个特征，则需要将这些特征归为一个特征组，再对特征组进行阵列。

选中需要阵列的特征后，单击下拉菜单【编辑】→【阵列】命令，或在工具栏中单击▦按钮，弹出如图 9-24 所示的阵列操控面板。系统提供了三种阵列生成模式(见表 9-1,“一般”为默

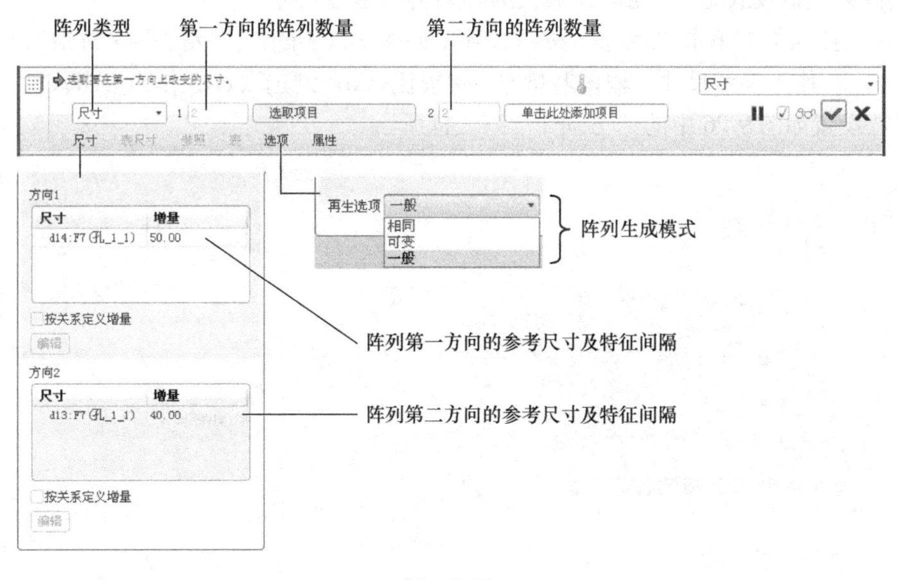

图　9-24

认设置）和七种阵列类型(见表 9-2)。下面将详细介绍尺寸阵列、轴阵列和参照阵列。

表 9-1　阵列生成模式及其说明

阵列生成模式	说　明
相同	阵列中的所有特征尺寸相同；同在一个平面上；特征之间或与零件边界之间不可以相交
可变	子特征与原特征尺寸可以不同；子特征与原特征可以不在同一平面上；特征之间不可以相交，但特征与零件边界之间可以相交
一般	子特征与原特征尺寸可以不同；子特征与原特征可以不在同一平面上；特征之间和特征与零件边界之间均可以相交

表 9-2　阵列类型及其功能

阵列类型	功能及说明
尺寸阵列	通过选取原特征的定位尺寸作为阵列的方向，再以定位尺寸的增量作为阵列的间隔来创建阵列
方向阵列	通过指定阵列的方向(如直线、平面、坐标轴等)，再输入阵列的间隔来创建阵列
轴阵列	通过指定轴线，再以圆周方向和径向尺寸的增量作为阵列的间隔来创建阵列
填充阵列	通过栅格定位的方式自动填充所定义的区域来创建阵列
表阵列	通过一张可编辑表，为阵列中的每个子特征指定定位和定形尺寸来创建阵列
参照阵列	在已有的特征阵列的基础上，参照其阵列参数来创建阵列
曲线阵列	通过选取曲线作为参照，复制的子特征沿曲线排列来创建阵列

1. 尺寸阵列

例 9-4　以图 9-25 为例介绍尺寸阵列的操作步骤。

1）打开准备文件 \ CH09 \ 9-25. prt。

2）选择圆柱体特征 → 在工具栏中单击按钮，弹出如图 9-24 所示阵列操控面板，系统默认的阵列生成模式是“一般”，默认的阵列类型是“尺寸”。

3）在操控面板上单击“尺寸”按钮，弹出如图 9-26 所示尺寸滑板 → 选取圆柱体的纵向定位尺寸 30 作为参考尺寸，输入增量 40 → 按住<Ctrl>键选取 ϕ15 作为参考尺寸，输入增量 5，参数设置如图 9-26 中的“方向 1”列表框所示。

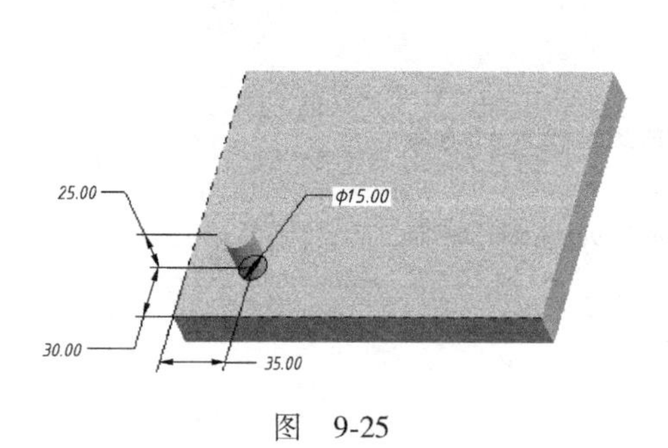

图　9-25

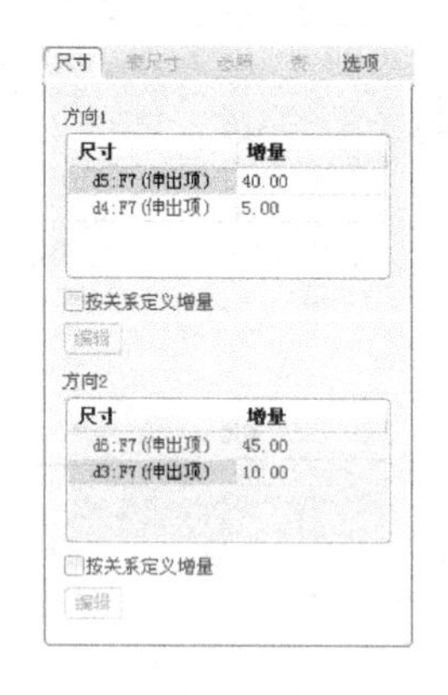

图　9-26

注意：在同一方向内选取多个参考尺寸时，必须按住<Ctrl>键。

4）在尺寸滑板中单击“方向 2”列表框 → 选取圆柱体的横向定位尺寸 35 作为参考尺寸，输入增量 45 → 按住<Ctrl>键选取 25 作为参考尺寸，输入增量 10，参数设置如图 9-26 中的“方向 2”列表框所示。

5）在操控面板中输入第 1 方向的阵列数目 3，第 2 方向的阵列数目 4，参数设置如图 9-27所示。

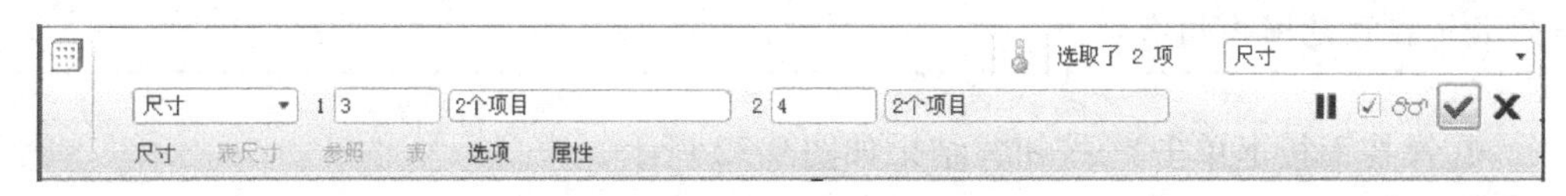

图 9-27

注意：阵列的个数为原始特征个数和子特征个数之和。

6）在操控面板上单击✓按钮，结果如图 9-28 所示。

2. 轴阵列

例 9-5 以图 9-29 为例介绍轴阵列的操作步骤。

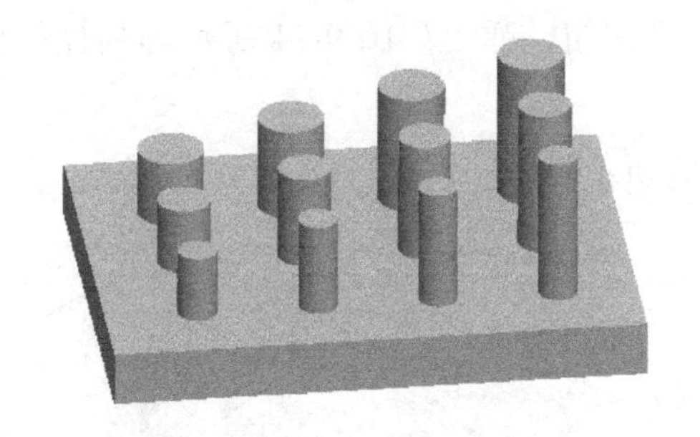

图 9-28

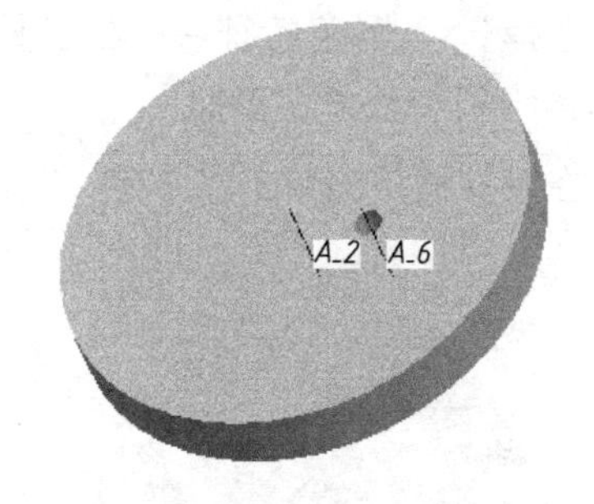

图 9-29

1）打开准备文件 \ CH09 \ 9-29. prt。

2）选择圆孔特征 → 在工具栏中单击按钮，弹出如图 9-24 所示阵列操控面板 → 选择阵列类型为“轴” → 选取圆盘中心轴 A _ 2 作为阵列的中心。

3）单击“尺寸”按钮，弹出尺寸滑板 → 单击“方向 1”列表框 → 选取圆孔直径 $\phi15$ 作为参考尺寸，输入增量 3。参数设置如图 9-30 中的“方向 1”列表框所示(方向 1 为圆周方向)。

4）单击“方向 2”列表框 → 仍选取圆孔直径 $\phi15$ 为参考尺寸，输入增量 2。参数设置如图 9-30 中的“方向 2”列表框所示(方向 2 为半径方向)。

5）在操控面板中输入方向 1 的阵列数目为 6，分布角度范围为 360，方向 2 的阵列数目为 2，两圈之间距离为 40，参数设置如图9-31所示。

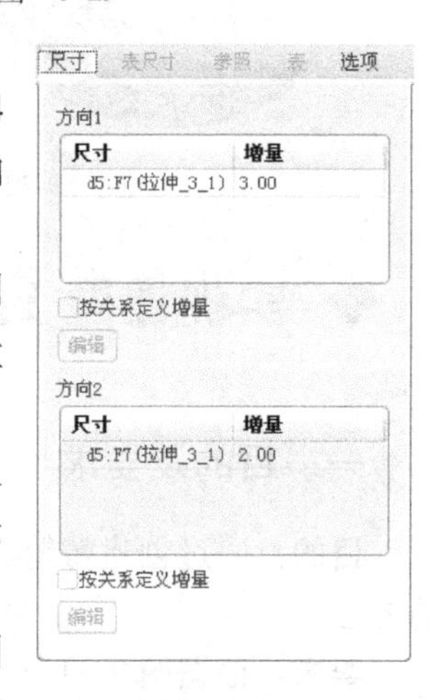

图 9-30

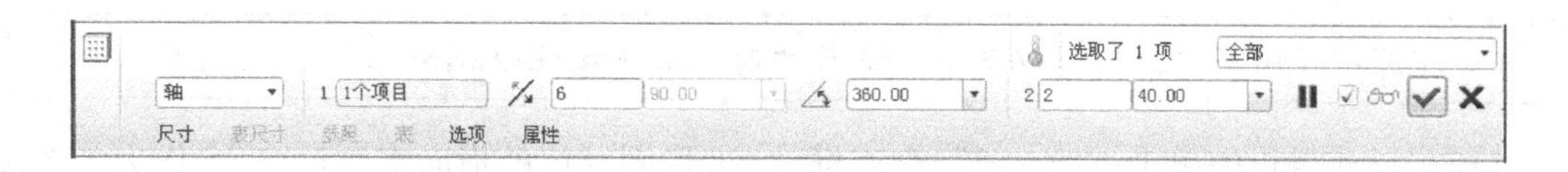

图　9-31

> **注意**：在定义轴阵列时，可以在阵列数目右边的文本框内直接输入阵列成员之间的间隔角度，也可以单击按钮，然后在其右边的文本框内输入总的角度范围，使所有阵列成员在该范围内均布。

6）在操控面板上单击按钮，结果如图 9-32 所示。

3. 参照阵列

例 9-6　以图 9-32 为例介绍参照阵列的操作步骤。

1）打开准备文件 \ CH09 \ 9-32. prt。

2）在工具栏中单击按钮，弹出边倒角操控面板 → 在原始圆孔特征上选择要倒角的边 → 在操控面板上选择倒角类型为 D×D，输入倒角距离 3 → 在操控面板上单击按钮，完成倒角特征的创建。

3）选择 3×3 倒角特征 → 在工具栏中单击按钮，弹出如图 9-24 所示阵列操控面板 → 选择阵列类型为“参照”。

4）在操控面板上单击按钮，结果如图 9-33 所示。

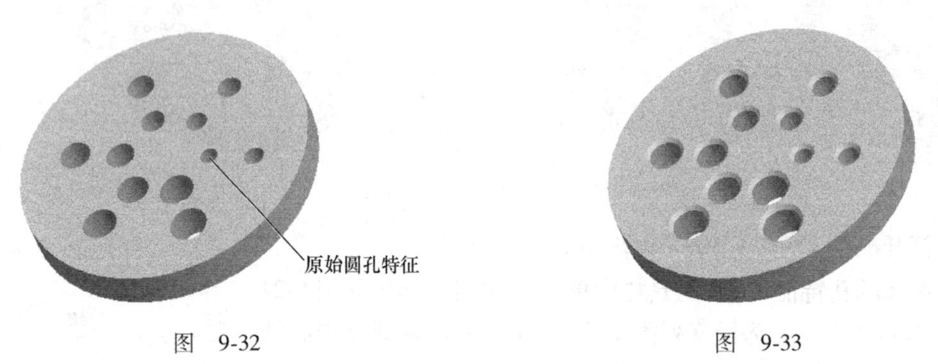

图　9-32　　　　图　9-33

❖ 实训课题 1：棘轮

一、目的及要求

目的：通过创建棘轮实体模型，掌握单个齿形的生成方式以及通过阵列方式生成其余齿的方法。

要求：根据图 9-34 所示的零件图，运用阵列特征和其他创建特征的知识，正确地创建出棘轮实体模型。

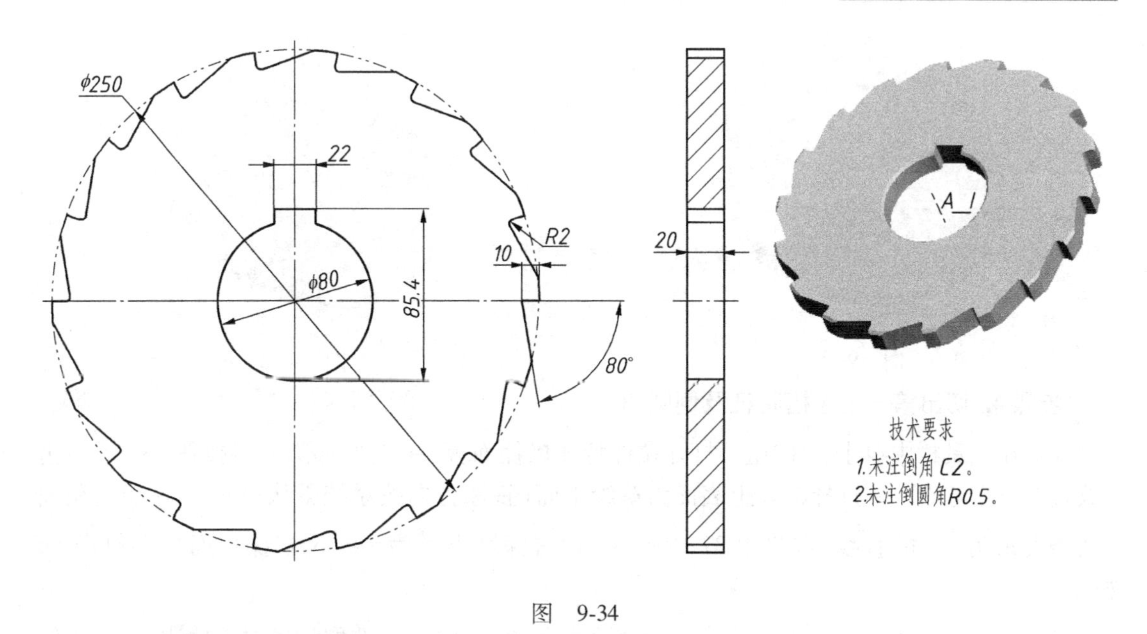

图 9-34

二、创建思路和分析

该零件是一个齿类零件，各齿均匀分布在圆周上，因此，可以先利用拉伸或旋转的方法创建一个圆盘作为基础特征。接着利用拉伸切减材料的方法，在圆盘上切出第一个齿槽。其余齿槽利用轴阵列的方式创建出来，然后在圆盘上切出轴孔和键槽，最后对零件进行必要的倒圆角和倒角处理。

三、创建要点和注意事项

1）创建时要注意图样给出的齿形和键槽的位置关系，也就是在草绘棘轮第一个齿槽的截面时，要注意其摆放位置。

2）对于其余齿槽，本例将采用轴阵列的方式创建。有兴趣的同学也可以尝试采用尺寸阵列的方式创建。若采用尺寸阵列，则在圆盘上切出第一个齿槽后，应先将其绕圆盘轴线进行旋转复制，使第二个齿槽相对于第一个齿槽有一个角度定位尺寸，利用这个角度定位尺寸作为参照，才可以进行尺寸阵列。

四、创建步骤

步骤 1. 新建零件文件 jilun

步骤 2. 创建圆盘特征

在工具栏中单击按钮，打开拉伸特征操控面板 → 选择 TOP 面为草绘平面（视图方向按系统默认设置），创建一个直径为 250，厚度为 20 的圆盘，结果如图 9-35 所示。

步骤 3. 创建圆盘倒角特征

在工具栏中单击按钮，打开边倒角特征操控面板 → 选取圆盘的两条圆周边 → 选择倒角类型为 D×D，并输入 D 值 2 → 在操控面板上单击按钮，结果如图 9-36 所示。

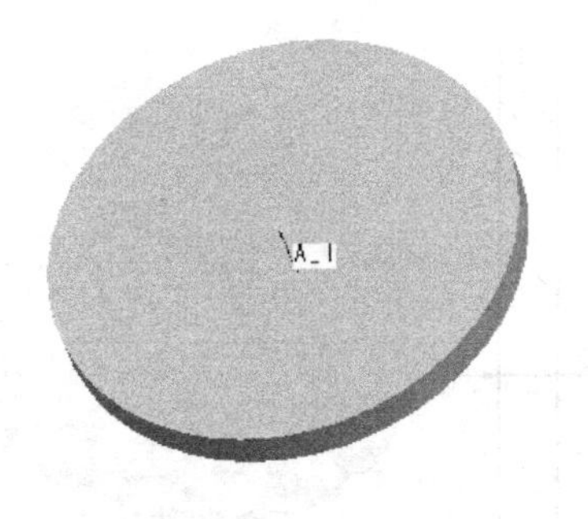

图 9-35

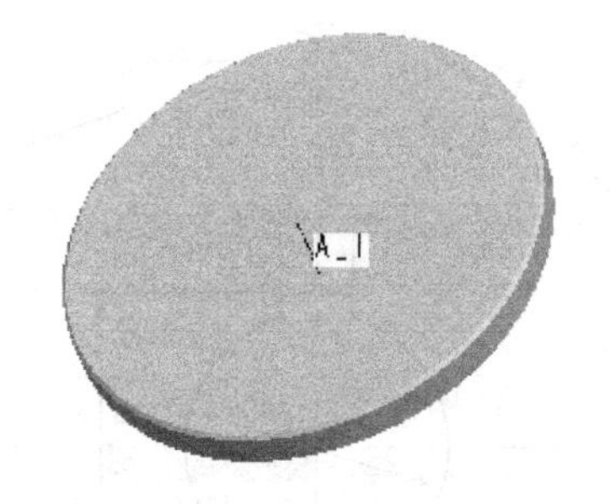

图 9-36

步骤 4. 切出第一个齿槽特征及倒圆角

1）在工具栏中单击按钮，打开拉伸特征操控面板 → 选取移除材料按钮 → 单击“放置”/“定义”→ 选择圆盘上表面为草绘平面(视图方向按系统默认设置) → 绘制截面(两条夹角为 80°的直线)如图 9-37 所示 → 设置深度类型为 → 在操控面板上单击按钮。

2）在工具栏中单击按钮，打开倒圆角特征操控面板 → 选取齿槽根部棱边 → 输入倒圆角半径 2 → 在操控面板上单击按钮，结果如图 9-38 所示。

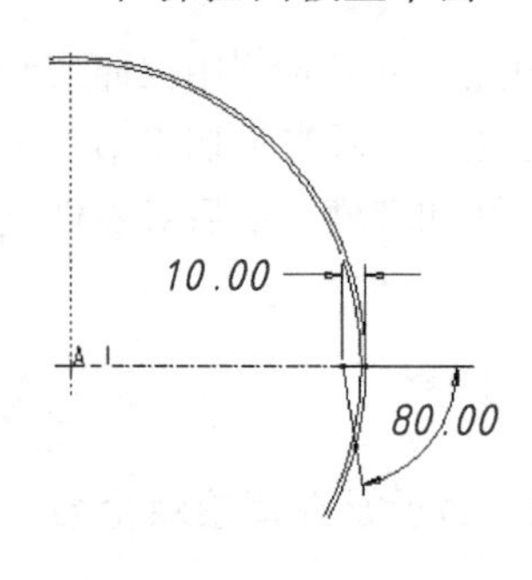

图 9-37

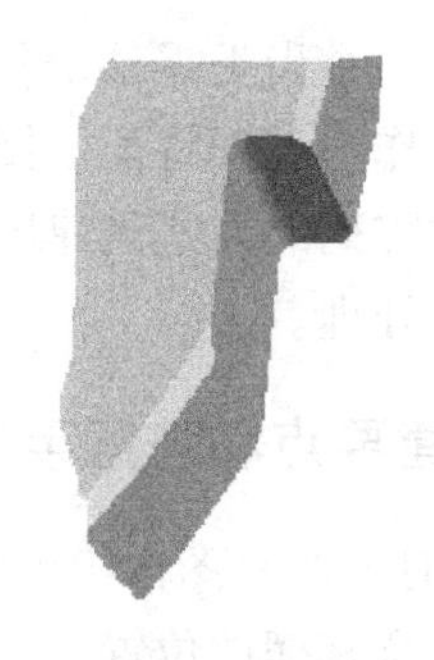

图 9-38

步骤 5. 创建组

在模型树中选取“拉伸 2”和“倒圆角 1”，如图 9-39 所示 → 将光标移至模型树，单击右键，弹出快捷菜单如图 9-40 所示 → 在菜单中选取“组”选项，创建组如图 9-41 所示。

图 9-39

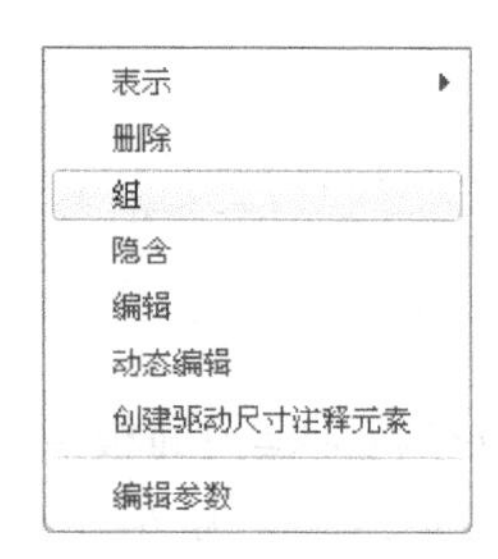

图 9-40

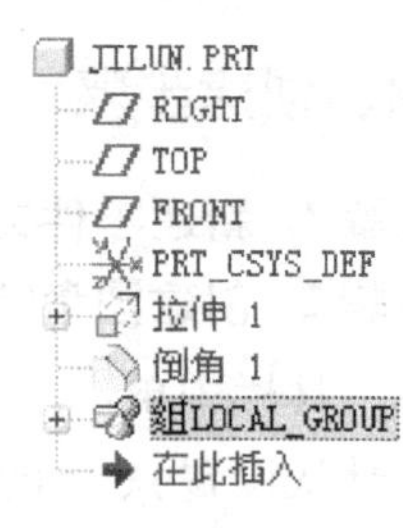

图 9-41

> **注意：**如要解除组，只需在选取组后单击鼠标右键，在弹出的快捷菜单中选取“分解组”选项即可。

步骤 6. 创建其余齿槽

1）选取上一步创建的组 → 在工具栏中单击按钮，弹出阵列操控面板 → 选择“轴”阵列类型 → 选取基准轴 A _ 1 作为阵列的中心。

2）在操控面板中输入方向 1(圆周方向)的阵列数目 18，分布范围为 360，方向 2(径向)的阵列数目为 1，参数设置如图 9-42 所示。

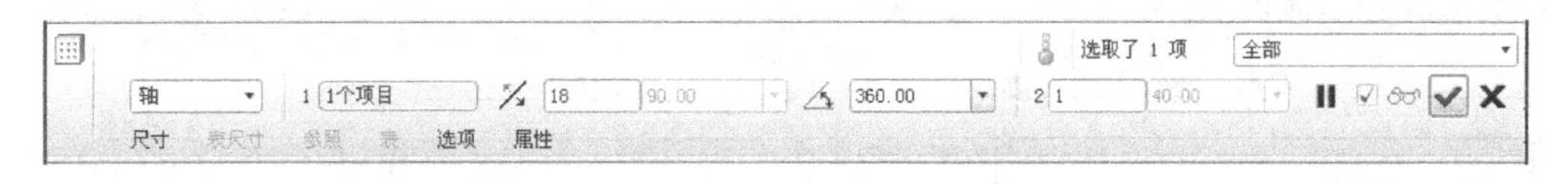

图　9-42

3）在操控面板上单击按钮，结果如图 9-43 所示。

步骤 7. 创建轴孔和键槽

在工具栏中单击按钮，打开拉伸特征操控面板 → 选取移除材料按钮 → 单击“放置”/“定义”→ 选择圆盘上表面为草绘平面(视图方向按系统默认设置) → 绘制截面如图 9-44 所示 → 设置深度类型为 → 在操控面板上单击按钮，结果如图 9-45 所示。

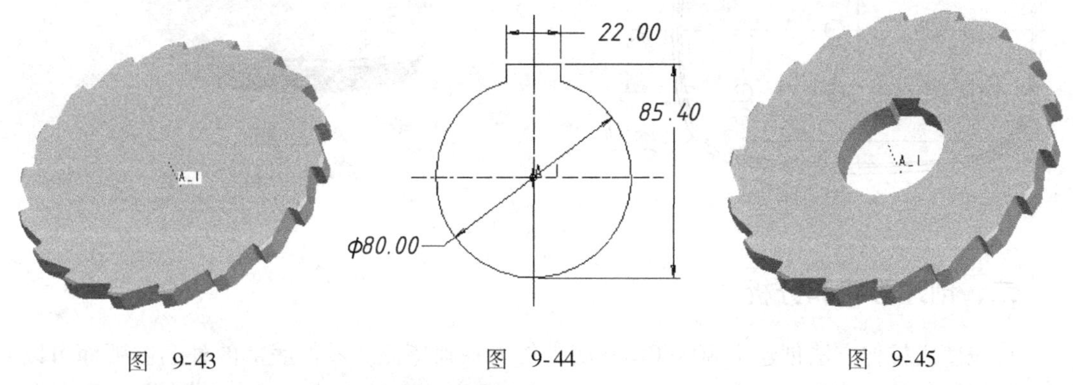

图　9-43　　图　9-44　　图　9-45

步骤 8. 创建轴孔和键槽的倒圆角和倒角

1）在工具栏中单击按钮，打开倒圆角特征操控面板，选取键槽底部两条棱边，输入倒圆角半径 0.5，在操控面板上单击按钮，完成倒圆角特征的创建。

2）在工具栏中单击按钮，打开边倒角特征操控面板，选取轴孔的两条圆周边，选择倒角类型 D×D，并输入 D 值为 2，在操控面板上单击按钮，完成倒角特征的创建。至此已完成如图 9-34 所示棘轮实体模型的创建。

步骤 9. 文件存盘

在“视图”工具栏中单击按钮，选择“缺省方向”，单击菜单【文件】→【保存】命令或在“文件”工具栏中单击按钮，保存文件。

❖ 实训课题 2：香皂盒底壳

一、目的及要求

目的：通过创建香皂盒底壳实体模型，主要掌握通过阵列方式生成多个且有规律分布的特征的方法。

要求：根据如图 9-46 所示的零件图，运用阵列特征和其他创建特征的知识，正确创建出香皂盒底壳实体模型。

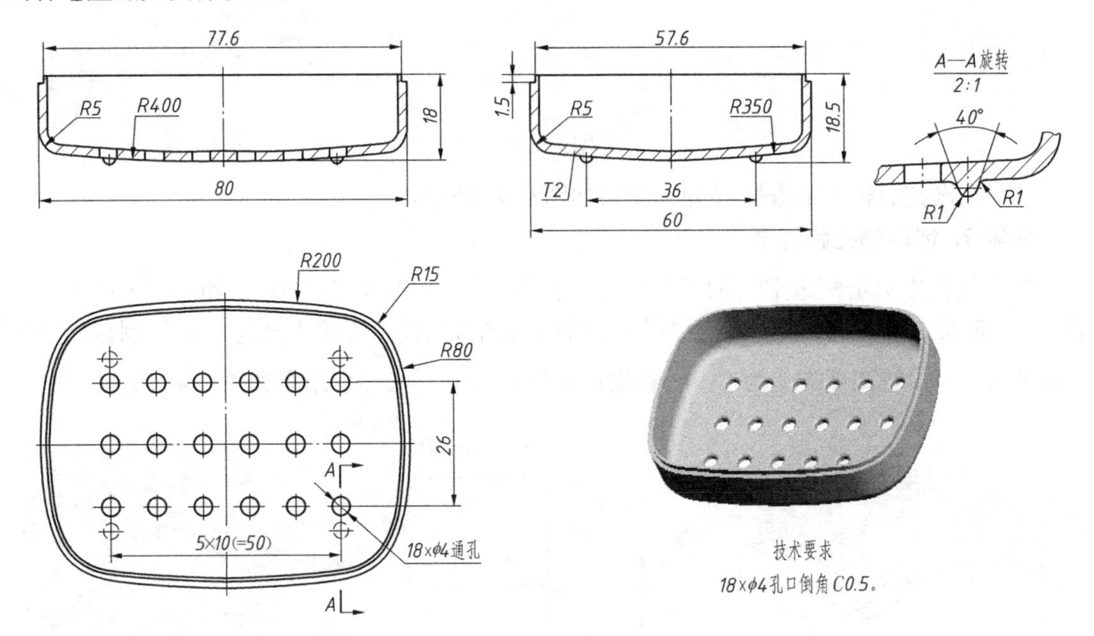

图 9-46

二、创建思路和分析

首先使用拉伸方法创建出 80×60×20 底板作为基础特征。零件底部的外凸圆弧面可以利用扫描切材料的方法将其切出。零件的内空可以采用抽壳的方式形成。18 个漏水孔可以采用尺寸阵列的方法得到，采用参照阵列可以很方便地创建出全部漏水孔上的倒角。利用拉伸切材料的方法创建出香皂盒的唇边特征。最后利用旋转和镜像方法创建出盒底的 4 只脚。

三、创建要点和注意事项

1）在创建 80×60×20 底板时，考虑到该零件有对称性质，最好将底板截面的中心布置在坐标系原点上，便于后续特征进行镜像等操作。

2）创建抽壳特征之前，应先创建零件底部的倒圆角 *R*5，这样抽壳时零件内空的圆角同时被创建。

3）在创建香皂盒的唇边特征截面时，单击“草绘器工具”工具栏的偏移按钮 → 在偏移边“类型”对话框中选择“环”→ 选择香皂盒的外边界作为参考边。

四、创建步骤

创建步骤略，由学生根据如图 9-46 所示零件图自主完成。

单元小结

本单元介绍的主要内容如下：

1）特征的设计修改：主要介绍了特征的删除、隐含、恢复及特征的编辑定义。

2）特征的复制：主要介绍了新参考复制、相同参考复制、镜像复制和移动复制。

3）特征的阵列：主要介绍了尺寸阵列、轴阵列和参考阵列。

在特征的创建过程中，会存在一些不完善甚至是错误的地方，用户可以使用特征的编辑定义对零件模型灵活地进行修改，完成修改后经过重新生成就可以得到新的零件模型。使用特征的复制可以将一个或多个特征复制到当前模型的其他位置上，新产生的特征的形状、大小及各种参照与原特征可以相同，也可以不同。在使用特征阵列时要注意，一次只能阵列一个特征，如果要同时阵列多个特征，则需将这些特征归为一个特征组，再对特征组进行阵列。另外，特征阵列完成后，父特征和子特征将成为一个整体，若只要删除阵列特征中的子特征，应使用“删除阵列”命令。

课后练习

习题 1 利用移动复制的方法创建如图 9-47 所示的三维模型。

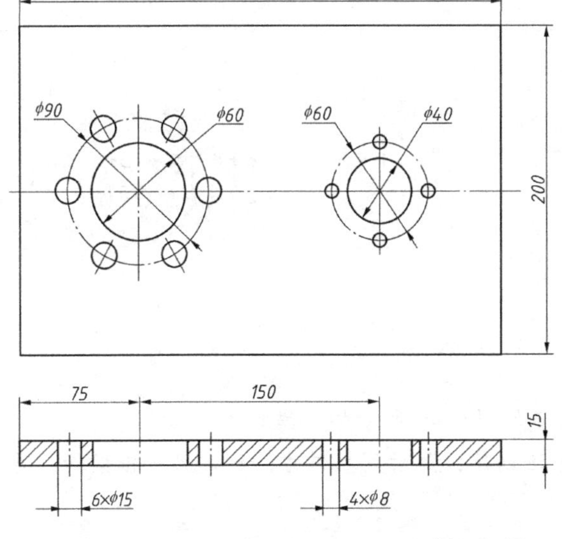

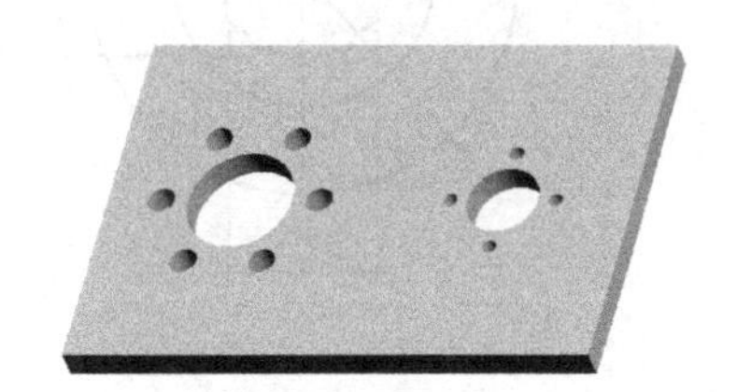

图 9-47

提示：先创建基础特征 300×200×15 长方体，再分别创建 1 个 ϕ60 通孔和 1 个 ϕ15 通孔，接着创建 6×ϕ15 通孔阵列，然后将 ϕ60 通孔和 6×ϕ15 通孔阵列合并为一个特征组，最后将该组移动复制，复制过程中要修改原特征组的四个参数，请对照零件图挑选要修改的参数，其余参数保持不变。

习题 2　利用旋转复制的方法创建如图 9-48 所示的三维模型。

提示：该零件中的花键槽由两个六角槽组成，只需先切出一个六角槽，另一个由旋转复制获得。

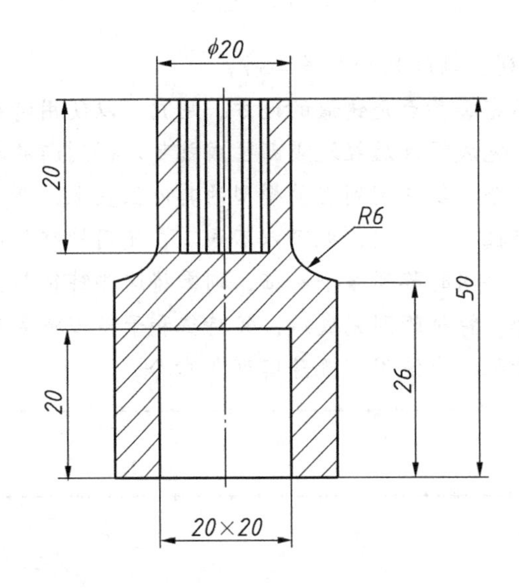

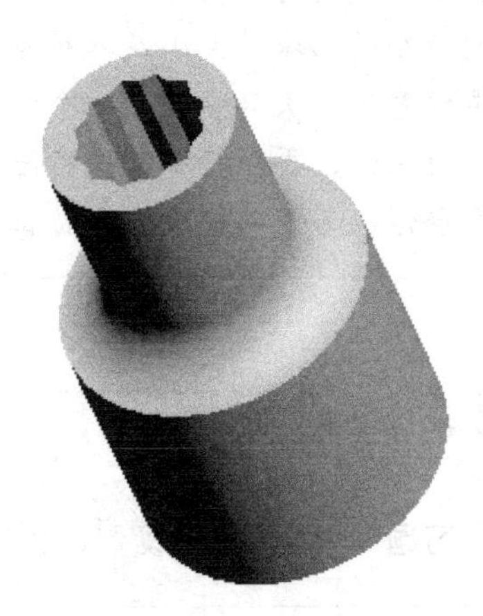

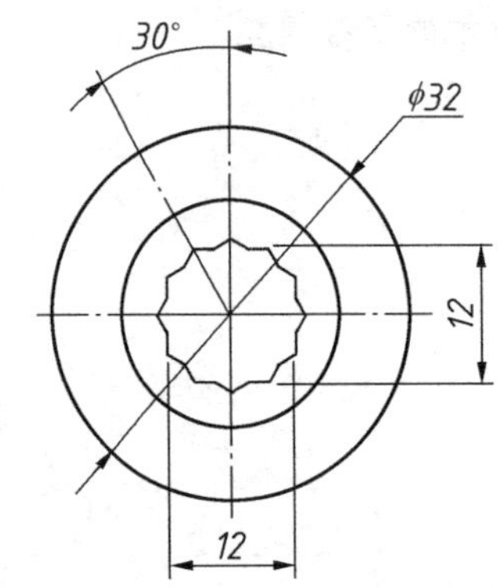

技术要求

1.未注倒圆角为R1。
2.倒钝锐边，去毛刺。

图　9-48

习题 3　利用尺寸阵列的方法创建如图 9-49 所示的三维模型。

提示：该竖梯扶手可采用扫描方法创建，然后用拉伸方法创建第一根横踏，再采用尺寸阵列方法创建出其他横踏。

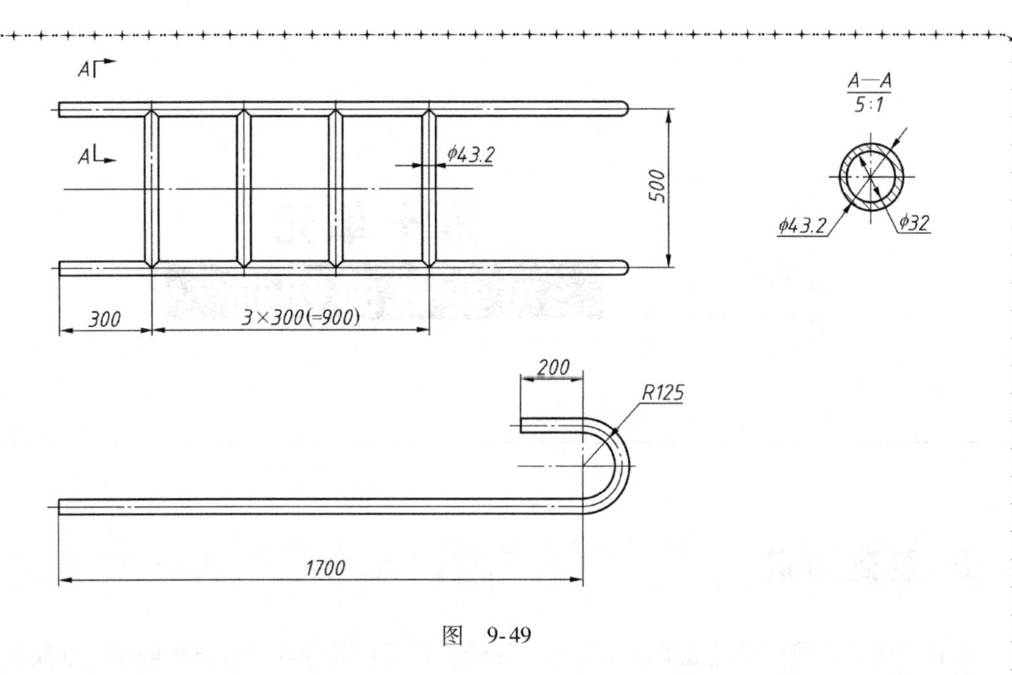

图 9-49

习题4 创建如图9-50所示的三维模型。

提示：通过零件的模型图和断面图(见图9-51)可以看出，该零件由一个外圈、一个内环、一个加固圈和120根辐条组成，相邻两根辐条中心线之间的夹角为3°。外圈、内环和加固圈均可采用旋转方法创建。第一根辐条可采用扫描的方法创建，然后利用轴阵列创建出其余辐条。在创建第一根辐条之后创建加固圈，最后创建辐条阵列。

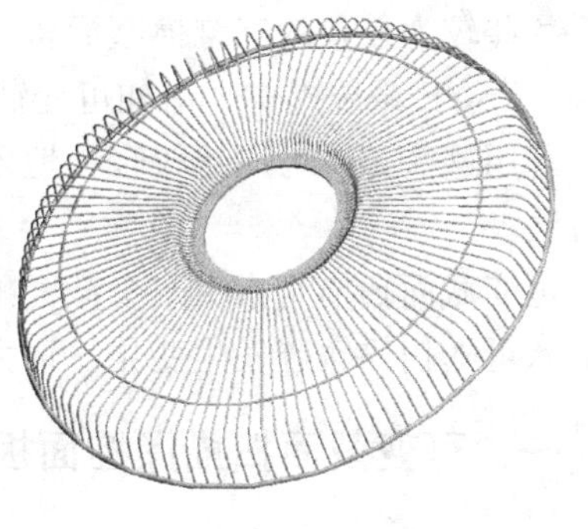

图 9-50

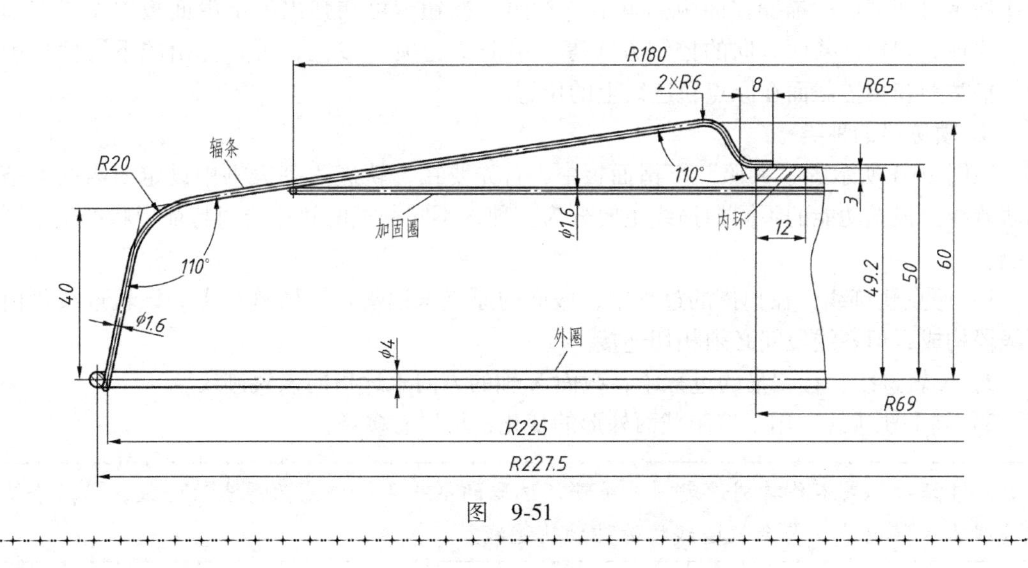

图 9-51

第十单元 可变截面扫描

❖ 基础知识

到目前为止，我们已经能够利用拉伸、旋转、扫描和混合等一般方法创建三维模型，但对于一些较为复杂的三维模型而言，用以前学过的一般方法创建较为困难，甚至有可能无法创建。Pro/E 系统提供了诸如可变截面扫描、扫描混合、螺旋扫描和边界混合等高级造型方法，利用这些方法可以比较轻松地创建出复杂的三维造型。本单元将介绍可变截面扫描的造型方法。

可变截面扫描是指由一个截面配合多条轨迹线扫描出所需的实体或曲面特征，特征截面的形状可随扫描轨迹发生变化。请大家注意比较它与前面学过的扫描特征的区别。

一、可变截面扫描操控面板

在工具栏中单击按钮，或选择菜单【插入】→【可变剖面扫描】命令，系统弹出如图 10-1 所示可变截面扫描操控面板。单击“参照”按钮，可在弹出的下滑面板中设置扫描的轨迹线种类和扫描截面方向的控制方式等。单击“选项”按钮，可在弹出的下滑面板中设置扫描类型和扫描截面在原点轨迹线上的位置。

1. 轨迹线的种类

在图 10-1 所示的“参照”下滑面板中，首先要在“轨迹”列表框中设定所需的各条扫描轨迹线。根据功能的不同扫描线主要分为三种，不同种类的轨迹线对特征形状产生不同的影响。

1）原点轨迹线：在扫描的过程中，截面的原点永远落在该轨迹线上。该轨迹线可由多条线段构成，但各线段间必须相切连接。

2）X 轨迹线：在扫描的过程中，截面 X 轴的方向永远指向该轨迹线。

3）辅助轨迹线：用于控制截面外形的变化，可以有多条。

注意：如果不作特别设定，系统默认选取的第一条轨迹线为原点轨迹线，第二条轨迹线为 X 轨迹线，其余轨迹线均为辅助轨迹线。

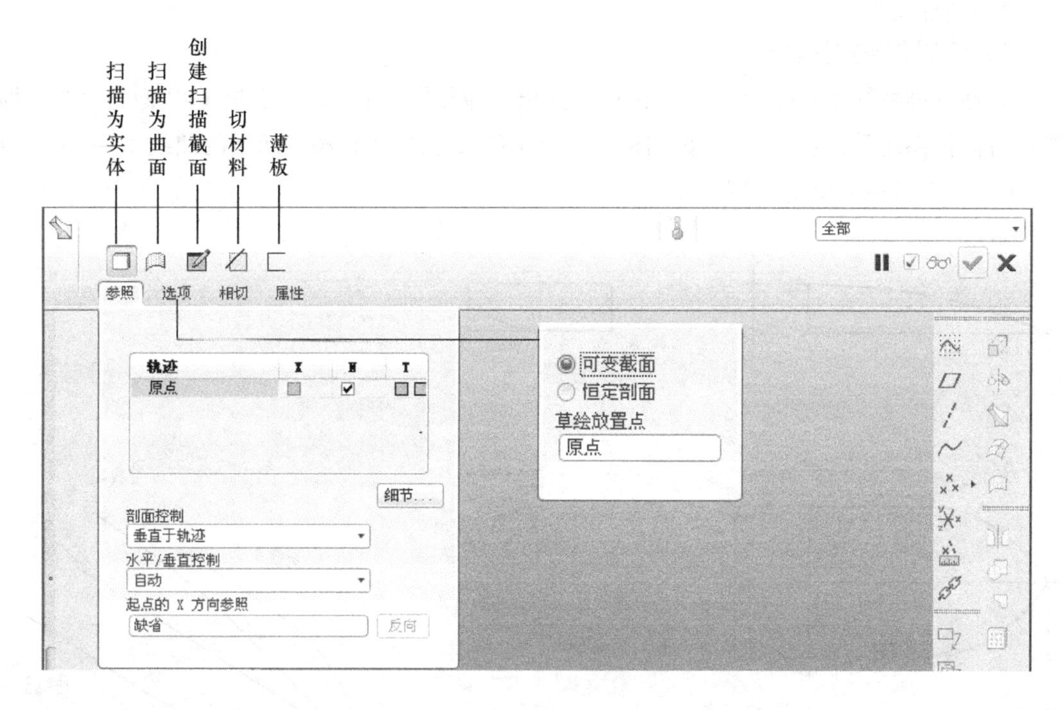

图 10-1

2. 特征截面方向的控制方式

在图 10-1 所示“参照”下滑面板中，“剖面控制”下拉列表框用于设置特征截面方向的控制方式。系统提供了以下三种控制方式：

1）垂直于轨迹：在扫描的过程中，截面始终垂直于原点轨迹线。

2）垂直于投影：在扫描的过程中，截面始终垂直于原点轨迹线在参照方向上的投影，因此，采用这种控制方式时，需要指定参照方向。基准平面或平面的法线方向，直线、边或基准轴，坐标系的某轴方向均可作为参照方向。

说明：换句话说，垂直于投影控制方式截面始终平行于指定的参照方向。

3）恒定法向：在扫描的过程中，截面始终垂直于指定的参照方向。

3. 扫描的类型

单击图 10-1 所示“选项”按钮，弹出下滑面板，在这里可以设置扫描的类型和扫描截面的位置。

1）可变截面：指定创建可变截面扫描特征，该项为默认项。

2）恒定剖面：指定创建恒定截面扫描特征。

3）草绘放置点：确定截面在原点轨迹线上的位置，系统默认在原点轨迹线的起点(即原点)。

二、创建可变截面扫描特征的操作步骤

例 10-1 以图 10-2 为例介绍创建可变截面扫描特征的操作步骤。

（1）新建文件 10-2. prt

（2）绘制各条扫描轨迹线

1）在基准特征工具栏中单击按钮，弹出“草绘”对话框 → 选择 TOP 面为草绘平面（视图方向按系统默认设置）→ 按照图 10-2 所示的尺寸绘制图 10-3 所示的曲线 1 → 在“草绘器工具”工具栏中单击按钮。

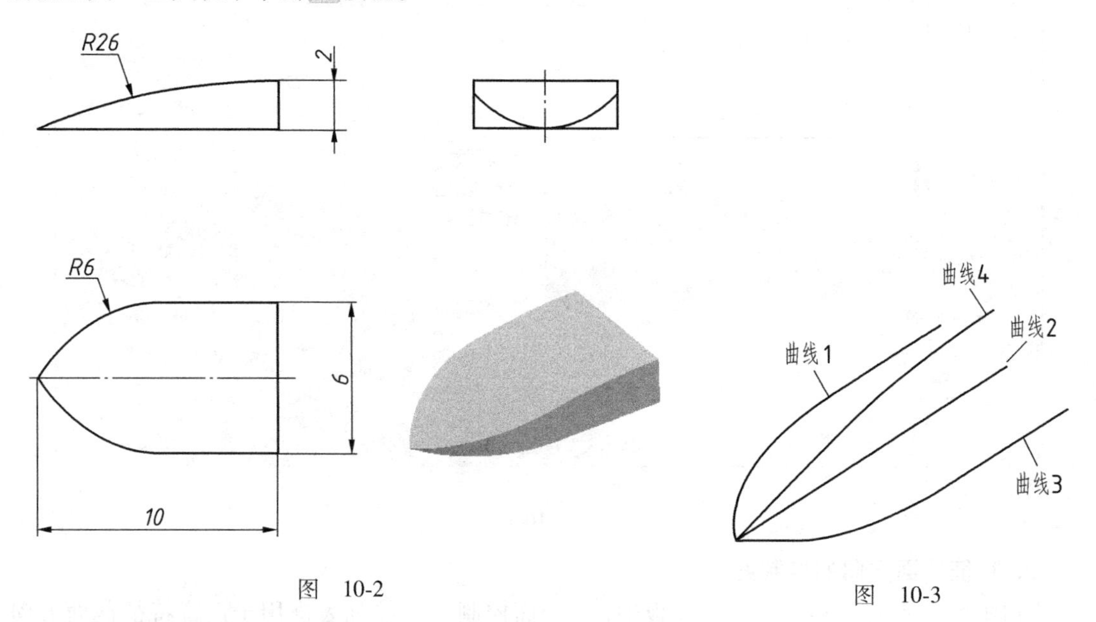

图　10-2　　　图　10-3

2）与上一操作步骤相同，绘制出图 10-3 所示的曲线 2。

3）选取曲线 1 → 在工具栏中单击按钮，弹出镜像特征操控面板 → 选取 FRONT 面为镜像面 → 在操控面板中单击按钮，绘制出图 10-3 所示曲线 3。

4）在基准特征工具栏中单击按钮，弹出“草绘”对话框 → 选择 FRONT 面为草绘平面（视图方向按系统默认设置）→ 按照图 10-2 所示尺寸绘制图 10-3 所示曲线 4 → 单击“草绘器工具”工具栏的按钮。

> **注意：**曲线 1~3 也可在 TOP 面中一次性绘制，但三根曲线将成为一个整体，在后面可变截面扫描操作选取轨迹时，任选其中一根，三根曲线都将同时被选中，这样每次都需要将另外两根曲线从选定曲线中清除掉，会给创建操作带来一些不便。

（3）创建可变截面扫描特征

1）在工具栏中单击按钮，弹出可变截面扫描操控面板 → 单击“参照”选项，弹出下滑面板 → 选取各条扫描轨迹线（先选曲线 2 作为原点轨迹线，并使方向由模型大端指向小端，然后按住<Ctrl>键选取其余曲线，其余曲线的选取顺序不限）→ 按如图 10-4 所示设置各选项。

2）在操控面板上单击按钮，进入草绘窗口 → 如图 10-5 所示绘制扫描截面 → 在“草绘器工具”工具栏中单击按钮 → 在操控面板中单击按钮，结果如图 10-2 所示。

> **注意**：扫描截面上的角点和边分别落在曲线 1~4 的四个端点上，绘图时注意捕捉。

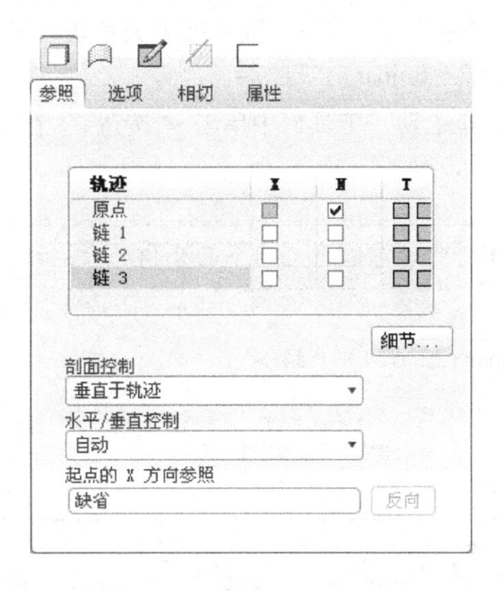

图 10-4

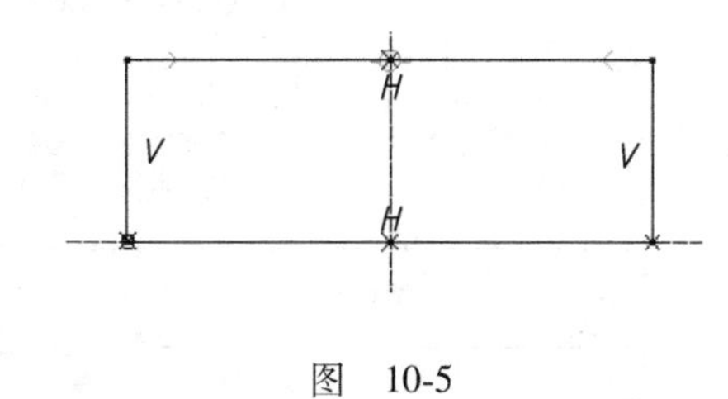

图 10-5

三、关系式在可变截面扫描中的应用

通过前面的学习，我们知道在可变截面扫描过程中，特征截面形状的变化是受各条扫描轨迹线所控制的。除此之外，在可变截面扫描过程中还可以采用关系式来控制截面形状的变化，该种方法是将截面的尺寸创建为某种函数关系，利用这种函数关系来控制截面形状的变化。它的基本形式有以下两种：

1）使用“关系式+trajpar 参数”来控制截面形状的变化。

2）使用“关系式+graph（基准图形）+trajpar 参数”来控制截面形状的变化。

1. 使用“关系式+trajpar 参数”来控制截面形状的变化

trajpar 参数是 Pro/E 系统设定的一个从 0 到 1 的变量，其数值在扫描的起始点为 0、终止点为 1，而中间值呈线性变化。

在例 10-1 中可以看到，四根轨迹线的端点均落在特征的截面上，因此，截面的高度和宽度受到了轨迹线的控制。为了更好地理解这几种控制截面变化的方法，以便融会贯通，下面仍以图 10-2 为例，看看如何利用关系式搭配 trajpar 参数来控制截面的高度变化。

例 10-2 以图 10-2 为例介绍利用关系式搭配 trajpar 参数创建可变截面扫描特征的操作步骤。

（1）新建文件 10-7. prt

（2）绘制扫描轨迹线 1~3，如图 10-3 所示

（3）创建可变截面扫描特征

1）在工具栏中单击按钮 → 弹出可变截面扫描操控面板 → 单击“参照”选项，弹出下滑面板 → 选取各条扫描轨迹线（原点轨迹线选曲线 2），按如图 10-4 所示设置各选项。

2）在操控面板上单击按钮，进入草绘窗口 → 绘制如图 10-6 所示的扫描截面（不要更改图形中的尺寸数值）→ 单击菜单【信息】→【切换尺寸】命令，此时高度尺寸由数值更改为代号 sd5。

3）单击菜单【工具】→【关系】命令，弹出“关系”对话框 → 输入如下关系式

sd5=sqrt(26^2-(26*sin(22.62*trajpar))^2)-24

→ 在“关系”对话框中单击“确定”→ 在“草绘器工具”工具栏中单击按钮 → 在操控面板中单击按钮，结果如图 10-7 所示。

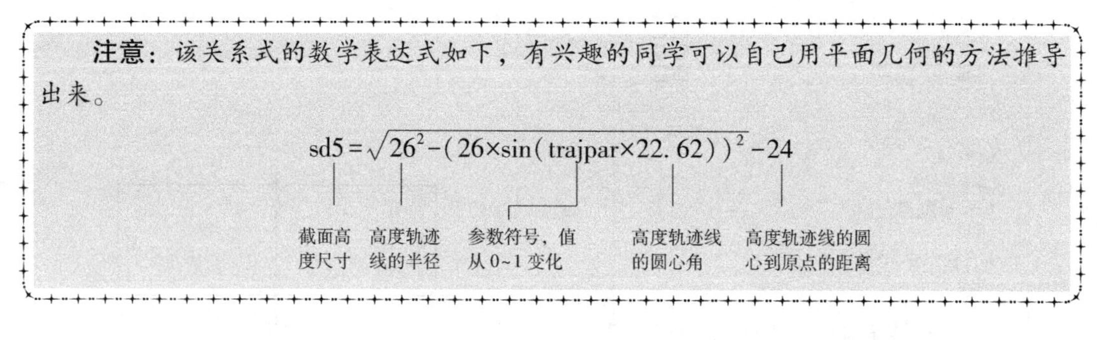
注意：该关系式的数学表达式如下，有兴趣的同学可以自己用平面几何的方法推导出来。

$$sd5=\sqrt{26^2-(26\times\sin(trajpar\times22.62))^2}-24$$

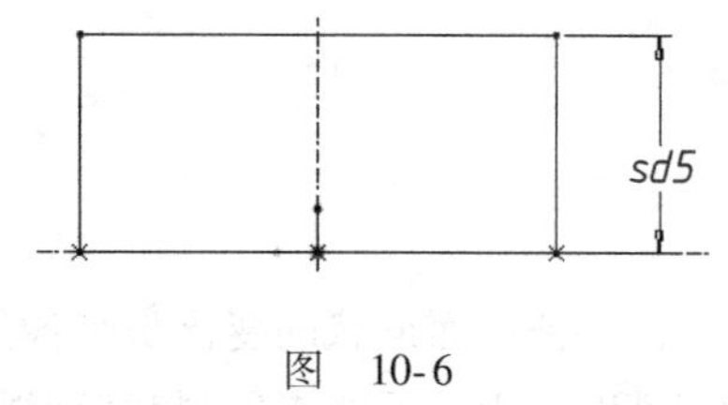

图 10-6

图 10-7

2. 使用“关系式+graph（基准图形）+trajpar 参数”来控制截面形状的变化

在创建模型的过程中，有时相关的函数关系式不容易精确地建立，或者已知某曲线可以用来定义模型的某种函数关系，这时，可以在基准图形中绘制曲线（也可说是图形）来确定某种函数关系，然后在关系式中调用该图形，以此来控制截面的变化。

下面仍以图 10-2 为例，看看如何利用关系式搭配 graph（基准图形）及 trajpar 参数来控制截面的高度变化。

例 10-3 以图 10-2 为例介绍利用关系式搭配 graph（基准图形）及 trajpar 参数创建可变截面扫描特征的操作步骤。

（1）新建文件 10-10. prt

（2）绘制扫描轨迹线 1~3，如图 10-3 所示

（3）绘制基准图形

单击菜单【插入】→【模型基准】→【图形】命令 → 在信息提示区输入图形名称“A”→ 单击输入框右边的按钮，进入草绘窗口 → 绘制如图 10-8 所示的基准图形 → 在“草绘器工具”工具栏中单击按钮。

注意：绘制基准图形时，一定不要忘记绘制坐标系。有了坐标系，绘制的图形才有定位基准，给出一个 X 值才能对应有一个 Y 值。

（4）创建可变截面特征

1）在工具栏中单击按钮，弹出可变截面扫描操控面板 → 单击“参照”选项，弹出下滑面板 → 选取各条扫描轨迹线（原点轨迹线选曲线 2）→ 按如图 10-4 所示设置各选项。

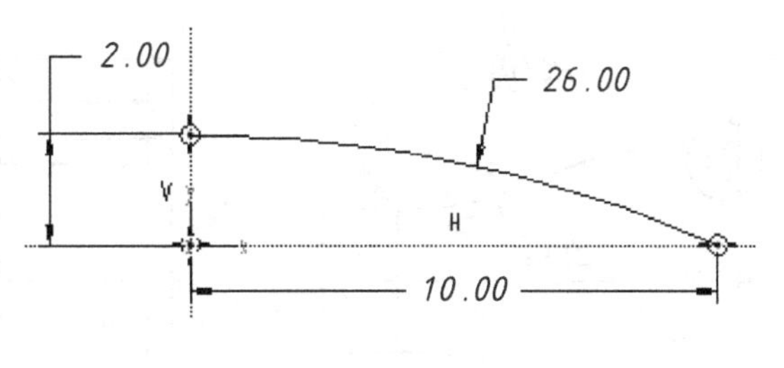

图　10-8

2）在操控面板上单击按钮，进入草绘窗口 → 绘制如图 10-9 所示扫描截面（不要更改图形中的尺寸数值）→ 单击菜单【信息】→【切换尺寸】命令，此时高度尺寸由数值更改为代号 sd5。

3）单击菜单【工具】→【关系】命令，弹出“关系”对话框 → 输入如下关系式

sd5 = evalgraph（"A"，10 * trajpar）

式中　sd5——截面高度尺寸。

evalgraph——函数符号，表示从基准图形中取得对应于 X 的 Y 值，然后指定给 sd5。

A——基准图形的名称，该名称必须带双引号。

10——扫描轨迹线的长度。

10 * trajpar——X 值，即扫描的“行程”，该值在 0 ~ 10 之间变化。值得注意的是，在该值的变化范围与轨迹线的长度不同时，系统会将在 X 值范围内的变化的 Y 值均匀分布到轨迹线的全长范围内。

→ 在“关系”对话框中单击“确定”→ 在“草绘器工具”工具栏中单击按钮 → 在操控面板中单击按钮，结果如图 10-10 所示。

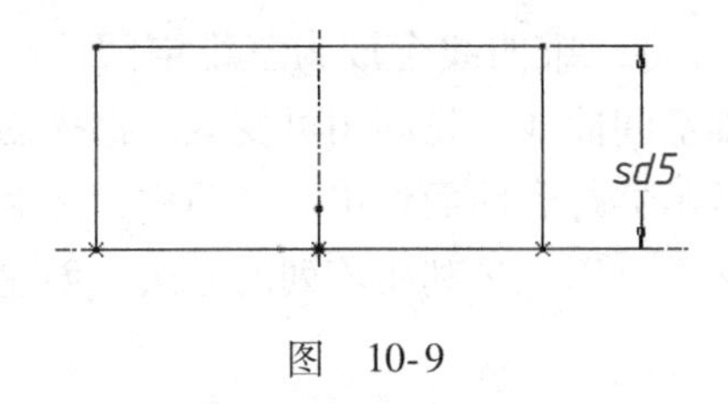

图　10-9

图　10-10

❖ 实训课题 1：显示器外壳

一、目的及要求

目的：通过创建显示器外壳实体模型，掌握利用扫描轨迹线控制截面变化创建可变截面扫描特征的方法。

要求：根据如图 10-11 所示的零件图，运用可变截面扫描和其他创建特征的知识，正确创建出显示器外壳实体模型。

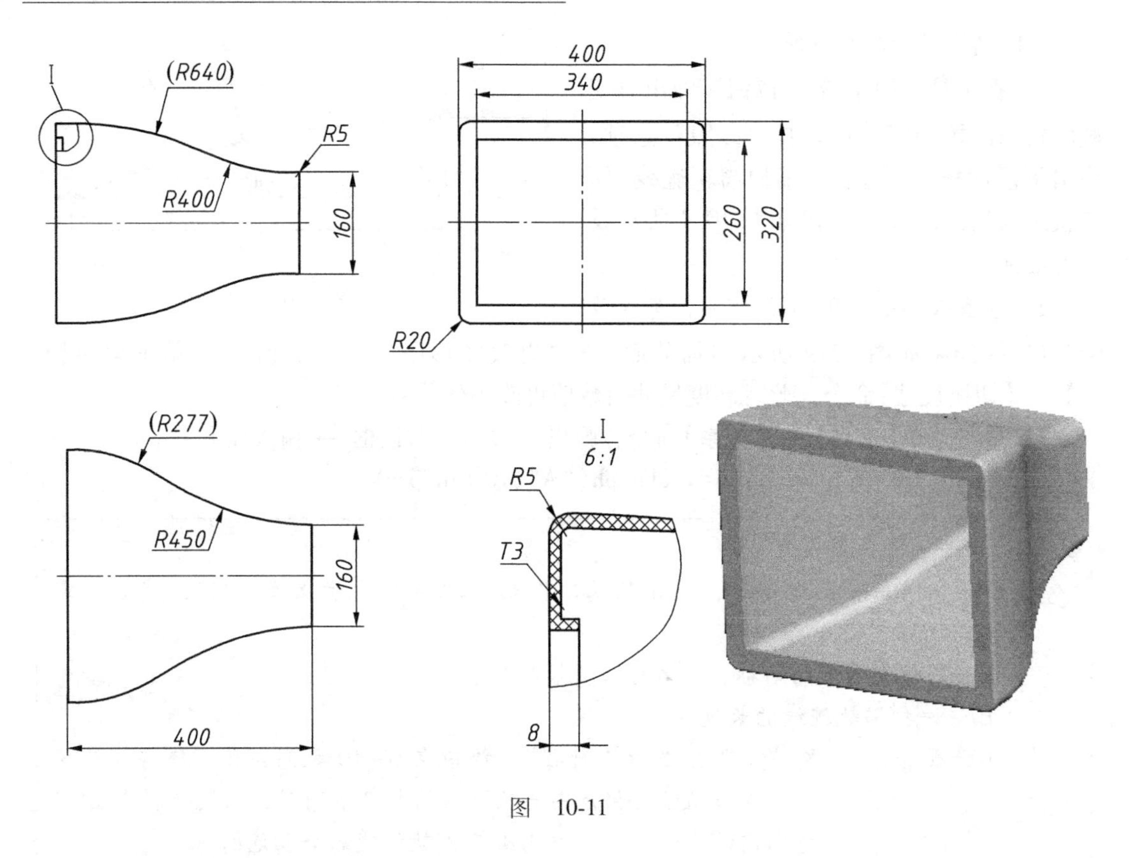

图　10-11

二、创建思路和分析

该零件将显示器外壳的四条棱边(即外壳各侧曲面之间的相交线)作为可变截面扫描过程中控制截面形状的四条扫描轨迹线，它们是三维空间曲线，需要分别先在 FRONT 面和 TOP 面创建出二维曲线，然后利用空间投影线的方法将二维曲线合成为三维空间曲线。由于该模型结构对称，故可利用镜像方法得到其余三维空间曲线。先利用可变截面扫描创建显示器实体毛坯，接着利用拉伸切减材料的方法，在显示器外壳前面切出一个凹槽，在对零件进行必要的倒圆角之后进行抽壳处理。有兴趣的同学还可以试试利用阵列的方法，创建出显示器上的散热孔。

三、创建要点或注意事项

1）注意理解利用空间投影线的方法创建出所需要的扫描轨迹线。

2）利用可变截面扫描创建基本特征时，要注意区分对原点轨迹线和其他轨迹线的选取，另外还要注意理解截面控制方式的设定。

四、创建步骤

步骤 1. 新建文件 xianshiqi

步骤 2. 绘制原点轨迹线曲线 1

在基准特征工具栏中单击按钮 → 选取 FRONT 面为草绘平面(视图方向按系统默认设

置）→ 绘制如图 10-12 所示图形 → 单击“草绘器工具”工具栏的按钮，完成曲线 1 的创建。

步骤 3. 绘制第一条三维空间轨迹线

1）在基准特征工具栏中单击按钮 → 选取 FRONT 面为草绘平面（视图方向按系统默认设置）→ 绘制如图 10-13 所示的曲线 2 → 单击“草绘器工具”工具栏的按钮。

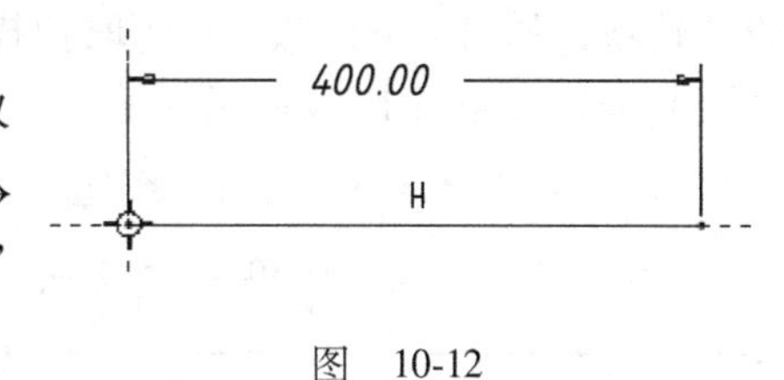

图 10-12

2）在基准特征工具栏中单击按钮 → 选取 TOP 面为草绘平面（视图方向按系统默认设置）→ 绘制如图 10-14 所示的曲线 3 → 单击“草绘器工具”工具栏的按钮。

3）按住<Ctrl>键，选取曲线 3 和曲线 2 → 选择菜单【编辑】→【相交】命令，得到如图 10-15 所示的第一条三维空间轨迹线曲线 4。

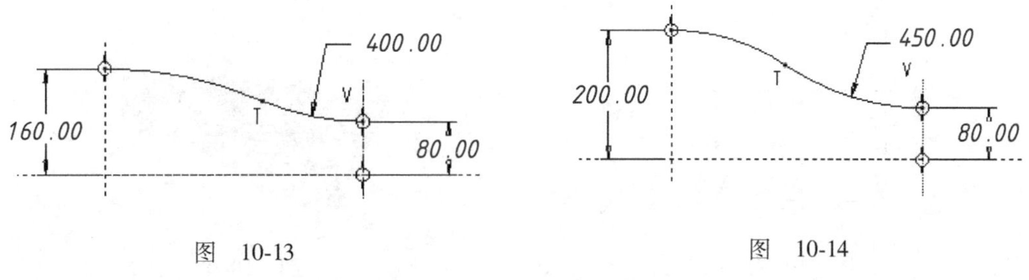

图 10-13 图 10-14

步骤 4. 创建其余三维空间轨迹线

1）选取曲线 4 → 在工具栏中单击按钮 → 选取 TOP 面为镜像面 → 在操控面板中单击按钮，得到曲线 5，如图 10-16 所示。

2）选取曲线 4 和曲线 5 → 在工具栏中单击按钮 → 选取 FRONT 面为镜像面 → 在操控面板中单击按钮，得到如图 10-16 所示的曲线 6 和曲线 7。

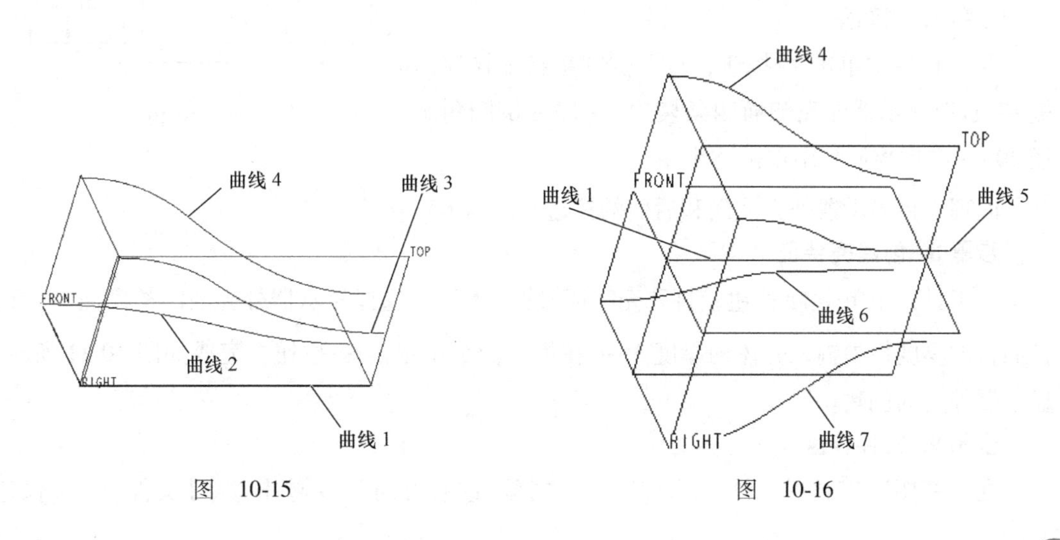

图 10-15 图 10-16

步骤 5. 创建显示器外壳的基本特征

1）在工具栏中单击按钮，弹出可变截面扫描操控面板 → 选取按钮 → 单击“参照”选项，弹出下滑面板 → 选取扫描轨迹线(原点轨迹线选曲线 1,其余曲线选取顺序不限),其余设置如图 10-4 所示。

2）在操控面板上单击按钮，进入草绘窗口 → 绘制如图 10-17 所示扫描截面 → 在“草绘器工具”工具栏中单击按钮 → 在操控面板中单击按钮。

注意：扫描截面的四个角点分别连接到四条轨迹线的端点。

3）在模型树中选中各条轨迹线 → 单击鼠标右键，弹出快捷菜单 → 选取“隐藏”选项，得到如图 10-18 所示的显示器外壳的基本特征。

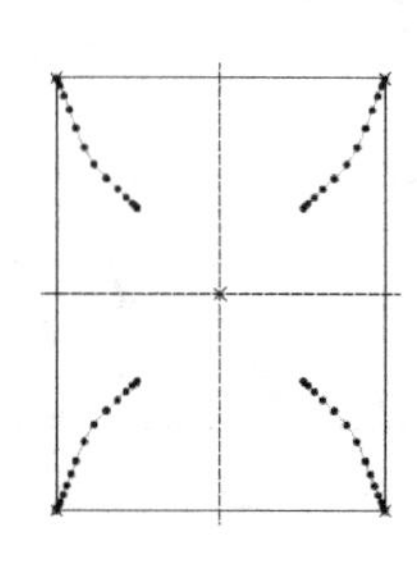

图 10-17

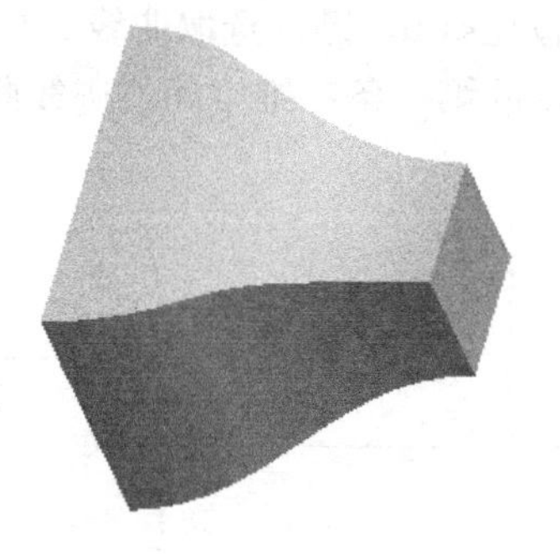

图 10-18

步骤 6. 切出显示器外壳前面凹槽

在工具栏中单击按钮，打开拉伸特征操控面板 → 单击移除材料按钮 → 选择“放置”/“定义”→ 选择显示器外壳前面为草绘平面(视图方向按系统默认设置) → 绘制如图 10-19 所示的截面 → 设置深度为 8 → 在操控面板中单击按钮。

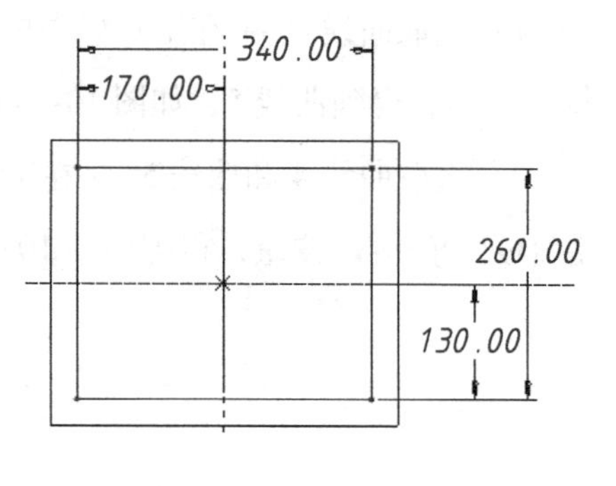

图 10-19

步骤 7. 倒圆角

在工具栏中单击按钮，打开倒圆角特征操控面板 → 选取显示器外壳侧面四条棱边 → 输入倒圆角半径 20 → 在操控面板中单击按钮。

同理，将显示器外壳前面和后面的棱边倒圆角 *R*5。

步骤 8. 创建壳特征

在工具栏中单击按钮，打开壳特征操控面板 → 选择显示器外壳的凹槽底面 → 在操控面板的厚度栏中输入壳体的厚度 3 → 在操控面板中单击按钮，完成如图 10-11 所示的显示器外壳的创建。

步骤 9. 文件存盘

在“视图”工具栏中单击按钮 → 选择“缺省方向”→ 单击菜单【文件】→【保存】

命令或在“文件”工具栏中单击按钮，保存文件。

❖ 实训课题 2：波浪垫

一、目的及要求

目的：通过创建波浪垫实体模型，主要掌握利用关系式控制截面形状变化创建可变截面扫描特征的方法。

要求：根据如图 10-20 所示的零件图，运用关系式和其他创建特征的知识，正确创建出波浪垫实体模型。

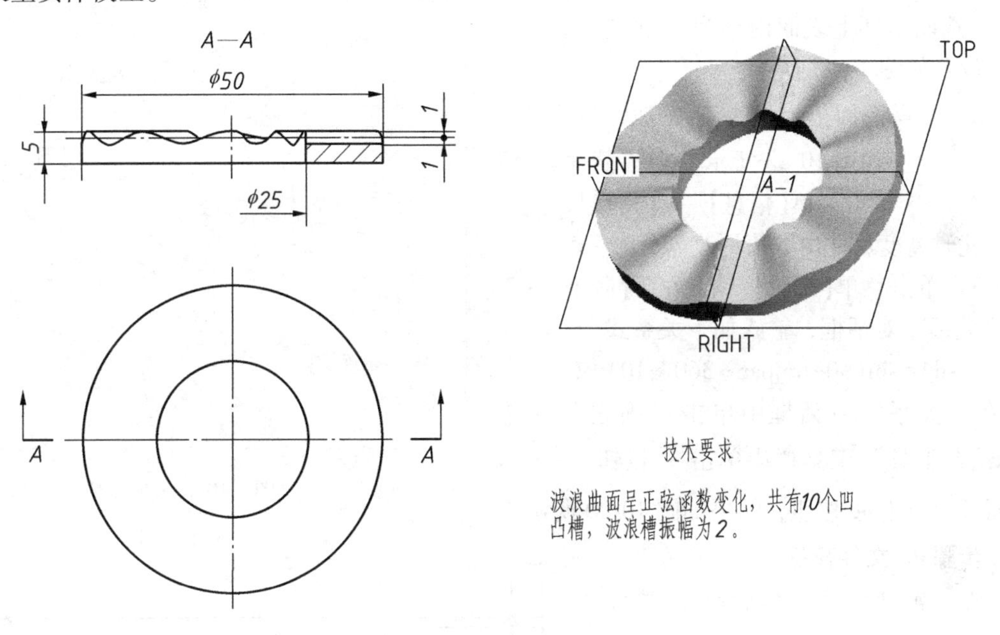

图　10-20

二、创建思路和分析

该零件可以先利用拉伸或旋转的方法创建出基本特征圆环。由于圆环顶部的波浪凹凸槽呈规律性变化，利用关系式来控制该曲面形状的变化较为方便，因此可采用关系式搭配 trajpar 参数的方法，在圆环的顶部切出波浪凹凸槽。

三、创建要点或注意事项

1）选取圆环的边线作为扫描轨迹线时，单击边线只选到半条圆弧，此时应按住<Shift>键，再单击另半条圆弧，才能完整地选到整条扫描轨迹线。

2）注意理解关系式 sd4 = sin(90+trajpar * 360 * 10) +1 的含义。该关系式表示波浪槽共有 10 个凹凸槽，波浪槽振幅为 2，波浪槽的高度(即顶部曲面)呈正弦函数变化。

四、创建步骤

步骤 1. 新建文件 bolangdian

步骤 2. 创建圆环

利用拉伸或旋转的方法，创建如图 10-21 所示的圆环，圆环外径为 50，内径为 25，厚度为 5。

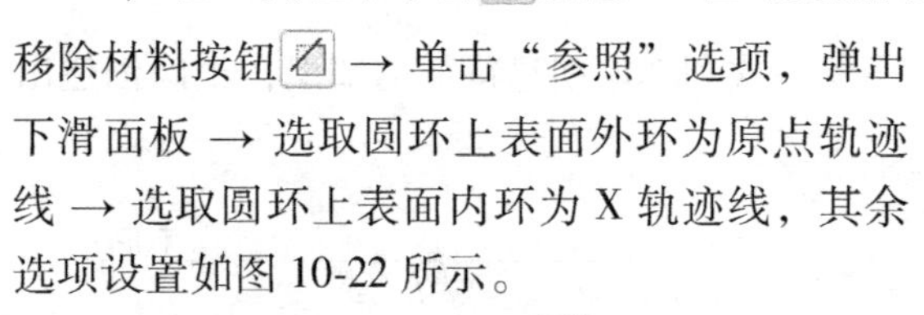

图 10-21

步骤 3. 创建波浪槽

1）在工具栏中单击按钮 → 在可变截面扫描操控面板中单击移除材料按钮 → 单击“参照”选项，弹出下滑面板 → 选取圆环上表面外环为原点轨迹线 → 选取圆环上表面内环为 X 轨迹线，其余选项设置如图 10-22 所示。

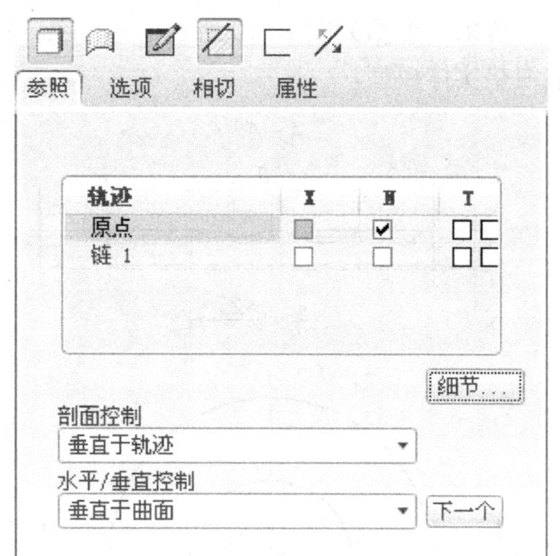

图 10-22

2）在操控面板上单击按钮，进入草绘窗口 → 绘制如图 10-23 所示的扫描截面（一条水平线）→ 单击菜单【信息】→【切换尺寸】命令，此时高度尺寸由数值更改为代号 sd4。

3）单击菜单【工具】→【关系】命令 → 弹出“关系”对话框，输入如下关系式

sd4 = sin(90+trajpar * 360 * 10) +1

→ 在“关系”对话框中单击“确定” → 在“草绘器工具”工具栏中单击按钮 → 在操控面板中单击按钮，结果如图 10-20 所示。

步骤 4. 文件存盘

在“视图”工具栏中单击按钮 → 选择“缺省方向” → 单击菜单【文件】→【保存】命令，或在“文件”工具栏中单击按钮，保存文件。

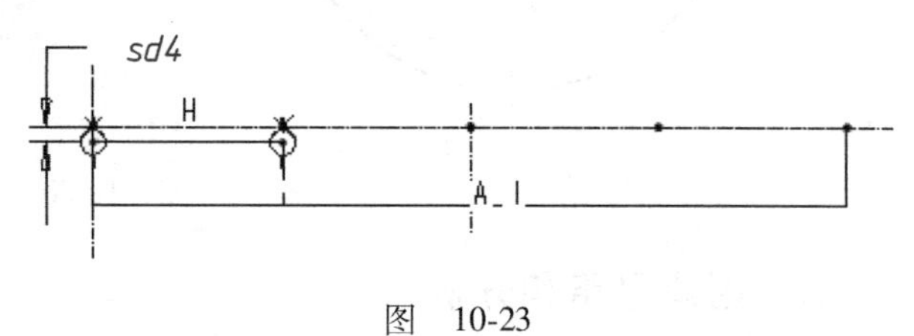

图 10-23

单元小结

本单元主要介绍了如何利用可变截面扫描的方法创建较为复杂的零件模型。

可变截面扫描是指由一个截面配合多条轨迹线扫描得出所需实体或曲面特征，扫描过程中特征截面的形状是由多条轨迹线来控制的。在创建模型过程中，要注意两点：一是选取扫描轨迹线，该选项的目的是要求用户确定特征截面上相关点的扫描轨迹，不同种类的轨迹线对特征形状会产生不同的影响。本单元介绍了三种扫描轨迹线：原点轨迹线、X 轨迹线和辅助轨迹线，选取时要注意对它们的选取设置。二是设

定特征截面的方向，该选项的实质可以理解为要求用户定义特征截面的绘图平面位置。本单元介绍了三种设定特征截面的控制方式：垂直于轨迹、垂直于投影和恒定法向。

可变截面扫描还可以采用关系式来控制截面形状的变化，该种方法是将截面的尺寸创建为某种函数关系，利用这种函数关系来控制截面形状的变化。它的基本形式有以下两种：

1）使用“关系式+trajpar 参数”来控制截面形状的变化。

2）使用“关系式+graph(基准图形)+trajpar 参数”来控制截面形状的变化。

课后练习

习题 1　利用可变截面扫描方法创建如图 10-24 所示的三维模型。

提示：先绘制出五条扫描轨迹线(四条侧边线和一条中心线，长度均为 300)，然后利用可变截面扫描创建出手柄“毛坯”，注意手柄的截面为椭圆。

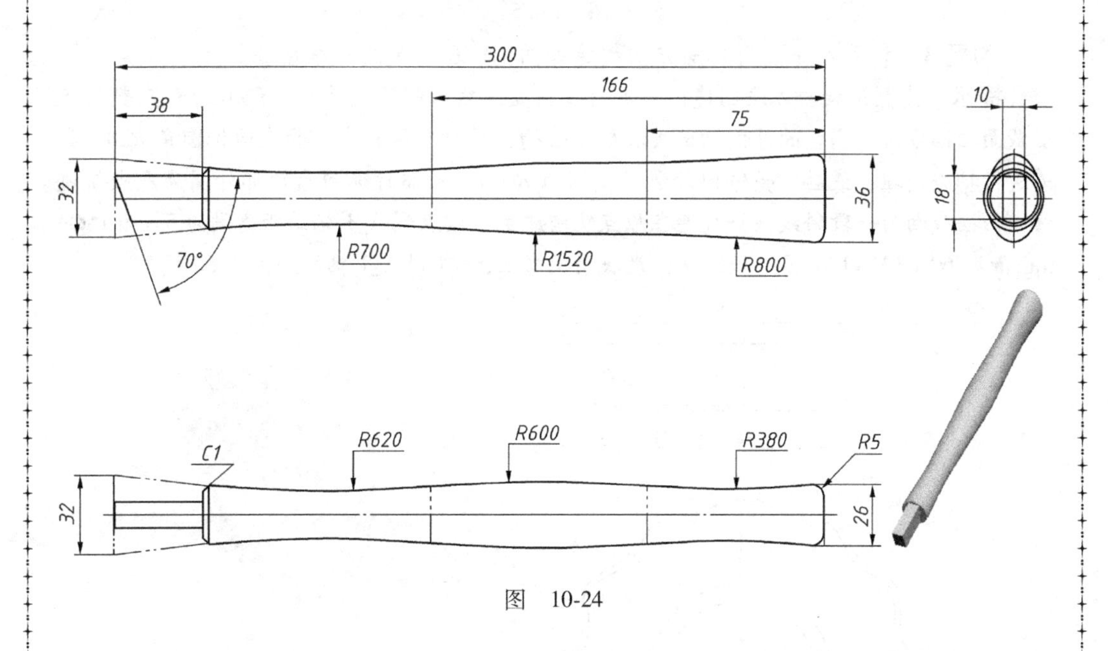

图　10-24

习题 2　利用可变截面扫描方法创建如图 10-25 所示的三维模型。

提示：先在 TOP 面上绘制出一个正五角星和一个 *R*25 圆作为可变截面扫描的轨迹线，其中 *R*25 圆作为原点轨迹线，正五角星作为 X 轨迹线。用基准轴命令创建一条正五角星的中心轴，用作创建扫描截面的参照。扫描截面为一段斜线(创建的模型为曲面模型)，一端连在五角星的中心轴上，另一端连在正五角星上。

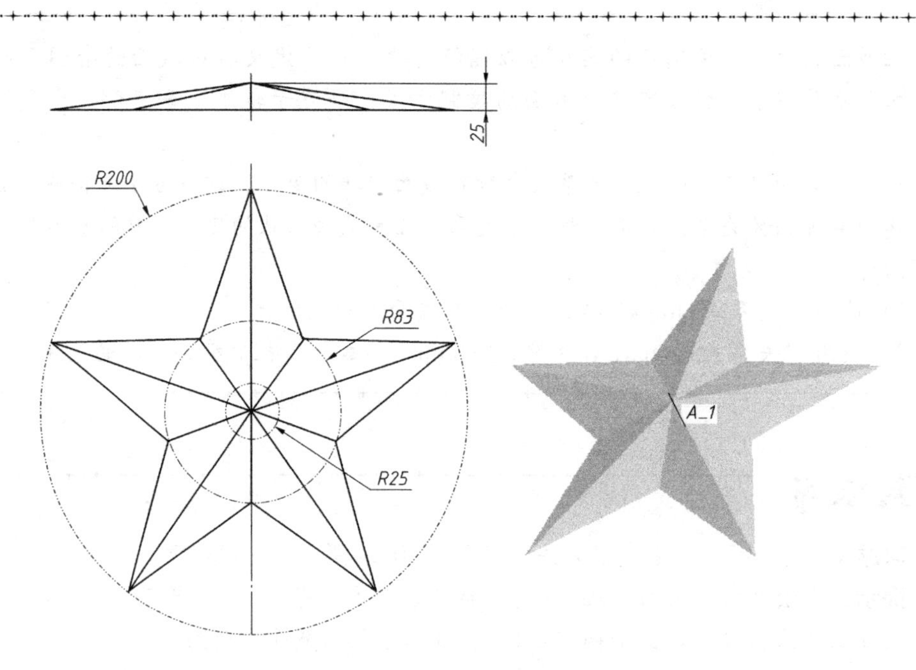

图 10-25

习题 3 利用可变截面扫描方法创建如图 10-26 所示的三维模型。

提示：先利用旋转方法创建出基本特征圆盘，然后利用关系式搭配 trajpar 参数的可变截面扫描方法在圆盘的外侧切出波浪形凹凸槽，再对所得到实体的底边倒圆角 *R*20，接着进行抽壳处理，最后对壳体内外边沿倒圆角 *R*0.5。扫描时选圆盘顶部外圆为原点轨迹线，扫描截面为一段斜线，一端连在原点轨迹线上，该点到 A_1 轴的距离设为 5 * sin(90+ trajpar * 360 * 12)+120，另一端连在圆盘底面投影上，该点到 A_1 轴的距离为 60。

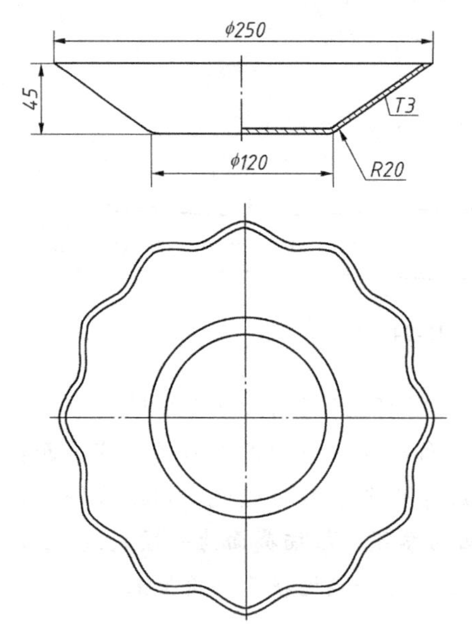

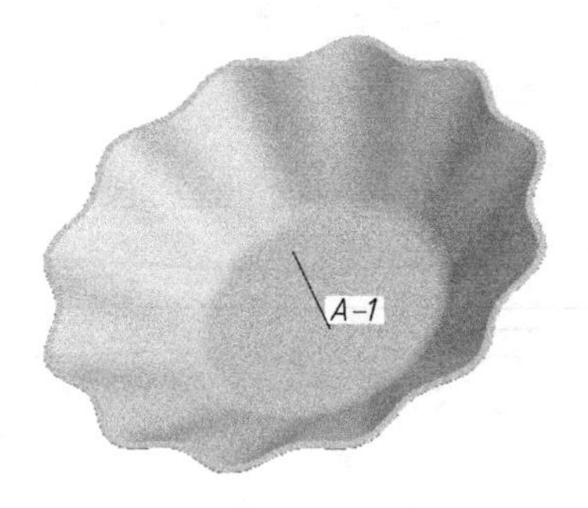

技术要求

1. 波浪曲面大端到中心轴 A_1 的距离
   R = 5 * sin(90 + trajpar * 360 * 12) + 120
2. 壳体开口边沿倒圆角 R0.5。

图 10-26

习题4　利用可变截面扫描方法创建如图10-27所示的三维模型。

提示：先利用旋转方法创建出基本特征圆柱体（同时可创建出$R5$圆槽），然后利用关系式+基准图形+trajpar参数的可变截面扫描方法创建凸轮槽。扫描时选圆柱体顶部圆周为原点轨迹线，选圆柱体底部圆周为X轨迹线，扫描截面为18×6矩形，根据零件图所示尺寸，该截面中心到圆柱体底面的距离可用关系式表达为：H=evalgraph（"A"，trajpar＊360）。

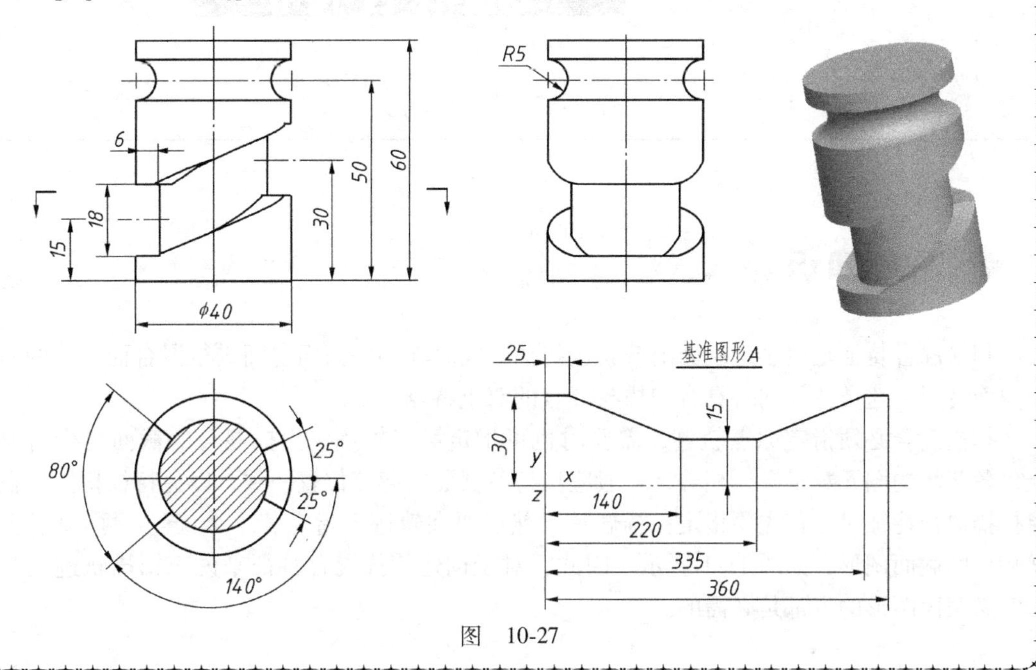

图　10-27

第十一单元 扫描混合特征

❖ 基础知识

扫描混合特征是由多个截面沿着轨迹扫描，同时在相邻截面之间进行混合而生成的实体或曲面特征。这类特征同时具有扫描与混合的双重特点。

扫描混合必须指定原点轨迹，需要时也可指定第二轨迹。扫描混合的截面至少需要两个，各截面的图元数量必须相等，一般应保持各截面的起点位置一致，以免特征扭曲。在创建扫描混合特征时，首先要指定扫描轨迹，然后要在轨迹上指定若干个(至少两个)点去定义相应的截面图形，如图 11-1 所示。因此，对于创建扫描混合特征来说，扫描轨迹及其用于定义截面图形的点都是必需的。

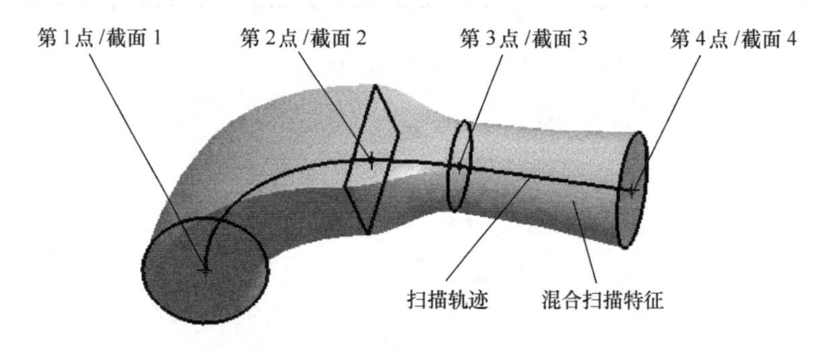

图　11-1

一、扫描混合特征操控面板

1. 按钮功能简介

选择菜单【插入】→【扫描混合】命令，弹出扫描混合操控面板，其界面及按钮功能如图 11-2 所示。

2. “参照” 功能简介

“参照” 主要用于指定扫描轨迹以及截面方向控制方式。在操控面板中单击 “参照”

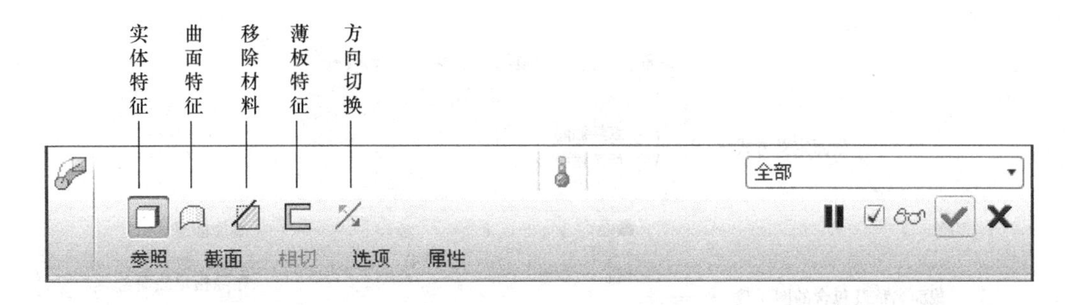

图 11-2

选项，弹出“参照”下滑面板，面板中各选项的功能如图 11-3 所示。

“剖面控制”决定草绘平面的 Z 轴方向，有“垂直于轨迹”“垂直于投影”和“恒定法向”三种控制方式，通常采用“垂直于轨迹”方式。

“水平/垂直控制”决定草绘平面的 X 轴或 Y 轴方向，有“垂直于曲面”“X-轨迹”和“自动”三种控制方式，通常采用“自动”方式。

“剖面控制”和“水平/垂直控制”相结合，可以唯一确定草绘截面的方向。

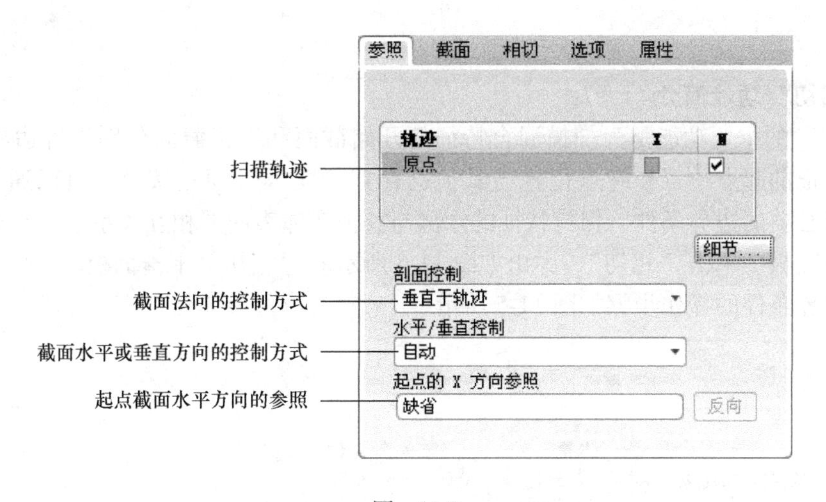

图 11-3

3. “截面”功能简介

“截面”主要用于定义截面。在操控面板中单击“截面”，弹出“截面”下滑面板，面板中各选项的功能如图 11-4 所示。

草绘截面的创建步骤：

1）在操控面板中单击“截面”，弹出“截面”下滑面板。

2）在轨迹线上选择第一点，“草绘”按钮被激活。一般选择扫描起点作为第一点。

3）单击“草绘”按钮，进入草绘界面 → 绘制截面 → 在“草绘器工具”工具栏中单击✔按钮。

4）单击“插入”按钮 → 指定下一个点 → 重复步骤 3)，完成下一个截面的绘制。

5）重复步骤 4)，直至完成所有截面的绘制。

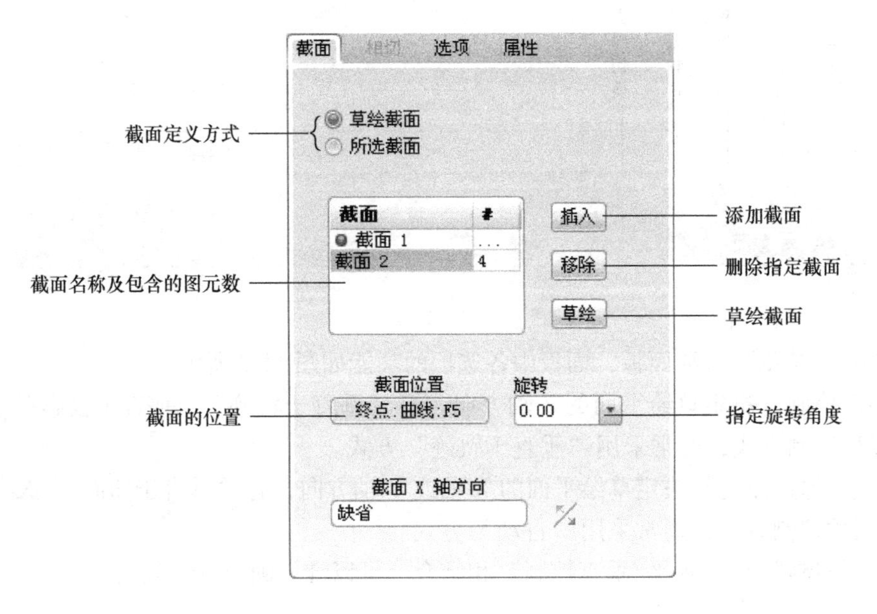

图　11-4

4. “相切”功能简介

“相切”的主要功能是为扫描混合特征的开始截面和终止截面分别设置边界条件。当扫描混合特征的起点位置和终点位置与其他已存在的实体表面相接时，可以通过“相切”选项来定义必要的边界条件，保持特征的端部与其他实体表面的相互关系。

在操控面板中单击“相切”，弹出如图 11-5 所示的“相切”下滑面板。

设置边界条件的操作步骤如图 11-5 所示。

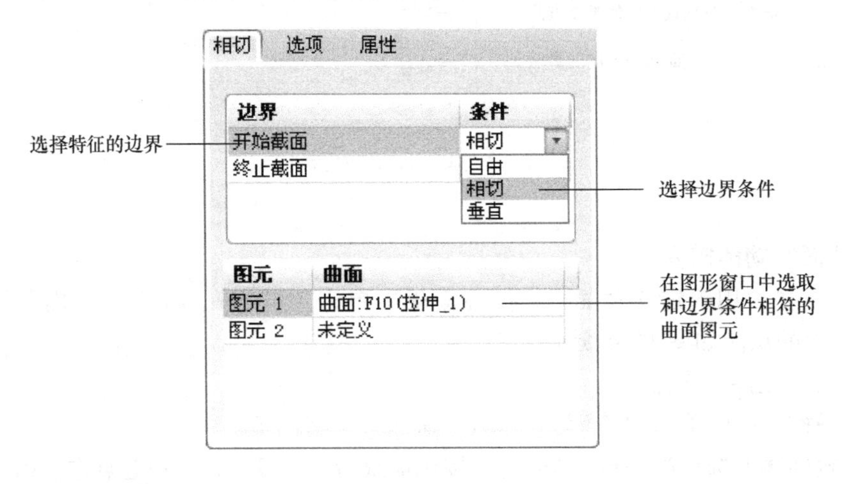

图　11-5

5. “选项”功能简介

在操控面板中单击“选项”，弹出如图 11-6 所示的“选项”下滑面板。该面板主要用于设置扫描混合特征的截面之间大小和形状变化的控制方式，系统默认方式为“无混合控制”。

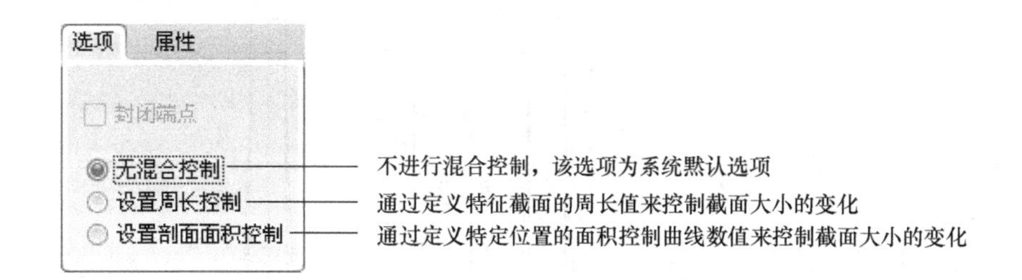

图　11-6

二、创建扫描混合特征的一般操作步骤

1）单击下拉菜单【插入】→【扫描混合】命令，弹出扫描混合特征的操作面板。

2）在特征操控面板上选择扫描混合特征的类型，如实体、曲面。

3）在特征操控面板上单击“参照”，弹出“参照”下滑面板 → 选取扫描轨迹 → 设置有关选项。

4）在特征操控面板上单击“截面”，弹出“截面”下滑面板 → 选择截面定义方式 → 定义截面。

5）在特征操控面板上单击“相切”，弹出“相切”下滑面板 → 设置开始截面和终止截面的边界条件。

6）在特征操控面板上单击“选项”，弹出“选项”下滑面板 → 选择混合截面之间大小和形状变化的控制方式，默认为“无混合控制”。

7）在特征操控面板上单击✔按钮，完成扫描混合特征的创建。

三、创建扫描混合特征应注意的事项

1）在选择截面定义点时，除了可选原点轨迹的起点和终点外，还可选择原点轨迹的其他线段端点，也可以采用创建基准点的方法在原点轨迹上创建所需要的点。

2）各个截面图形包含的图元数量必须相等。

3）一般来说，所有截面的起始点和混合方向应保持一致，以免特征产生不必要的扭曲。

4）在原点轨迹的一端会显示一个箭头，表示扫描的起点和方向，单击该箭头，可将扫描起点切换到原点轨迹的另一端，扫描方向随之反向。

❖ 实训课题 1：弯钩

一、目的及要求

目的：通过创建弯钩零件的实体模型，主要掌握扫描混合特征的创建方法和操作步骤，以及扫描混合特征在开始截面和终止截面处与相邻实体表面保持边界约束关系的设置方法。

要求：根据图 11-7 所示的弯钩零件的相关尺寸，采用拉伸和扫描混合方法，正确创建出弯钩零件的实体模型。

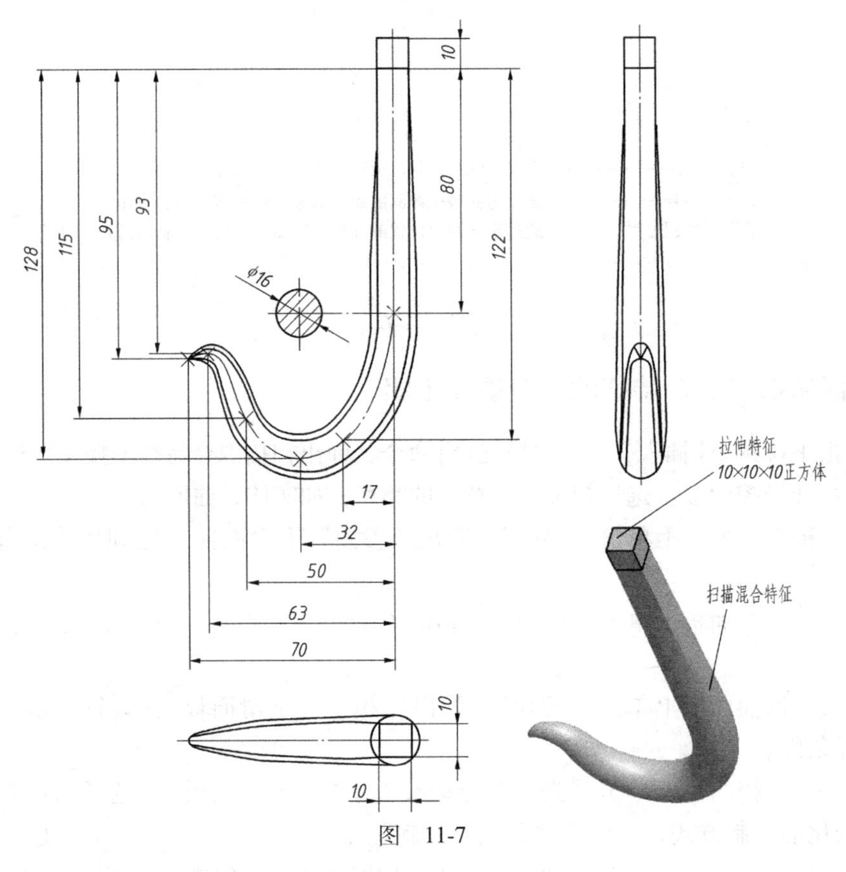

图 11-7

二、创建思路和分析

该模型由上部的正方体和下部的弯钩主体两部分组成。其中弯钩主体部分各个位置的横截面大小和形状是变化的，从起始的 10×10 正方形截面，到中间 ϕ16 圆形截面，再到末端单个点截面，沿曲线逐渐变化，是典型的扫描混合特征。因此，可以采用如图 11-8 所示的步骤创建该模型，即先用拉伸工具创建正方体部分，然后用草绘工具绘制扫描路径，最后用扫描混合工具创建弯钩主体部分。

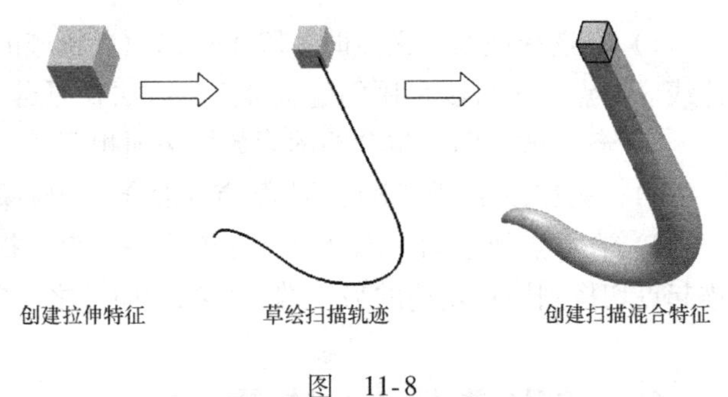

图 11-8

三、创建要点或注意事项

1）在创建 10×10×10 正方体特征时，FRONT 和 RIGHT 两个基准面应位于正方体的中间。

2）在创建扫描混合特征时，扫描混合特征的起始截面应与正方体特征的四个侧面保持相切关系，终止截面(弯钩尖点)处应保持平滑。

四、创建步骤

步骤 1. 新建零件文件 wangou

步骤 2. 创建 10×10×10 正方体特征

在工具栏中单击按钮，打开拉伸特征操控面板 → 单击按钮 → 选择“放置”/“定义”→ 选择 TOP 面为草绘平面（视图方向按系统默认设置）→ 绘制截面如图 11-9 所示，在“草绘器工具”工具栏中单击按钮 → 设置深度为 10 → 在操控面板中单击按钮，完成 10×10×10 正方体拉伸特征的创建，结果如图 11-10 所示。

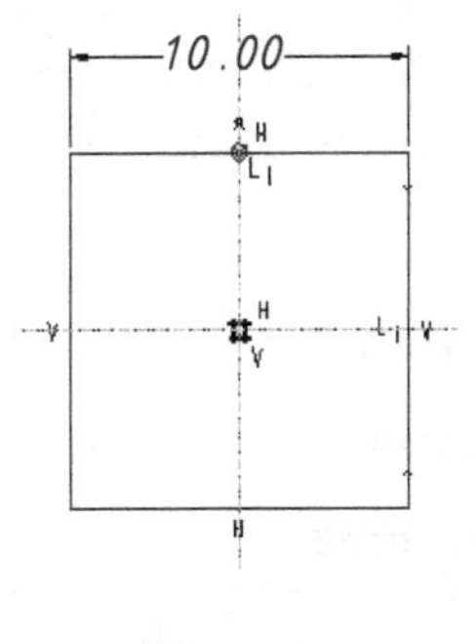

图　11-9

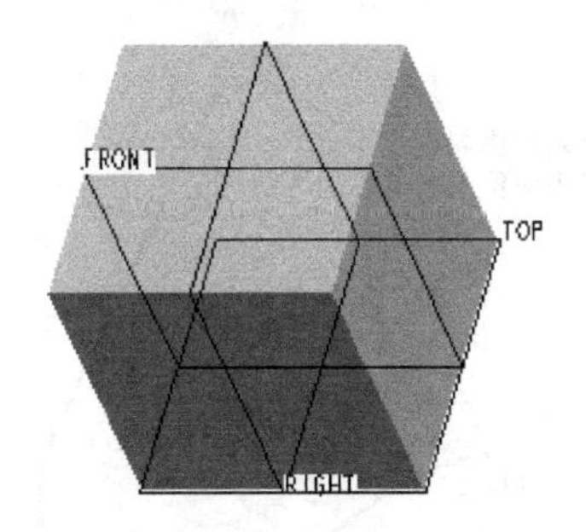

图　11-10

步骤 3. 创建扫描混合的轨迹线

在工具栏中单击按钮 → 选取 FRONT 面为草绘平面（视图方向按系统默认设置）→ 绘制图形如图 11-11 所示 → 单击“草绘器工具”工具栏的按钮，完成扫描混合原点轨迹线的创建，结果如图 11-12 所示。

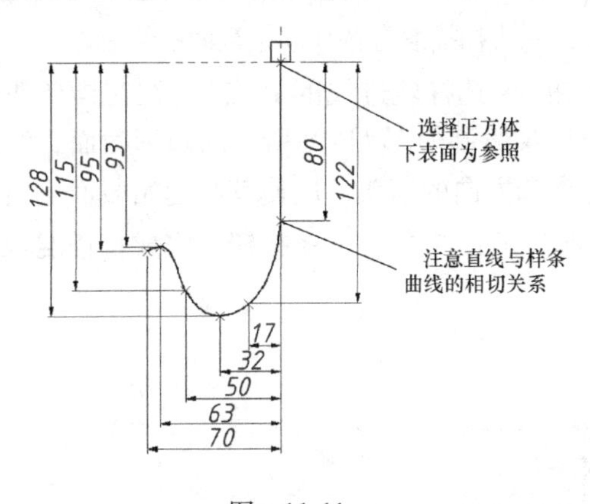

图　11-11

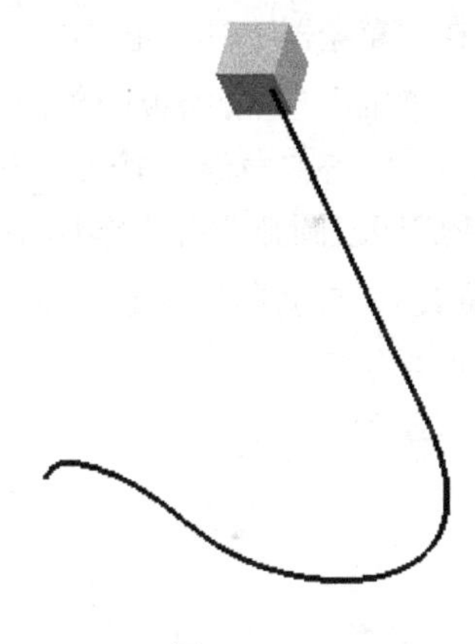

图　11-12

步骤 4. 创建扫描混合特征

1）单击下拉菜单【插入】→【扫描混合】命令，打开扫描混合特征操控面板 → 单击“实体”按钮，如图 11-13 所示。

图　11-13

2）在扫描混合特征操控面板中单击“参照”，弹出“参照”下滑面板 → 选取步骤 3 创建的轨迹线为原点轨迹，注意观察代表扫描起点的箭头是否位于轨迹线上与正方体特征相接的一端，如图 11-14 所示，否则单击该箭头，使其切换到这一端 → 按如图 11-15 所示设置“参照”下滑面板的各个选项。

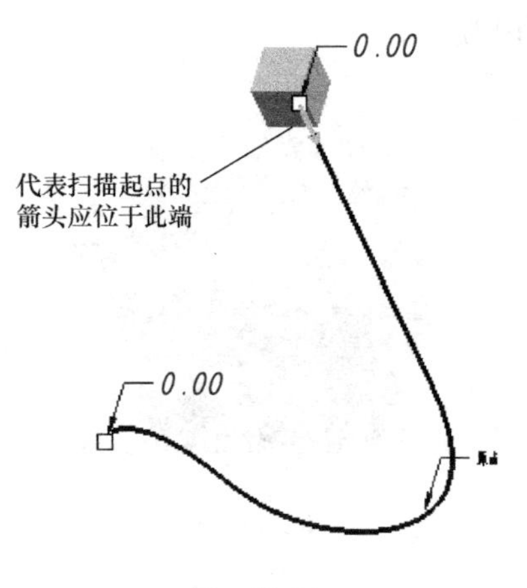

图　11-14

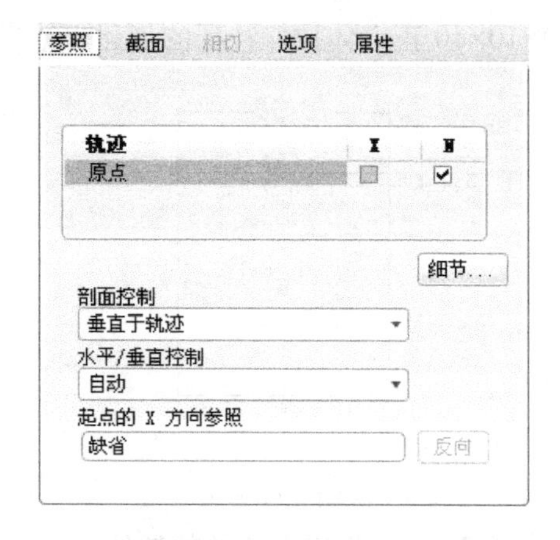

图　11-15

3）如图 11-16 所示，在扫描混合特征操控面板中单击“截面”，弹出“截面”下滑面板 → 选择轨迹线的 A 点 → 单击“草绘”按钮，进入草绘界面 → 绘制如图 11-17 所示的正方形截面，注意观察图中表示混合起点和方向的箭头，后续绘制的其他截面上出现的箭头的位置和方向应与此一致 → 在“草绘器工具”工具栏中单击✔按钮，完成扫描混合特征起始截面的绘制。

4）在“截面”下滑面板中单击“插入”按钮 → 选择轨迹线的 B 点（直线与样条曲线的连接点）→ 单击“草绘”按钮，进入草绘界面 → 绘制如图 11-18 所示的圆形截面，注意将整圆打断成四段圆弧，并观察图中表示混合起点和方向的箭头，应使其与起始截面上出现的箭头的位置和方向保持一致 → 在“草绘器工具”工具栏中单击✔按钮，完成扫描混合特征 B 点截面的绘制。

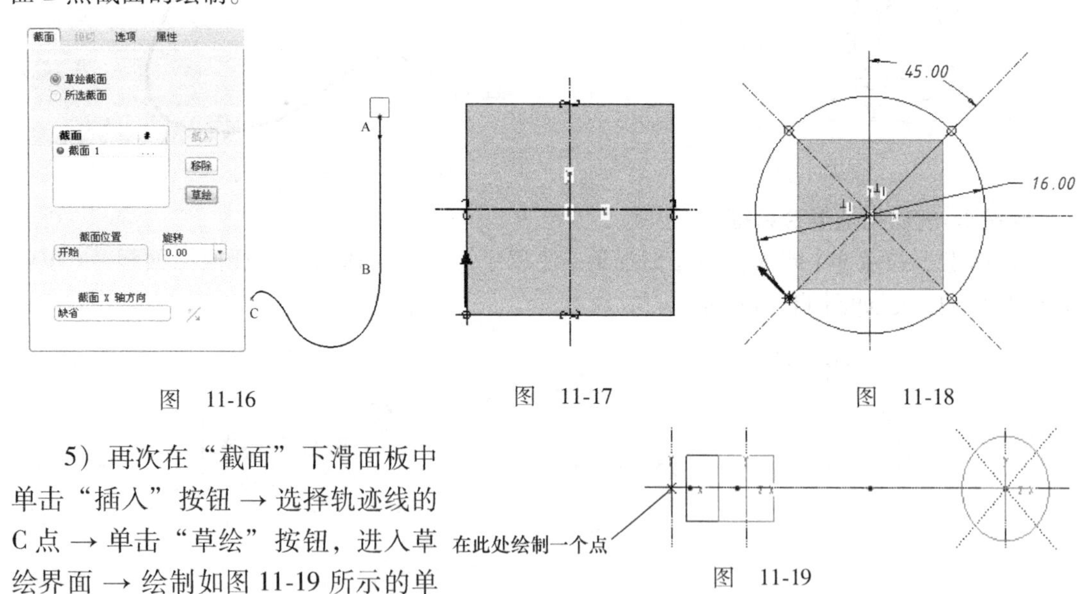

图　11-16　　图　11-17　　图　11-18

5）再次在“截面”下滑面板中单击“插入”按钮 → 选择轨迹线的 C 点 → 单击“草绘”按钮，进入草绘界面 → 绘制如图 11-19 所示的单

图　11-19

点截面 → 在“草绘器工具”工具栏中单击按钮，完成扫描混合特征终止截面的绘制。

6）如图 11-20 所示，在扫描混合特征操控面板中单击“相切”，弹出“相切”下滑面板 → 在“边界”栏选择“开始截面”→ 在“条件”栏选择“相切”→ 在正方体特征上分别选择与起始截面的亮显边界相切的 4 个侧面 → 在“边界”栏选择“终止截面”→ 在“条件”栏选择“平滑”→ 在操控面板中单击按钮，完成扫描混合特征的创建。

相切　选项　属性

边界	条件
开始截面	相切
终止截面	平滑

图元	曲面
图元 1	曲面:F5(拉伸_1)
图元 2	曲面:F5(拉伸_1)
图元 3	曲面:F5(拉伸_1)
图元 4	曲面:F5(拉伸_1)

图　11-20

步骤 5. 保存文件

在“视图”工具栏中单击按钮 → 选择“缺省方向”→ 单击菜单【文件】→【保存】命令或在“文件”工具栏中单击按钮，保存文件。

❖ 实训课题 2：水龙头底座

一、目的及要求

目的：通过对水龙头底座的实体造型，加深对扫描混合特征造型理念的理解，进一步掌握扫描混合特征的创建方法和操作步骤。

要求：根据如图 11-21 所示的零件图，以及如图 11-22 所示的扫描混合特征的原点轨迹和四个截面图形，运用扫描混合特征和其他创建特征的知识，正确创建出水龙头底座的实体模型。

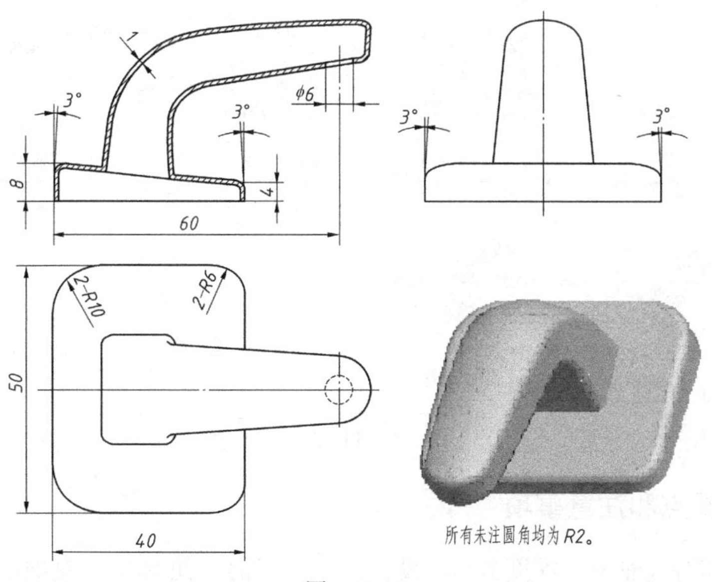

图　11-21

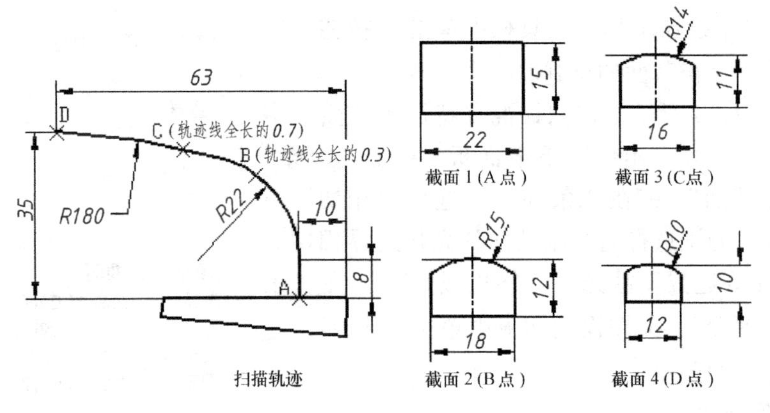

图　11-22

二、创建思路和分析

该模型是一个薄壳零件，主要由底座和弯头两部分组成。底座的基础特征是一个截面为直角梯形的拉伸特征，带有拔模斜度和倒圆角。弯头的基础特征是一个截面沿着曲线逐渐变化的扫描混合特征，带有出水口和倒圆角。因此，可以用以下步骤来完成该模型的创建：用拉伸工具创建出底座基础特征 → 对底座的四个侧面进行拔模 → 对拔模后的四条侧棱倒圆角 → 用草绘工具创建扫描轨迹 → 在曲线上创建两个基准点 → 用扫描混合工具创建弯头基础特征 → 对弯头自由端进行完全倒圆角 → 创建其他倒圆角特征 → 抽壳 → 用移除材料选项创建出水口拉伸特征，如图 11-23 所示。

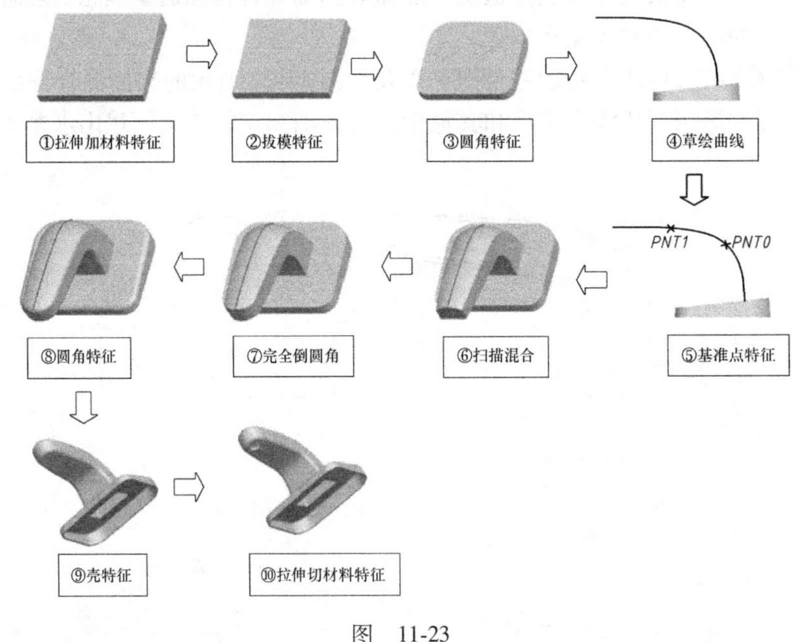

图　11-23

三、创建要点和注意事项

1）在拉伸底座特征时，深度类型应设置为（对称），使 RIGHT 基准面位于实体中间。

2）从图 11-21 可知，底座的所有侧面均带有 3°拔模斜度，拔模方向相同。

3）在创建扫描轨迹时，应选择 RIGHT 基准面为草绘平面，底座上表面为参照平面（方向朝“顶”）。

4）在扫描轨迹上创建基准点时，点的位置是按从曲线端点偏移的比率确定的，两个基准点分别位于偏移比率为 0.3 和 0.7 处。扫描混合特征的四个截面，除了两个位于扫描轨迹的起始点和终止点之外，另外两个就位于这两个基准点处。

5）抽壳操作应在出水口 ϕ6 孔创建之前，其他特征创建之后进行。

四、创建步骤

步骤 1. 新建零件文件 shuilongtoudizuo

步骤 2. 创建拉伸特征

在工具栏中单击按钮，弹出拉伸特征操控面板 → 单击“放置”/“定义”，打开“草绘”对话框 → 选择 RIGHT 面为草绘平面（视图方向按系统默认设置），TOP 面为参照平面，方向朝“顶” → 单击“草绘”按钮，进入草绘界面 → 绘制如图 11-24 所示的截面，在“草绘器工具”工具栏中单击按钮 → 设置深度类型为（对称），深度值为 50 → 在操控面板中单击按钮，完成底座基础特征的创建。

步骤 3. 创建拔模特征

在工具栏中单击按钮，弹出拔模特征操控面板 → 选取底座基础特征的四个侧面为拔模曲面 → 选取底座基础特征的底面为拔模枢轴 → 输入拔模角度 3 → 在操控面板中单击按钮，结果如图 11-25 所示。

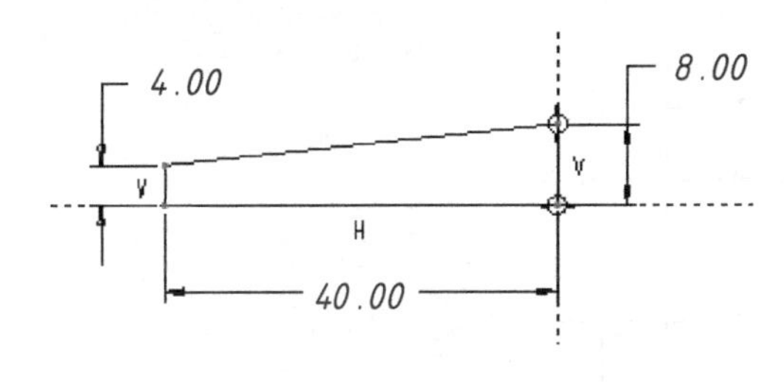

图　11-24

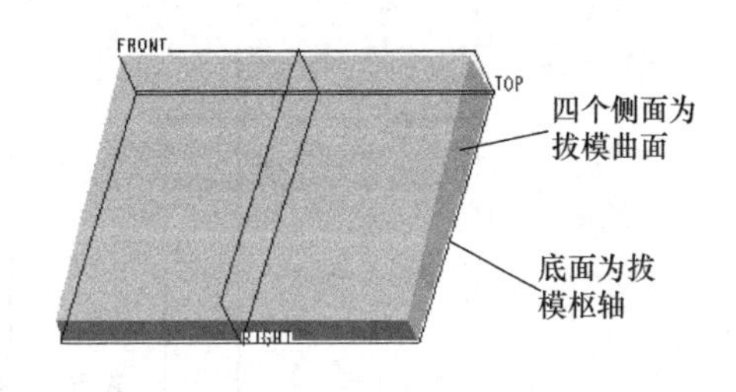

图　11-25

步骤 4. 创建圆角特征

在工具栏中单击按钮，弹出倒圆角特征操控面板 → 选取底座后端的两条侧棱 → 输入倒圆角半径 10 → 单击“集”/“新建集” → 选取底座前端的两条侧棱 → 输入倒圆角半径 6 → 在操控面板中单击按钮，结果如图 11-26 所示。

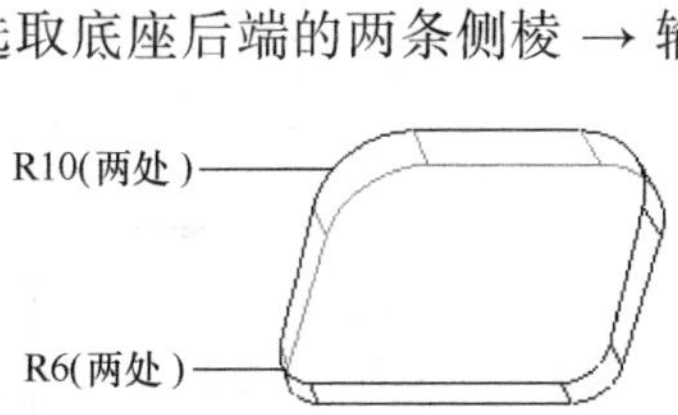

R10（两处）

R6（两处）

图　11-26

步骤 5. 创建扫描用轨迹线

在工具栏中单击按钮 → 选取 RIGHT 面为草绘平面，底座上表面为参照平面，方向朝“顶” → 单击“草绘”按钮，进入草绘界面 → 选取底座后侧面为参照 → 按图 11-27 绘制扫描轨迹 → 在“草绘器工具”工具栏中单击按钮，完成扫描轨迹的绘制。

步骤 6. 创建两个基准点

选取步骤 5 创建的轨迹线 → 单击工具栏中 按钮 → 弹出如图 11-28a 所示的“基准点”对话框，按图设置 → 单击对话框中“确定”按钮，得到基准点 PNT0。

同理，将偏移比率值输入为 0.7 → 可创建基准点 PNT1，结果如图 11-28b 所示。

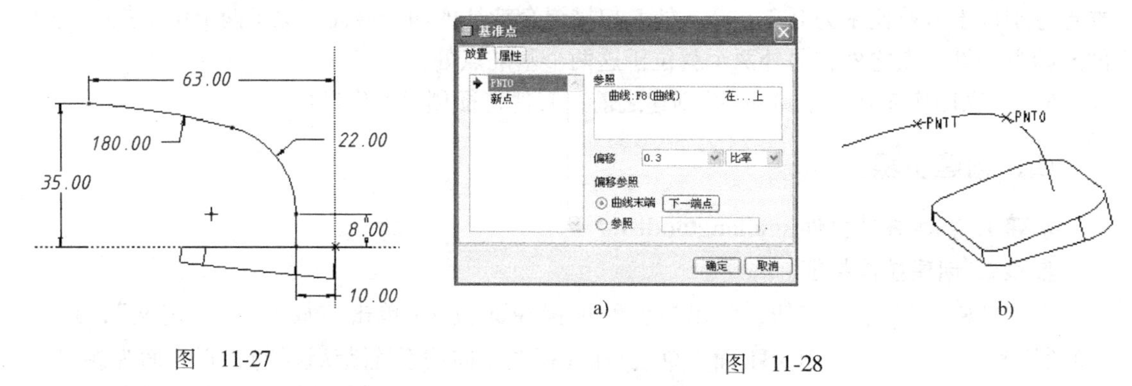

图 11-27

a) b)

图 11-28

步骤 7. 创建弯头基础特征

单击菜单【插入】→【扫描混合】命令，弹出扫描混合特征操控面板 → 单击“实体”按钮 → 单击“参照”，弹出“参照”下滑面板 → 选取原点轨迹，注意观察代表扫描起点的箭头是否位于轨迹线下端，否则单击该箭头，使其切换到这一端 → 单击“截面”，弹出“截面”下滑面板 → 分别在轨迹线的 A 点(起始点)、B 点(PNT0)、C 点(PNT1)和 D 点(终止点)，绘制四个不同的截面 → 在操控面板中单击 按钮，完成弯头基础特征的创建，结果如图 11-29 所示。

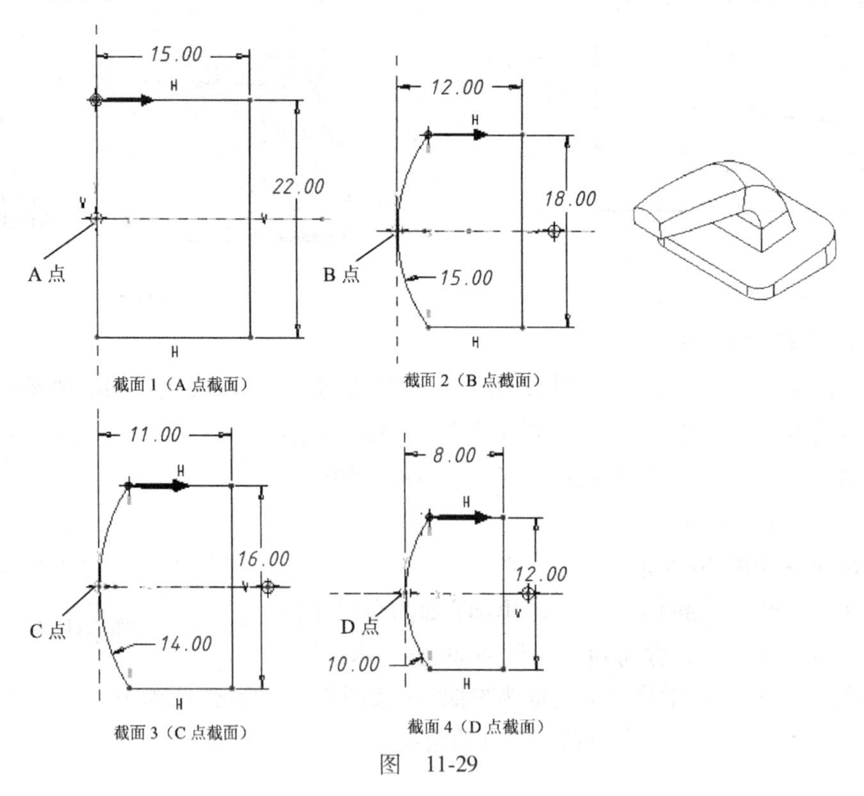

截面 1（A 点截面）　截面 2（B 点截面）

截面 3（C 点截面）　截面 4（D 点截面）

图 11-29

步骤 8. 创建完全倒圆角特征

在工具栏中单击按钮，弹出倒圆角特征操控面板 → 选取弯头自由端的两条侧棱 → 单击“集”→“完全倒圆角”→ 在操控面板中单击按钮，完成倒圆角特征的创建，结果如图 11-30 所示。

步骤 9. 创建 *R*2 倒圆角特征

在工具栏中单击按钮，弹出倒圆角特征操控面板 → 如图 11-31 所示，选取需要倒圆角的棱边 → 输入倒圆角半径 2 → 在操控面板中单击按钮，完成 *R*2 倒圆角特征的创建。

图　11-30　　　　图　11-31

步骤 10. 创建壳特征

在工具栏中单击按钮，弹出壳特征操控面板 → 选取底座底面为移除的曲面 → 输入壳的厚度 1 → 在操控面板中单击按钮，完成壳特征的创建，如图 11-32 所示。

步骤 11. 创建弯头出水口

在工具栏中单击按钮，弹出拉伸特征操控面板 → 单击移除材料按钮 →选择 TOP 面为草绘平面(视图方向按系统默认设置)，RIGHT 面为参照平面，方向朝“右”→ 单击“草绘”按钮，进入草绘界面 → 按照如图 11-21 所示尺寸绘制 $\phi 6$ 圆截面 → 在“草绘器工具”工具栏中单击按钮 → 设置深度类型为(拉伸至下一曲面) → 在操控面板中单击按钮，完成弯头出水口的创建，如图 11-33 所示。

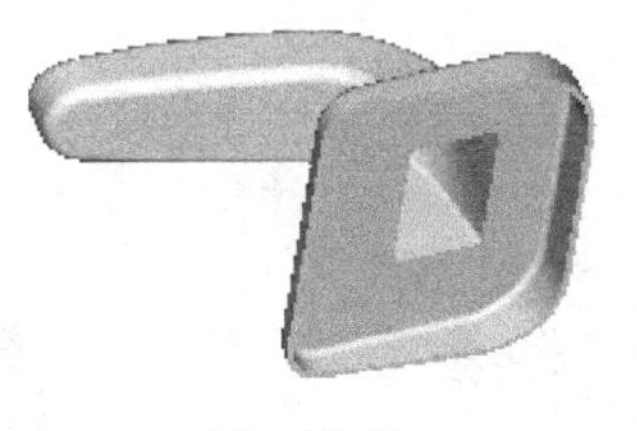

图　11-32

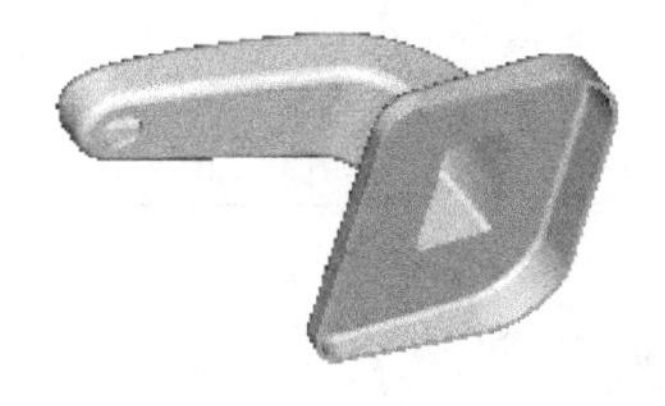

图　11-33

步骤 12. 保存文件

在“视图”工具栏中单击按钮 → 选择“缺省方向”→ 单击菜单【文件】→【保存】命令或在“文件”工具栏中单击按钮，保存文件。

单元小结

本单元主要介绍了如何利用扫描混合的方法创建较为复杂的零件模型。

扫描混合特征是由多个截面沿着轨迹扫描，同时在相邻截面之间进行混合而生成的实体或曲面特征，这类特征同时具有扫描与混合的双重特点。

创建扫描混合特征的关键步骤有两个，一是指定扫描轨迹，二是在轨迹上指定若干个(至少两个)点去定义相应的截面图形。因此，对于创建扫描混合特征来说，扫描轨迹及其用于定义截面图形的点都是必需的。当扫描混合特征的起始截面或终止截面与其他已存在的实体表面相接时，可以利用扫描混合特征操控面板的“相切”下滑面板来控制它们之间的几何关系，如自由、相切或垂直。

在创建扫描混合特征时需要特别注意以下三点：

1) 在选择截面定义点时，除了可选原点轨迹的起点和终点外，还可选择原点轨迹的其他线段端点，也可以采用创建基准点的方法在原点轨迹上创建所需要的点。

2) 各个截面图形包含的图元数量必须相等。

3) 一般来说，各截面之间应保持起始点以及混合方向一致，以免特征产生不必要的扭曲。

课后练习

习题 1 根据图 11-34 所示的尺寸要求，创建烟斗零件。

提示：根据图 11-34，可以认为该零件由扫描混合特征、扫描特征、拉伸特征和拔模特征 4 个特征组成。首先创建扫描混合特征作为基础特征，该特征的扫描轨迹为零件的中心孔的轴线，在 FRONT 面上创建，4 个混合截面分别位于轨迹线的起点、*R*16 圆弧的两个端点以及曲线终点。其次使用【插入】→【扫描】→【切口】菜单命令创建 ϕ2 孔。然后使用拉伸工具的“移除材料”选项，从扫描混合特征的顶面向下切出直径为 ϕ10、深度为 14 的沉孔。最后使用拔模工具，以 ϕ10 孔的底面为枢轴，对 ϕ10 孔的圆柱面进行拔模，拔模角度为 5°，完成烟斗零件的创建。

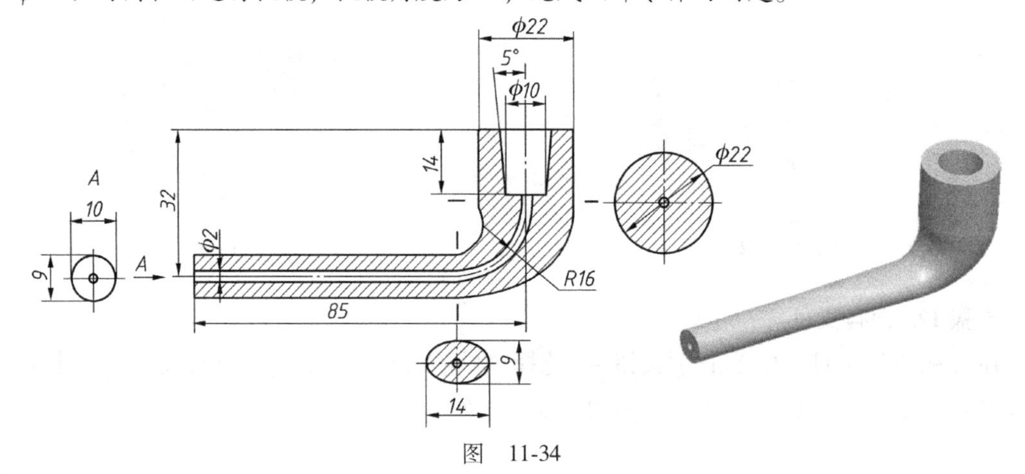

图 11-34

习题 2　根据如图 11-35 所示的尺寸要求，创建弹簧垫圈零件。

提示：该零件由扫描混合特征和倒圆角特征组成。在创建扫描混合特征之前，应该先按图中轨迹线尺寸要求在 TOP 面上将扫描曲线创建好。在创建扫描混合特征时，分别选取轨迹线的起点和终点作为截面所在位置，绘制相应的起点截面和终点截面，这两个截面图形大小形状相同，高度方向距离为 2，完成扫描混合特征的创建。最后使用倒圆角工具，创建 *R*0.5 倒圆角特征，完成弹簧垫圈零件的创建。

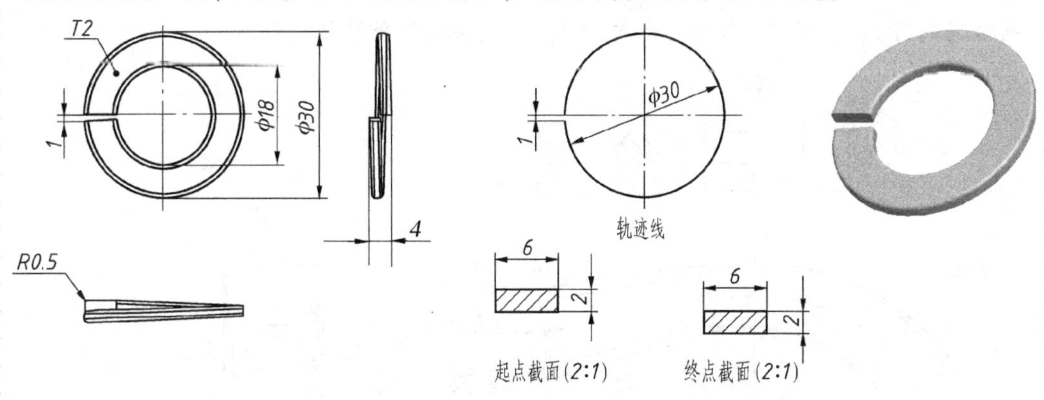

图　11-35

习题 3　根据图 11-36 所示的尺寸要求，创建蛇形造型设计。

提示：该蛇形造型设计是一个扫描混合特征。首先使用草绘工具，按图中轨迹线尺寸要求，指定 5 个控制点，在 FRONT 面上创建样条曲线。然后使用基准点工具，在样条曲线上创建 3 个基准点(点 2、3、4)。最后使用扫描混合工具，以第一步创建的样条曲线为轨迹，分别在轨迹的起点(点 1)、中间各点(点 2、3、4)和终点(点 5)定义起点截面(1 个点)、中间各截面(3 个大小不等的椭圆)和终点截面(1 个点)，设置起点截面的边界条件为“平滑”，终点截面的边界条件为“尖点”，完成扫描混合特征的创建。

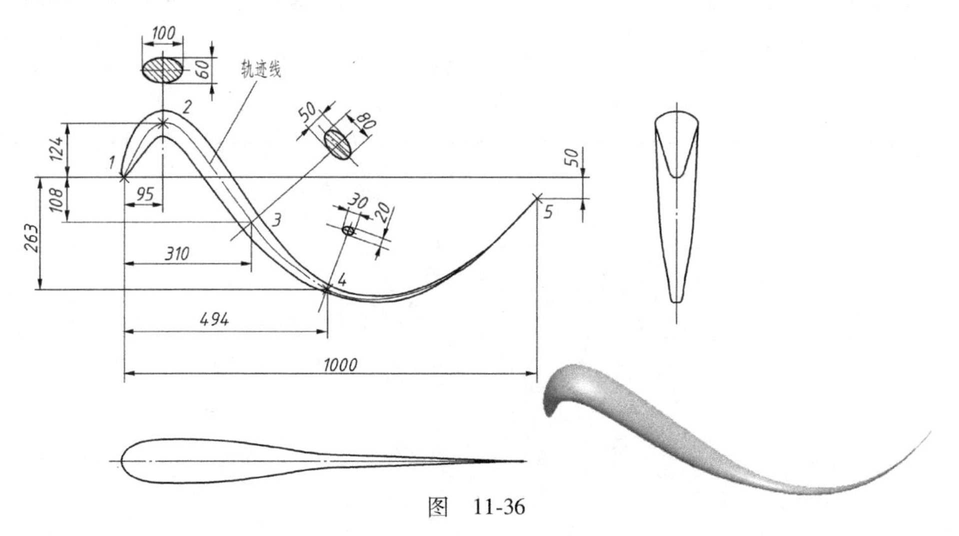

图　11-36

习题 4 利用扫描混合工具创建如图 11-37 所示的零件。

提示：该零件是一个扫描混合特征。首先使用草绘工具，按图中轨迹线尺寸要求，在 FRONT 面上创建轨迹线。该轨迹线由一条 *R*200 圆弧、一条 *R*350 圆弧和一条 12°斜线光滑连接而成。然后使用扫描混合工具，以上一步创建的曲线为轨迹线，分别选取轨迹线的第 1 点(*R*200 圆弧的端点)、第 2 点(*R*200 圆弧与 *R*350 圆弧的切点)、第 3 点(*R*350 圆弧与 12°斜线的切点)和第 4 点(12°斜线的端点)为截面所在位置，分别绘制截面 1、截面 2、截面 3 和截面 4，完成扫描混合特征的创建。

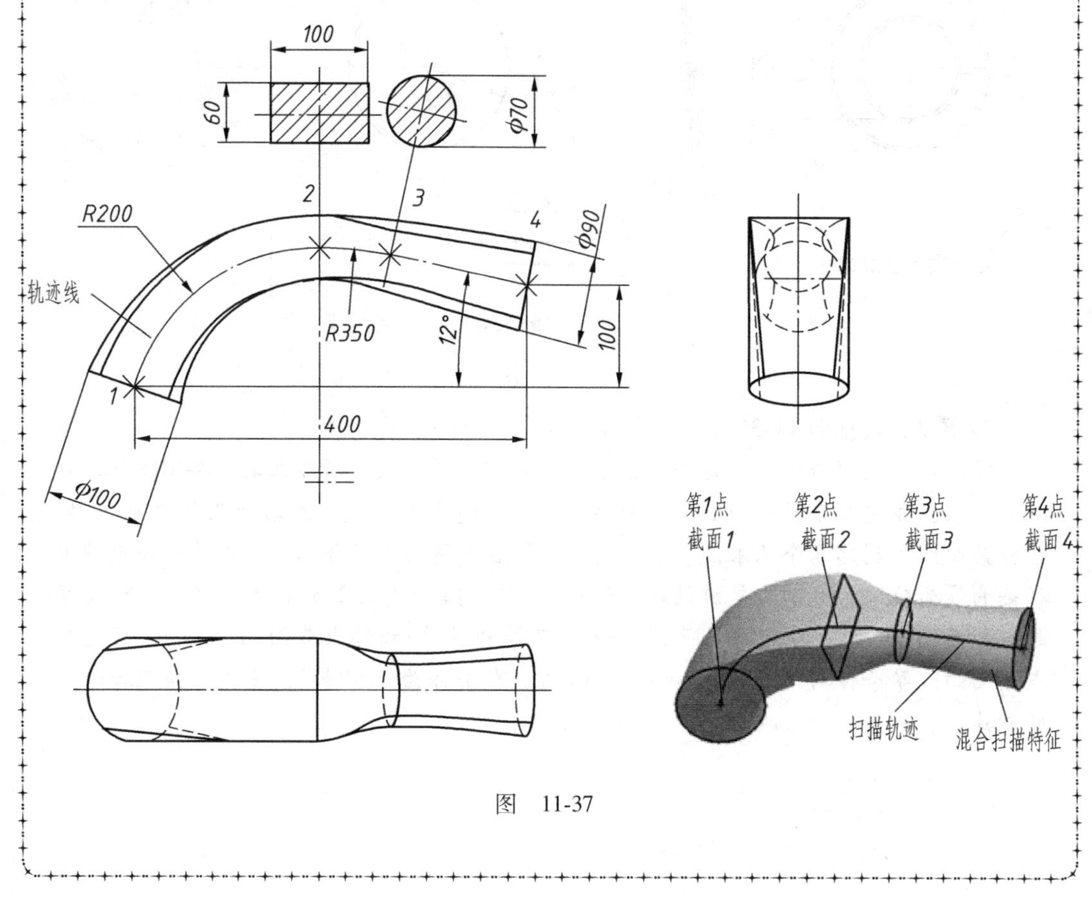

图 11-37

第十二单元 螺旋扫描特征

❖ 基础知识

弹簧、螺栓等具有螺旋特性的零件可以认为是一个截面沿一条三维空间螺旋线扫描而形成的，如图 12-1 所示，但要绘制这条三维空间螺旋线却比较困难。为了将三维空间的问题转换成二维平面的问题来处理，提高工作效率，Pro/E 软件将螺旋扫描定义为：一个截面沿着一条假想的螺旋轨迹线扫描出的实体或曲面特征，而假想螺旋轨迹线是由一条螺旋扫描特征的外形轮廓线、一条螺旋旋转中心线和螺旋节距共同确定的。螺旋扫描的外形轮廓线和螺旋旋转中心线如图 12-2 所示。

根据扫描过程中节距是否变化一般分为常节距螺旋扫描特征和变节距螺旋扫描特征。

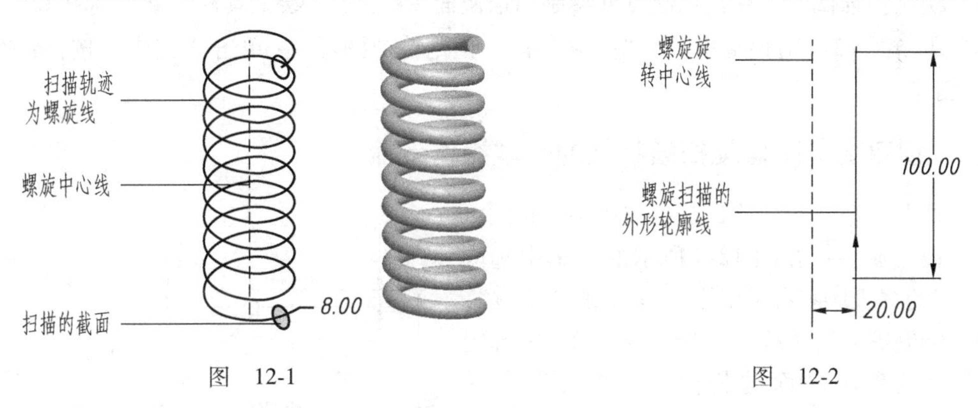

图 12-1　　　　图 12-2

一、创建常节距螺旋扫描特征的基本操作步骤

1）选取命令：单击【插入】→【螺旋扫描】命令 → 弹出如图 12-3 所示菜单。选择其中一项，如【伸出项】后 → 同时弹出图 12-4 的对话框和图 12-5 所示的菜单。

2）设置属性：在图 12-5 所示的菜单中选取“常数/穿过轴/右手定则” → 单击“完成”。

3）绘制螺旋轨迹线：选择草绘平面 → 确定参考平面及参考平面的朝向 → 进入草绘环

境 → 绘制螺旋轨迹线的外形线和一条中心线，草绘的螺旋轨迹线如图 12-2 所示 → 单击草绘工具栏中✔图标。

图 12-3

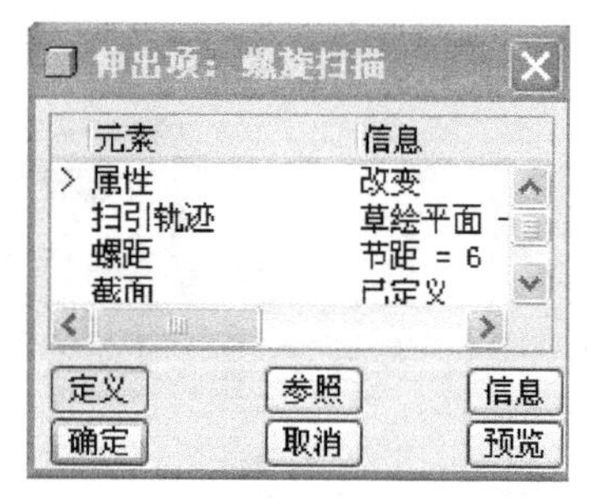

图 12-4

4）输入节距：在弹出的“消息输入窗口”输入节距值，单击消息输入窗口中✔图标按钮，如图 12-6 所示。

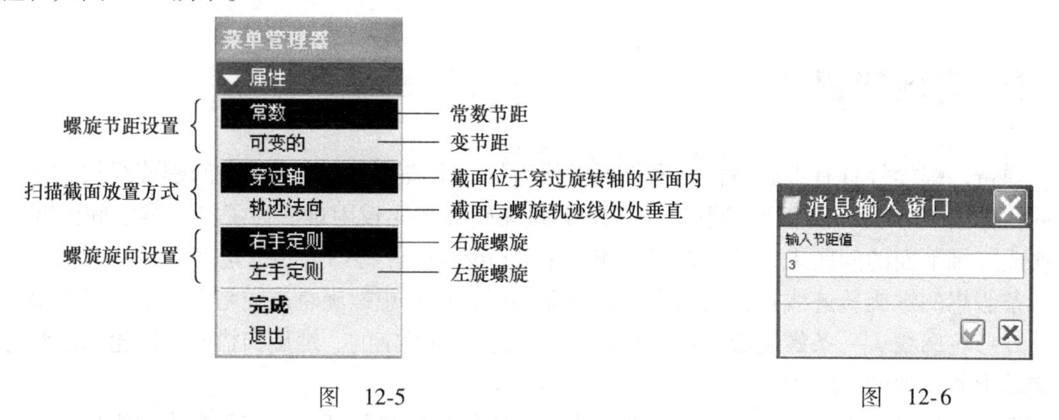

图 12-5　　图 12-6

5）绘制扫描截面：在扫描起点处绘制扫描截面 → 单击草绘工具栏中✔图标按钮。

6）单击图 12-4 对话框中“预览”按钮 → 预览特征图形 → 单击“完成”按钮，完成特征的创建。

二、创建变节距螺旋扫描特征的基本操作步骤

1）选取命令：与常节距螺旋扫描特征相同。

2）设置属性：在图 12-5 所示的菜单中选取如“可变的/穿过轴/右手定则” → 单击“完成”。

3）绘制螺旋轨迹线：选择草绘平面 → 确定参考平面及参考平面的朝向 → 进入草绘环境 → 绘制螺旋轨迹线的外形线 → 在螺旋轨迹线的外形线上绘制一些点（这些点是节距数值变化的界限点） → 绘制一条中心线，螺旋轨迹线草绘如图 12-7 所示 → 单击草绘工具栏中✔图标按钮。

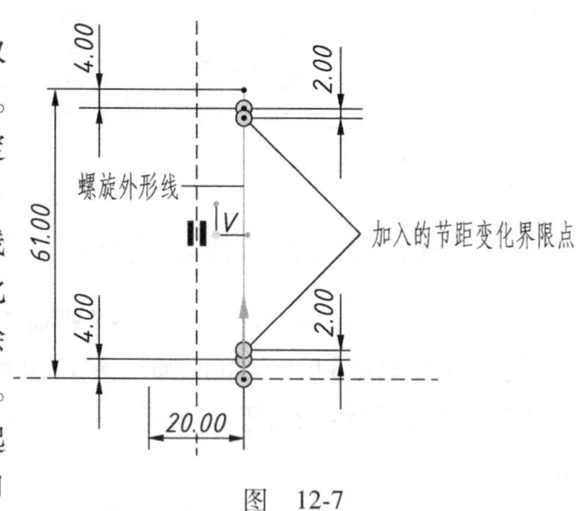

图 12-7

4）输入节距：在消息输入窗口分别输入起点和终点的节距值 → 弹出如图 12-8 所示小窗口

和菜单 → 依次选择外形线上的节距变化界限点，并输入该点的节距值 → 单击菜单中“完成”选项。

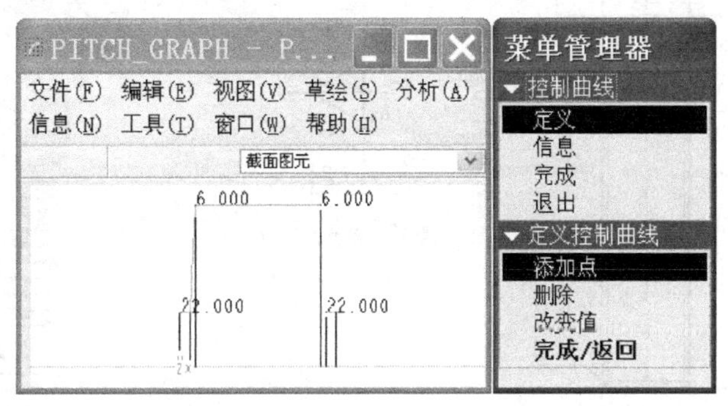

图　12-8

5）绘制扫描截面：在扫描起点处绘制扫描截面 → 单击草绘工具栏中✔图标按钮。

6）单击图 12-4 对话框中的“预览”按钮 → 预览特征图形 → 单击“完成”按钮，完成特征的创建。

注意：如果所选的点不正确，可以通过菜单中的“删除”命令删除；如果某一点的节距值不正确，可通过“改变值”的方法修改，先选择点，然后输入新值。

三、创建螺旋扫描特征注意事项

1）螺旋扫描外形线必须是开放的，不允许封闭。该线一般要求连续而不必相切，任意一点的切线不能与中心线垂直。

2）草绘螺旋扫描外形线时必须绘制一根中心线作为旋转轴。

3）当生成实体加材料时，其截面图必须是封闭的图形。

4）当选择“变节距”的螺旋特征时，首先定义外形线首尾点的节距，而在定义中间点的节距时，必须先选择点，再输入节距值。

❖ 实训课题 1：六角头螺栓

一、目的及要求

目的：通过对六角头螺栓的实体造型，掌握创建螺旋扫描特征的操作步骤，掌握用两种不同方法来创建螺纹收尾，并正确理解螺旋扫描特征生成原理和造型方法。

要求：

1）根据图 12-9 所示零件图的相关尺寸，分别采用拉伸加材料、旋转切材料、倒角、螺旋扫描切材料和旋转混合切材料等特征生成方式完成六角头螺栓的设计。

2）螺栓型号为 M10×40 普通粗牙螺纹，螺距为 1.5，螺纹有效长度为 30；螺纹牙形截面图形可简化为等边三角形。

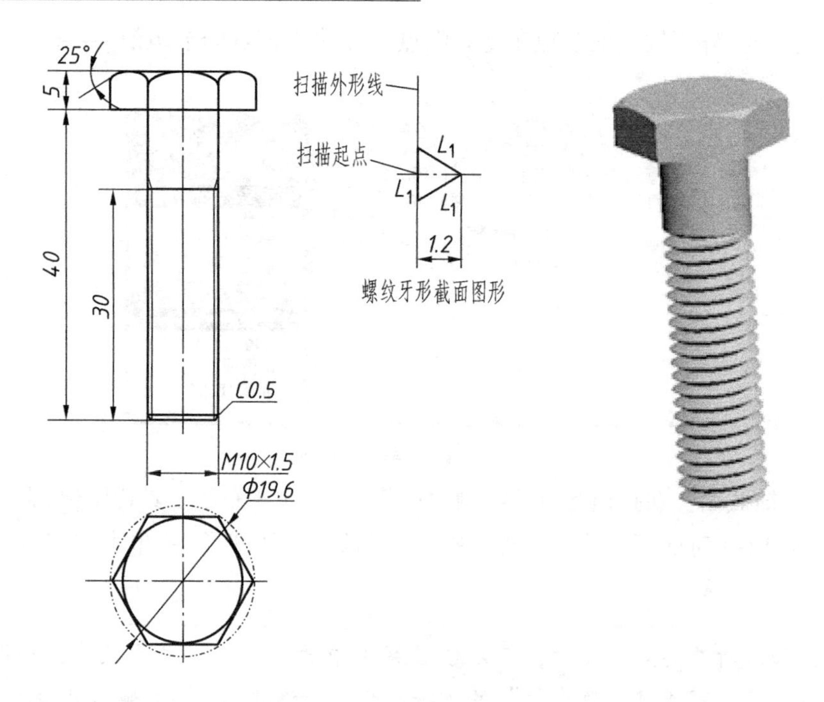

图 12-9

二、创建思路及分析

1）该模型主要由六角螺栓头、圆柱、螺纹、螺纹收尾等特征组成，因此可以采用如图12-10 所示的基本制作过程：

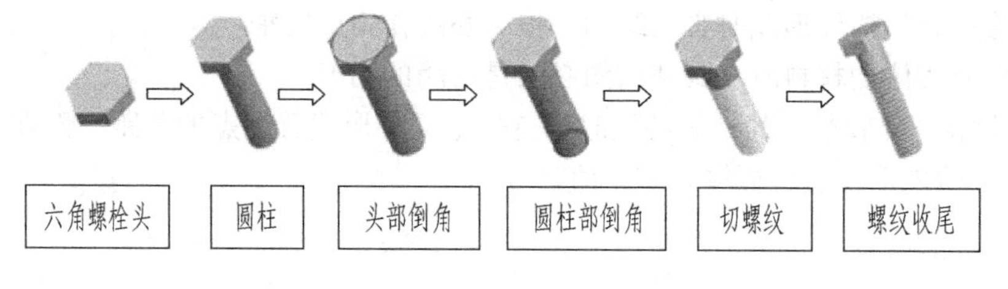

图 12-10

2）各特征的创建方法大致为：用“拉伸加材料”命令创建六角螺栓头；用“拉伸加材料”命令或“旋转加材料”命令创建圆柱部分，草绘平面为螺栓六角头的底面；用“旋转切材料”命令创建六角头倒角特征；用“倒角工具”命令创建螺栓底部的倒角特征；用“螺旋扫描切材料”命令创建螺柱的螺纹部分，草绘平面为 FRONT 面；用“旋转混合切材料”命令创建螺纹收尾部分。

三、创建要点及注意事项

1）创建六角螺栓头特征时，草绘平面应选择为 TOP 面。

2）创建圆柱特征时，选择六角螺栓头特征的下底面为草绘平面。

3）采用旋转切六角头顶部倒角时，应选择 RIGHT 面为草绘平面。

4）创建螺纹特征时，外形线的草绘平面应通过螺栓的中心轴线，截面图形为三角形。

5）创建螺纹收尾特征时，可采用旋转混合特征来创建，注意在绘制第一个截面时应使螺栓垂直放置。

四、创建步骤

步骤 1. 新建文件 liujiaotouluoshuan

步骤 2. 创建六角螺栓头特征

单击工具栏按钮，打开拉伸特征操控面板 → 选择 TOP 面为草绘平面（视图方向按系统默认设置），进入草绘界面 → 绘制正六边形如图 12-11 所示 → 单击草绘工具栏图标按钮✔ → 输入深度为 5 → 单击✔图标按钮，完成螺栓六角头特征的创建。

步骤 3. 创建螺栓圆柱特征

单击工具栏按钮，打开拉伸特征操控面板 → 选择六角头下底面为草绘平面，RIGHT 面为参考面，方向朝右，进入草绘界面 → 绘制一个 $\phi10$ 的圆 → 单击草绘工具栏图标按钮✔ → 输入深度为 40 → 单击✔图标按钮，完成螺栓圆柱特征的创建。

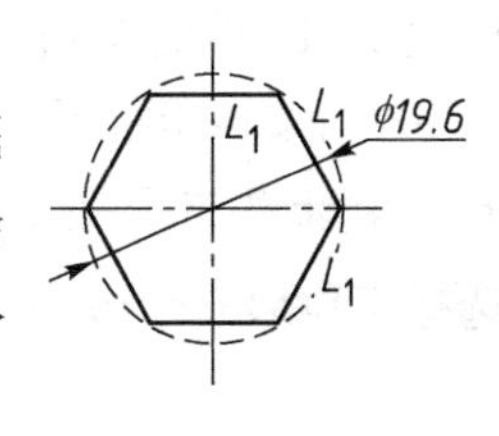

图　12-11

步骤 4. 创建螺栓六角头部倒角特征

单击工具栏按钮，打开旋转特征操控面板 → 单击切材料图标 → 选择 RIGHT 面为草绘平面，TOP 面为参考面，方向朝顶，进入草绘界面 → 选择六角头顶面和侧面为参照 → 绘制一条中心线和一条斜线，如图 12-12 所示 → 单击草绘工具栏图标按钮✔（注意特征切材料的方向应朝外）→ 旋转角度为默认 360 → 单击✔图标按钮，完成螺栓六角头顶部倒角特征的创建。

步骤 5. 创建螺栓底部倒角特征

单击工具栏按钮，打开倒角工具特征操控面板 → 选择倒角类型 D×D → 输入倒角距离为 0. 5，→ 选择螺柱底部的边 → 预览几何效果，单击✔图标按钮，完成螺栓底部倒角特征的创建。

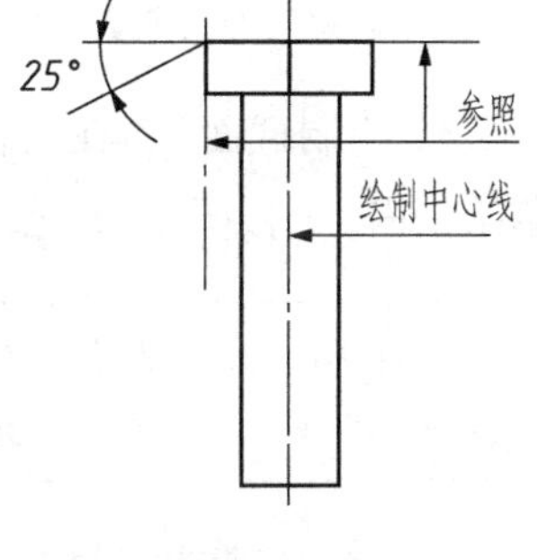

图　12-12

步骤 6. 创建螺纹特征

1）单击【插入】→【螺旋扫描】→【切口】命令 → 弹出如图 12-5 所示的菜单 → 属性分别选“常数”/“穿过轴”/“右手定则”→ 单击“完成”。

2）选择 FRONT 面为草绘平面，RIGHT 面为参考面，方向朝右 → 进入草绘界面，按图 12-13 中的尺寸绘制中心线和外形线 → 单击✔图标按钮，完成螺旋线外形线的绘制。

注意： 绘制的外形线应与圆柱的素线重合，而中心线应与螺栓中心线重合。

3）在消息输入窗口中输入节距为 1. 5 → 单击消息输入窗口中✔图标 → 绘制如图 12-13 所示的截面图形 → 单击✔图标按钮，完成截面绘制。

4）单击对话框“预览”按钮，预览特征图形 → 单击“完成”按钮，完成螺纹特征的创建。

步骤 7. 创建螺纹收尾特征

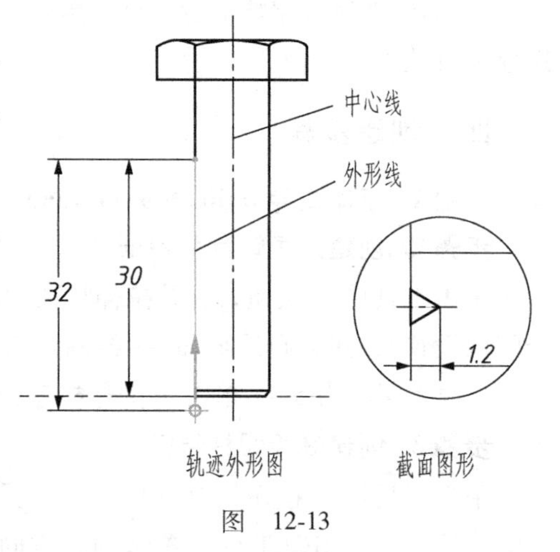

图 12-13

1）单击【插入】→【混合】→【切口】命令 → 弹出“混合选项”菜单 → 选择“旋转的”/“规则截面”/“草绘截面”→ 单击“确定”→ 弹出属性菜单 → 选择“光滑”/“开放”→ 单击“确定”→ 选择螺旋扫描切材料特征的终端三角形面为草绘平面，选择六角头顶面为参考面，方向朝顶 → 进入草绘界面。

2）绘制截面 1：单击草绘工具栏图标 → 按图 12-14 截面 1 所示，在螺柱上绘制一个坐标系 → 约束该坐标系与三角形的左侧顶点水平对齐和坐标系与螺柱中心线重合 → 单击图标，选择三角形三个边 → 单击图标按钮 → 弹出消息输入窗口。

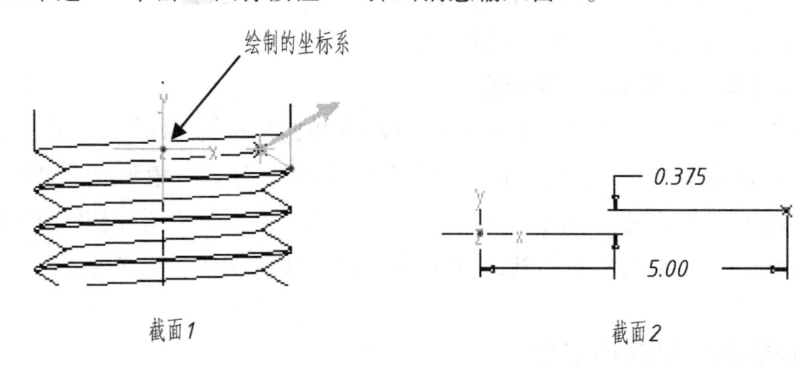

图 12-14

3）绘制截面 2：在消息输入窗口中输入绕 Y 轴旋转的角度为 90° → 系统进入截面 2 的草绘平面 → 按图 12-14 截面 2 所示，绘制一个坐标系和一个点 → 单击图标按钮。

> **注意：** 截面 2 为一个点，该点的尺寸 5 代表该点位于圆柱表面上，尺寸 0.375 代表该点沿轴线向上移动的距离为节距的 1/4。

4）设置属性和切除侧：在弹出的“端点类型”菜单中选择为“尖点”→ 当切除箭头指向三角形内部，选择“正向”。

5）设置螺纹收尾特征的边界条件：单击特征创建对话框中的“相切”选项 → 单击“定义”按钮 → 分别定义截面 1 的三条边与相邻的面保持相切关系。

6）单击对话框“预览”按钮，预览特征图形 → 单击“完成”按钮，完成螺纹收尾特征的创建。

步骤 8. 创建螺纹收尾特征的另一种方法

删除步骤 7 创建的螺纹收尾特征 → 在模型树中右击步骤 6 创建的螺纹特征 → 在快捷菜单中选择“编辑定义”→ 单击特征创建对话框中“扫描轨迹”选项 → 单击“定义”按钮 → 在弹出的菜单中选择“修改”/“完成”→ 在外形线的终点绘制一条相切的圆弧线如

图 12-15 所示 → 单击✔图标按钮 → 单击特征创建对话框“完成”按钮，完成螺纹收尾特征的创建。

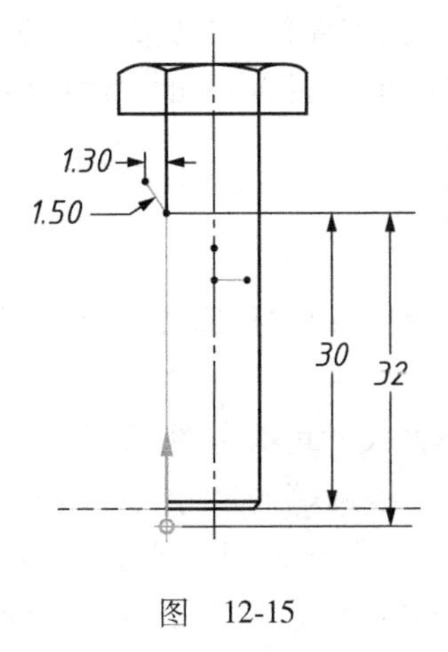

图　12-15

步骤 9. 保存文件

单击图标工具栏中的图标按钮 → 选取“缺省方向”→ 单击“保存”图标按钮，保存文件。

❖ 实训课题 2：压缩弹簧

一、目的及要求

目的：通过创建压缩弹簧的实体造型，掌握创建螺旋扫描特征生成的操作步骤，并正确理解螺旋扫描特征生成理念和造型方法，正确掌握螺旋扫描特征生成时草绘平面的选择。

要求：根据图 12-16 中的相关尺寸及表中的参数和技术要求，创建压缩弹簧。

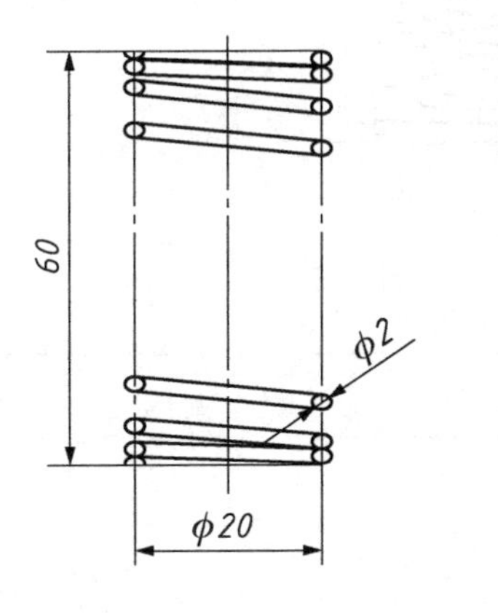

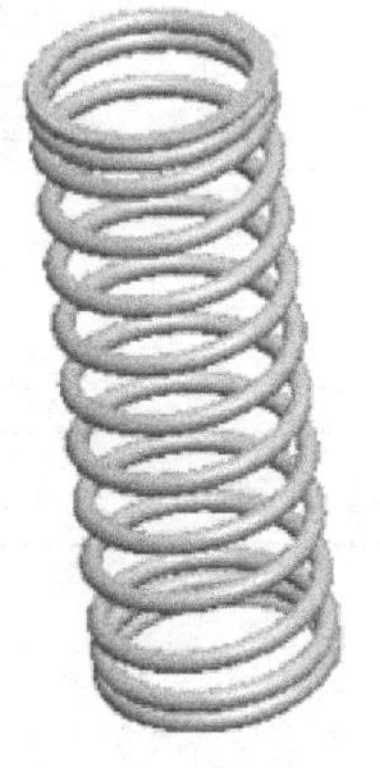

弹簧中径	φ20
钢丝直径	φ2
弹簧自由高度	60
节距	6
端部结构	两端并紧两圈、磨平3/4圈

图　12-16

二、创建思路及分析

从零件图和参数表可以看出，该零件是一个典型的螺旋扫描模型，弹簧的两端需要并紧且磨平，因此，可以先利用变节距螺旋扫描特征的方法创建一个弹簧毛坯，然后利用拉伸切材料的方法将弹簧两端切去3/4圈。

三、创建要点及注意事项

1）创建变节距螺旋扫描特征时，扫描外形线的草绘平面可选择为FRONT面，RIGHT面为参考面，方向朝右。

2）绘制扫描外形线时，图形及尺寸可参考图12-17。其中外形线总长为61mm是为两端磨平预留了1mm的磨削余量；外形线两端的尺寸4mm表示并紧两圈（2圈×ϕ2mm=4mm）；尺寸2mm的含义为螺旋从4mm上升到6mm时，节距从2mm逐渐地改变到6mm。

3）用拉伸切材料去除两端的材料时，草绘平面仍可选择为FRONT面，RIGHT面为参考面，方向朝右。拉伸切材料的方向应向“两侧”切除，深度均为“穿透”方式。

4）可绘制一个矩形框作为拉伸切材料的“刀具”，如图12-18所示。该矩形框可以同时将弹簧两端的多余材料切除。图中重要的尺寸是60mm和0.5mm，尺寸30mm和15mm只是一个大概的数，只要能将弹簧外形包括进去就行。

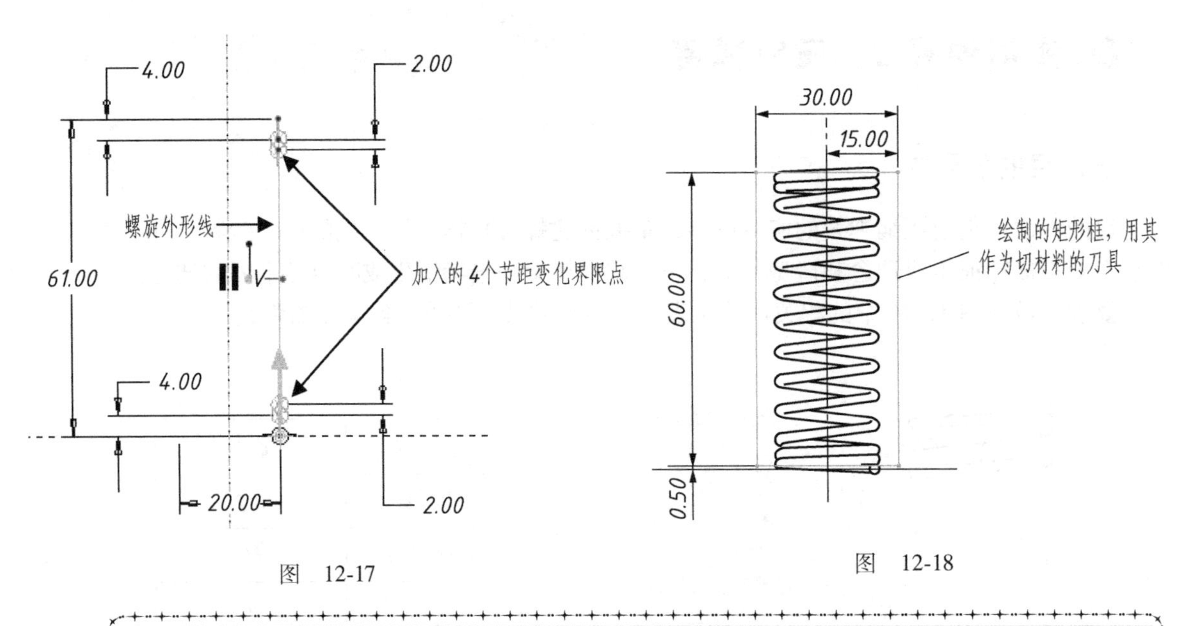

图 12-17　　图 12-18

> **注意：** 动脑筋想想，尺寸0.5mm是怎么确定的？

四、创建步骤

创建步骤略，学生可根据图12-16所示的零件图自主完成。

单元小结

螺旋扫描是指由一个截面沿着一条假想螺旋轨迹线扫描产生出的特征，使用该功能可建立出弹簧、螺钉等具有螺旋特性的零件。

螺旋扫描特征主要分常节距和变节距两种，两者的创建方法基本相同，不同之处主要体现在绘制螺旋轨迹线和输入节距上：前者只需绘制螺旋轨迹线，后者除绘制螺旋轨迹线外，还需要在螺旋外形线上绘制节距界限点；前者只需输入一个节距值，后者需要依次输入起点、终点和中间各节距界限点的节距值。

在创建螺旋扫描特征时，应注意以下几点：①螺旋扫描外形线必须是开放的，不允许封闭，该线一般要求连续而不必相切，任意一点的切线不能与中心线垂直；②草绘假想的螺旋轨迹线时，除绘制螺旋外形线外还必须绘制一根中心线作为旋转轴；③当生成实体加材料时，其截面图必须是封闭的图形；④当选择“变节距”的螺旋特征时，首先输入外形线首尾点的节距值，而在定义中间节距界限点的节距时，必须先选择点，再输入节距值。

课后练习

习题1　根据图12-19中的尺寸要求，创建扭转弹簧零件。

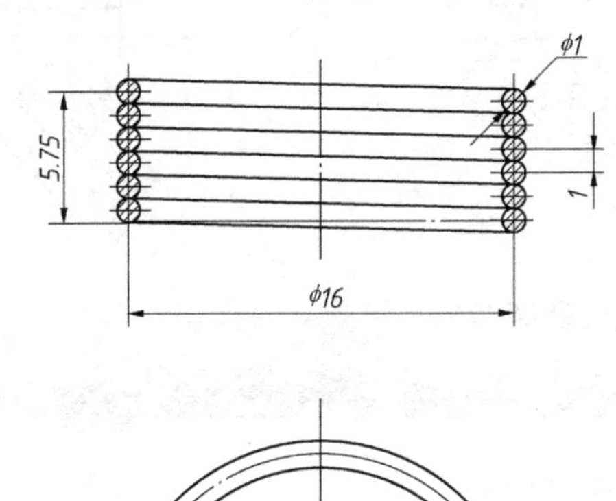

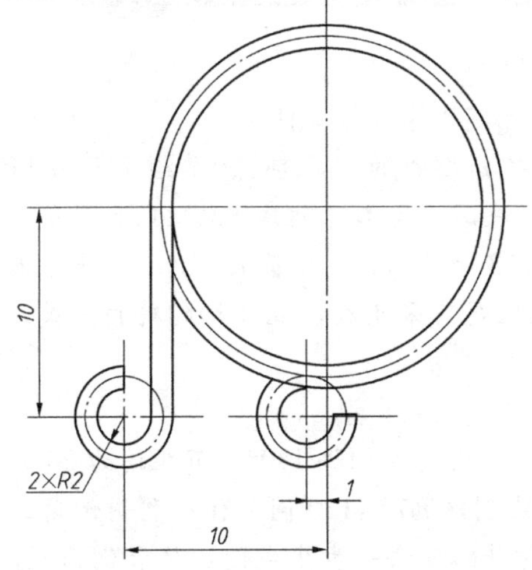

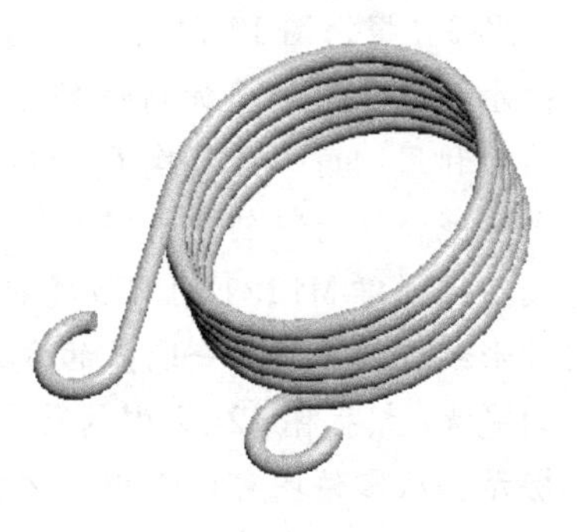

图　12-19

提示：先利用螺旋扫描创建出扭簧主体，绘制扫描外形线的草绘平面设在FRONT面。利用扫描创建底部耳环时，可选择TOP面作为底部耳环扫描轨迹线的绘图平面。在创建顶部耳环时，应先以底部的TOP面为参照向上偏移创建出一个基准平面，并以此基准平面作为顶部耳环扫描轨迹线的绘图平面。

习题2 创建如图12-20所示的螺杆模型。

提示：先采用旋转特征方式创建螺杆主体结构；再利用倒角特征方式创建*C*1倒角；接着利用拉伸特征减材料方式分别创建右端14×14方头及左端ϕ4通孔；最后采用螺旋扫描方式创建矩形螺纹特征。

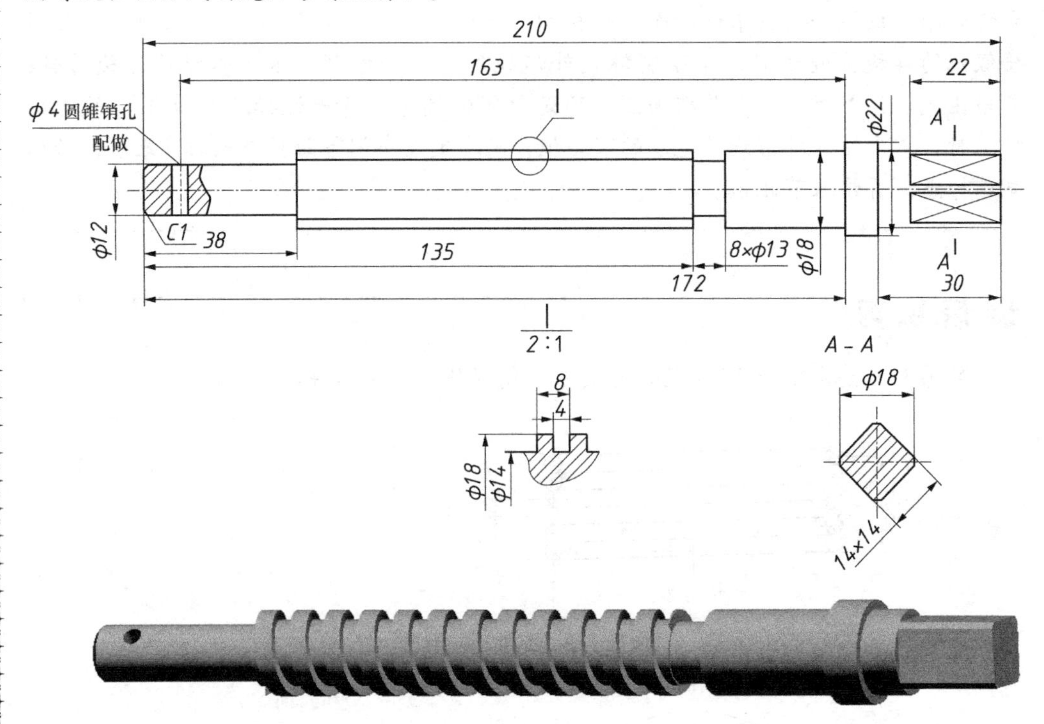

图 12-20

习题3 根据图12-21中的尺寸要求，创建十字螺钉零件。

提示：先采用旋转加材料的方法，创建出螺钉的“毛坯”，草绘平面为FRONT面；然后利用倒角工具创建*C*1倒角；再利用倒圆角工具创建*R*3、*R*0.5圆角。接着利用平行混合切材料创建十字槽，十字槽有3个截面，其中截面3为一个点。最后利用螺旋扫描创建M12×1的螺纹特征，螺纹收尾可采用旋转混合切材料的方式，亦可采用外形线直线末端加一圆弧的方式。

习题4 根据图12-22中的尺寸要求，创建钻头模型。

提示：从零件图可以看出，该钻头模型是由两条相隔180°、节距均为20的螺旋槽切割而成。可以先采用拉伸加材料的方法创建ϕ12×130圆柱体；利用倒角工具创建钻头端部30°×5倒角(也可采用旋转加材料的方法一步生成圆柱体和倒角)；再使用螺旋扫描切材料创建单个螺旋槽，属性设置为常数/穿过轴/右手法则，螺旋有效长度为 80，节距为 20，扫描截面为 $R4$ 半圆；螺旋收尾可采用旋转混合切材料的方式，旋转角度取 90°；然后将螺旋槽和螺旋收尾生成组(亦可采用外形线直线加一圆弧的方式直接生成螺旋槽和螺旋收尾)；最后使用旋转复制的方法对创建的组进行 180°旋转复制。

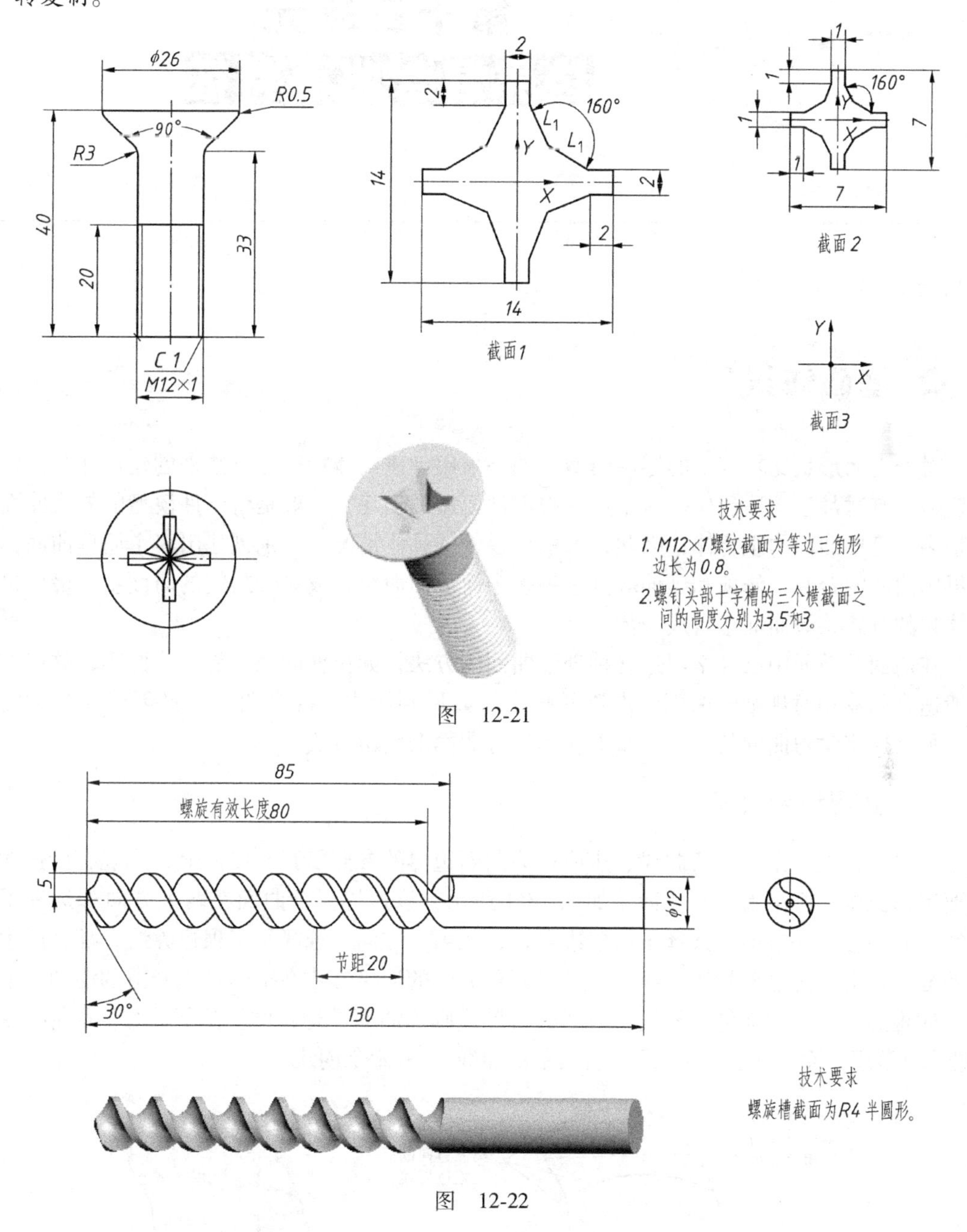

图　12-21

图　12-22

第十三单元 边界混合曲面特征

❖ 基础知识

对于表面形状比较复杂的零件模型，如果采用创建实体特征的方法来创建往往会比较费时费力，有时甚至无法创建。对于这一类零件模型的创建，一般是将零件模型的外表曲面看成是多个简单曲面的组合体，因此，可根据零件的具体情况先分别创建出多个简单曲面，然后再用曲面的合并、修剪和延伸等方法将多个简单曲面组合成一个封闭的曲面组，最后再用实体化的方式将该曲面组生成实体。

在前面的单元中已经学习过几种创建曲面的方法，如拉伸曲面、旋转曲面等，这些方法一般适合创建相对规则的曲面。本单元将学习如何利用边界混合曲面工具创建较复杂的曲面，另外还将学习曲面的合并、修剪和延伸等曲面的编辑方法。

一、边界混合曲面

边界混合曲面是以多条曲线、边或点为曲面边界的参照要素，以插值方式混合所选的参照要素形成的一个平滑空间曲面。如图 13-1 所示，该边界混合曲面在两个方向都选择了边界线，其中在第一方向上选择了两根边界线，在第二方向上选择了三根边界线，那么所生成的曲面一定会通过这五根边界线，并且以一种混合的连接方式在空间形成光滑的曲面。最外侧的四根边界线为曲面的边界线，中间的边界线则为曲面的通过线。边界线(平面曲线或空间曲线)常用“草绘工具”或“插入基准曲线”命令创建。

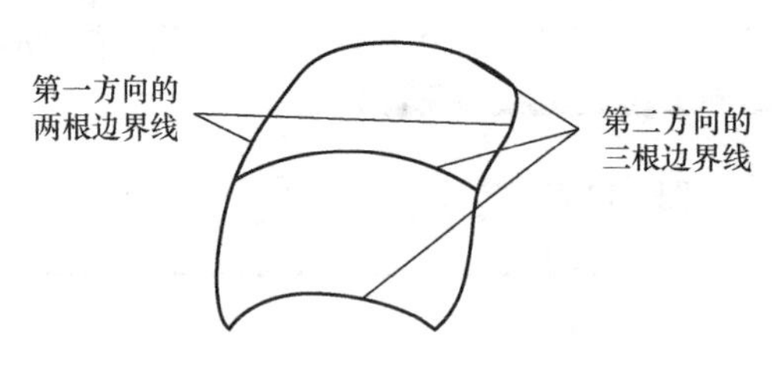

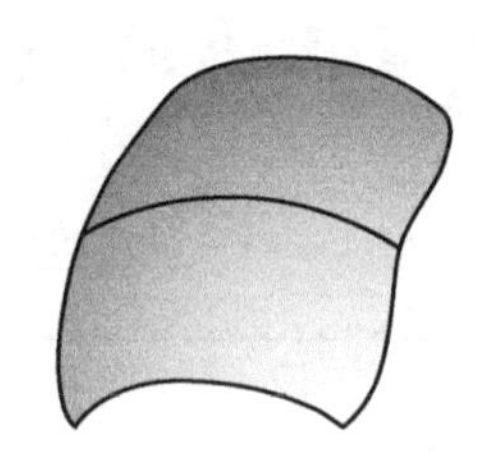

图 13-1

1. 边界混合曲面特征操控面板

单击【插入】→【边界混合曲面】命令，或单击工具栏中图标按钮 → 弹出如图 13-2 所示的“边界混合曲面”操控面板。现将该面板主要功能按钮介绍如下：

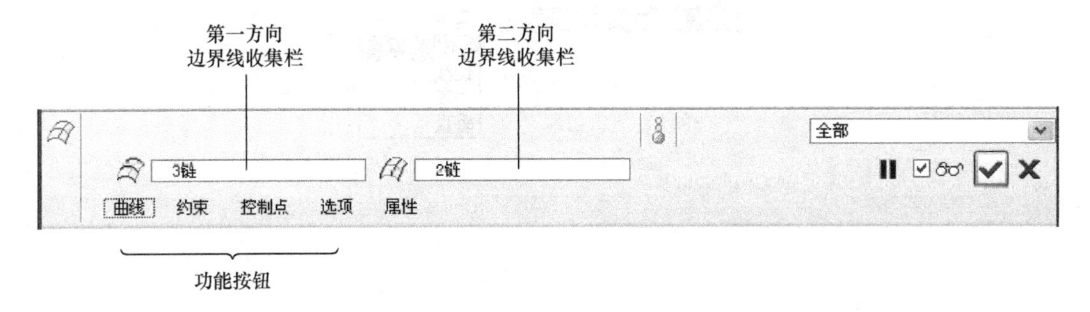

图　13-2

（1）【曲线】功能按钮简介　该功能的主要用途是用于选择两个方向的边界线。

单击操控面板中的“曲线”按钮后，弹出下滑面板如图 13-3 所示。选取的边界线将显示在面板的两个表框中，通过“细节”按钮还可对所选的边界线进行编辑处理。

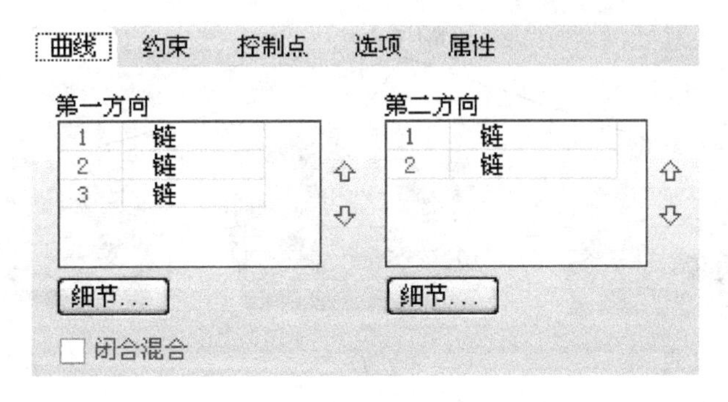

图　13-3

使用该功能应注意如下几点：

1）选取绘图区边界线时应注意按顺序选取。如需调整曲线的先后顺序，则单击某一曲线，然后单击“曲线”选项中的图标 ⇧ 或 ⇩ 即可。

2）鼠标右击某曲线名称，选择快捷菜单中的“移除”命令，可将该曲线排除。

3）选取同一方向的多条边界线时一定要按住<Ctrl>键。

（2）【约束】功能按钮简介　该功能的主要用途是设置边界混合曲面与相邻曲面共有边界的连接形式。

单击操控面板中的“约束”按钮后，弹出下滑面板如图 13-4 所示。在“条件”下拉列表中，可以为边界混合曲面所有边界线设置不同的约束条件。约束条件包括自由、切线、曲率和垂直，其约束效果如图 13-5 所示。

（3）【控制点】功能按钮简介　该功能的主要用途是通过选取各边界曲线上相对应的点来指定混合的起始点，避免曲面发生扭曲。

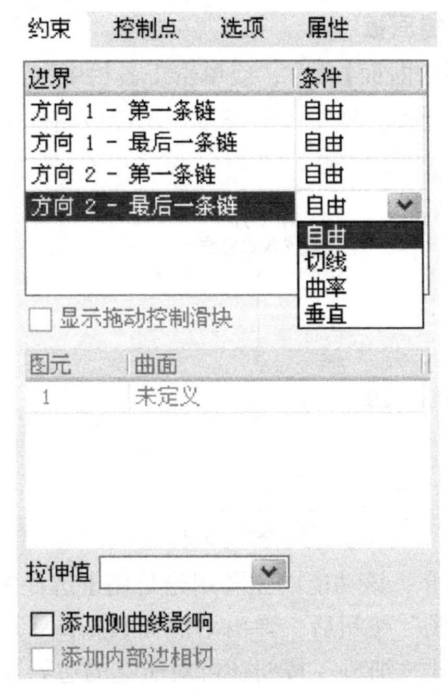

图 13-4

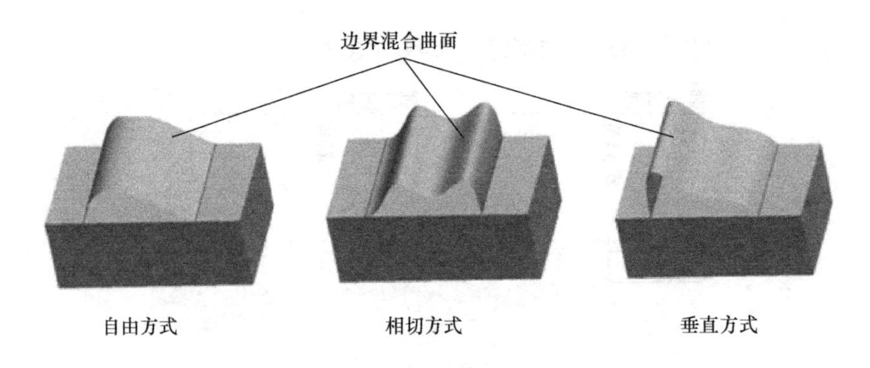

图 13-5

单击操控面板中的“控制点”按钮后，弹出下滑面板如图 13-6 所示。边界混合曲面成形时如果对应的线条段数太多，则可能产生扭曲。图 13-7 所示为不同的连接点方式所产生的不同效果。

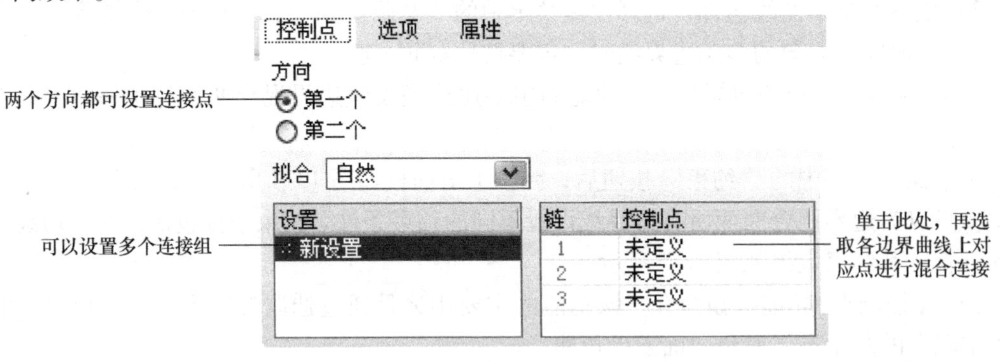

图 13-6

默认的连接方式，出现扭曲

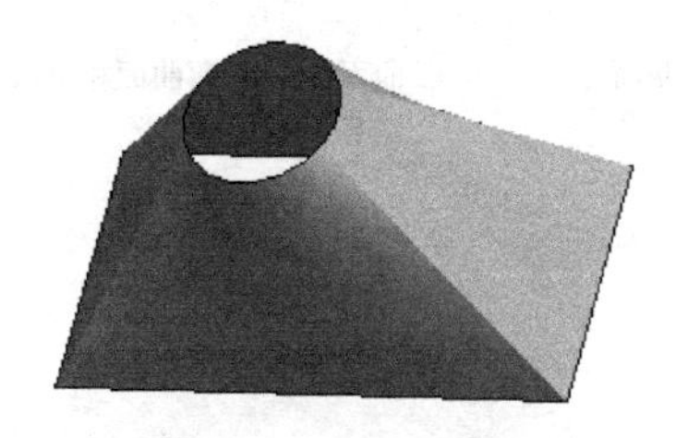

选择对应点的连接方式，不会出现扭曲

图　13-7

2. 创建边界混合特征的一般操作步骤

1）创建边界线：利用或命令创建出所需的多条边界曲线。

2）选取命令：单击工具栏中图标按钮 → 弹出“边界混合曲面”操控面板。

3）选取边界曲线：单击操控面板中的“曲线”按钮 → 分别依次选择两个方向的多条边界线。

注意：如果需要选择第二方向边界线，则必须在第二方向窗口中单击，使窗口变黄后才可选择第二方向的边界线。在每个方向选择多条边界线时一定要按住<Ctrl>键。

4）设定边界条件：当所创建的曲面与周边图元相接时，根据需要对曲面的边界线设定边界约束条件。

单击操控面板中的“约束”按钮 → 选取相应的边界线 → 指定约束方式(根据需要选取自由、切线、曲率或垂直)。

5）设定控制点：当所创建的曲面发生扭曲时，根据需要指定相关边界线上的连接点。

单击操控面板中的“控制点”按钮 → 单击下滑面板“链”表框中“控制点”表框 → 选择各边界线上的对应连接点。

6）单击操控面板按钮 → 预览特征图形 → 单击图标按钮，完成边界混合曲面特征的创建。

3. 创建边界混合曲面特征应注意事项

1）创建边界混合曲面之前，必须先绘制出曲面的所有边界线，边界线必须是首尾相接的封闭图形。

2）允许只有第一方向的边界线而无第二方向的边界线，但此时第一方向上至少要选取两根以上边界线。

3）在选取边界曲线时应注意边界线的先后顺序，选取多条边界线时要同时按住<Ctrl>键。

二、曲面编辑

1. 曲面合并

曲面合并是将两个相邻或相交的曲面合并而得到一个新曲面。对于相互交叉的两个曲面，执行合并命令，就相当于两个曲面互相修剪，效果如图 13-8 所示。

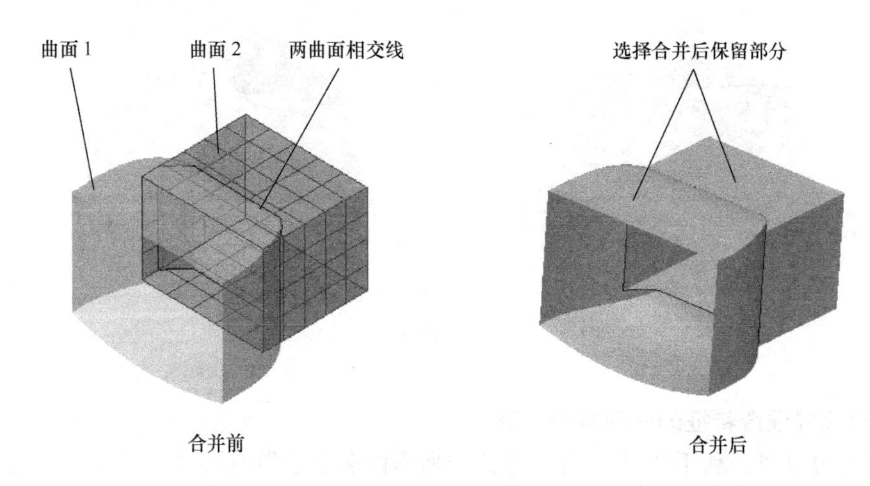

图 13-8

（1）“曲面合并”操控面板简介　选取需合并的曲面 → 单击【编辑】→【合并】命令（或单击图标按钮）→ 弹出如图 13-9 所示的曲面合并操控面板。单击操控面板上“选项”按钮，弹出如图 13-10 所示的下滑面板。

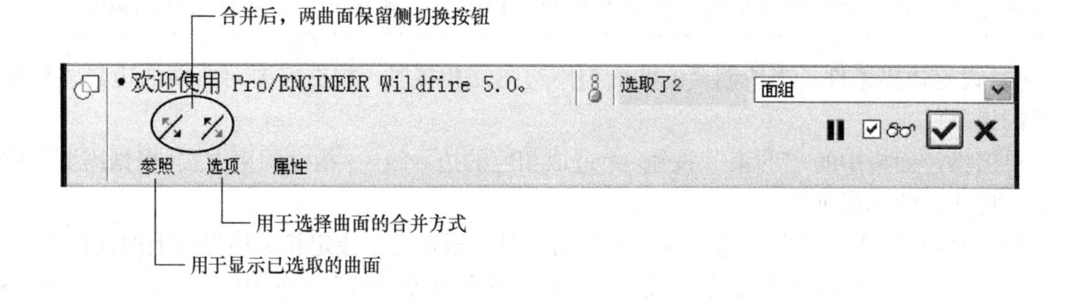

图 13-9

（2）曲面合并的一般操作步骤　现以图 13-11 为例介绍曲面合并的操作步骤：

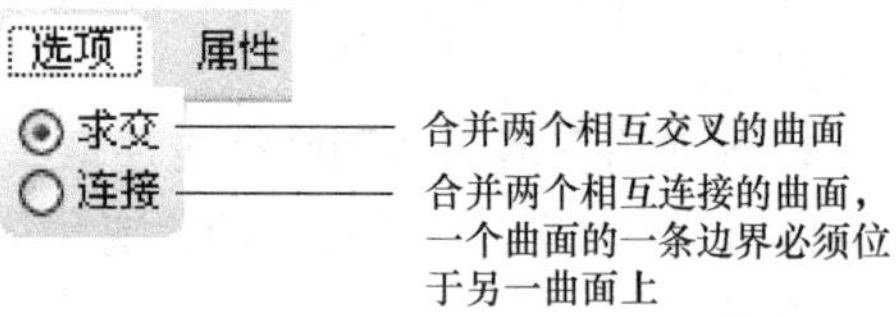

1）打开准备文件 \ CH13 \ 13-11. prt。

2）选取合并对象：按住<Ctrl>键用左键选取两个拉伸曲面，如图 13-11a 所示。

3）选取合并命令：单击工具栏按钮 → 弹出曲面合并操控面板。

选项　属性
求交 —— 合并两个相互交叉的曲面
连接 —— 合并两个相互连接的曲面，一个曲面的一条边界必须位于另一曲面上

图 13-10

4）确定合并曲面保留侧：分别单击操控面板上按钮（或单击绘图区内的黄色箭头）→ 确定两个曲面的保留侧，如图 13-11b 所示。

5）单击操控面板按钮 → 预览特征图形 → 单击图标按钮，完成曲面合并，如图 13-11c 所示。

2. 曲面延伸

在创建曲面模型时，有时需要将曲面沿着某一边界线延伸将曲面扩大，如图 13-12 所示。

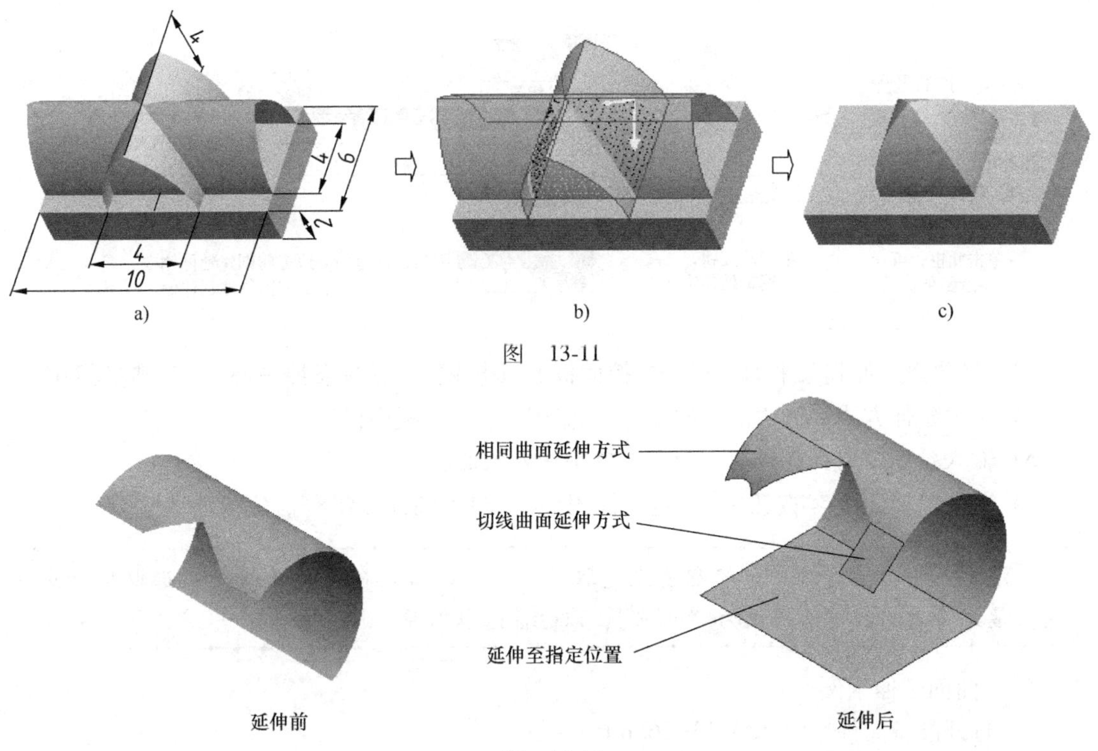

图 13-11

图 13-12

（1）“曲面延伸”操控面板简介　选取曲面需延伸处的边界线 → 单击【编辑】→【延伸】命令 → 弹出如图 13-13 所示的曲面延伸操控面板。单击操控面板上按钮，可弹出如图 13-14 和图 13-15 所示的下滑面板。

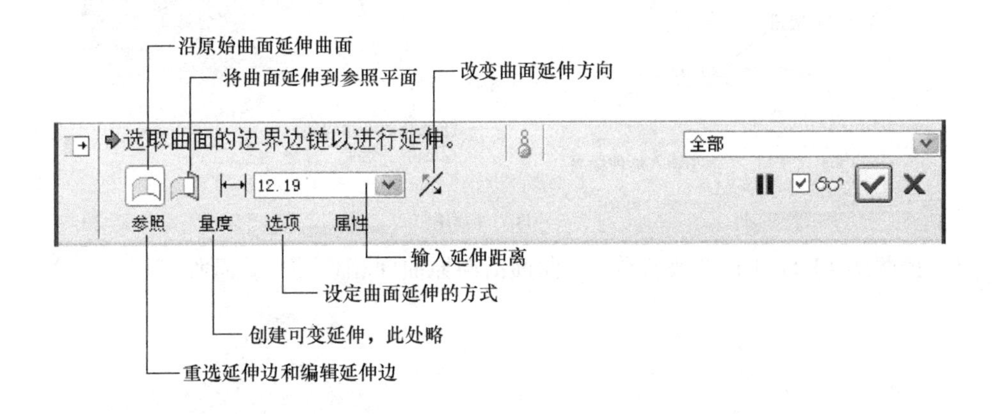

图 13-13

（2）曲面延伸的一般操作步骤

1）选取延伸边：选取曲面上延伸方向的边界线。

2）选取命令：单击下拉菜单【编辑】→【延伸】命令→ 弹出曲面延伸操控面板。

3）设置延伸方式：单击操控面板上的按钮 → 单击“选项”按钮 → 在“方式”下拉表框中选择方式选项。

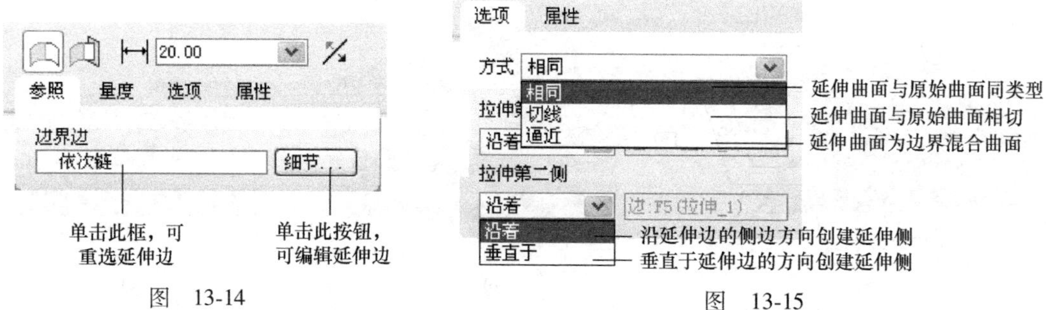

图 13-14　　图 13-15

如需将曲面延伸到某平面：单击操控面板上按钮 → 选择参照平面 → 转到步骤 6)。

4）设置延伸方式和侧边的方向：在“选项”下滑面板中设置。

5）输入延伸距离：在操控面板文本框中输入数值。

6）单击操控面板按钮 → 预览特征图形 → 单击图标按钮，完成曲面延伸。

注意：编辑操作时，一般都是先选取对象，否则编辑命令无法激活；选取延伸边时，最好将过滤器中选项设为“几何”，以方便选取对象。

（3）曲面延伸示例

1）打开准备文件 \ CH13 \ 13-16. prt。

2）按照图 13-16 中的步骤操作 → 曲面按与原曲面相同的方式延伸。

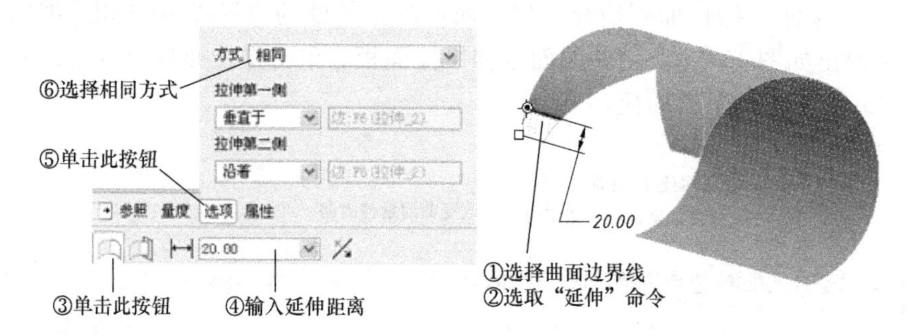

图 13-16

3）按照图 13-17 中的步骤操作 → 曲面沿与原曲面相切的方式延伸。

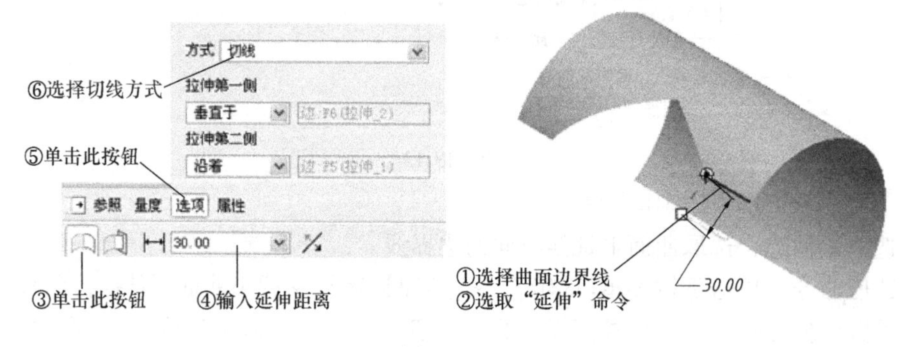

图 13-17

4）按照图 13-18 中的步骤操作 → 曲面延伸至指定平面。

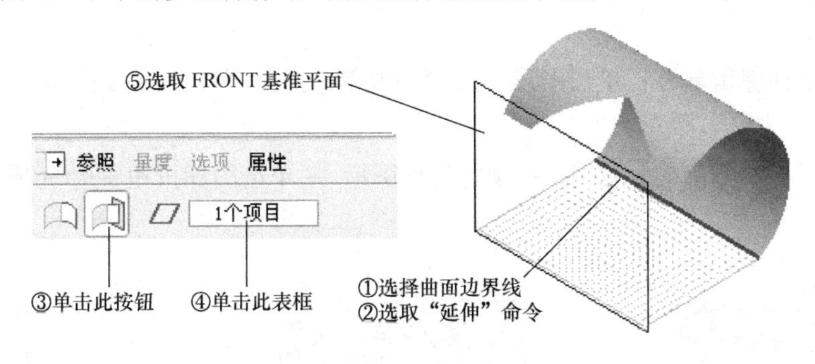

图　13-18

3. 曲面修剪

曲面的修剪就是将选定曲面上的某一部分剪除掉。曲面修剪的方法通常有两种，一种是利用拉伸、旋转、扫描等特征创建方法对曲面修剪；另一种是利用曲面或曲线对曲面修剪。下面分别介绍上述两种方法。

（1）用拉伸等特征创建方法对曲面修剪

以图 13-18 所创建的曲面为例，利用拉伸方法对曲面进行修剪。由于拉伸等特征创建方法前面已做过介绍，所以，此处采用图文的方式介绍修剪步骤。

打开准备文件 \ CH13 \ 13-18. prt → 选取 “拉伸” 命令 → 弹出拉伸操控面板 → 后续操作按图 13-19 中的步骤进行。

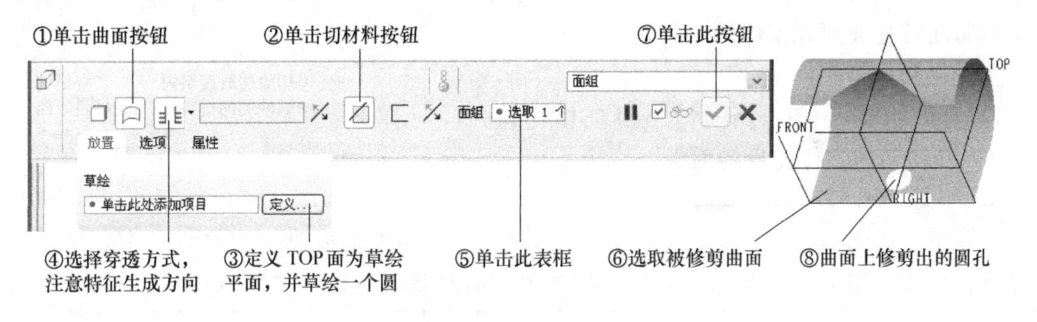

图　13-19

（2）用曲面或曲线对曲面修剪

以图 13-18 所创建的曲面为例，介绍用曲面或曲线对曲面进行修剪的操作步骤。

打开准备文件 \ CH13 \ 13-18. prt。

1）选取对象：选取被修剪的曲面。

2）选取命令：单击工具栏按钮（或下拉菜单【编辑】→【修剪】）→ 弹出如图 13-20 所示的曲面修剪操控面板。

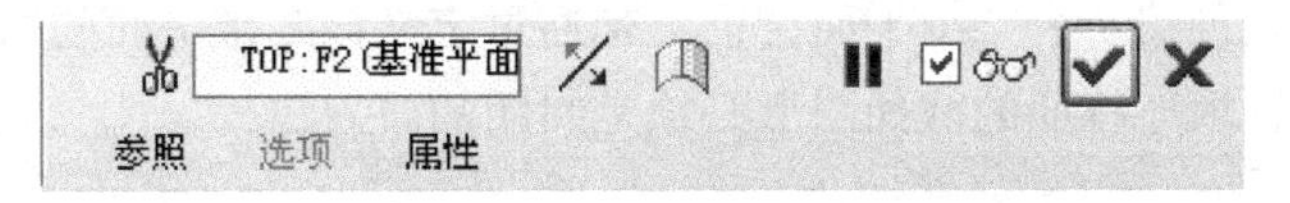

图　13-20

3）选取参照(剪刀)：本例选取 TOP 面。参照也可以选曲线，但该曲线应该位于被修剪的曲面上。

4）确定曲面保留部分：单击图形上的箭头或单击操控面板上的按钮，指定曲面保留部分。

5）单击操控面板上的按钮 → 预览特征图形 → 单击图标按钮，完成如图 13-21 所示的曲面修剪。

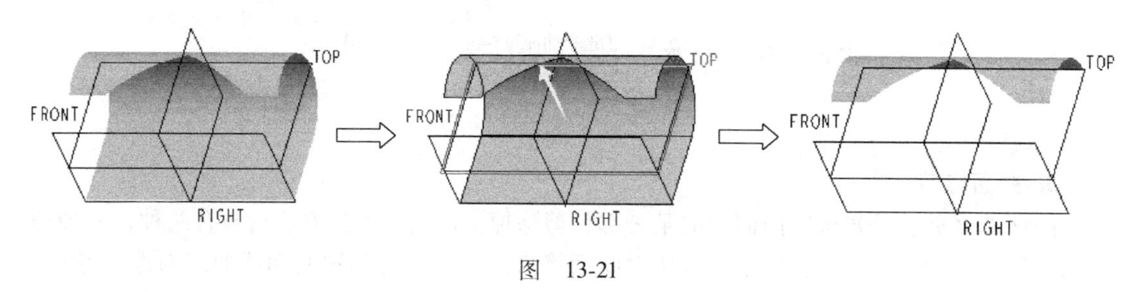

图 13-21

4. 实体化与加厚

实体化是将曲面转化成实体的工具，包括加材料和切材料两种。当加材料操作时，要求所选的曲面为封闭曲面；切材料操作时所选的曲面可以是封闭曲面，也可以是开放曲面，但开放曲面的边界必须是在被移除材料的实体之外。加厚是将曲面转化成薄壳实体的工具。

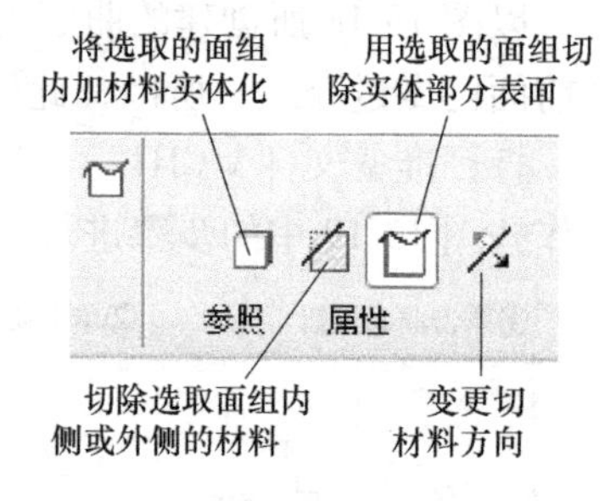

图 13-22

实体化操作步骤：

1）选取曲面 → 单击【编辑】→【实体化】命令 → 弹出如图 13-22 所示的实体化操控面板。

注意：图 13-22 所示的操控面板中，和图标按钮均为切除材料命令，使用后者时，作为“剪刀”的面组，其所有边界线都必须位于被切除实体的表面上。

2）如单击或图标按钮，需确定实体保留方向；如单击图标按钮，直接进入下一步。

3）单击操控面板按钮 → 预览特征图形 → 单击图标按钮，完成曲面实体化操作。

注意：加厚操控面板与操作步骤较为简单，可借鉴已学过的知识自己试一试。

5. 填充

填充命令是用来创建一个二维平面特征，是通过定义该二维平面的边界来创建平面特征的。值得注意的是，填充特征的截面图形必须是封闭的。

填充操作步骤：

1）单击【编辑】→【填充】命令 → 弹出填充操控面板。

2）单击操控面板上“参照”按钮 → 弹出如图 13-23 所示的下滑面板 → 单击“定义”

按钮 → 打开“草绘”对话框 → 设置草绘平面和参考平面等 → 进入草绘环境。

3）绘制封闭的截面图形 → 单击草绘工具栏✔按钮。

4）单击操控面板👓按钮 → 预览特征图形 →单击图标按钮✔，完成填充特征操作。

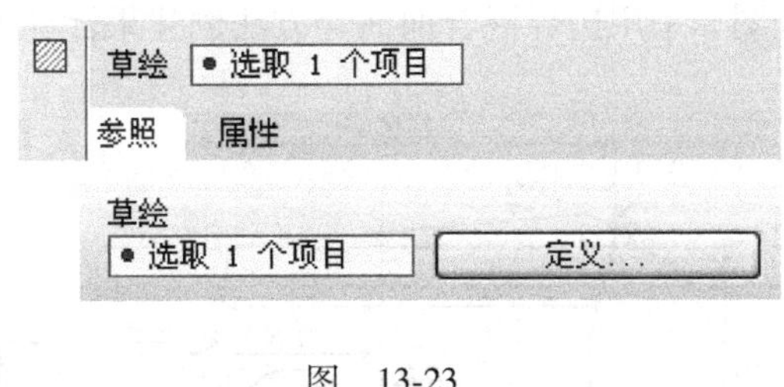

图　13-23

> **注意**：拉伸命令也可创建二维平面，请读者想想拉伸与填充创建平面时在操作上有何不同？创建出来的平面有何异同点？

❖ 实训课题 1：果汁杯

一、目的及要求

目的：通过对果汁杯的实体造型，理解边界混合曲面特征生成原理和造型方法，掌握边界混合曲面特征创建的操作步骤，掌握其他各种曲面的创建方法，灵活掌握各种曲面编辑命令的使用和操作方法。

要求：根据图 13-24 所示的果汁杯三维模型工程图和图 13-25 所示的果汁杯线框模型工

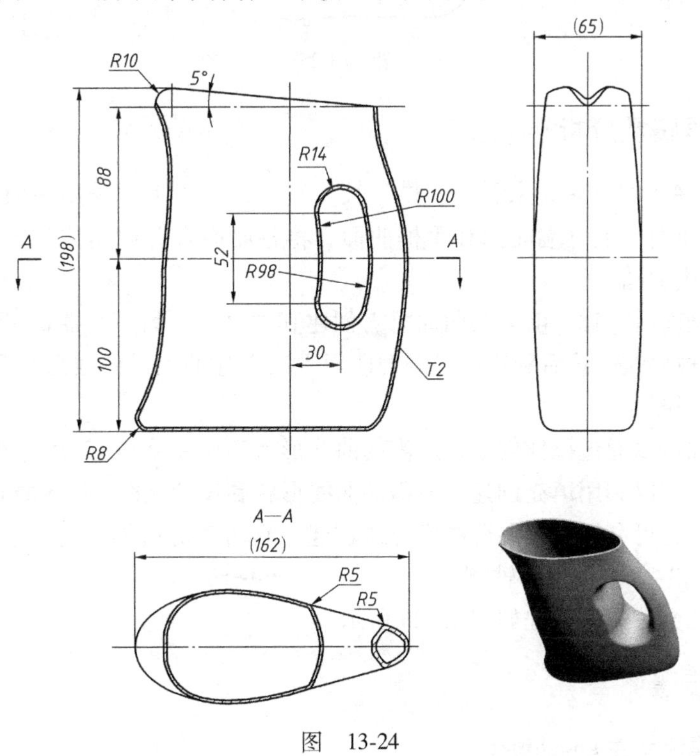

图　13-24

程图，采用边界混合曲面等方法创建果汁杯模型。

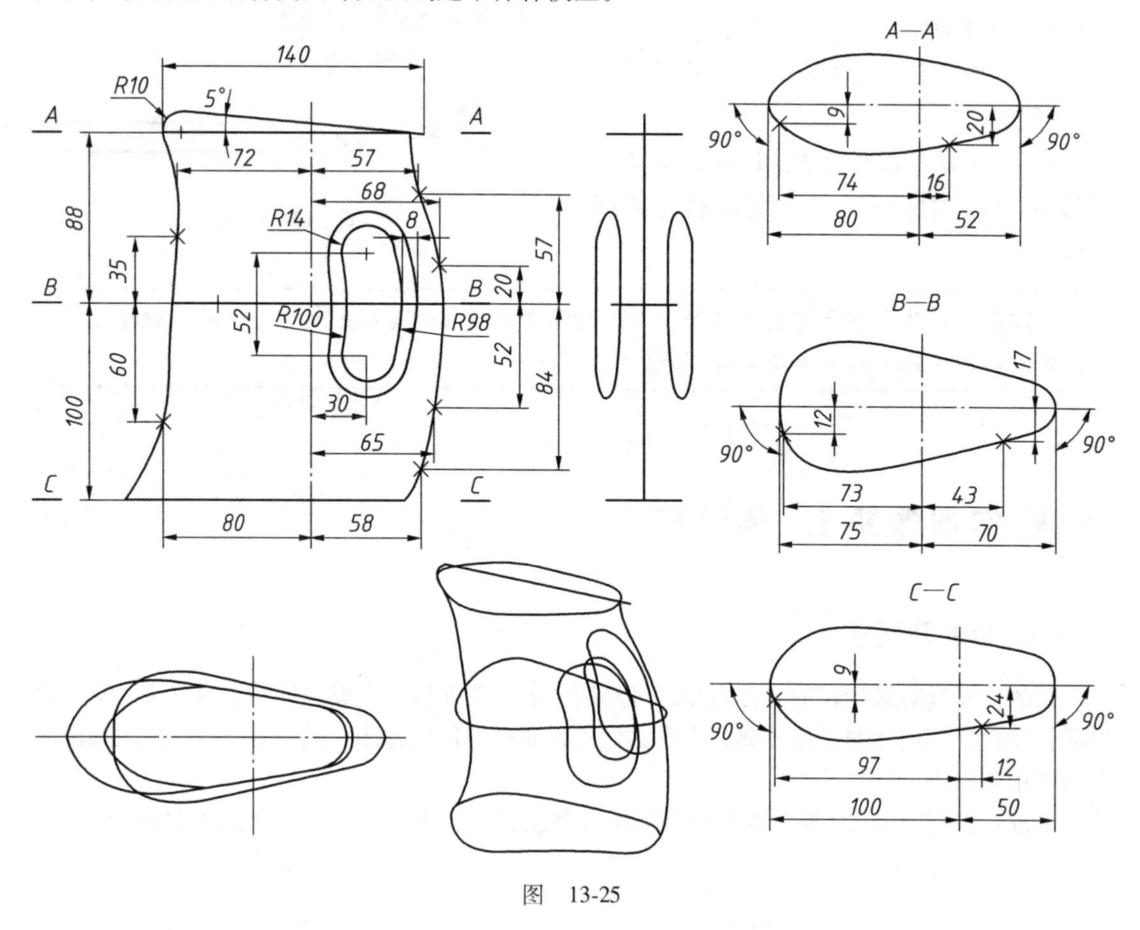

图　13-25

二、创建思路及分析

1）从图 13-24 和图 13-25 来看，该模型较为复杂，可以考虑采用曲面造型的方式来创建，先创建前后曲面、上下端曲面和手柄曲面，将各曲面合并后实体化，然后利用抽壳处理，最后零件棱边倒圆。

2）由于模型前后对称，前后两曲面只需创建其中之一，另一个曲面可镜像获得。可以先创建五根曲线边界线，然后利用边界混合曲面方法创建曲面，曲线形状和尺寸见图 13-25 主视图和三个剖视图。

3）上端曲面可以通过拉伸创建，所需的曲线形状和尺寸见图 13-25 主视图。

4）下端曲面可以利用填充创建，所需的曲线形状和尺寸见图 13-25 的 *C-C* 剖视图。

5）手柄曲面也可利用边界混合曲面方法创建，它所需的边界线是三根腰形曲线，曲线形状和尺寸见图 13-25 主视图和轴测图。

6）该模型的大致创建过程如图 13-26 所示。

三、创建步骤

步骤 1. 创建新文件 guozhibei

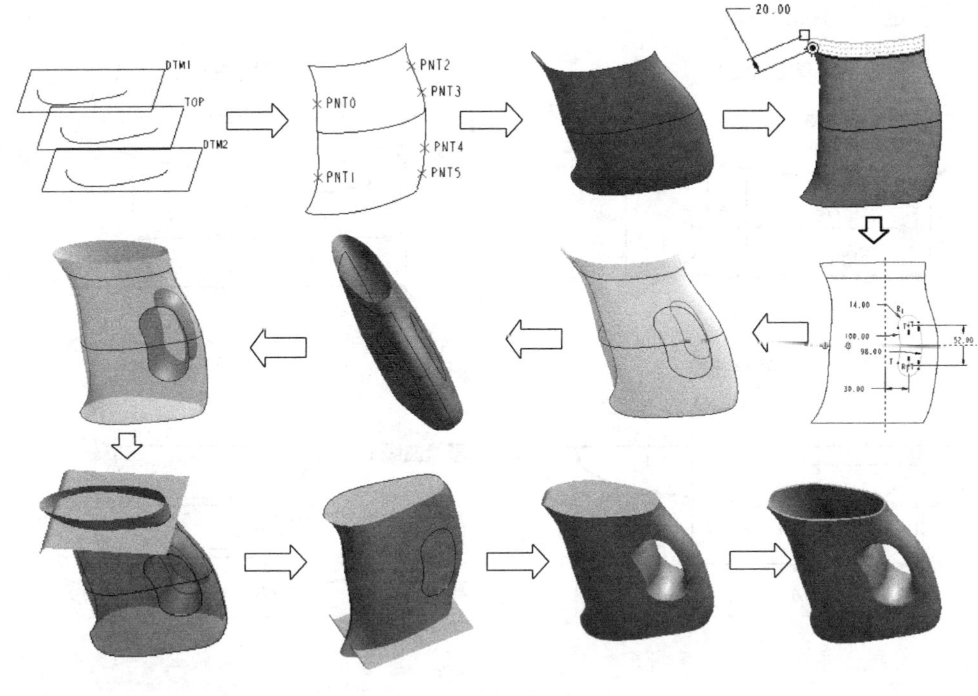

图　13-26

步骤 2. 创建基准平面

单击工具栏▱图标按钮 → 弹出基准平面对话框，选 TOP 基准平面为参照，“约束”选择偏距 → 输入偏距值 88 → 向上偏距创建基准平面 DTM1。用同样的方法向下偏距 100，创建基准平面 DTM2，如图 13-27 所示。

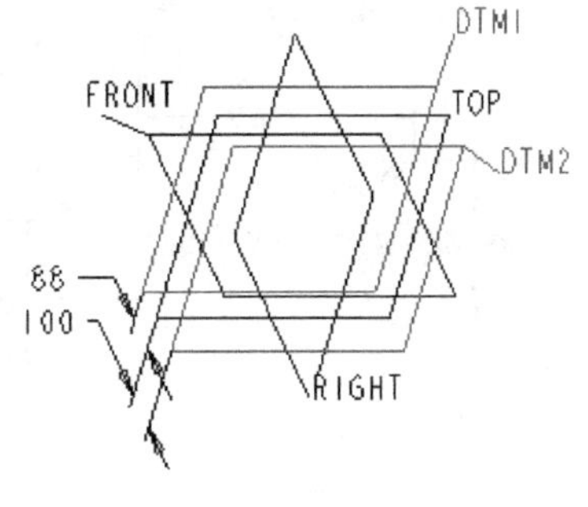

图　13-27

步骤 3. 创建草绘曲线 1、草绘曲线 2 和草绘曲线 3

单击工具栏图标按钮 → 定义 DTM1 基准平面为草绘平面 → 按图 13-25 中 $A-A$ 剖面提供的形状和尺寸，绘制样条曲线(注意:只需绘制 $A-A$ 剖面中图形的一半,该样条曲线有四个点) → 生成草绘曲线 1。

用同样的方法，分别在 TOP 基准平面和 DTM2 基准平面上绘制草绘曲线 2 和草绘曲线 3，如图 13-28 所示。

> **注意**：绘制的样条曲线其端点角度和中间点尺寸需要手动标注。

步骤 4. 在 FRONT 面上创建基准点 PNT0~PNT5

单击工具栏图标按钮 → 定义 FRONT 面为草绘平面 → 单击草绘工具栏“创建几何点” × 图标按钮 → 按图 13-29 中的尺寸绘制六个点，生成基准点 PNT0~PNT5。

步骤 5. 创建草绘曲线 4 和草绘曲线 5

单击 ~ 图标按钮 → 选择“通过点”/“完成” → “样条”/“整个阵列”/“添加点” → 选择曲线 1 端点、PNT0、曲线 2 端点、PNT1 和曲线 3 端点(共计 5 个点) → “完成”→“确定”，生成曲线 4。

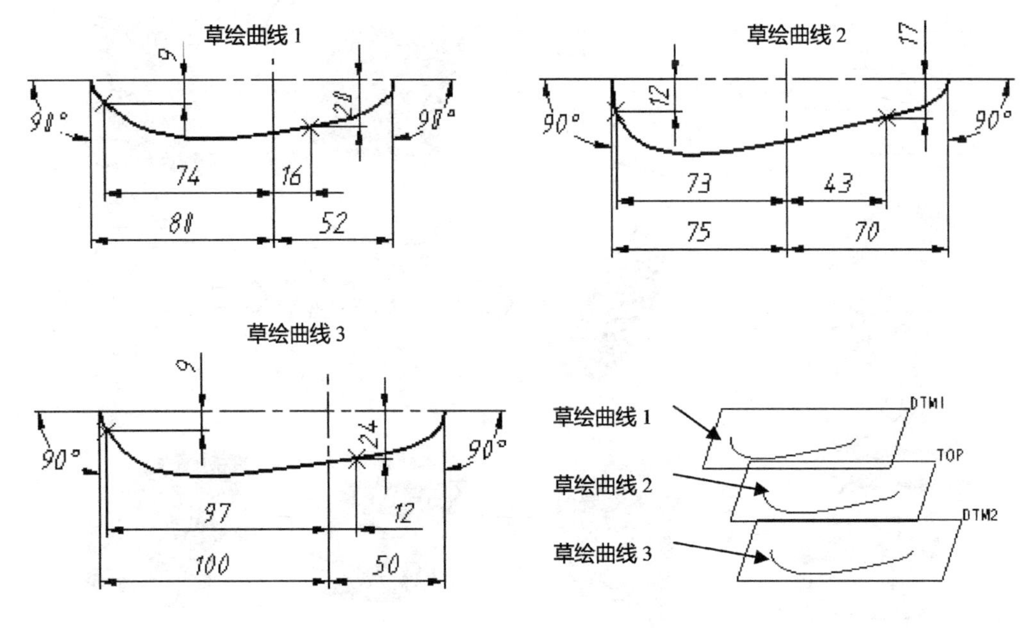

图 13-28

用同样的方法，选择曲线 1 的另一个端点、PNT2、PNT3、曲线 2 的另一个端点、PNT4、PNT5 和曲线 3 的另一个端点(共计 7 个点)，生成曲线 5，如图 13-30 所示。

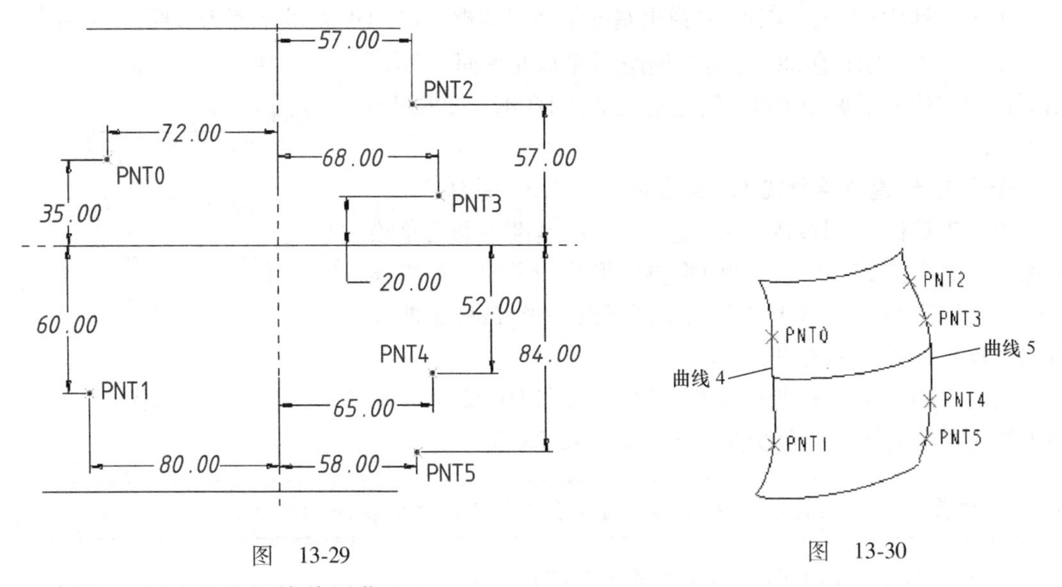

图 13-29　　　　图 13-30

步骤 6. 创建果汁杯的前侧曲面 1

1）单击工具栏图标按钮 → 弹出“边界混合曲面”对话框。

2）按图 13-31 所示分别选择第一方向的三根边界曲线和第二方向的两根边界线，并注意先后顺序。

3）单击图标按钮，完成前侧曲面 1 的创建，如图 13-32 所示。

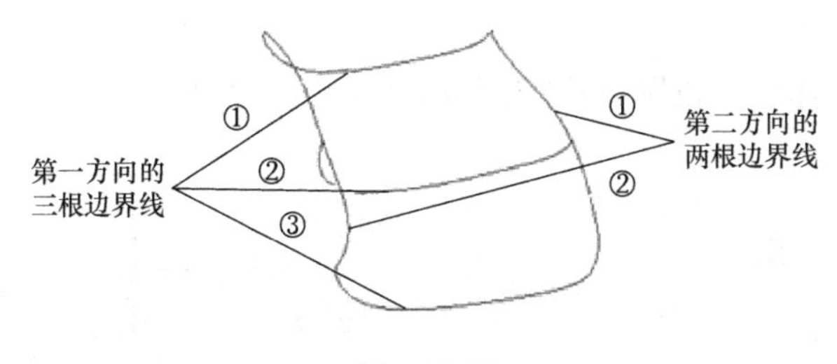

图　13-31

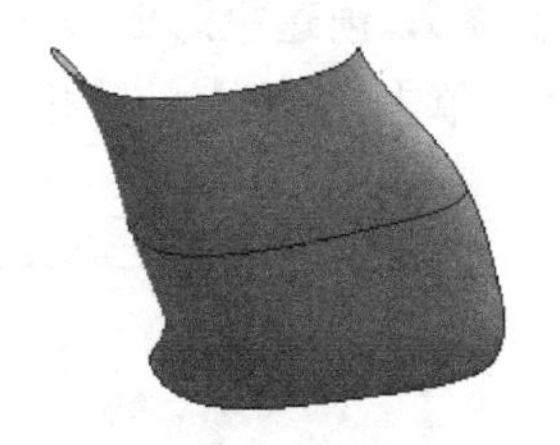

图　13-32

步骤 7. 创建前侧曲面的延伸曲面

1）将过滤器设置为“几何”→ 选中前侧曲面 1 边界线 A → 单击【编辑】→【延伸】命令 → 弹出曲面边界延伸操控面板，输入延伸距离 20，如图 13-33 所示。

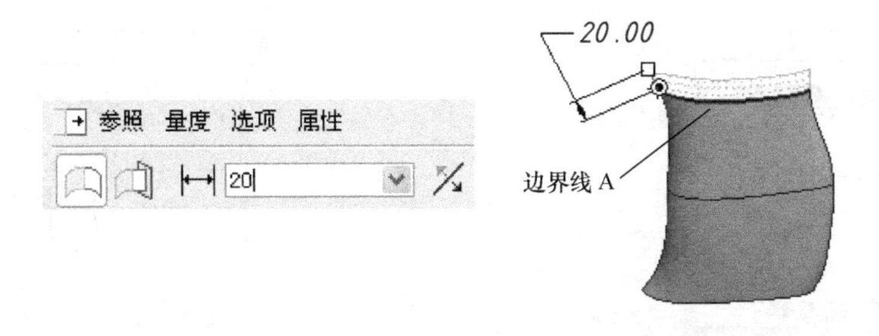

图　13-33

注意：为顺利选中边界线 A，应将过滤器选项设置为“几何”。

2）单击操控面板上“选项”按钮，出现图 13-34 下滑面板，在延伸方式中选择“逼近”方式。

3）单击图标按钮，完成延伸曲面特征创建，如图 13-35 所示。

步骤 8. 创建草绘曲线 6

单击图标按钮 → 定义 FRONT 为草绘平面 → 按图 13-36 中的尺寸绘制图形，生成草绘曲线 6。

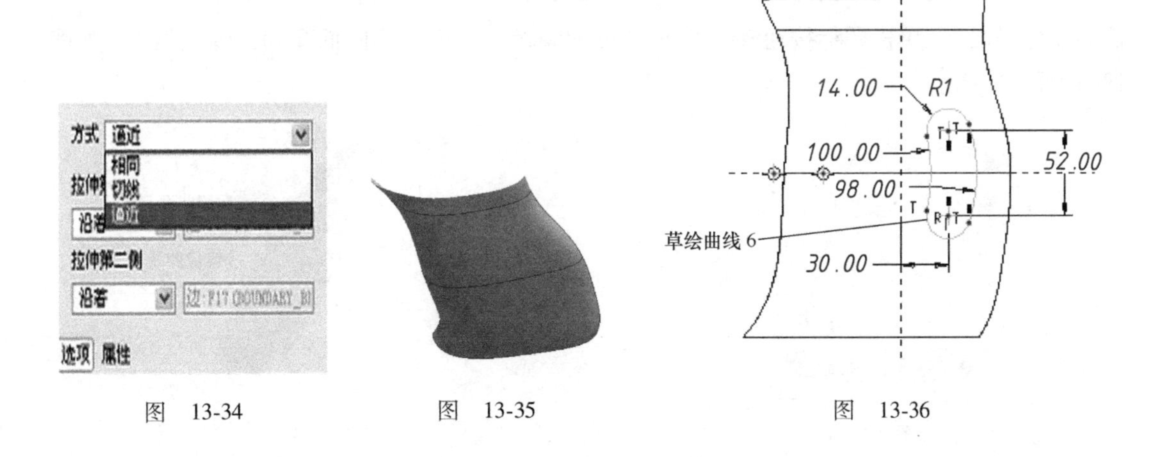

图　13-34　　图　13-35　　图　13-36

步骤 9. 创建投影曲线 7

1）单击【编辑】→【投影】命令 → 弹出“投影”操控面板，如图 13-37 所示。

图 13-37

2）单击操控面板上“参照”按钮 → 弹出如图13-38所示的下滑面板 → 选择“投影草绘”选项 → 定义 FRONT 面为草绘平面 → 选取草绘工具栏 按钮 → 选取草绘曲线 6 → 在弹出的对话框中输入 8，向外偏距 8mm，绘制如图 13-39 所示的图形。

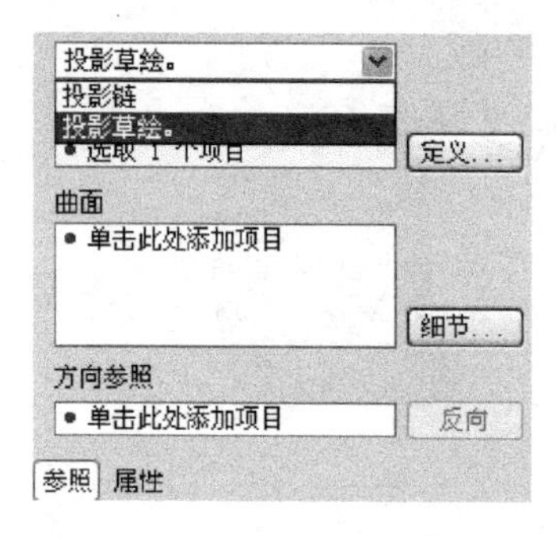

图 13-38

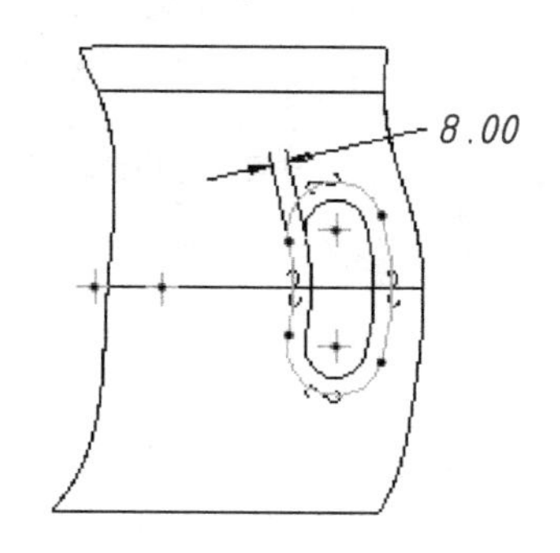

图 13-39

3）单击图 13-37 中“曲面”选择框，选择框变黄 → 在绘图区内单击前侧曲面 1 为投影曲面。

4）在图 13-37 中选择“沿方向”的方式 → 单击方向选择框 → 在绘图区内选取 FRONT 面为投影方向面。

5）单击 图标按钮，完成投影曲线 7 的创建，如图 13-40 所示。

步骤 10. 镜像前侧曲面 1 和投影曲线 7

按住<Ctrl>键，选取前侧曲面 1、延伸曲面及曲线 7 → 单击 图标按钮 → 选取 FRONT 面为镜像平面 → 单击图标按钮 ，完成特征的镜像，生成后侧曲面 2 和镜像曲线 8，如图 13-41所示。

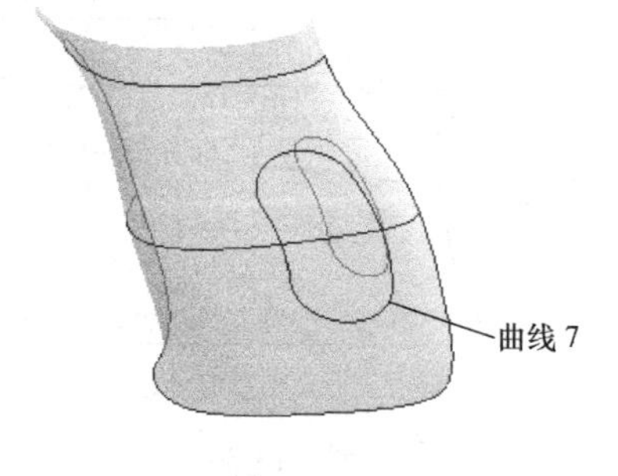

图 13-40

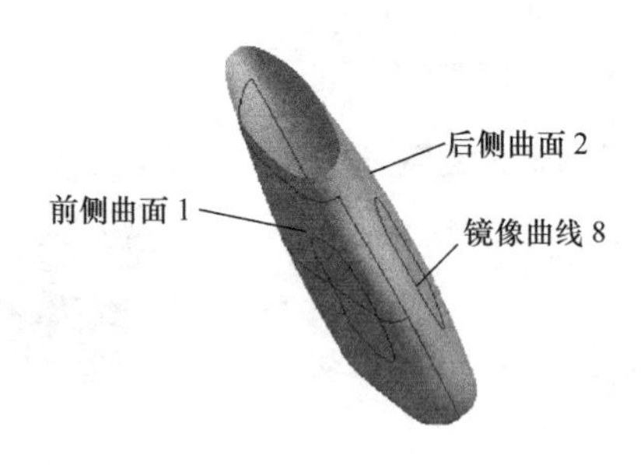

图 13-41

步骤 11. 创建手柄曲面 3

1）单击图标按钮 → 弹出“边界混合曲面”操控面板。

2）按住<Ctrl>键，依次选择第一方向的三根“腰形”边界曲线，注意选择的先后顺序。

3）如果采用默认的连接方式，则曲面有可能出现混乱状况，单击操控面板上“控制点”按钮 → 在弹出的下滑面板中单击链 1 控制点表框，如图 13-42 所示 → 选取第一根边界线的连接点，如图 13-43 所示 → 再分别单击图 13-42 中链 2、链 3 控制点表框 → 分别在窗口中选取第二、第三根边界上对应的连接点。

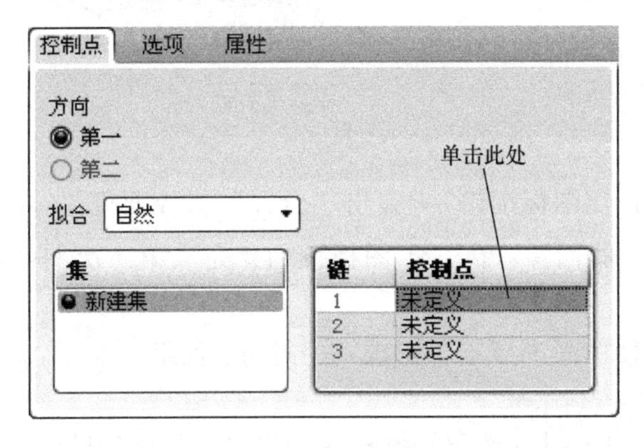

图　13-42

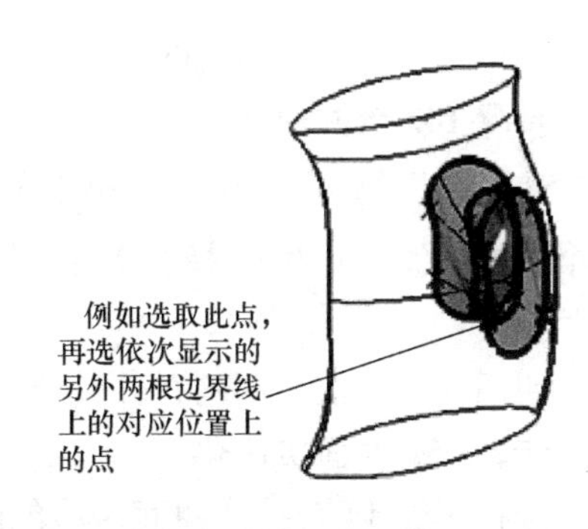

图　13-43

4）单击图标按钮，完成手柄曲面 3 的创建，如图 13-44 所示。

步骤 12. 创建果汁杯上端曲面 4

单击工具栏图标按钮 → 选择操控面板上图标按钮 → 定义 FRONT 面为草绘平面 → 进入草绘窗口，将过滤器设为“曲线” → 稍转曲面图形，选择“草绘曲线 1”为参照 → 绘制曲线如图 13-45 所示 → 输入拉伸深度为对称深度 100 → 单击图标按钮，完成上端曲面 4 的创建，如图 13-46 所示。

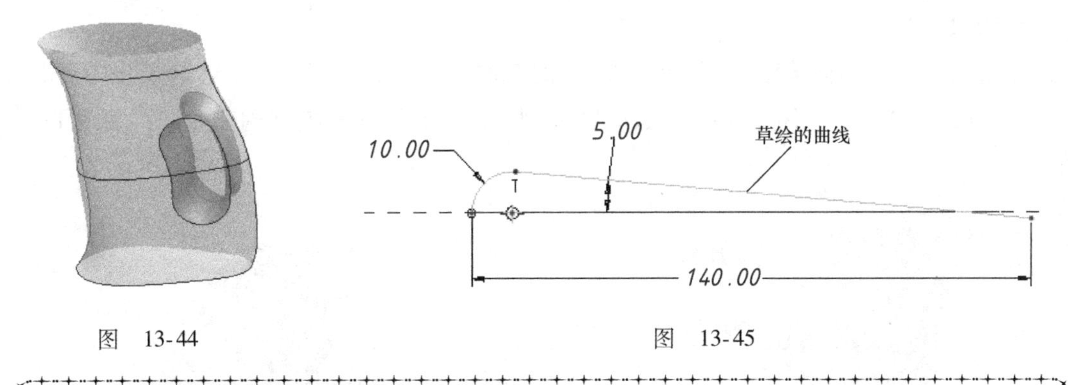

图　13-44　　　　图　13-45

注意：草绘时，圆弧 $R10$ 的起点应与草绘曲线 1 的端点重合。

步骤 13. 创建果汁杯下端曲面 5

单击【编辑】→【填充】命令 → 弹出“填充”操控面板 → 单击面板中的“参照”按钮 → 单击“定义”按钮 → 选择 DTM2 基准平面为草绘平面 → 单击图标按钮 → 选取图 13-

47 所示的两条边界线 → 单击✓图标按钮，完成下端曲面 5 的创建。

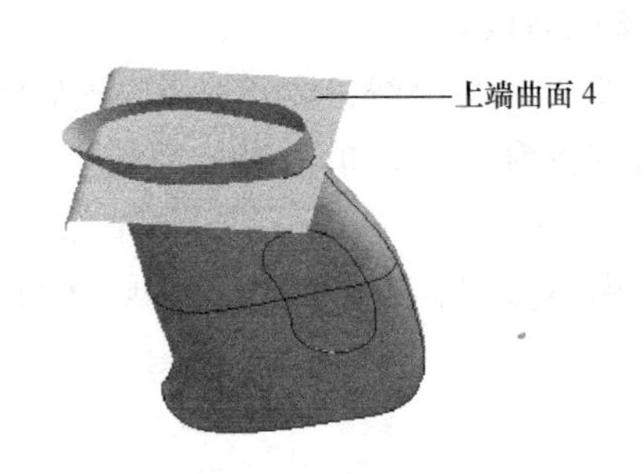

图 13-46

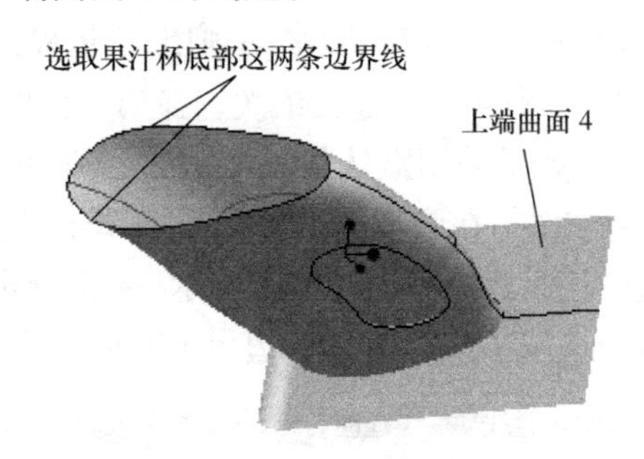

图 13-47

步骤 14. 合并曲面

选择前后侧两个曲面 → 单击工具栏上图标按钮 → 弹出“合并”操控面板 → 单击两个切换按钮，正确选择合并后需保留的曲面 → 单击✓图标按钮，完成第一次曲面的合并。

用同样的方法，两两合并其余曲面，使曲面 1~5 合并形成一个封闭的面组。

步骤 15. 曲面实体化

选择步骤 14 合并的曲面 → 单击【编辑】→【实体化】命令 → 弹出“实体化”操控面板 → 单击✓图标按钮，完成曲面组的实体化。

步骤 16. 隐藏曲面和曲线

单击【视图】→【层】命令 → 在弹出的层树中选取 03 层和 06 层，单击右键 → 在快捷菜单中选择“隐藏”选项 → 在层树中单击右键 → 在快捷菜单中选择“保存状态”选项。

步骤 17. 创建圆角特征

单击工具栏图标按钮 → 按图 13-48 所示，先后将棱边倒圆角 → 完成三条棱边倒圆角特征的创建。

步骤 18. 创建壳特征

单击工具栏图标按钮 → 弹出“壳”操控面板，输入壳厚为 2 → 选取果汁杯上端表面为移除面 → 单击✓图标按钮，完成壳特征创建。至此果汁杯模型创建完毕，如图 13-49 所示。

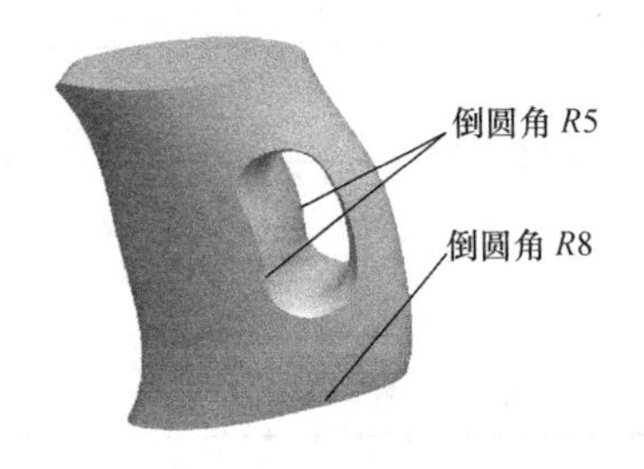

图 13-48

图 13-49

步骤 19. 保存文件

单击工具栏图标按钮 → 选择“缺省方向”→ 单击图标按钮，保存文件。

❖ 实训课题 2：爱心

一、目的及要求

目的：通过对爱心的实体造型，理解边界混合曲面特征生成原理和造型方法，掌握边界混合曲面特征创建的操作步骤，同时掌握曲面合并及封闭曲面实体化的操作方法。

要求：根据图 13-50 所示的零件图，采用边界混合曲面等方法创建爱心模型。

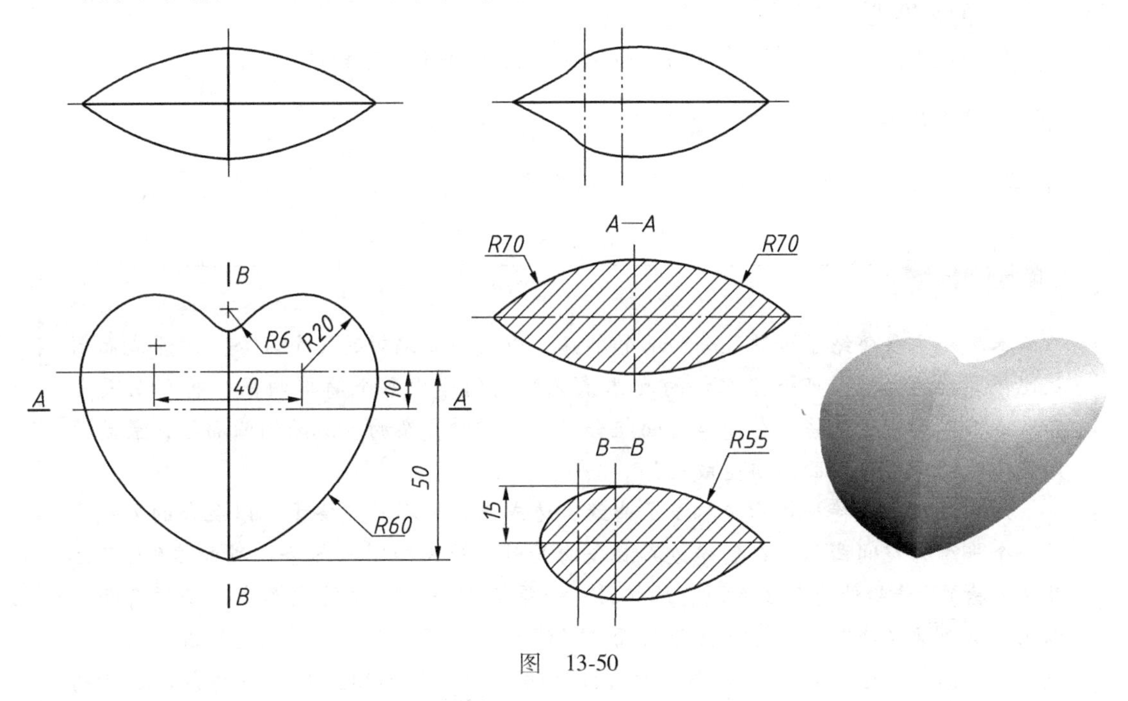

图　13-50

二、创建思路和分析

该零件的表面形状比较复杂，可采用边界混合曲面的方法先创建出零件的上半曲面，通过镜像得到下半表面。经过上下两半曲面的合并和实体化后生成实体零件。从图 13-50 可以得到如图 13-51 所示的该模型上半曲面的线性框架图。

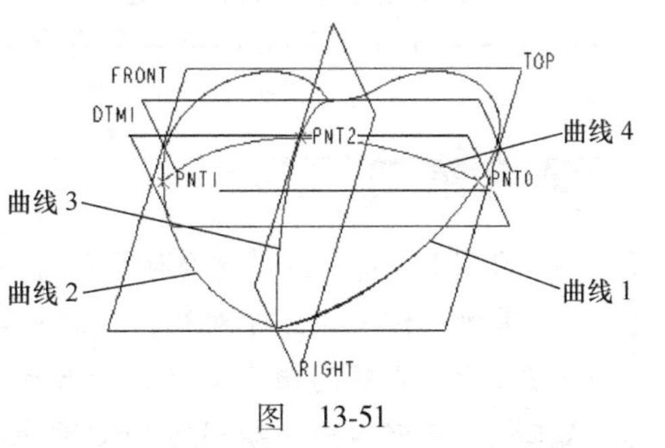

图　13-51

上半曲面创建的思路大致为：首先在 TOP 面上创建曲线 1，该段曲线由 *R*6、*R*20 和 *R*60 三段圆弧组成；然后，以 RIGHT 面为镜像面镜像曲线 1，得到曲线 2；接着以 RIGHT 面为草绘平面，创建曲线 3，该段曲线由两段相切圆弧组成，其中一段圆弧半径为 *R*55，两圆弧相切点高度为 15；再将 FRONT 面向前偏距 10mm，得到 DTM1 基准平面，以 DTM1 为草绘平面创建曲线 4，曲线 4 由两段 *R*70 圆弧组成。

三、创建要点及注意事项

1）曲线 1 的三段圆弧必须保持相切关系，*R*20 圆弧的圆心必须落在 FRONT 面上，*R*6 圆弧的圆心必须落在 RIGHT 面上。

2）曲线 3 为两段保持相切关系的圆弧，并且两段圆弧的一个端点均应与曲线 1 的端点重合，因此在草绘曲线 3 时可增加曲线 1 为参照，便于准确捕捉到端点。

3）曲线 4 为两段 *R*70 圆弧。为方便绘图，应事先创建三个基准点，这三个基准点分别是曲线 1~3 与 DTM1 的交点，草绘曲线 4 时应增加这三个基准点为参照。

4）该边界混合曲面共有两个方向的边界线，曲线 1~3 为一个方向的边界线，曲线 4 为另一个方向的边界线。

5）创建边界混合曲面后应将曲线 1~4 隐藏，使得图面干净整洁。

四、创建步骤

创建步骤略，由读者根据如图 13-50 所示的零件图自主完成。

单元小结

本单元主要介绍了边界混合曲面的创建，以及曲面编辑的几个命令。对于表面形状比较复杂的模型，可根据零件的具体情况分别创建出多个简单曲面，再用曲面合并、修剪等编辑方法将多个简单曲面组合成一个相对复杂的、封闭的曲面组，最后再用实体化的命令将该曲面组生成实体。

边界混合曲面特征是指选取多条曲线、边或点为边界参照要素，以混合的方式形成一个平滑的空间曲面。在创建边界混合曲面时，应先绘制出各条边界曲线(或其他参照要素)，这些外边界线必须首尾相接。如果只有一个方向的边界线，必须有两条以上。选取边界线时，一定要按照曲面边界线的先后顺序选择。如果边界混合曲面与相邻的曲面相互连接时，可通过操控面板上的“约束”选项，对其边界条件进行约束(包括自由、相切、垂直等几种方式)。如果创建边界混合曲面时对应的线条段数太多，则曲面可能会产生扭曲，可通过操控面板上的“控制点”选项，指定相关边界曲线上对应的点作为混合的起始点，以避免曲面发生扭曲。

课后练习

习题 1 利用边界混合曲面等方法创建如图 13-52 所示的蛋壳模型。

提示：该模型上下对称，因此可以先创建半个蛋形曲面，然后镜像得到另外半个蛋形曲面，再将两曲面合并，最后利用加厚工具向内加材料 0.2mm 得到蛋壳模型。从工程图可以看出，绘制在 FRONT 面和 TOP 面上的曲线都是由两段椭圆弧组成。

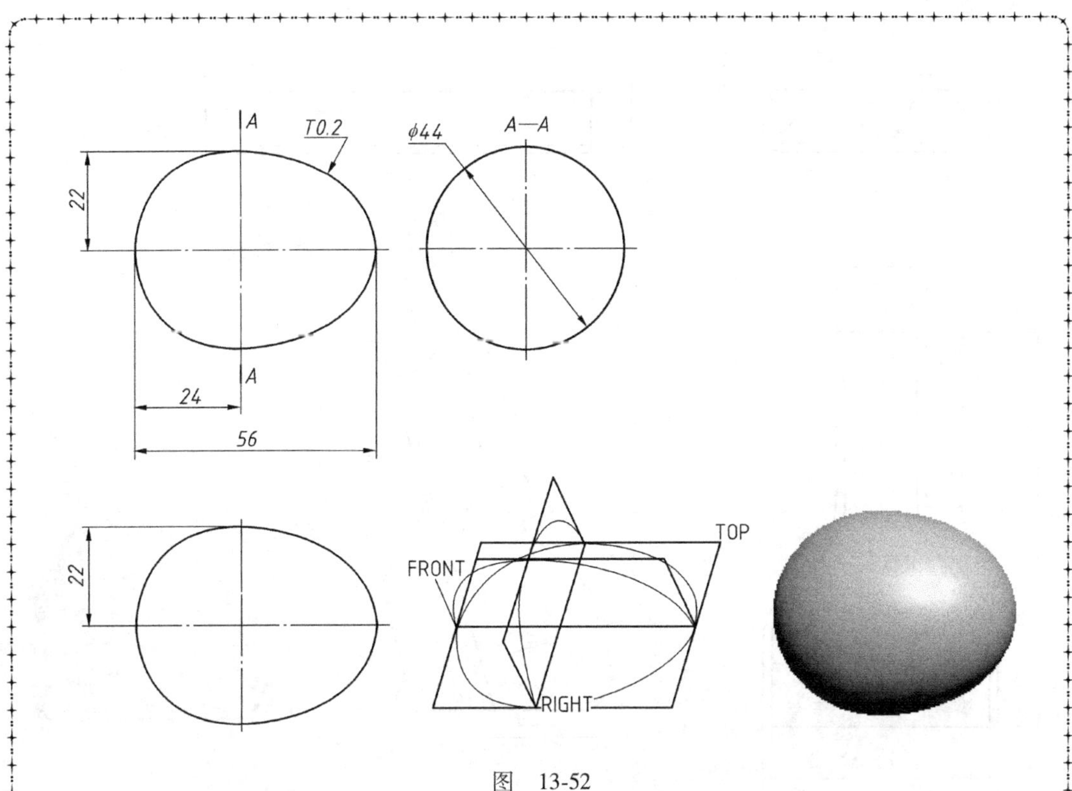

图　13-52

习题 2　利用边界混合曲面等方法创建如图 13-53 所示的零件模型。

提示：先创建边界线曲线，然后利用边界混合曲面的方法创建曲面，最后利用加厚工具向外加材料 2mm 创建出零件模型。从边界线框图可以看出，曲线 1~3 位于 TOP 面方向上，曲线 4~6 位于 FRONT 面方向上。为了提高绘图效率，曲线 3 可从曲线 2 镜像得到。曲线 5 可通过将曲线 4 移动复制得到。需要指出的是，各曲线之间必须相连，不能有交叉和断开现象，因此，绘制各曲线时应注意增添参照，以利于曲线端点的捕捉到位。

习题 3　根据图 13-54 中的尺寸要求，创建零件模型。

提示：该零件由长方体底座和上部模型组成，零件关于 FRONT 面对称布置。上部模型由 5 个简单曲面组成，其中：曲面 1 可采用扫描方法创建，扫描轨迹线绘制在 FRONT 面上；曲面 2 由曲线 1 和曲线 2 围成的区域填充而成，曲线 1 是由曲面 1 的半圆边线复制粘贴生成，曲线 2 是由曲线 1 镜像得到（曲线 1 和 2 也可在新创建一个基准面上绘制）；曲面 3 可采用边界混合曲面创建，其边界线为曲线 2 和曲线 3（曲线 2 向底座上表面投影得到曲线 3）；曲面 4 采用填充命令创建；镜像曲面 4 可得到曲面 5。合并曲面 1~5 生成一个面组，最后将面组实体化。

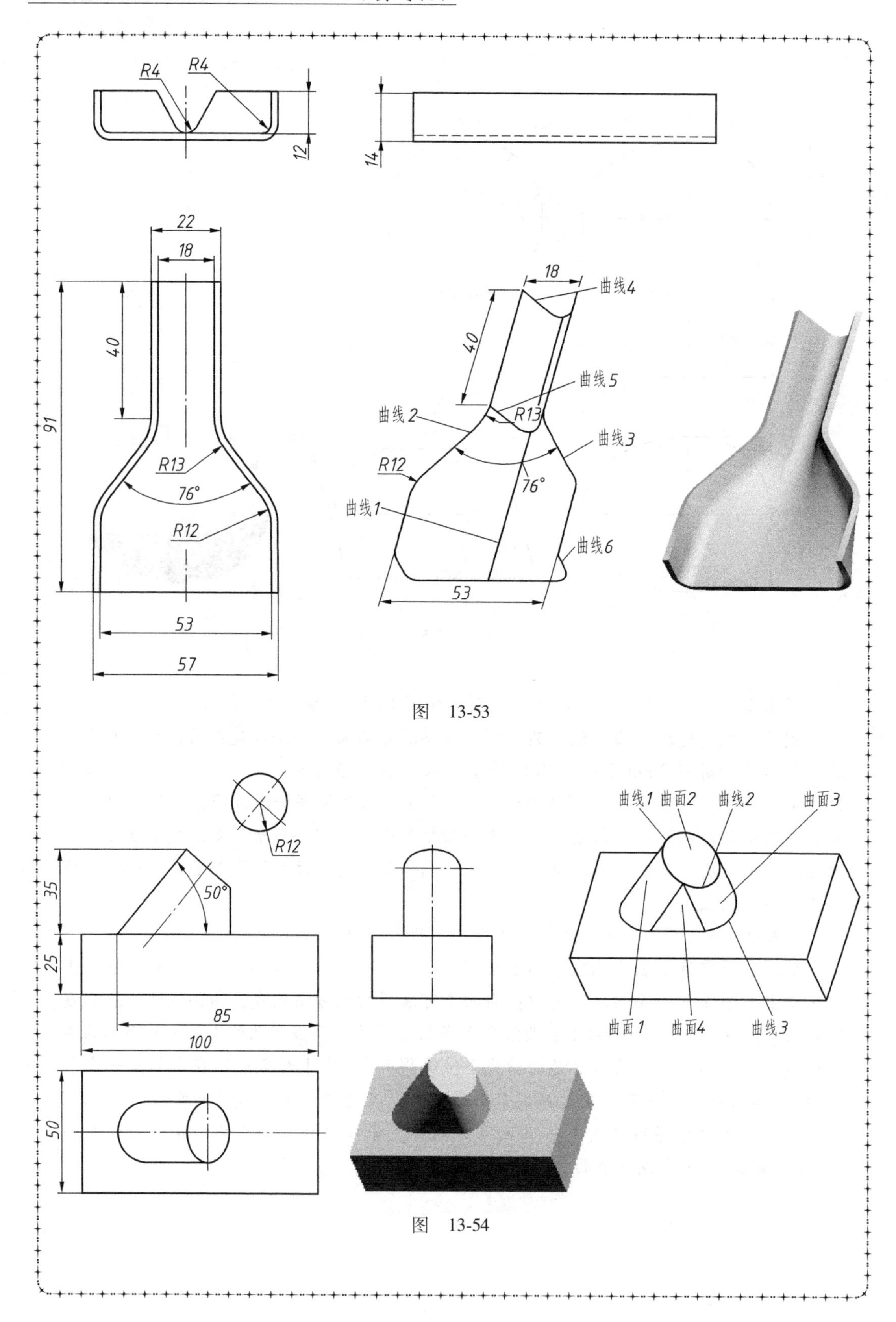
R4
R4
12
14
22
18
40
91
R13
76°
R12
53
57
18
曲线4
40
曲线5
R13
曲线2
曲线3
R12
76°
曲线1
曲线6
53
R12
35
50°
25
85
100
50
曲线1
曲面2
曲线2
曲面3
曲面1
曲面4
曲线3

图 13-53

图 13-54

习题4　根据图13-55所示的鼠标线形框架图和实体图，创建鼠标实体模型。

提示：根据线形框架图先用草绘工具创建出各条曲线，再用边界混合曲面等方法创建出模型的六个曲面，接着将六个曲面合并成曲面组，然后将曲面组实体化，最后对模型倒圆处理。绘制线形框架图时请注意：曲线1绘制在FRONT面上，它由两条相切的曲线组成；曲线2是一条空间曲线，由两条平面曲线相交而成，其中一条绘制在TOP面上，另一条绘制在新建的基准面上(该面用FRONT面向前偏距30mm而成)；曲线3由曲线2镜像而成；曲线4和曲线5选择〜图标按钮，选择“经过点”选项，然后选取图形中相应的端点而生成。模型底面4条曲线绘制在新建的基准面上(该面用TOP面向下偏距10mm而成)，它们是由顶面4条曲线分别偏距一定数值而成；四条侧边曲线的创建方法如同曲线4和曲线5。

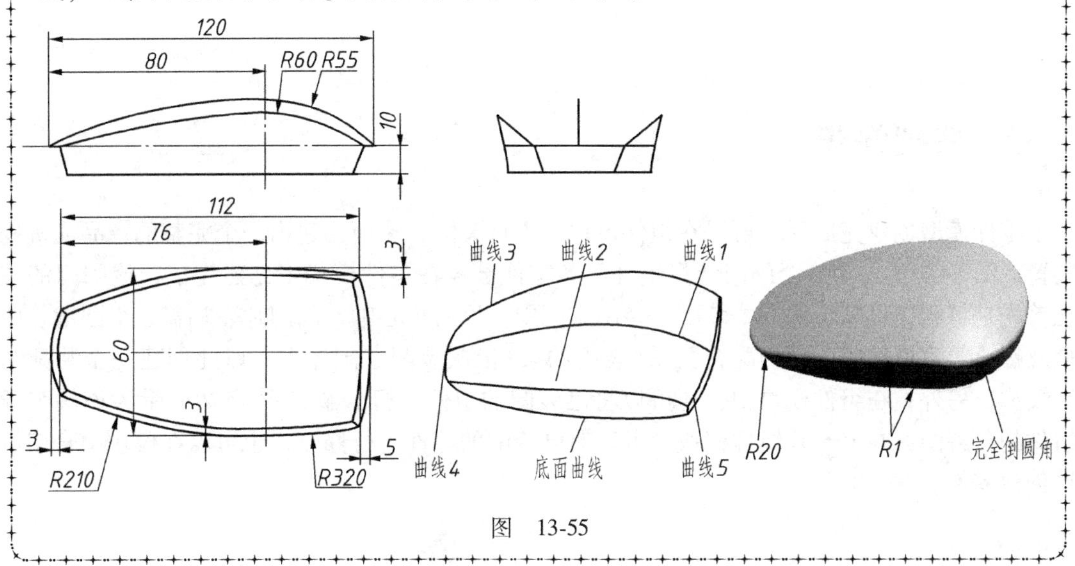

图　13-55

第十四单元 组件装配

❖ 基础知识

零件模型创建完成后，可以在组件模块下进行装配，从而创建出一个完整的产品或机构装置。图 14-1 所示为一个阀门装配组件，各零件已经在零件模式中创建完毕，该阀门的装配首先是将阀体以默认的方式装配在装配空间中，然后将心轴、阀门片、端盖、半圆键、曲柄及螺栓等零件按照一定的配合关系（装配约束）依次装配在阀体上，以此创建一个装配组件模型。另外，在组件模块中，还可以将已装配的组件进行分解，图 14-2 所示为该阀装配组件的分解图。在 Pro/E 组件模块中可以对已装配的零件进行修改，也可以在模块中直接设计创建零件。

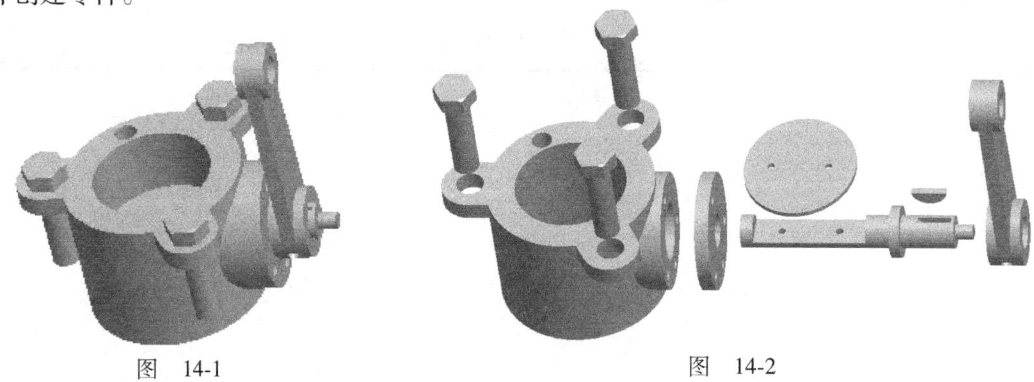

图 14-1　　　　图 14-2

一、创建装配模型的基本步骤

1. 设置工作路径

单击下拉菜单【文件】→【设置工作路径】命令 → 在“选取工作目录”对话框中找到所需的文件夹 → 单击“确定”按钮。

注意： 装配所需的零件和子组件都应在此文件夹中。

2. 创建新文件

单击图标按钮 → 文件类型为“组件”/子文件类型为“设计”/输入装配文件名称/取消“使用缺省模板”勾选 → 选择“mmns_asm_design”毫米制装配模板 → 单击“确定”按钮 → 系统进入到如图 14-3 所示的装配界面。

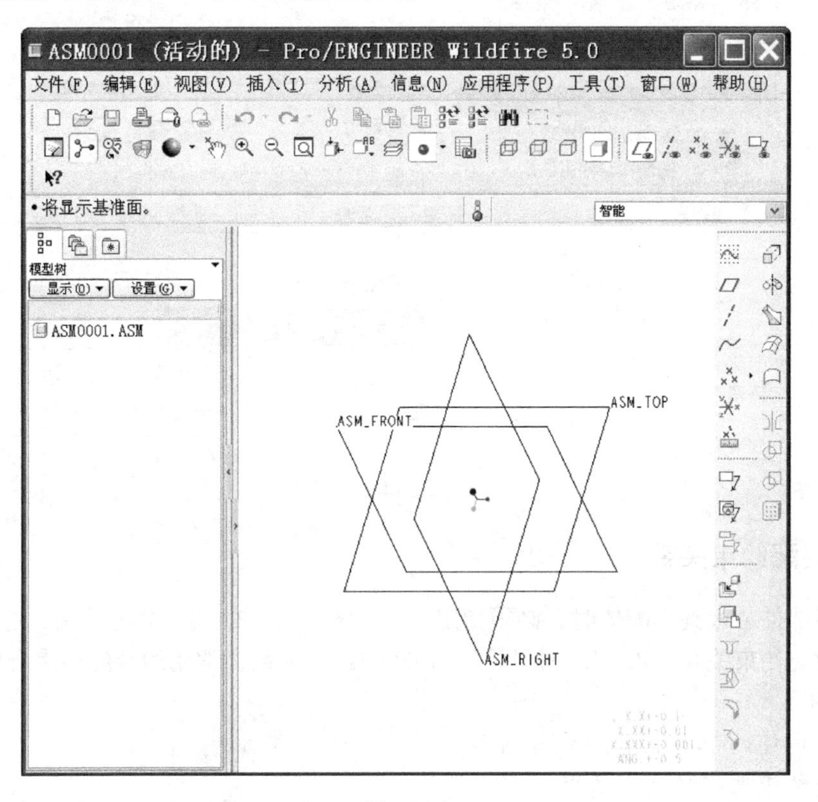

图 14-3

3. 装配零件

1）单击【插入】→【元件】→【装配】命令，或单击工具栏图标按钮 → 选择并打开一个需装配的元件 → 待装配零件进入装配窗口，同时弹出“装配”操控面板。

“装配”操控面板上常用功能简介如图 14-4 所示。装配体元件间的配合或连续关系的定义界面如图 14-5 所示。

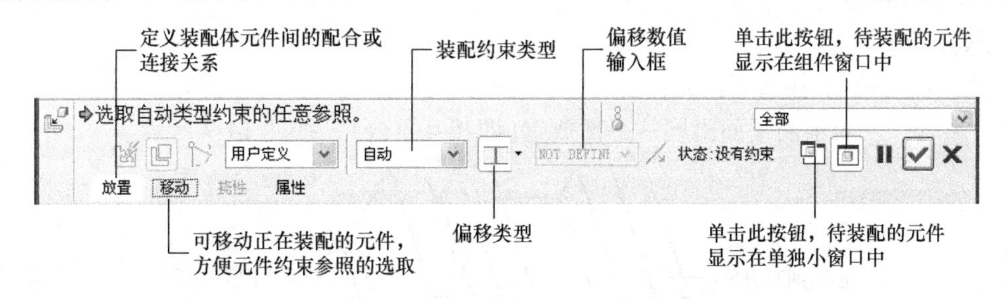

图 14-4

一般第一个零件为基础零件，大多采用“缺省”方式定位零件模型，即零件模型中的坐标和装配模型中的坐标完全重合。

2）采用与步骤 1）相同的方法，依次调入其他零件，选择合适的约束条件与窗口中已有的零件配合，直至完成整个组件的装配。

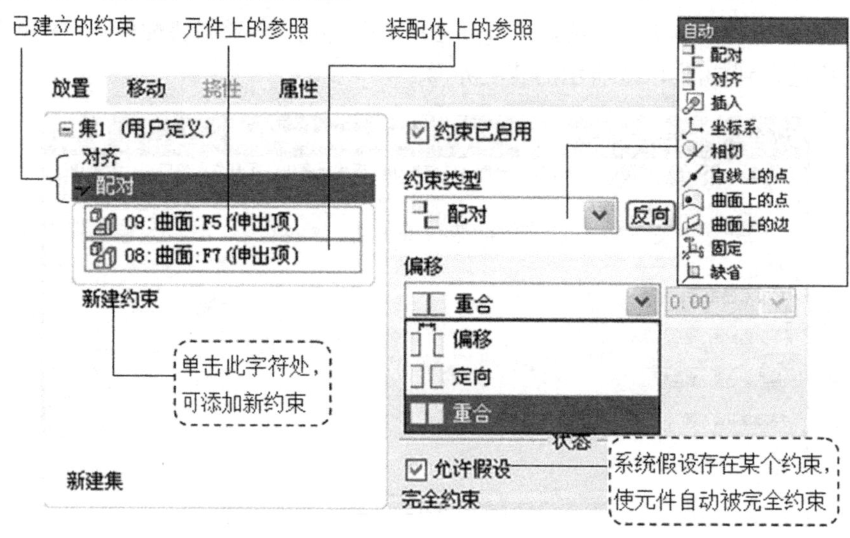

图 14-5

二、装配约束关系

新的零部件装入到装配体时，必须指定与装入零件之间的相互装配关系，这种相互装配关系就叫装配约束关系。Pro/E 中提供了多种装配约束关系，常用的装配约束有以下几种。

1. 配对

该约束可使两个平面的法线方向相对。配对约束选择的要素为两个平面，如图 14-6 所示，其中一个要素应选待装配零件的平面，叫元件参照，另一个要素应选已装配好的零件平面，叫组件参照。所选平面要素既可以是实体表面，也可以是基准平面。被选两个平面之间间距由“偏移”类型中的选项设定。

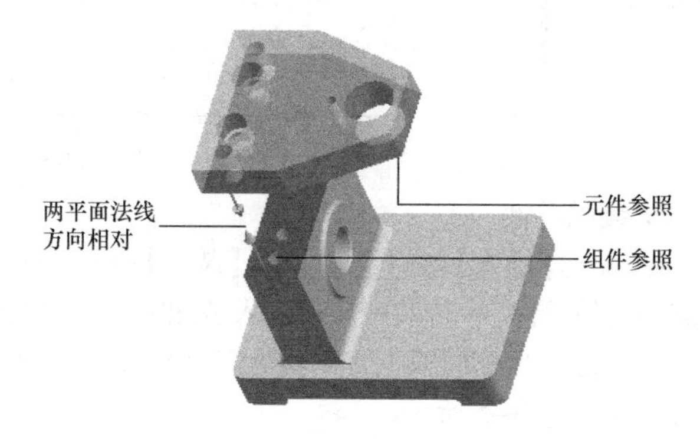

图 14-6

“偏移”类型中各选项含义：

1）重合——表示两平面沿同一平面放置（即相互重合），如图 14-7 所示。

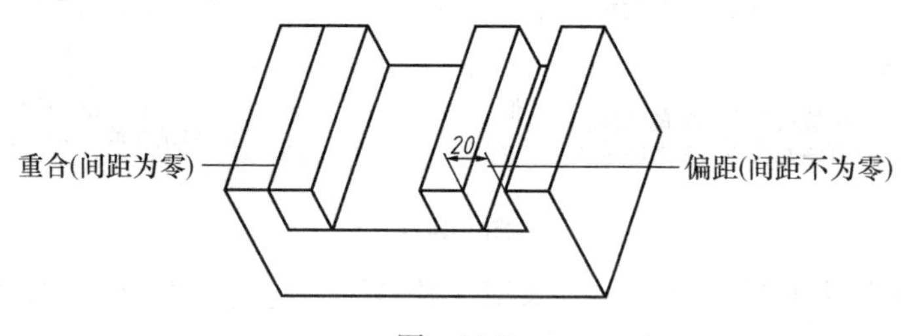

图 14-7

2）偏距——表示两平面间相隔一个自定义的偏移距离，如图 14-7 所示，偏移值可以为正值或负值。

3）定向——表示只限定两平面的法线方向相反，而不限定其间距。

2. 对齐

该约束可使两个平面的法线方向相同，如图 14-8 所示，所选的要素是两个平面。对齐方式同样也包含有偏距、重合与定向 3 种设定。

对齐约束也可使两条轴线同轴，此时所选的要素是两条轴线或边。

3. 插入

该约束专用于定义两个旋转特征同轴，所选的要素为特征的旋转表面。图 14-9 所示为孔轴配合。

图 14-8　　图 14-9

4. 坐标系

该约束可使两个要素的坐标系对齐，即一个坐标系中的 X 轴、Y 轴、Z 轴与另一个坐标系中的 X 轴、Y 轴、Z 轴分别对齐，如图 14-10 所示。

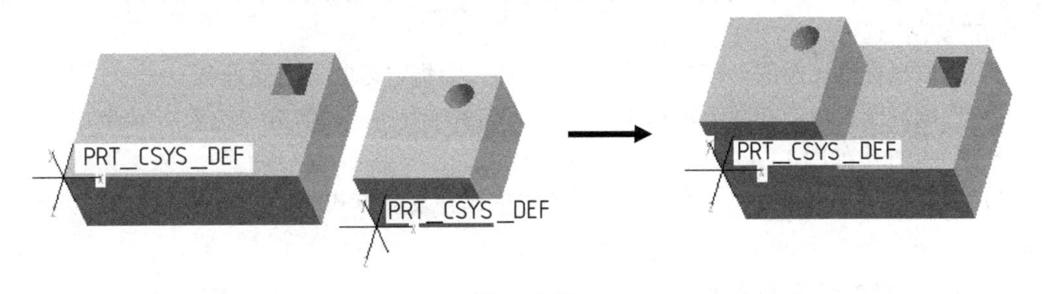

图 14-10

5. 相切

该约束可使一个曲面与另一个曲面或平面相切，如图 14-11 所示。

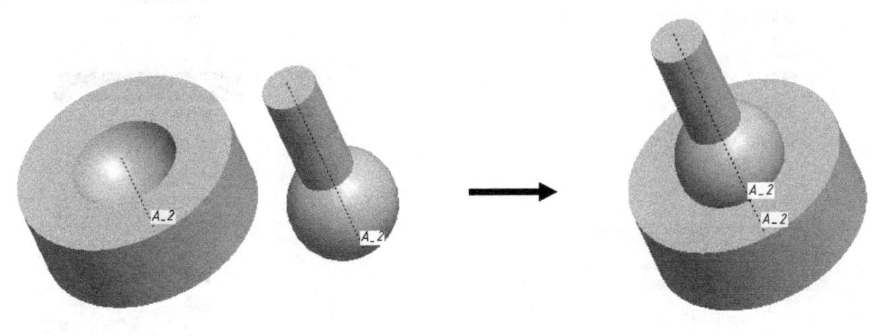

图 14-11

6. “缺省”和“固定”约束方式

“缺省”约束是将待装配元件的坐标系与装配空间坐标系对齐。当向装配空间中装配第一个元件时，常常选用这种约束。

“固定”约束是将待装配元件固定在窗口的当前位置上。

7. 自动约束方式

该约束是系统根据所选的两个装配要素的特点自动指定一种约束来放置元件。该方式最为常用。

三、元件的复制与阵列

1. 元件复制

在装配模块中，也可以对单个或多个已装配的元件进行平移复制或旋转复制，如图 14-12 所示。复制的方法与零件模块中的特征复制基本相同。

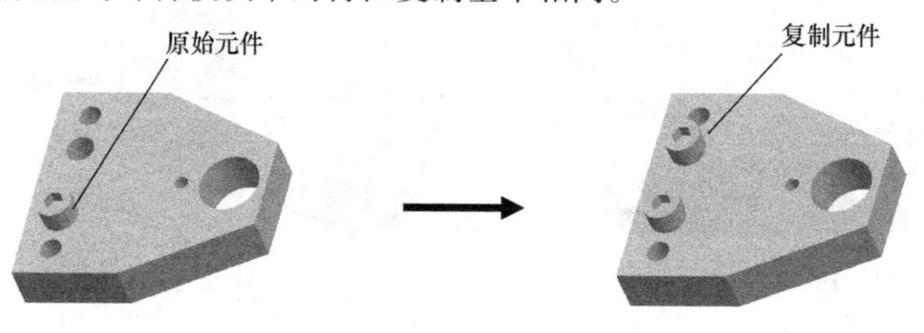

图 14-12

元件复制的操作步骤：

1）选取命令：单击【编辑】→【元件操作】命令 → 弹出如图 14-13 所示的菜单管理器 → 单击“复制”选项。

2）选取坐标系：在图形窗口中选取一个坐标(为指定复制方向做准备)。

3）选取复制对象：在图形窗口中选取一个或多个元件 → 单击“选取”菜单中的“确定”按钮 → 弹出如图 14-14 所示的菜单管理器。

4）选择复制方式和方向：在图 14-14 菜单中选择复制方式(如平移)/ 选择复制方向(如 X 轴)。

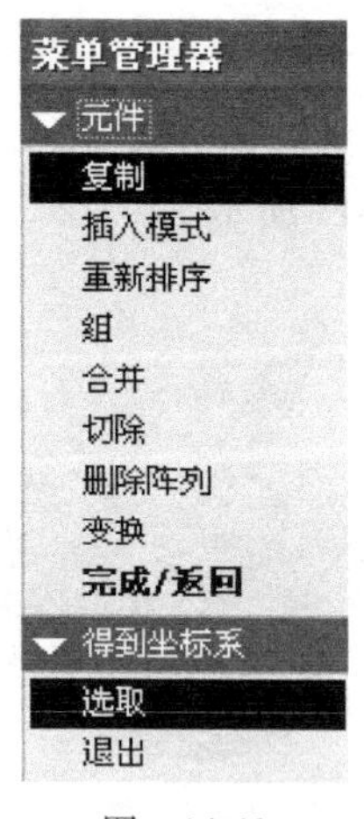

图 14-13

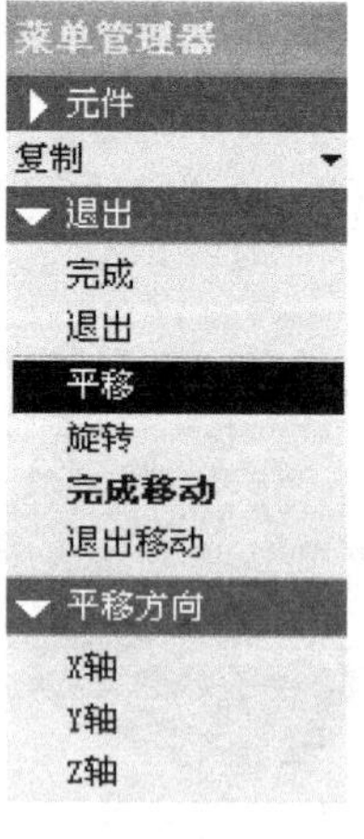

图 14-14

5）输入复制参数：输入平移距离或旋转角度 → 单击图 14-14 菜单中“完成移动”选项 → 输入复制的总数量，完成一次复制 → 系统返回到图 14-14 菜单。

6）重复步骤 4）~5），还可进行该零件其他方向的平移或旋转复制。

7）单击图 14-13 菜单中“完成”，结束复制操作。

注意：复制的总数量包括源对象自身。

2. 元件阵列

与特征阵列一样，元件也可以阵列，如图 14-15 所示。

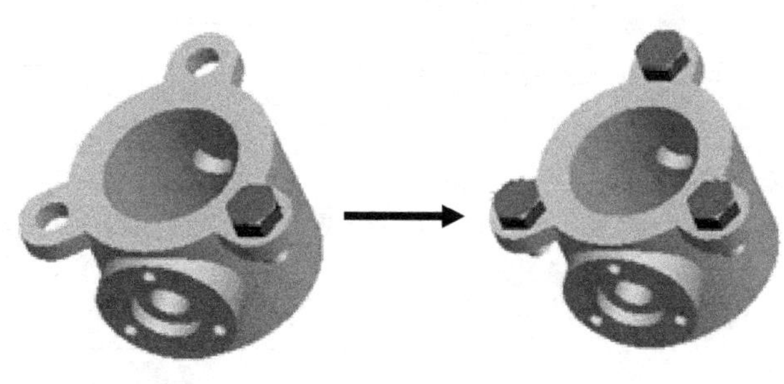

图 14-15

装配图中的元件阵列同样包括尺寸阵列、方向阵列、轴阵列及填充阵列等。阵列方法与特征阵列方法基本相同，此处不再赘述。需要注意的是，在执行尺寸阵列时，只能以元件装配中产生的偏距值作为阵列参考尺寸。

四、组件分解图

装配模型建立完成后，可以将装配模型中的各零件沿着直线或轴线方向分解拉开，以便更清楚地表达该模型的装配关系和内部结构。分解图示例如图 14-2 所示，这种图称为组件分解图（也称为爆炸图）。值得注意的是，分解图仅影响组件的外观，各零件之间的装配实际距离并没有发生改变。

创建分解图的一般步骤如下：

1）打开文件：打开已有的组件模型。

2）分解视图：单击下拉菜单的【视图】→【分解】→【分解视图】命令 → 窗口中的装配体自动生成一个默认的分解状态。

注意：默认的分解状态中各零件之间的显示位置不是按设计者的意图显示，故实际意义不大，需要对其进行编辑处理。

3）编辑位置：单击下拉菜单的【视图】→【分解】→【编辑位置】命令 → 弹出如图 14-16 所示的“编辑位置”操控面板 → 选取运动类型，如图标按钮 → 选取一个或多个要移动的元件 → 将光标移至弹出坐标系（该坐标系中心为一白色方块）的某轴上，该轴显示为红色 → 按住左键，移动光标，元件沿此轴方向移动 → 用相同方法移动其他元件，完成所有元件分解。

4）编辑位置后，如装配在同一轴线上的零件不放在同一轴线上，如图 14-17 所示，则需创建分解状态偏距线：单击操控面板上按钮，弹出如图 14-18 所示对话框 → 在操控面板过滤器下拉表框中选择“轴”选项 → 分别选取图 14-17 中两元件的轴线 → 单击图 14-18 对话框中 应用 按钮 → 单击 关闭 按钮，完成分解状态偏距线的创建，如图 14-19 所示。

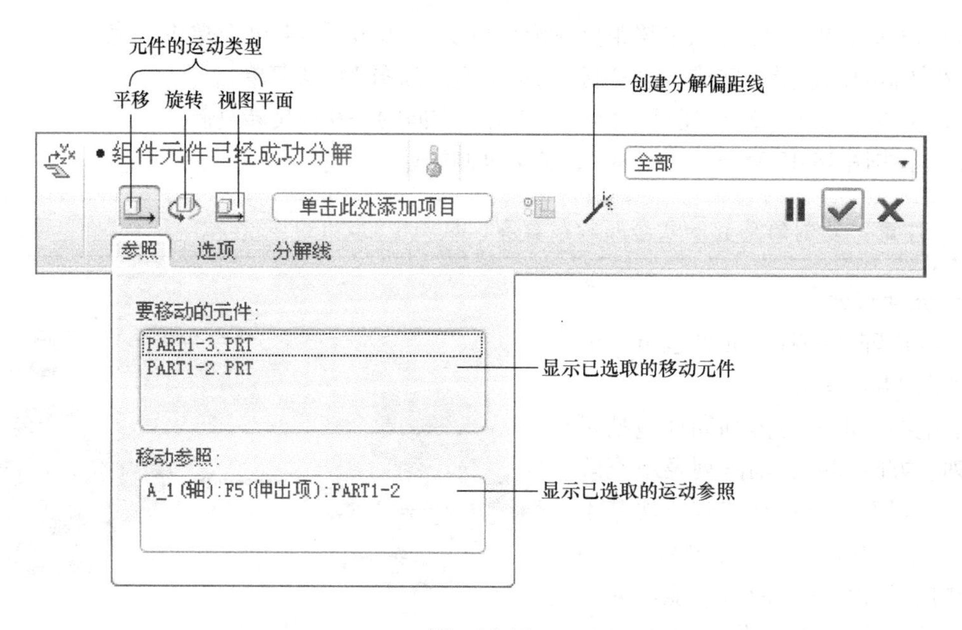

图 14-16

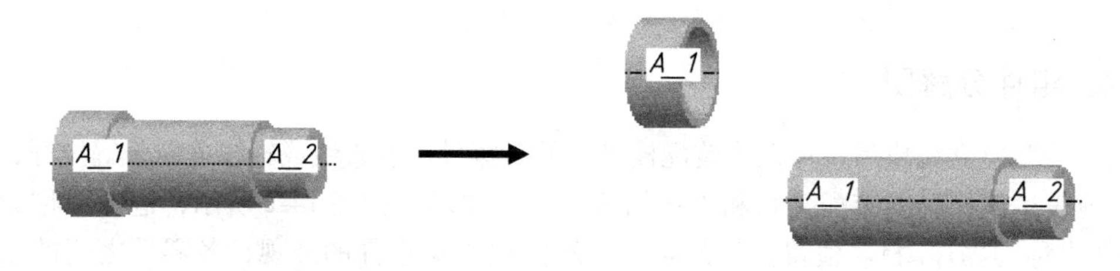

图 14-17

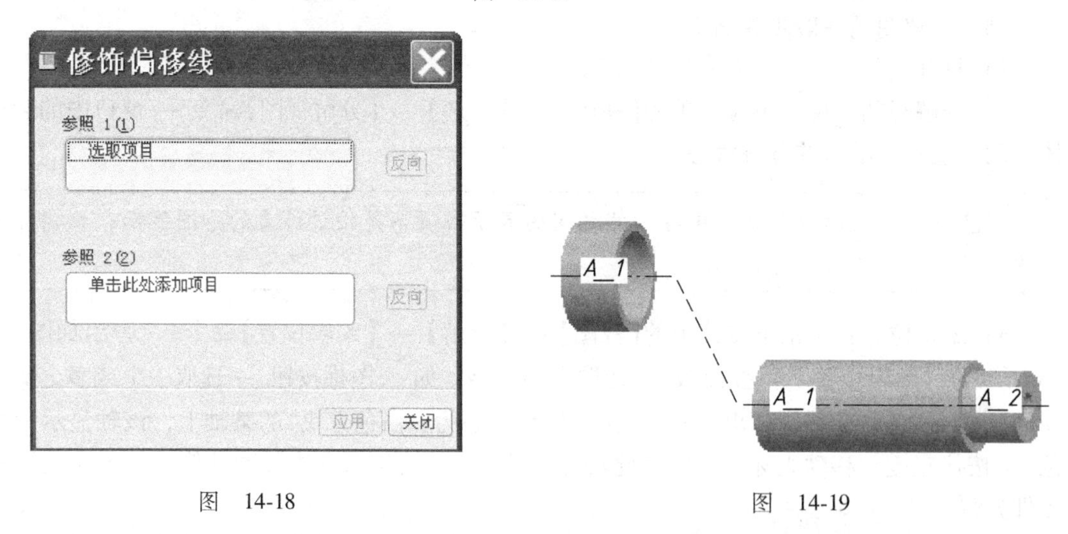

图 14-18　　　　图 14-19

注意：选取两元件的轴线时，选取点尽量靠近两轴线的端点处。

5）单击✔图标按钮，完成分解视图。

6）保存分解状态：单击下拉菜单的【视图】→【视图管理器】命令 → 在弹出的如图 14-

20 所示的对话框中选取 编辑 按钮 → 选取“保存”选项 → 在弹出的如图 14-21 所示的对话框中选取 确定 按钮 → 单击图 14-20 对话框中 关闭 按钮。

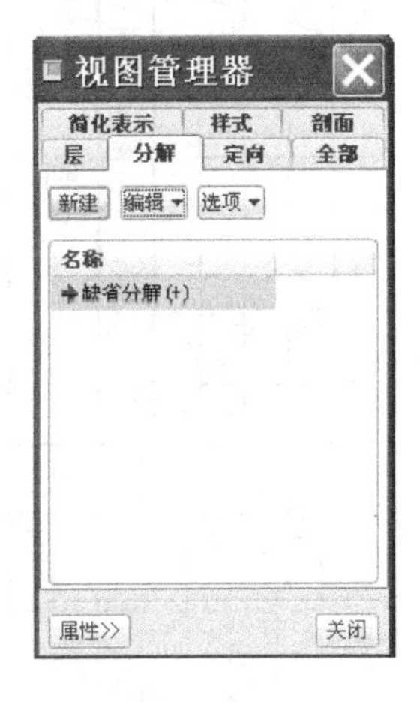

图 14-20

图 14-21

❖ 实训课题 1：钻夹具

一、目的及要求

目的：通过对钻夹具的装配，理解和掌握各种装配约束关系，掌握元件装配的操作步骤、元件的复制或阵列方法、装配图中的爆炸视图的生成方法。

要求：根据装配图 14-22 中各元件的装配关系，创建夹具体的装配图及夹具体分解爆炸图。

二、创建思路及分析

该钻夹具体的装配顺序是：首先装入底座零件，接着装入定位心轴，然后依次装入心轴上的各零件，再依次装入钻模板、定位销、紧固螺钉、衬套、快换钻套和定位螺钉。以上零件多为轴和孔、平面与平面相配的装配，故可用插入、对齐、匹配等进行约束。钻夹具中定位销和紧固螺钉均为两个，故可以考虑采用阵列或复制的方法进行装配。装配完后，通过【视图】→【分解】→【分解视图】命令，即可生成默认的装配爆炸图。由于默认分解状态中各零件的位置一般都不理想，故还应采用【视图】→【分解】→【编辑位置】命令，对已经产生的分解视图进行重新编辑，将各零件分解到合适的位置。

三、创建注意事项

1）创建组件装配模型时，第一个零件应尽量采用“缺省方式”为零件定位。

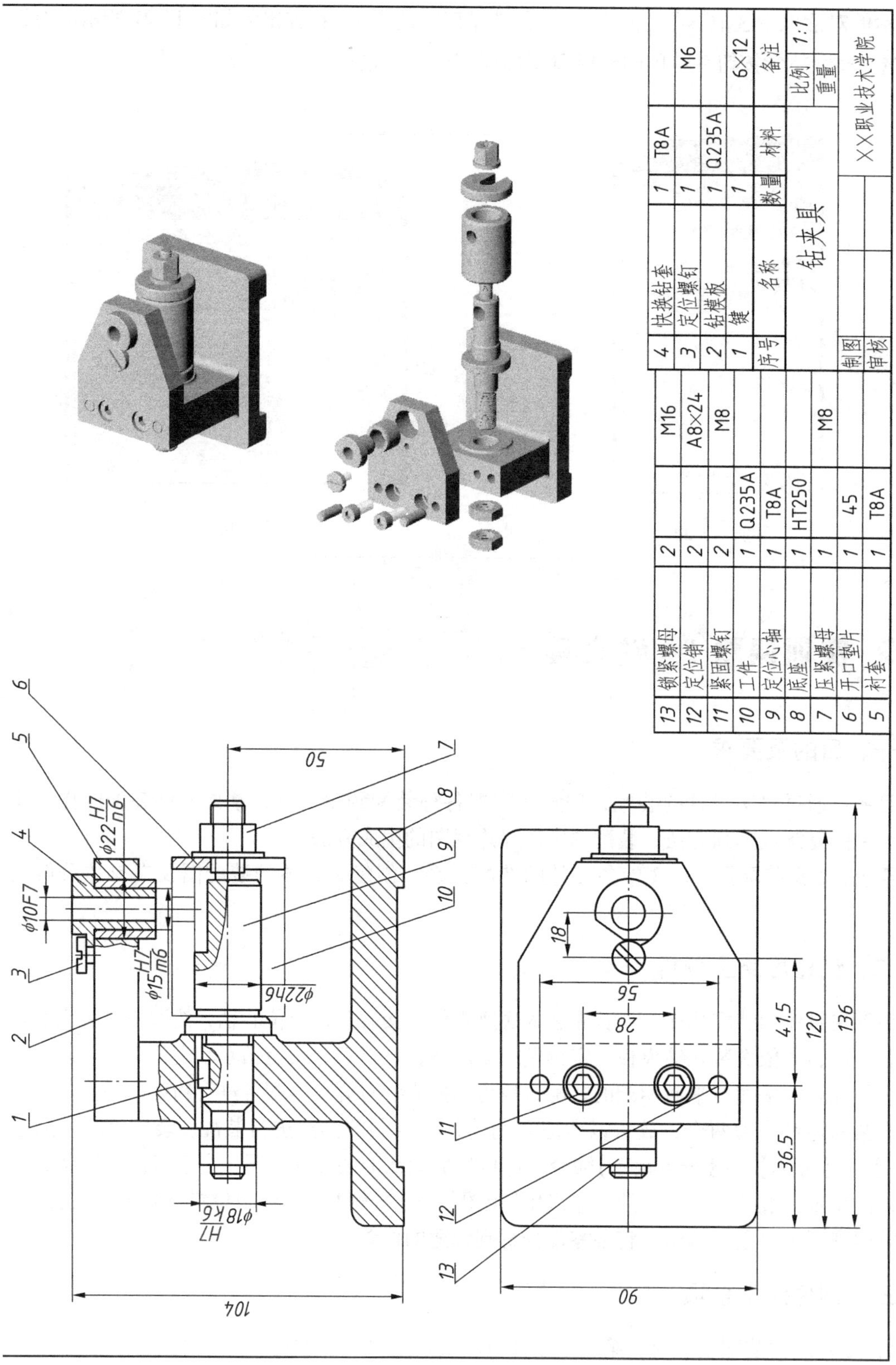

序号	名称	数量	材料	备注
13	锁紧螺母	2		M16
12	定位销	2		A8×24
11	紧固螺钉	2		M8
10	工件	1	Q235A	
9	定位心轴	1	T8A	
8	底座	1	HT250	
7	压紧螺母	1		M8
6	开口垫片	1	45	
5	衬套	1	T8A	
4	快换钻套	1	T8A	
3	定位螺钉	1		M6
2	钻模板	1	Q235A	
1	键	1		6×12

钻夹具	比例	1:1
	重量	
制图		XX职业技术学院
审核		

图 14-22

2）零件装配时，可以通过“移动”方式，将零件尽量放置在所需的安装位置附近，必要时可将其显示在单独的小窗口中，以便观察和选择。

3）合理选择元件的约束关系，零件装配应使零件处于完全定位，不能有过定位和欠定位。

4）对相同零件的多次装配，尽量采用复制和阵列的元件安装方式。

5）生成爆炸分解图时，元件的移动尽量按零件的装配方向移动。

四、创建步骤

步骤 1. 设置工作目录

将所有待装配零件模型文件放置在同一文件下。本例中所有零件均放在准备文件\CH14\14-22 文件夹中，将该文件夹复制到本地磁盘中，并设置该文件夹为工作目录。

步骤 2. 创建新文件 zuanjiaju

单击图标按钮 → 新建组件模型文件，文件类型为组件，子文件类型为设计，不使用缺省模板 → 选择“mmns_asm_design”公制模板。

步骤 3. 装配基础零件底座

单击图标按钮 → 到工作目录中调入底座 08. prt → 弹出“装配”操控面板，同时待装配零件自动进入装配空间 → 采用“缺省”方式定位 → 单击操控面板上图标按钮 ，结果如图 14-23 所示。

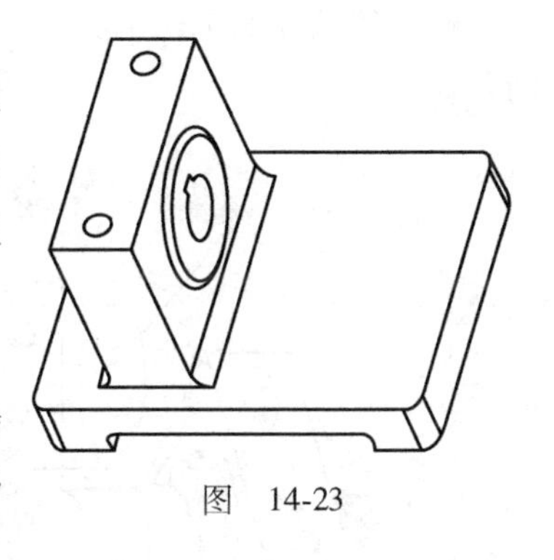

图 14-23

步骤 4. 装配定位心轴

以同样的方法调入定位心轴 09. prt → 以柱面插入、端面匹配和键槽侧面对齐的约束关系进行装配，如图 14-24 所示。

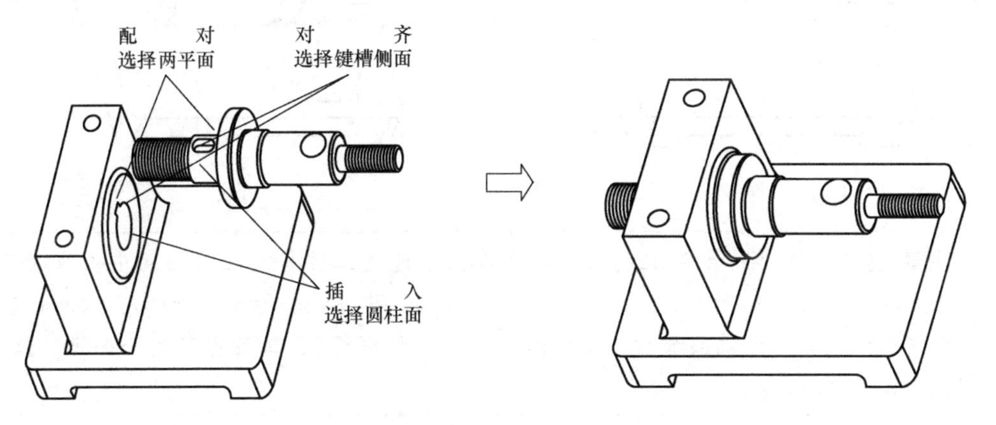

图 14-24

步骤 5. 装配平键

在模型树中右击底座 08 → 在快捷菜单中选“隐藏”→ 调入平键 01. prt → 以键槽侧面配对、底面配对和圆弧面相切的约束关系进行装配，如图 14-25 所示。

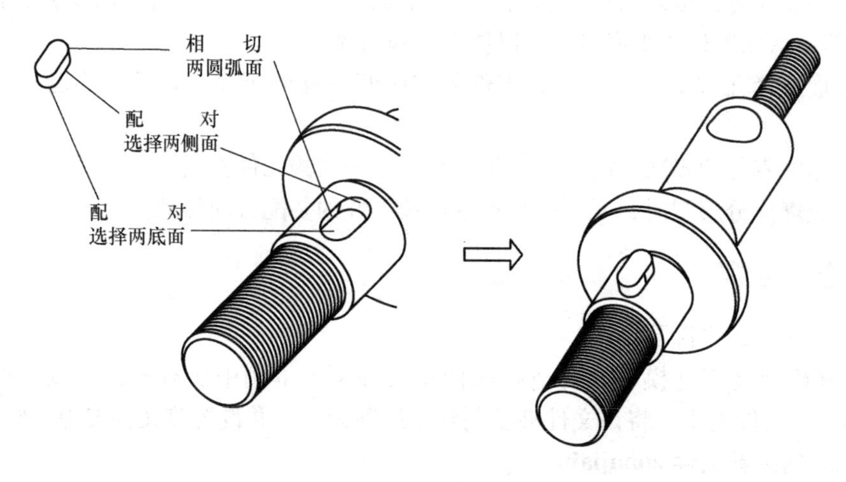

图　14-25

步骤 6. 装配工件

调入待钻孔的工件 10. prt → 以两柱面插入、端面配对的约束关系进行装配，如图 14-26 所示。

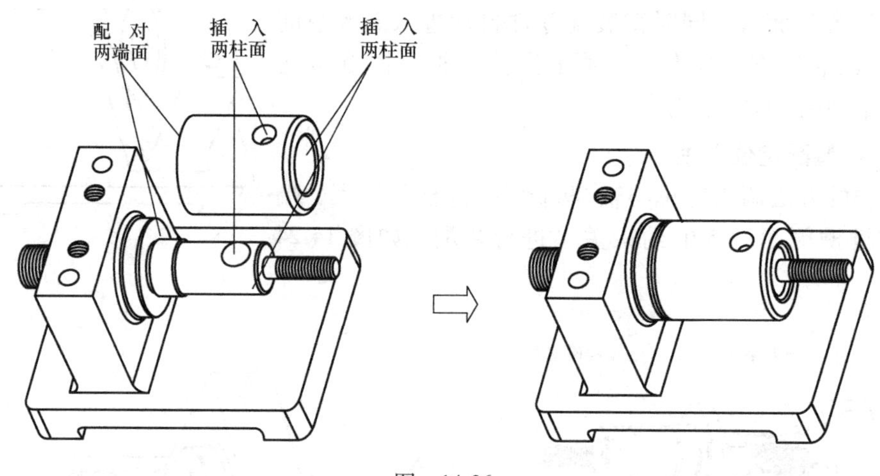

图　14-26

注意：图 14-26 所示的装配约束仅供参考，如选用工件与定位心轴两中心线对齐、工件上小孔与定位心轴上小孔两中心线对齐，则工件就可完全约束；如选用工件与定位心轴两中心线对齐、两端面配对，系统则启动“允许假设”，工件也可完全约束。读者可以试一试。

步骤 7. 装配开口垫片

调入开口垫片 06. prt → 以两柱面插入、端面配对及两平面对齐的约束关系进行装配，最后的对齐约束的参照要素分别选择垫片开槽的侧面和底座的前侧面，并且采用定向的方式，如图 14-27 所示。

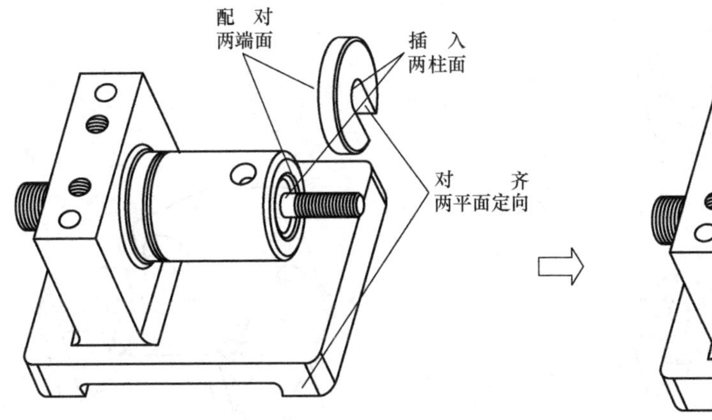

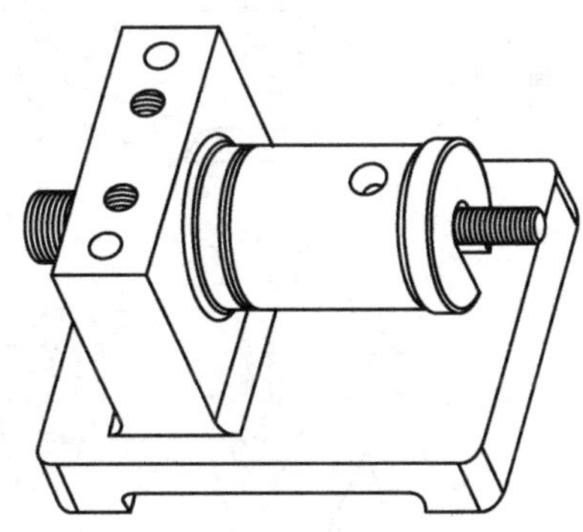

图 14-27

步骤 8. 装配压紧螺母

调入压紧螺母 07. prt → 以两柱面插入、端面配对的约束关系进行装配，如图 14-28 所示。

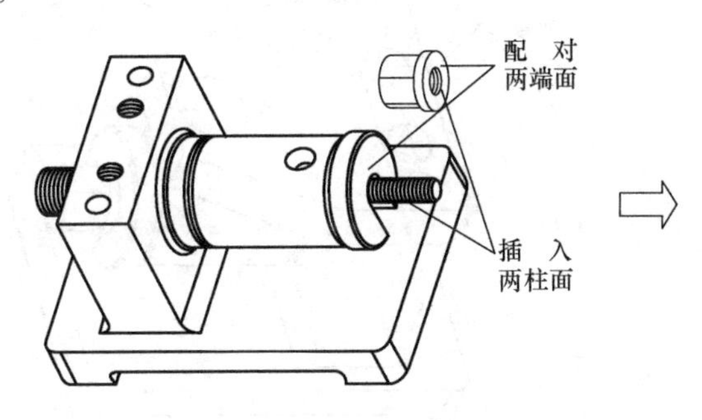

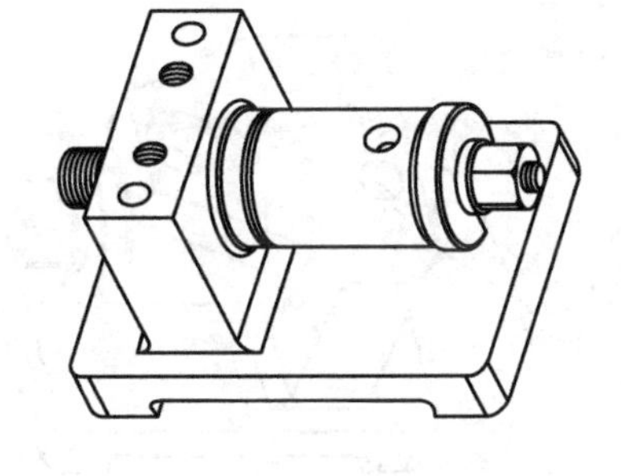

图 14-28

步骤 9. 装配锁紧螺母

调入锁紧螺母 13. prt → 以圆柱面插入、端面配对的约束关系进行装配，如图 14-29 所示。该零件使用相同方法装配两次，也可采用复制或阵列的方式试一试装配。

步骤 10. 装配钻模板

调入钻模板 02. prt → 以两个插入和一个配对的约束关系进行装配，如图 14-30 所示。

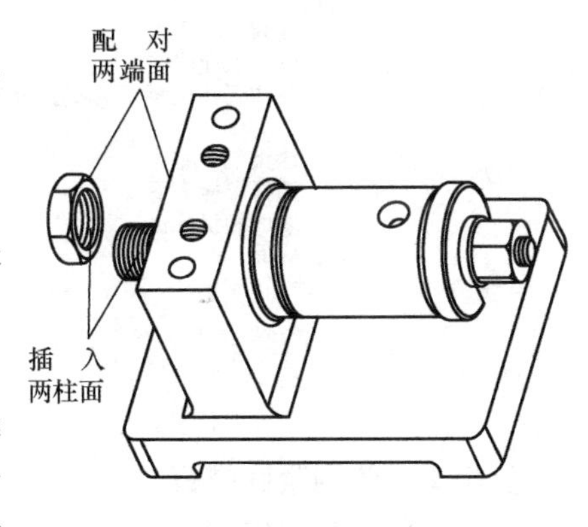

图 14-29

步骤 11. 装配定位销

调入定位销 12. prt → 以插入和一个对齐的约束关系进行装配，如图 14-31 所示。

步骤 12. 阵列定位销

选择已装配的定位销 → 单击工具栏按钮 → 选用“方向阵列”方式 → 在绘图区内选择一条边作为阵列方向参照 → 输入该方向的尺寸增量值为 56，阵列数量为 2，如图 14-32 所示。

步骤 13. 装配紧固螺钉

调入紧固螺钉 11. prt → 以插入和一个配对的约束关系进行装配，如图 14-33 所示。

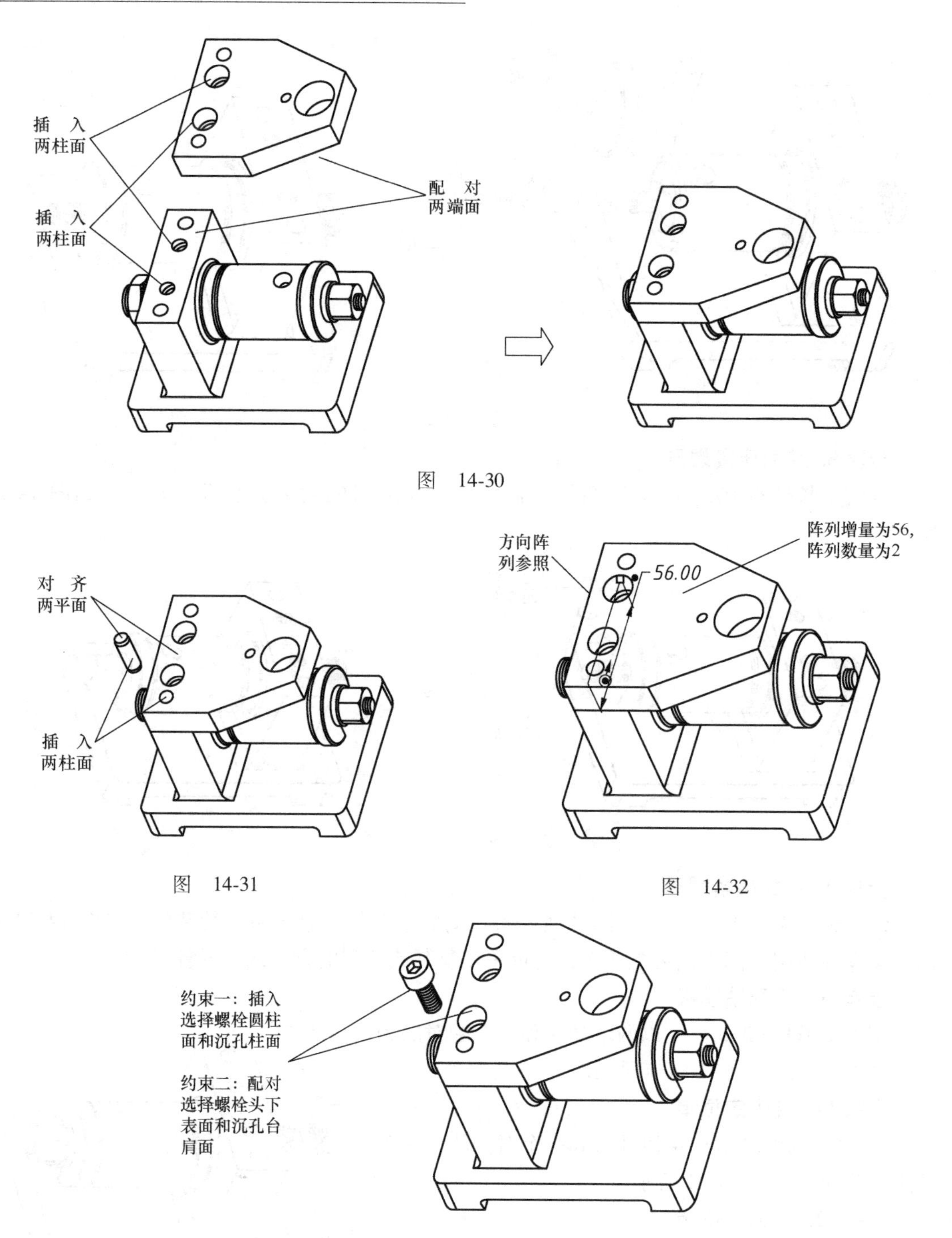

图 14-30

图 14-31

图 14-32

图 14-33

步骤 14. 阵列紧固螺钉

选择已装配的紧固螺钉 → 单击工具栏按钮 → 选用“方向阵列”方式，尺寸增量值为 28，阵列数量为 2。操作方法与步骤 12 完全相同。

步骤 15. 装配衬套

调入衬套 05. prt → 以插入和对齐的约束关系进行装配，如图 14-34 所示。

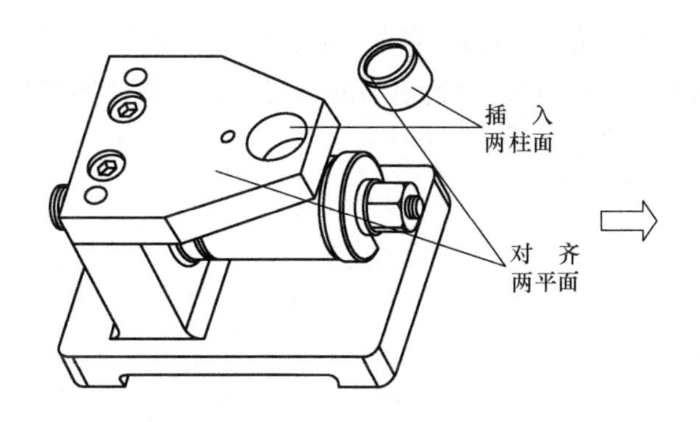

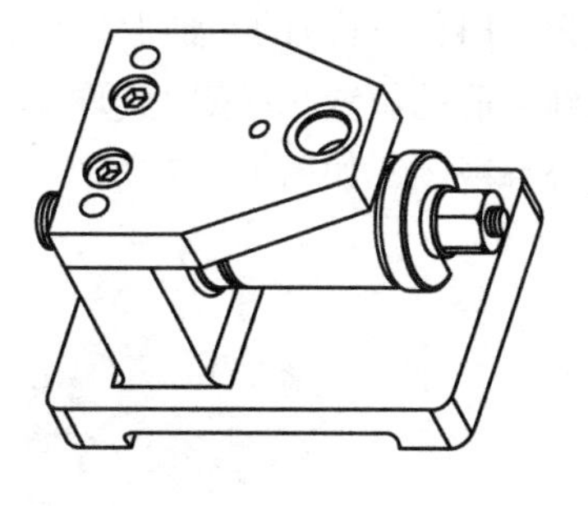

图 14-34

步骤 16. 装配快换钻套

调入快换钻套 04. prt → 以插入和两个配对的约束关系进行装配，如图 14-35 所示。

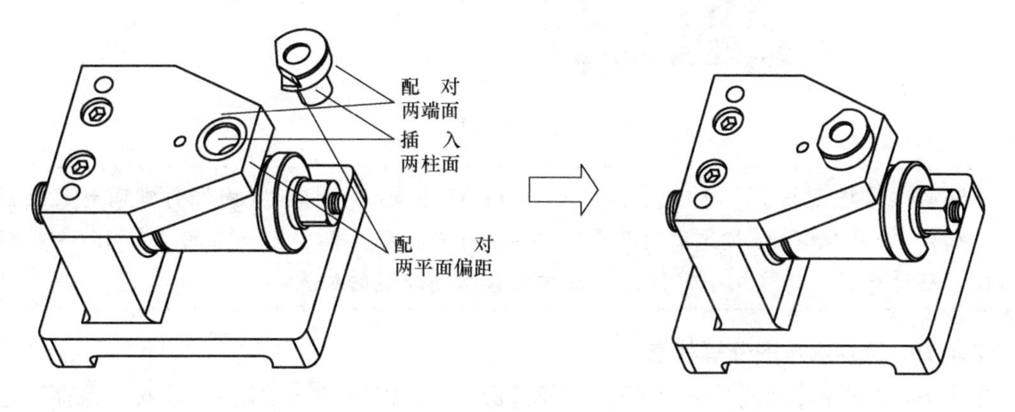

图 14-35

步骤 17. 装配定位螺钉

调入定位螺钉 03. prt → 以插入和两个配对的约束关系进行装配，如图 14-36 所示。至此，完成钻夹具的装配。

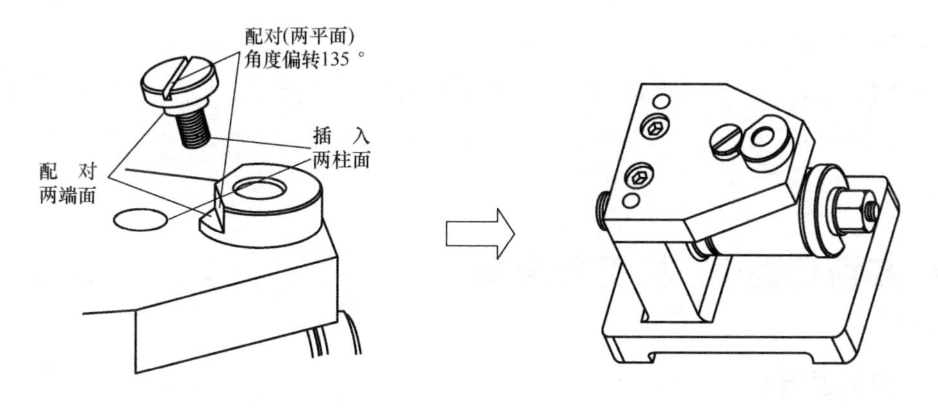

图 14-36

步骤 18. 生成爆炸图

单击下拉菜单的【视图】→【分解】→【编辑位置】命令 → 弹出“编辑位置”操控面板 → 选取图标按钮 → 选取一个或多个要移动的元件 → 将光标移至弹出坐标系（该坐标系

中心为一白色方块）的某轴上，该轴显示为红色 → 按住左键，移动光标，元件沿此轴方向移动到合适的位置 → 依次选取其余零件，将它们移动到适当的位置 → 单击✔图标按钮，完成分解视图，如图 14-37 所示。

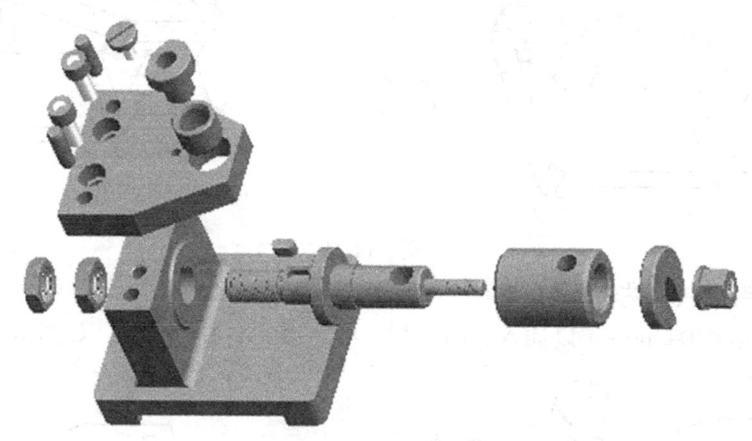

图 14-37

> **注意**：需将几个零件同时移动时（如图 14-37 中定位销钉和紧固螺钉需同时移至同一高度），应按住<Ctrl>键选取这几个零件 → 将光标移至弹出坐标系的某轴上 → 按住左键，移动光标，将这几个零件沿此轴方向移动到合适的位置。

步骤 19. 保存爆炸图分解状态

单击下拉菜单的【视图】→【视图管理器】命令 → 单击 编辑▾ 按钮 → 选取“保存”选项 → 在弹出的对话框中选取 确定 按钮 → 单击对话框中 关闭 按钮。

步骤 20. 取消分解状态

单击下拉菜单的【视图】→【分解】→【取消分解视图】命令，使装配模型返回未分解状态。

步骤 21. 保存文件

单击图标工具栏中的图标按钮 → 使模型零件处于“缺省方向” → 单击“保存”图标按钮，保存文件。

❖ 实训课题 2：机用台虎钳

一、目的及要求

目的：通过对台虎钳的装配，掌握元件装配的操作步骤和各种装配约束关系的应用、元件的复制或阵列方法及装配图中的爆炸视图的生成方法。

要求：根据图 14-38 所示各元件装配关系，创建台虎钳的装配图及分解爆炸图，结果如图 14-39 所示。

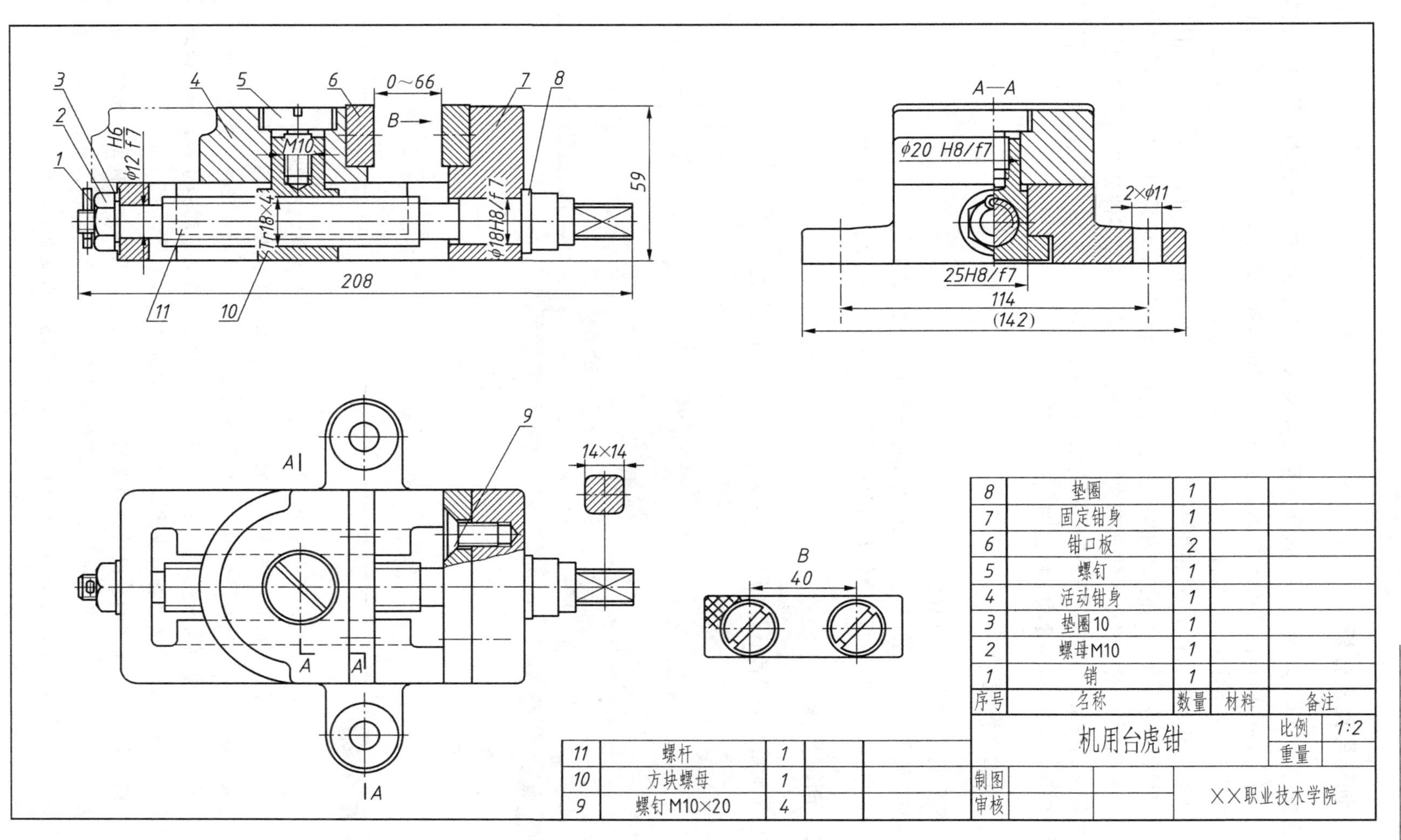
1
2
3
4
5
6
7
8
0~66
B
M10
φ12 F7/H6
Tr18×4
φ18H8/f7
59
208
11
10
A—A
φ20 H8/f7
2×φ11
25H8/f7
114
(142)
9
14×14
A
B
40
8 垫圈 1
7 固定钳身 1
6 钳口板 2
5 螺钉 1
4 活动钳身 1
3 垫圈10 1
2 螺母M10 1
1 销 1
序号 名称 数量 材料 备注
机用台虎钳
比例 1:2
重量
11 螺杆 1
10 方块螺母 1
9 螺钉M10×20 4
制图
审核
××职业技术学院

图 14-38

二、创建思路及分析

该台虎钳由 15 个零件组成。装配顺序是首先装入固定钳身、垫圈和螺杆，接着依次装入垫圈 10、螺母 M10 和销，再依次装入固定钳身上的钳口板、两个螺钉 M10×20，然后再依次装入方块螺母、活动钳身、螺钉以及固定在活动钳身上的钳口板和两个螺钉 M10×20。以上零件多为轴和孔、平面和平面相配的装配，故可用插入、对齐、配对等进行约束。钳口板的紧固螺钉可以考虑采用阵列或复制的方法进行装配。装配完后，应采用【视图】→【分解】→【编辑位置】命令，对已经产生的分解视图进行重新编辑，将各零件分解到合适的位置。由于摆放位置的关系，有些装配在同一轴线上的零件分解后没有处在一条直线上（如活动钳身与钳口板等零件），故还要为分解视图创建偏移线。

三、创建注意事项

1）参见实训课题 1 钻夹具装配的注意事项。

2）创建偏移线选取轴线时，选取位置要尽量靠近轴线的端部。

3）装配时注意零件 5 和 9 螺钉开口槽的位置，以及两个钳口板之间的距离。

四、创建步骤

创建步骤略，由读者根据如图 14-38 所示的工程图自主完成。

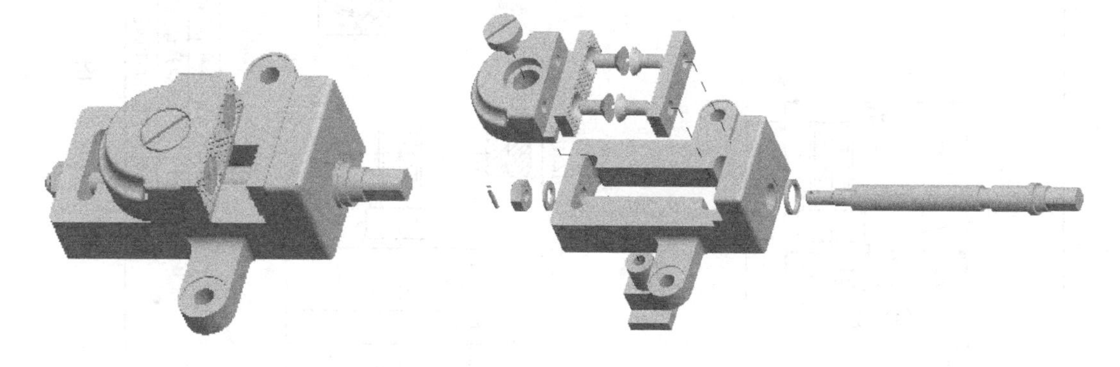

图 14-39

单元小结

本单元首先介绍了组件模块的功能和创建装配图的基本步骤，主要让读者了解组件模块的用途、窗口界面和组件装配图的基本创建步骤。接着重点介绍了几种常用的装配约束关系、元件复制与阵列和组件分解图的创建步骤，目的是让读者熟悉各种装配约束关系、元件复制与阵列的功能和应用。通过对钻夹具的装配和分解，帮助读者正确掌握元件装配的方法、操作步骤和分解视图的方法。

在组件装配时，常用的装配约束有自动、配对、对齐、插入、坐标系、相切、固定和缺省等多种方式；一般情况下，一个零件完全定位需要三个约束条件，注意不能有过定位和未定位现象；对于相同元件的装配，应考虑采用复制、阵列等方法生成，以提高效率；缺省的分解状态下各零件的位置一般都不理想，应采用【编辑位置】命令，将各零件分解到合适的位置。

课后练习

习题 1　根据图 14-40 所示的各元件装配关系，创建支架的装配图及分解爆炸图。（装配所需零件存放在准备文件\CH14\ 14-40 文件夹中。）

提示：首先采用缺省定位方式装入底座，接着依次装入加强板、锥套和心轴。另一套心轴和锥套组合可以采用复制或阵列的方式装入。

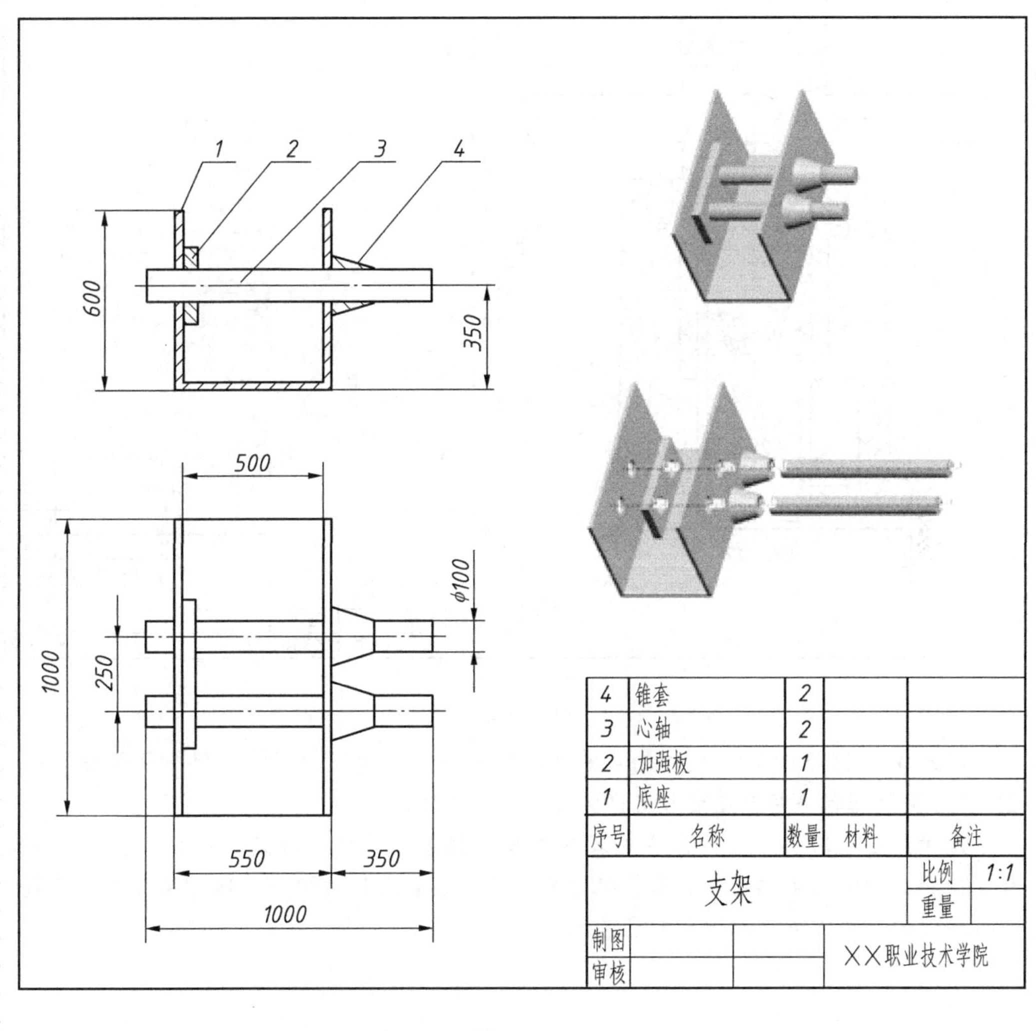

4	锥套	2		
3	心轴	2		
2	加强板	1		
1	底座	1		
序号	名称	数量	材料	备注

支架		比例	1:1
		重量	
制图		XX职业技术学院	
审核			

图　14-40

习题 2 根据图 14-41 所示的各元件装配关系，创建千斤顶的装配图及分解爆炸图。(装配所需零件存放在准备文件\CH14\ 14-41 文件夹中。)

提示： 首先采用缺省定位方式装入底座，接着依次装入螺套、螺钉、螺杆、顶垫、螺钉和横杠。

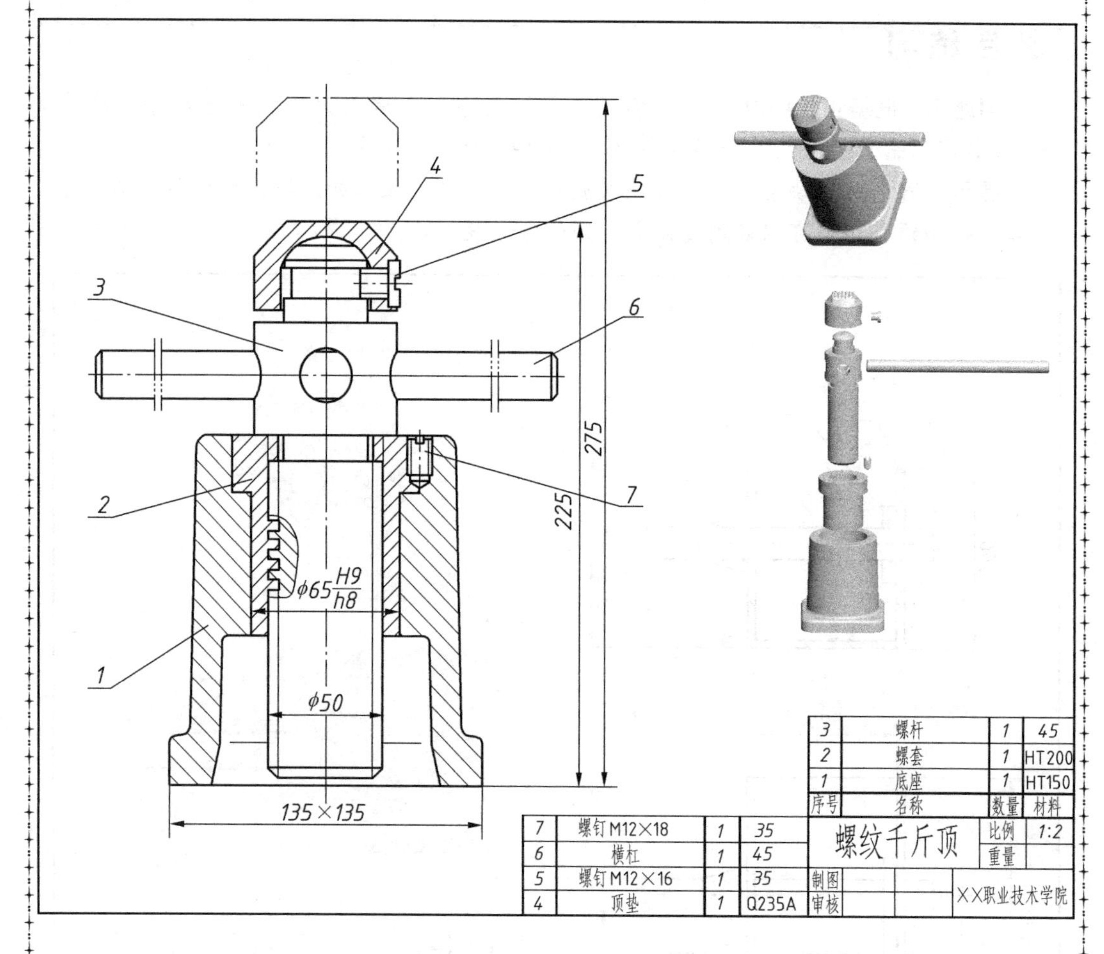

图 14-41

习题 3 根据图 14-42 所示的各元件装配关系，创建夹紧座的装配图及分解爆炸图。(装配所需零件存放在准备文件\CH14\ 14-42 文件夹中。)

提示： 首先采用缺省定位方式装入支座，接着依次装入导套、导杆、轴套、螺杆、键和其余的固定螺钉。如需装配的零件位于已装配好的组件内部时，可考虑隐藏遮住视线的部分零件，以便于完成装配。

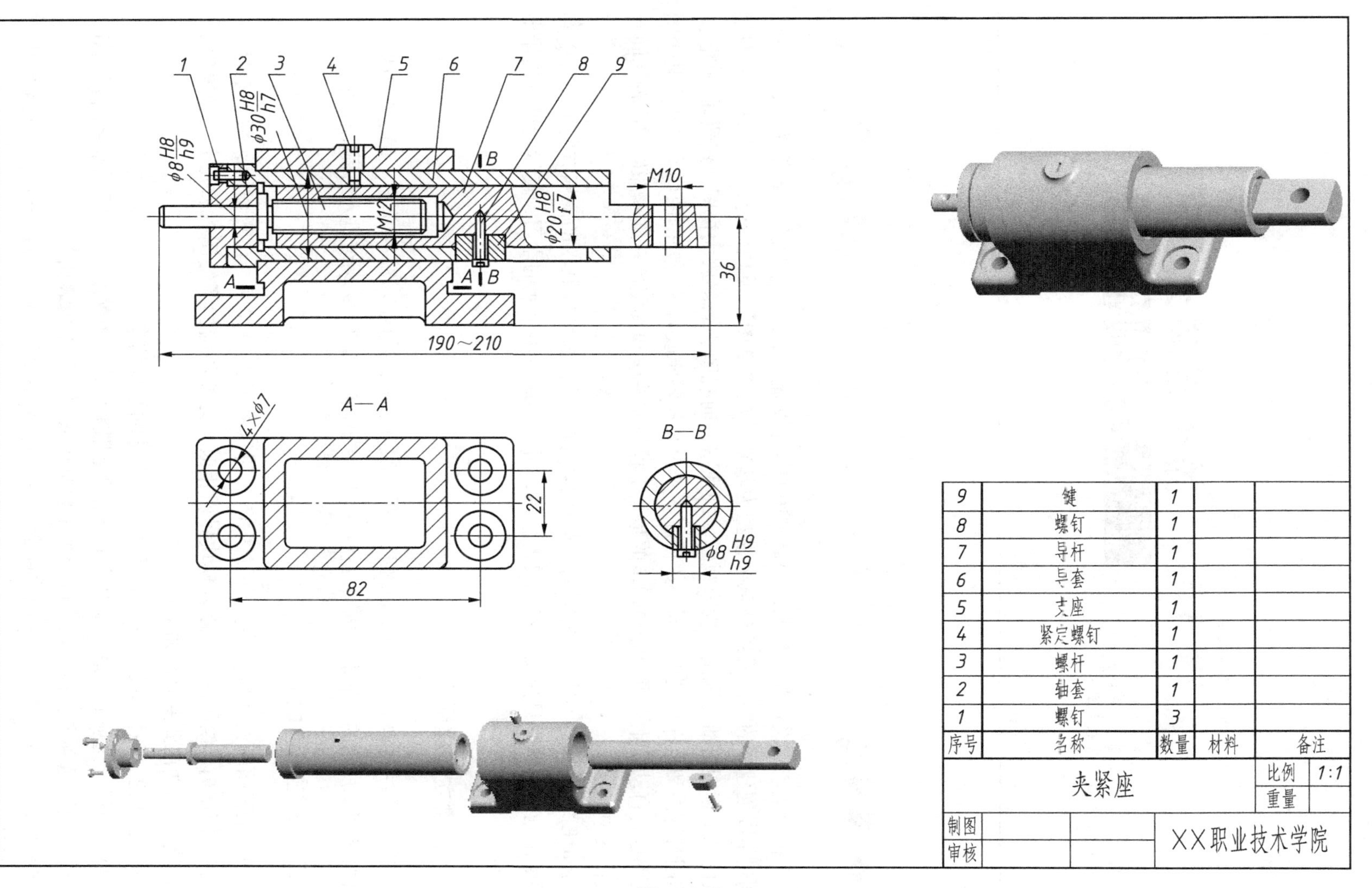
1
2
3
4
5
6
7
8
9
φ8 H8/h9
φ30 H8/h7
M12
B
A
φ20 H8/f7
M10
36
190~210
A—A
4×φ7
22
82
B—B
φ8 H9/h9
9 键 1
8 螺钉 1
7 导杆 1
6 导套 1
5 支座 1
4 紧定螺钉 1
3 螺杆 1
2 轴套 1
1 螺钉 3
序号 名称 数量 材料 备注
夹紧座
比例 1:1
重量
制图
审核
XX职业技术学院

图 14-42

第十五单元 工程图制作

❖ 基础知识

工程图是产品设计和生产制造中最常用的技术交流工具之一。在 Pro/E 系统中，工程图的创建是以创建好的零件或组件三维模型为基础，在“绘图”模块中通过一系列命令创建而成的。工程图包括主视图、投影视图、剖视图、向视图、局部放大视图、三维轴测图等。工程图与零件和组件模型处于同一数据库中，因此只要修改其中一处的图形或尺寸，其余图形文件也会自动发生变更。需要指出的是，工程图文件应和其父项三维零部件图放置在同一个文件夹中。

Pro/E 软件中工程图的内容多而繁杂，而且许多设置与机械制图的国标有所不同，受到篇幅的限制，本单元只能做一些简要的介绍，目标是通过本单元的学习，使读者可以创建出一般零件模型的工程图。

一、建立工程图文件

单击工具栏 🗋 按钮 → 弹出如图 15-1 所示的对话框，按图设置 → 单击“确定”按钮 → 弹出如图 15-2 所示的对话框，按图设置 → 单击“确定”按钮 → 系统进入工程图模块界面。

二、工程图界面简介

创建工程图新文件后，将弹出如图 15-3 所示的工程图界面。该界面标题栏、工具栏、菜单栏、模型树、绘图区等与零件模块界面相似，另外还增加了绘图树和几个功能选项卡，下面就它们的功能简要介绍如下：

1）绘图树：该窗口显示了绘图区中现有视图的结构信息。

2）“布局”选项卡：该区域中的命令主要是用来设置绘图模型、创建和编辑各种视图等。

3）“表”选项卡：该区域中的命令主要是用来创建和编辑表格等。

4）“注释”选项卡：该区域中的命令主要是用来标注尺寸、各种公差、表面粗糙度和文本注释等。

5）“草绘”选项卡：该区域中的命令主要是用来在工程图中绘制和编辑所需要的视图等。

6）“审阅”选项卡：该区域中的命令主要是用来对所创建的工程图视图进行审阅、检查等。

7）“发布”选项卡：该区域中的命令主要是用来对工程图进行打印和工程图格式转换等操作。

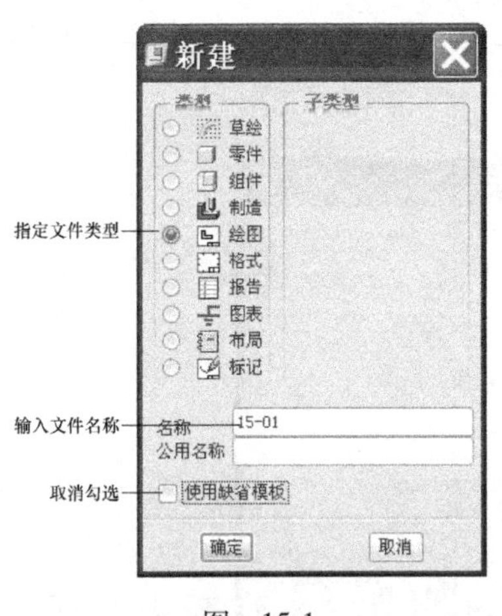

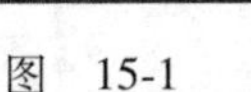

图 15-1

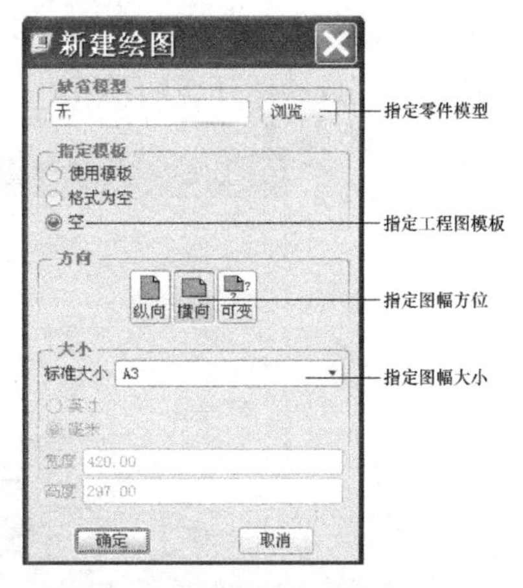

图 15-2

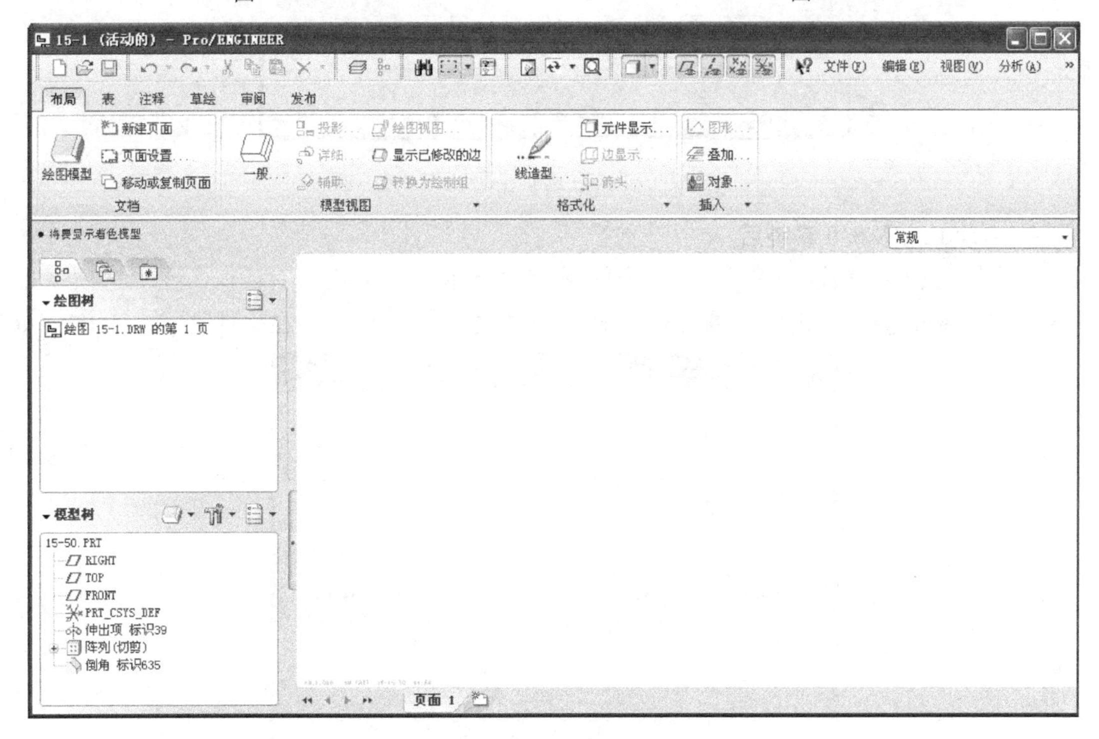

图 15-3

三、绘图环境设置

在制图标准上我国采用的是第一投影视角和公制单位，而在 Pro/E 系统中默认的是第三投影视角和英制单位，因此，在开始绘图之前要设置工程图配置文件，以控制工程图的制作环境，如投影类型、制图单位、尺寸文本的高度、箭头的类型大小、公差显示等。控制制作环境的系统变量非常多，如果一一修改比较麻烦，通常以调用一个 *.dtl 文件的方式来改变制图环境，具体操作的方法有以下两种。

1. 进入工程图模块界面后

单击【文件】→【绘图选项】命令 → 弹出如图 15-4 所示的“选项”对话框，单击对话框中 图标按钮 → 在文件夹 Pro/E 5.0\ Text 中，选择文件 iso. dtl → 单击 应用 按钮 → 单击 关闭 按钮，完成绘图环境的设置。

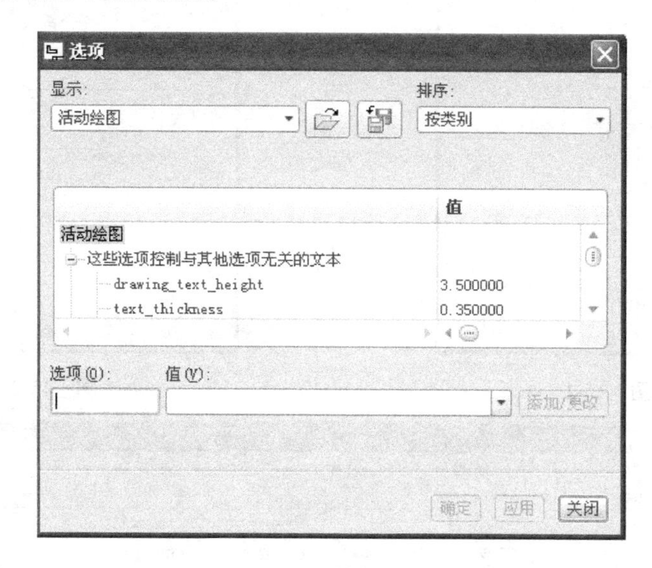

图 15-4

2. 启动 Pro/E 5.0 系统后

单击【工具】→【选项】命令 → 弹出如图 15-5 所示的“选项”对话框，在“选项”栏中输入“drawing_setup_file” →单击<Enter>键→ 单击 浏览... 按钮，在文件夹 proe 5.0\ text

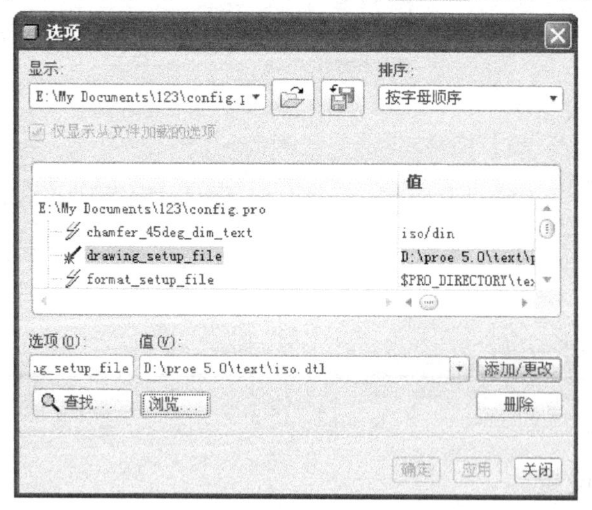

图 15-5

中，选择文件 iso. dtl → 单击 添加/更改 按钮 → 单击对话框中图标按钮 → 取文件名为 config. pro，将文件保存在 proe 5.0 的启动目录中 → 单击 确定 按钮，完成绘图环境的设置。

注意：第一种方法设置的绘图环境仅对本次工程图文件有效；第二种方法设置的绘图环境对全部工程图文件有效。

四、创建基本视图

1. 创建主视图

创建主视图步骤如下：

1）单击操控面板上"布局"选项卡 → 单击"模型视图"区域中的"一般"图标 → 在绘图区用左键选取视图的放置点 → 绘图区中显示出模型的立体图，同时弹出"绘图视图"对话框，如图 15-6 所示。

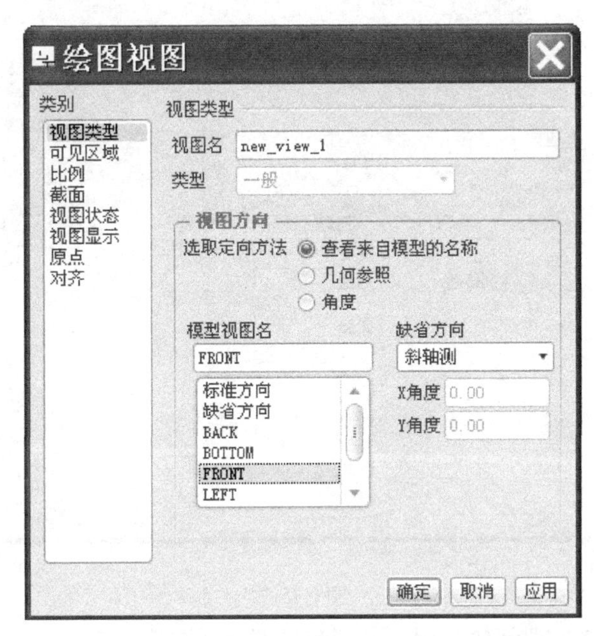

图 15-6

2）选择主视图的视图方向，一般采用以下两种方式：

"查看来自模型的名称"——从已保存的模型视图名列表中选择，如选择 FRONT 视图方向为主视图方向。

"几何参照"——从模型的立体图中选择一个几何参照为主视图方向，再另选一个几何参照为定位方向。

3）单击对话框中"应用"按钮 → 单击"关闭"按钮，完成主视图的创建。

2. 创建投影视图

创建投影视图具体步骤如下：

1）选择主视图 → 单击操控面板上"布局"选项卡中的 投影... 图标按钮。

2）在绘图区用左键选取视图的放置点，在主视图的下方单击将生成俯视图，在主视图的右侧单击将生成左视图，其他投影视图的创建以此类推。

五、创建剖视图

为了显示模型内部的结构，需要对已有视图进行剖切观察，于是产生了剖视图。在 Pro/E 系统中剖视图的种类有完整剖视图、半剖视图、局部剖视图、阶梯剖视图和旋转剖视图。

现以准备文件\CH15\15-01 为例介绍创建全剖、半剖和局部剖视图的操作步骤如下：

首先，新建视图或双击已建的基本视图 → 弹出如图 15-7 所示的“绘图视图”对话框 → 在“类别”栏中选取“截面”选项 →单击“2D 剖面”单选按钮 → 单击 + 图标按钮 → 打开“名称”下拉表框，从中选择剖切面或创建新的剖切面。

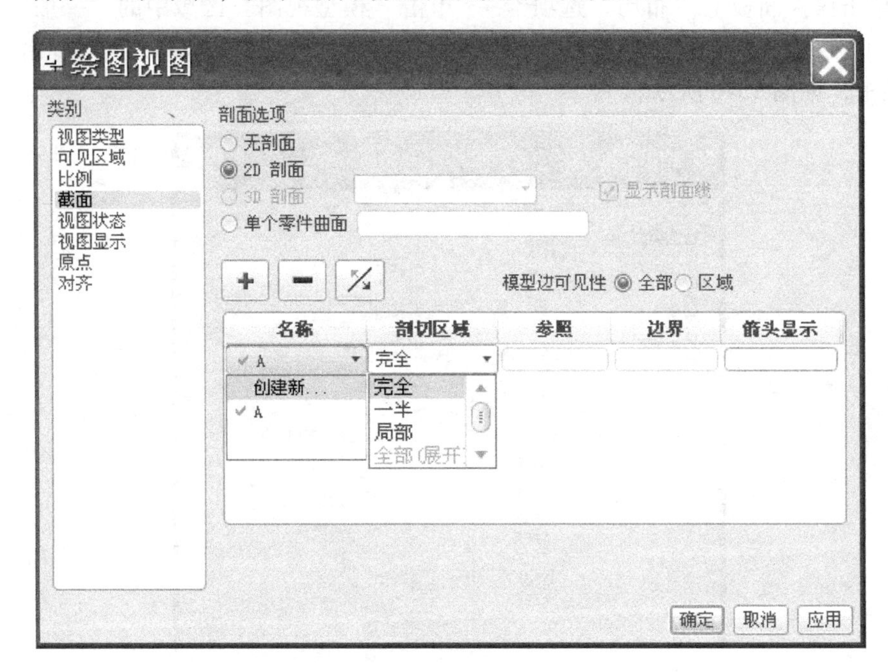

图 15-7

其次，按以下步骤分别创建全剖、半剖和局部剖视图等。

1. 创建完整剖视图

1）单击“剖切区域”的下拉列表框 → 选择“完全”。

2）如果需要生成剖面箭头，则单击“箭头显示”表框 → 单击俯视图。

3）单击“应用”按钮 → 剖面箭头显示在俯视图上 → 单击“关闭”按钮，创建的完整剖视图如图 15-8 所示。

2. 创建半剖视图

1）单击“剖切区域”的下拉列表框 → 选择“一半”→“参照”表框变黄，提示选取半剖视图的对称平面。

2）在绘图区或模型树中选取对称面 RIGHT 面 →“边界”表框变黄，提示选取半剖视图的剖切侧。

3）在主视图的右侧单击。

4）如果需要生成剖面箭头，则单击“箭头显示”表框 → 单击俯视图。

5）单击“应用”按钮 → 剖面箭头显示在俯视图上 → 单击“关闭”按钮，创建的半剖视图如图15-9所示。

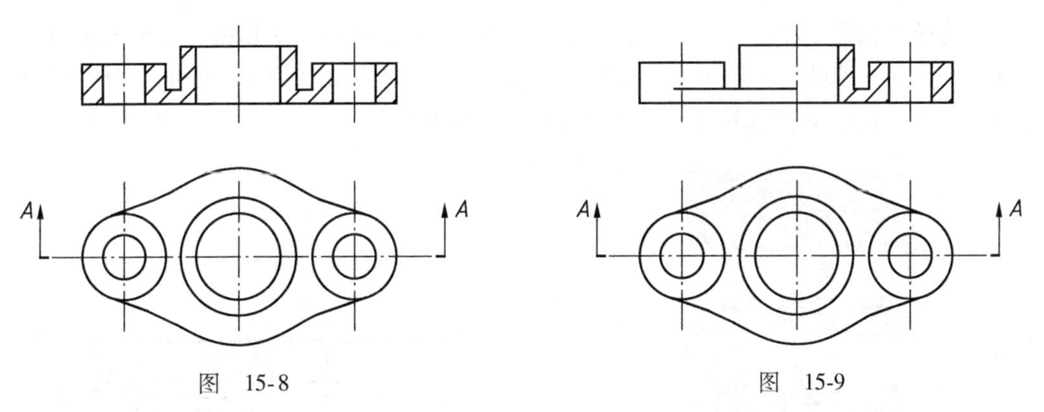

图　15-8　　　　图　15-9

3. 创建局部剖视图

1）单击“剖切区域”的下拉列表框 → 选择“局部”→“参照”表框变黄，提示选取视图的局部剖切位置。

2）在主视图局部剖切位置的某边上单击，此时该处出现一个“×”标记，如图15-10所示。

3）围绕“×”标记连续用左键单击，绘制出一条封闭的样条曲线 → 单击鼠标中键结束绘制。

4）如果需要生成剖面箭头，则单击“箭头显示”表框 → 单击俯视图。

5）单击“应用”按钮 → 剖面箭头显示在俯视图上 → 单击“关闭”按钮，创建的局部剖视图如图15-11所示。

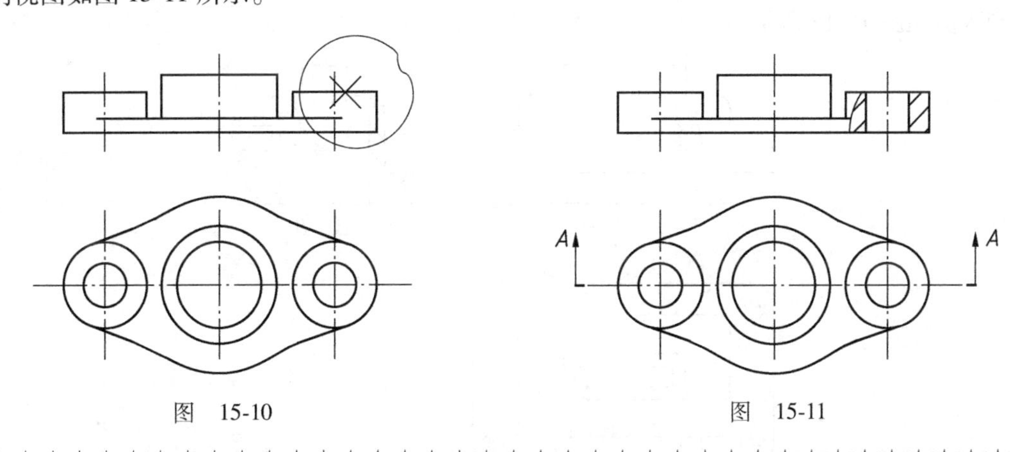

图　15-10　　　　图　15-11

注意：请注意归纳总结以上三种视图操作步骤的异同点，加深对上述三种创建方法的理解和记忆。

4. 创建阶梯剖视图

现以准备文件\CH15\15-02为例，介绍创建阶梯剖视图的操作步骤如下：

1）创建主、俯视图和左视图（参照图 15-14）→ 双击左视图 → 弹出“绘图视图”对话框 → 单击“截面”选项 → 单击“2D 剖面”单选按钮 → 单击 + 图标按钮。

2）在“名称”的下拉列表框中选择“创建新…”→ 弹出如图 15-12 所示的菜单管理器。

3）选择“偏移/双侧/单一/完成”选项 → 输入截面名称 B → 切换到零件模块窗口。

4）选择零件的最上层表面为草绘平面 → 绘制折线图形如图 15-13 所示，以形成阶梯剖切面 → 单击工具栏 ✔ 图标按钮，返回到工程图模块窗口。

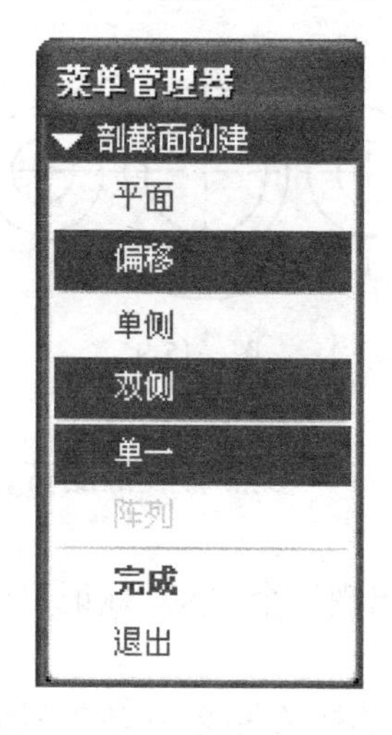

图 15-12

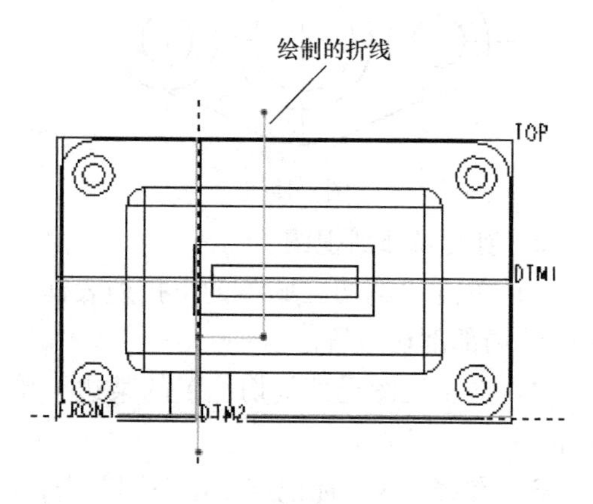

图 15-13

5）单击“剖切区域”的下拉列表框 → 选择“完全”。

6）单击“箭头显示”→ 单击俯视图。

7）单击“应用”按钮 → 俯视图显示剖面箭头符号 → 单击“关闭”按钮，创建的阶梯剖视图如图 15-14 所示。

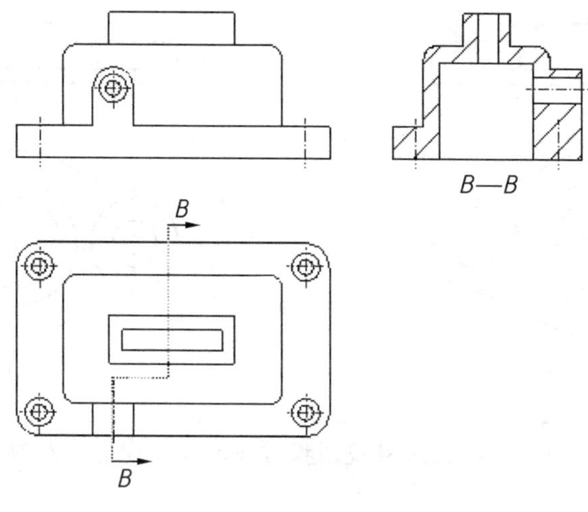

图 15-14

5. 创建旋转剖视图

现以准备文件\CH15\15-03 为例，介绍创建旋转剖视图的操作步骤如下：

1）创建主、俯视图(参照图 15-16) → 双击俯视图 → 弹出“绘图视图”对话框 → 选取“截面”选项 → 单击“2D 剖面”单选按钮 → 单击 + 图标按钮。

2）在“名称”的下拉列表框中选择“创建新…” → 弹出如图 15-12 所示的菜单管理器。

3）选择“偏移/双侧/单一/完成”选项 → 输入截面名称 A → 切换到零件模块窗口。

4）选择零件的最前表面为草绘平面 → 绘制折线图形如图 15-15 所示，以形成旋转剖切面 → 单击工具栏 ✔ 图标按钮，返回到工程图模块窗口。

5）单击“剖切区域”的下拉列表框 → 选择“全部(对齐)” → “参照”表框变黄，提示选取旋转剖切面的旋转参照。

6）用鼠标在俯视图中选取旋转轴线。

7）单击“箭头显示”表框 → 单击主视图。

8）单击“应用”按钮 → 主视图显示剖面箭头符号 → 单击“关闭”按钮，创建的旋转剖视图如图 15-16 所示。

注意：请注意总结归纳创建阶梯剖视、旋转剖视视图操作步骤的异同点，加深对上述两种创建方法的理解和记忆。

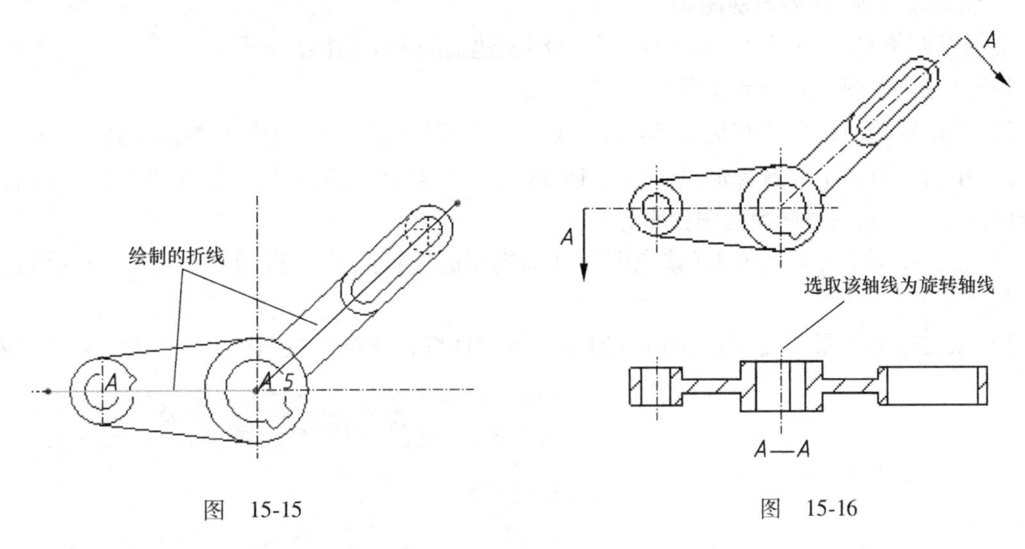

图 15-15

图 15-16

六、创建其余辅助视图

1. 创建详细视图(即局部放大视图)

现以准备文件 \ CH15 \ 15-04 为例介绍创建详细视图的操作步骤：

1）创建主视图，并全剖处理(参照图 15-17)。

2）单击操控面板上“布局”选项卡 → 单击“模型视图”区域中 详细... 图标按钮。

3）在视图的实体边上单击 → 此时该处出现一个“×”标记，如图 15-17 所示。

4）围绕“×”标记连续用左键单击，绘制出一条样条曲线 → 单击鼠标中键结束绘制。

5）在绘图区某点单击，该处立即生成一个详细视图。

6）双击该详细视图 → 弹出如图 15-18 所示对话框 → 选择“比例”选项，在“定制比例”文本框中输入比例值 2 → 选择“视图类型”选项，输入视图名 → 单击“应用”按钮

→ 单击“关闭”按钮。

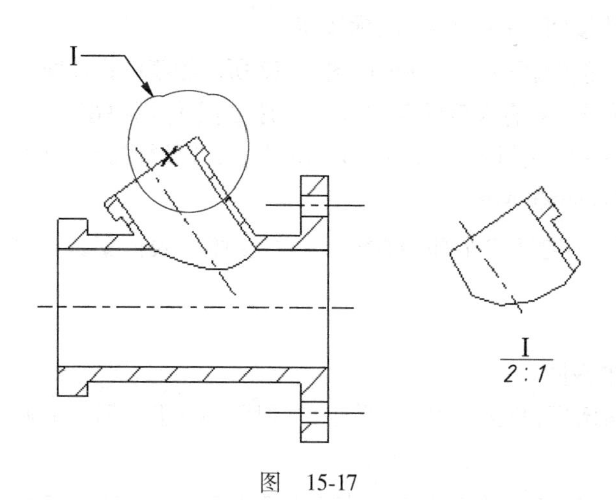

图 15-17

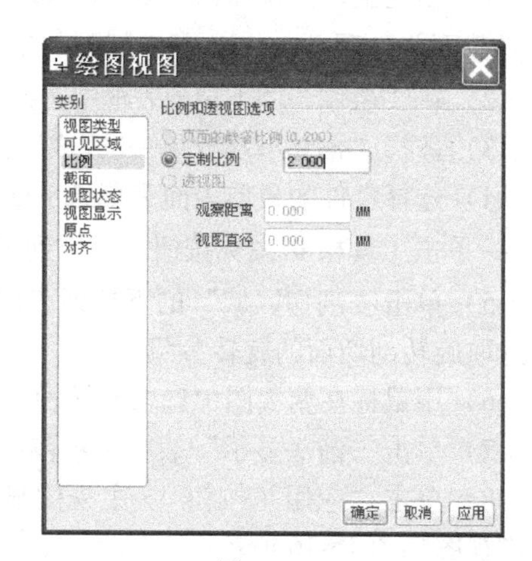

图 15-18

7）单击操控面板上的“注释”选项卡 → 双击详细视图的文字框 → 弹出“注释属性”对话框，修改文本框中的文本 → 单击“确定”按钮，创建的详细视图如图 15-17 所示。

2. 创建辅助视图(即向视图)

现仍以准备文件\ CH15\ 15-04 为例介绍创建辅助视图的操作步骤：

1）创建主视图，并全剖处理。

2）单击操控面板上“布局”选项卡 → 单击“模型视图”区域中“辅助...”图标按钮。

3）单击主视图中的斜管轴线，如图 15-19 所示(参照可选边线、轴线、基准平面或曲面，系统将以这些参照的方向为视图投影方向)。

4）在主视图下方某处单击(该点即为辅助视图的放置点) → 得到如图 15-19 所示的辅助视图。

5）双击辅助视图 → 弹出如图 15-20 所示的对话框，选择“视图类型”选项 → 在“视

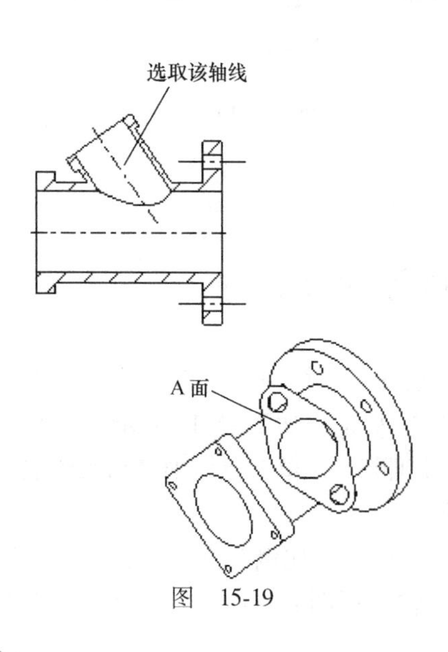

图 15-19

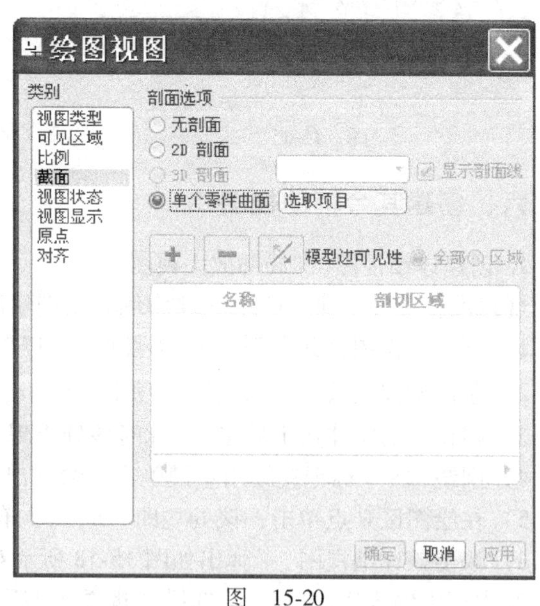

图 15-20

图名”栏中输入 B → 单击“单一”单选按钮 → 单击“应用”按钮 → 选择“截面”选项 → 选择“单个零件曲面”单选按钮 → 单击端面 A 面 → 单击“应用”按钮，辅助视图只显示 A 面图形 → 选择“对齐”选项 → 取消“将此视图与其他视图对齐”勾选 → 单击“应用”按钮 → 单击“关闭”按钮。

6）选择“注释”选项卡 → 在“插入”区域选择图标按钮 → 为辅助视图添加名称 B（添加方法参见本单元“十一、标注注释”）。

7）将该视图移动到适当位置，创建的辅助视图如图 15-21 所示。

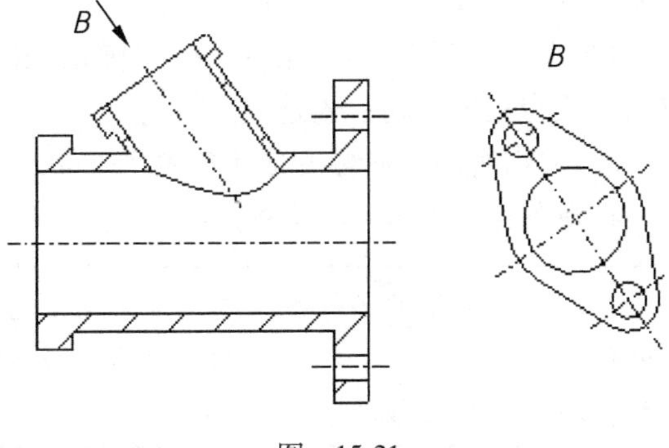

图　15-21

3. 创建旋转视图（即断面图）

现仍以准备文件 \ CH15 \ 15-04 为例介绍创建旋转视图的操作步骤：

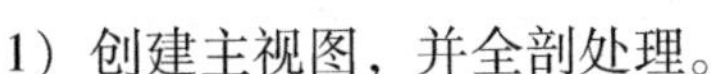

1）创建主视图，并全剖处理。

2）单击操控面板上“布局”选项卡 → 单击“模型视图”区域中旋转...图标按钮。

3）选取主视图为旋转父视图 → 在主视图下方某处单击（选定断面图放置位置）→ 弹出如图 15-22 所示对话框，在“截面”下拉列表框中选取剖切面（如无合适的剖切面，也可以通过表框中“创建新...”选项新创建一个剖切面）→ 得到旋转视图。

4）单击“应用”按钮 → 单击“关闭”按钮，创建的旋转视图如图 15-23 所示。

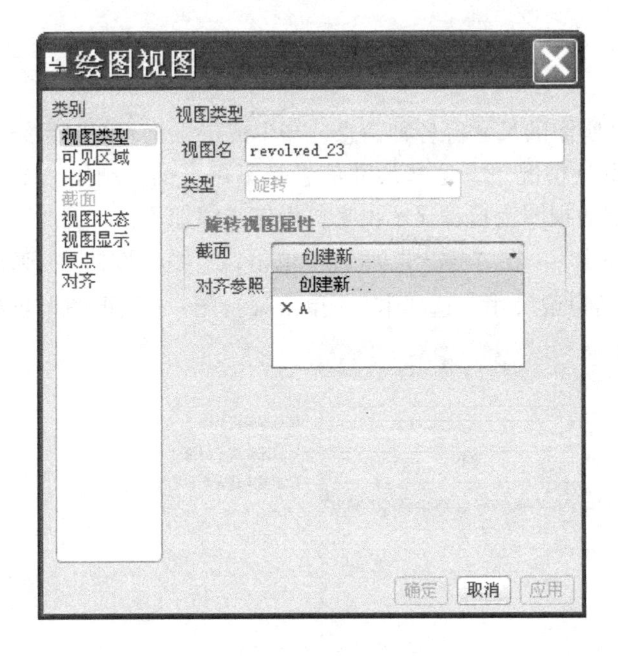

图　15-22

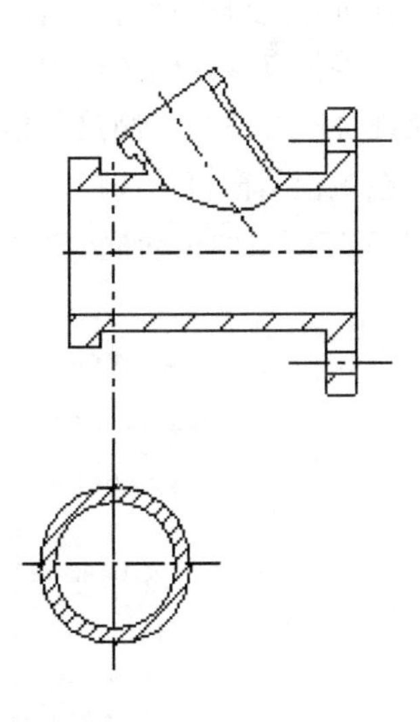

图　15-23

七、视图的操作

1. 移动视图

工程图中各视图创建完后，它们之间的间距有可能不合适，需要进行移动调整，操作步骤如下：

1）单击某视图 → 单击右键 → 弹出如图 15-24 所示的菜单，取消“锁定视图移动”勾选。

2）单击视图，鼠标变成十字箭头形状 → 按住中键，移动鼠标，将视图移动到适当的位置。

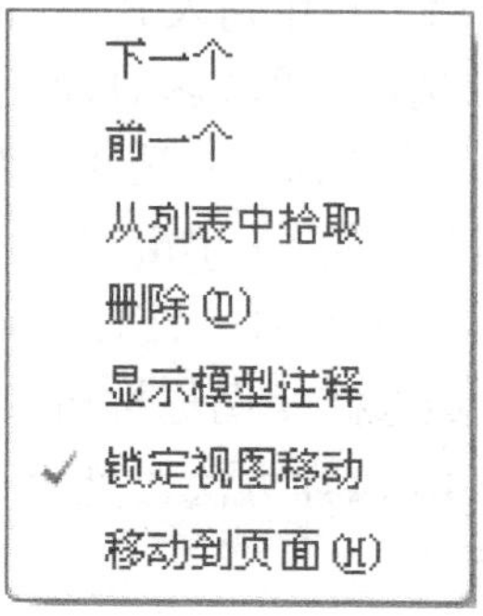

下一个
前一个
从列表中拾取
删除(D)
显示模型注释
✓ 锁定视图移动
移动到页面(H)

图 15-24

> **注意**：如移动父视图，该视图可自由移动，同时它的子视图(如左视图等)都将跟着移动，以保证它们之间的投影关系；如移动的是子视图，则其只能沿着投影方向移动，而不能自由移动。

2. 删除视图

方法 1：单击某视图 → 单击右键 → 弹出如图 15-24 所示的菜单 → 选择“删除”。

方法 2：单击某视图 → 单击键盘<Delete>键。

> **注意**：当删除的视图带有子视图时，系统会弹出提示窗口，要求确认是否删除该视图。如选“是”，则该视图和其所有的子视图一起被删除。

八、尺寸标注及编辑

1. 显示模型注释

在创建三维模型时已经定义了模型所需的尺寸等各种信息，当生成二维工程图时系统已经将这些信息导入到图形中，但是在默认情况下，这些尺寸信息是不可见的。利用“显示模型注释”命令可以将这些信息在指定的视图上自动显示出来，操作步骤如下：

在工程图窗口，选择“注释”选项卡 → 在“插入”区域中单击显示模型注释图标按钮 → 弹出如图15-25所示的对话框，选择“显示或隐藏尺寸”选项卡 → 单击某视图 → 该视图上自动

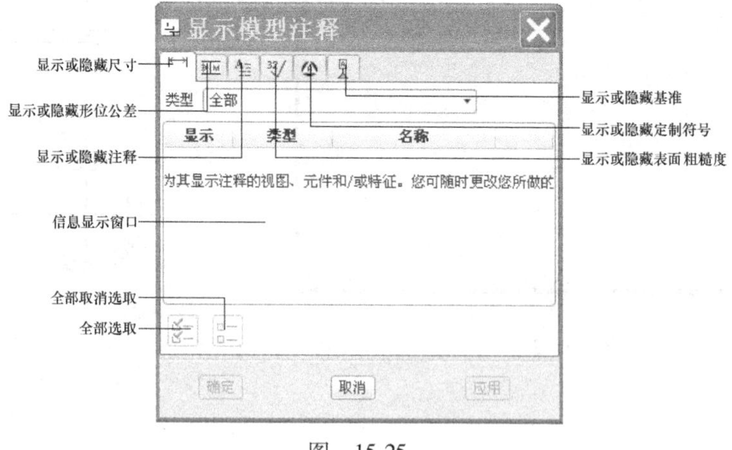

图 15-25

显示尺寸，同时在对话框窗口中也显示出尺寸信息 → 在视图上或对话框窗口中勾选需要的尺寸 → 单击“应用”按钮 → 同理，再选择其他视图或选项卡 → 勾选需要的信息 → 单击“应用”按钮 → 最后，单击“取消”按钮。

2. 手动标注尺寸

在创建工程图过程中，自动标注的尺寸有些不符合标准要求，需要采用手动标注来替换这些尺寸，具体操作方法如下：

在工程图窗口，选择“注释”选项卡 → 在“插入”区域中单击图标按钮 → 弹出如图15-26所示的菜单，选择依附类型 → 手动标注尺寸，方法与草绘模式相同 → 全部标注完成，单击“选取对象”对话框中的“确定”按钮。

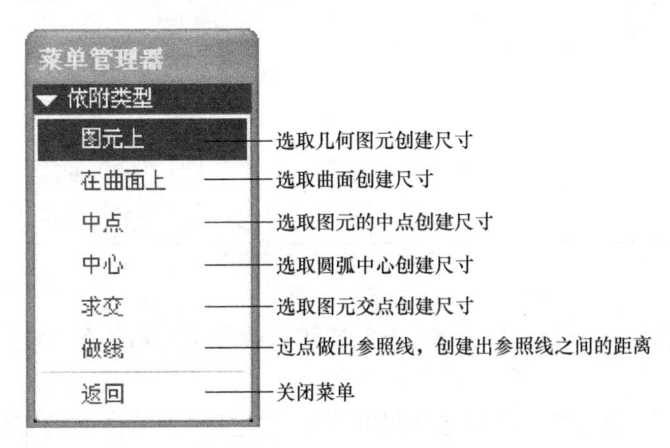

图 15-26

3. 编辑尺寸

(1) 移动尺寸　由于使用“显示模型注释”命令自动标注的尺寸位置较乱，需要将尺寸移动位置。移动方法如下：

1) 在本视图上移动尺寸：单击某尺寸，尺寸变红 → 移动鼠标到选中的尺寸上，光标变为十字箭头形状 → 按住鼠标左键将尺寸及文本移动到合适的位置。

2) 将尺寸移动到其他视图：单击某尺寸，尺寸变红 → 移动鼠标到选中的尺寸上，光标变为十字箭头形状 → 单击右键，从弹出的快捷菜单中选择“将项目移动到视图”→ 单击某视图，该尺寸被转移到选中的视图上。

(2) 尺寸的拭除和删除

1) 对于采用“显示模型注释”命令自动标注的尺寸：选中尺寸 → 鼠标右击 → 在弹出的快捷菜单中选择“拭除”(尺寸不会马上消失，此时如果鼠标再右击，选择“撤销拭除”可以恢复尺寸) → 用鼠标在窗口任意一点单击 → 尺寸被拭除消失。

2) 对于采用手动方式标注的尺寸：可采用拭除或删除，方法同上，但如果选用删除的方法，则尺寸马上被删除。

(3) 修改尺寸值及尺寸属性　双击尺寸，弹出如图 15-27 所示的“尺寸属性”对话框，该对话框有三个选项卡，它们各自的功能简介如下：

1) “属性”选项卡：可以修改尺寸公称值，设置公差的模式和上下公差值、小数位数等。

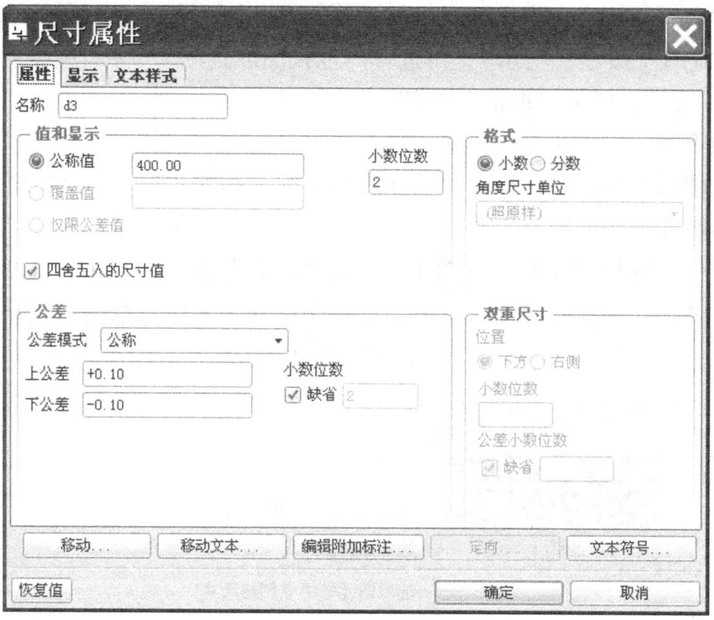

图　15-27

2）“显示”选项卡：可以给尺寸加上前后缀、改变尺寸箭头的方向、修改尺寸边界线的显示等。

3）“文本样式”选项卡：可以选择尺寸文本的字体、修改文本的字高、调整注释文本的对齐方式和文本的行间距等。

在三个选项卡的下部区域还有“移动”及“移动文本”等按钮选项。

> **注意**：由于工程图中只有少部分尺寸带有公差，因此，可将配置文件 config. pro 中选项“tol_mode”设为“nominal”（只显示名义值），工程图配置文件中“tol_display”值设为“no”。工程图尺寸标注完后，再将“tol_display”值改为“yes”，然后对带公差的尺寸进行属性修改，添加上尺寸公差。

九、标注形位公差

1. 创建基准符号

在工程图模式下的基准主要有轴基准和平面基准，在零件模式或工程图模式下都可以创建基准。在工程图模式下创建基准的步骤如下：

选择“注释”选项卡 → 在“插入”区域选择 模型基准平面 或 模型基准轴 选项 → 弹出如图 15-28 所示的对话框 → 在“名称”文本框中输入基准名称 → 在“定义”栏中单击“定义”或“在曲面上”按钮 → 在视图上选取基准图素 → 在“类型”栏中选择基准符号样式 → 在“放置”栏中选择基准符号放置的位置 → 单击“确定”按

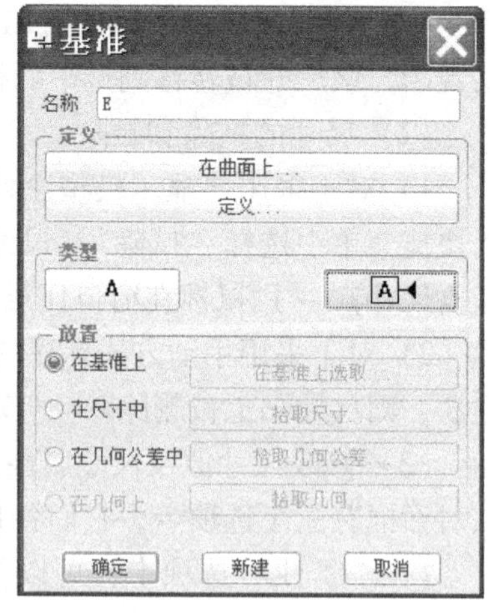

图　15-28

钮，完成基准符号的创建。

> **注意**：创建的基准符号会在每个视图中显示，因此，要将多余的基准符号拭除，其方法与尺寸拭除相同。如需将基准真正去除，则需要到零件模型中进行删除。Pro/E 创建的基准符号不符合国标，可以通过“符号库”命令自己创建后调用。

2. 标注形位公差符号及其他

现以标注位置度公差为例，简要介绍形位公差的标注步骤如下：

1）打开准备文件 \ CH15 \ 15-05。

2）选择“注释”选项卡 → 在“插入”区域单击图标按钮 → 弹出如图 15-29 所示对话框，单击位置度公差图标按钮。

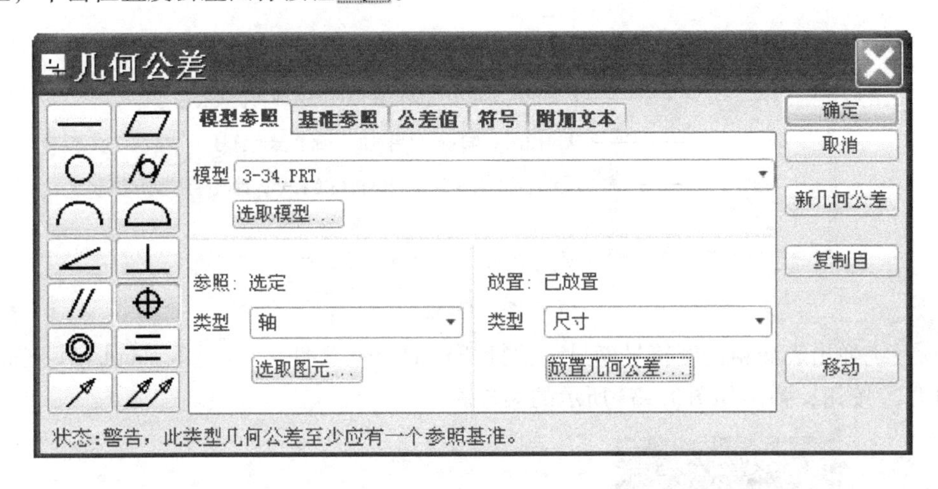

图　15-29

3）在“模型参照”选项卡中：在“参照”栏类型的下拉列表框中选择“轴”→ 单击 选取图元... 按钮 → 如图 15-30 所示在主视图选取 $\phi75$ 的轴线 → 在“放置”栏类型的下拉列表框中选择“尺寸”→ 单击 放置几何公差... 按钮 → 在主视图选取尺寸 2-$\phi75$ 作为该公差放置的位置。

4）在“基准参照”选项卡中：选择“首要”子选项卡 → 单击“基本”下拉表框 → 从表中选择基准参照，如 A → 如该位置度公差的基准不止一个，可选择“第二”和“第三”子选项卡，用同样的方法增加其余参照。

5）在“公差值”选项卡中：在总公差表框中输入公差值，如输入 0.1。

6）在“符号”选项卡中：勾选 ☑ Ø 直径符号 复选框。

7）单击 新几何公差 按钮，还可创建新的形位公差。否则，直接执行下一步。

8）单击“几何公差”对话框的 确定 按钮，完成位置度公差的标注，如图 15-31 所示。

十、标注表面粗糙度

标注表面粗糙度步骤简介如下：

1）选择“注释”选项卡 → 在“插入”区域单击图标按钮 → 弹出如图 15-32 所示菜单，选择“检索”。

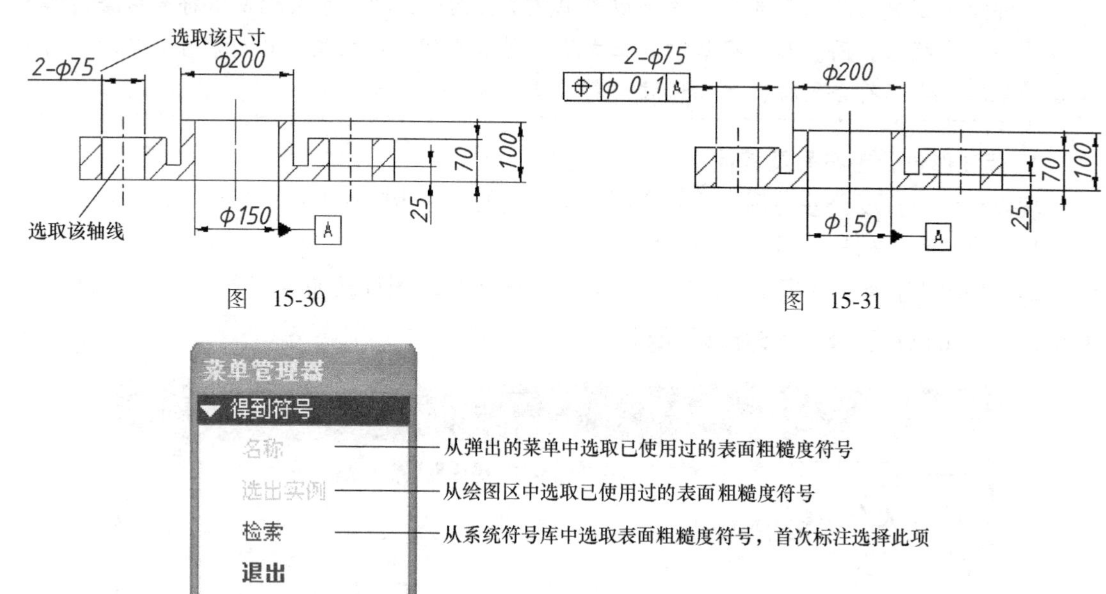

图 15-30

图 15-31

图 15-32

2）系统弹出表面粗糙度符号库目录，打开 machined 文件夹 → 选取 standard1. sym → 单击“打开”按钮，弹出如图 15-33 所示的菜单。

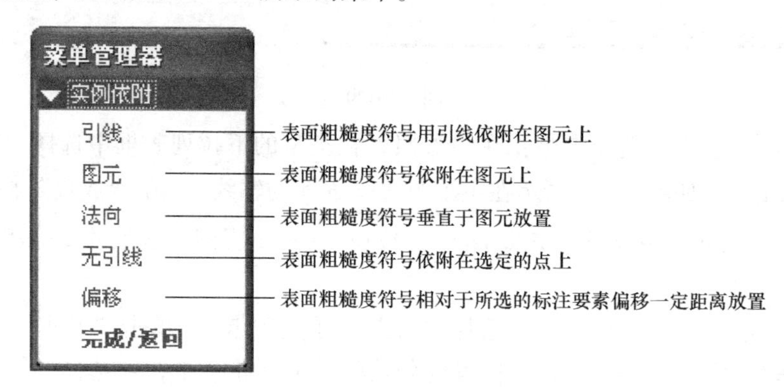

图 15-33

3）选择“法向”→ 在图形中选择某图元。

4）在弹出的文本框中输入表面粗糙度数值 → 单击<Enter>键 → 在某图元上完成表面粗糙度的标注。

5）继续在视图上选取图元 → 输入表面粗糙度数值 → 单击<Enter>键，继续标注，直至标注完毕。

6）单击“选取对象”对话框中的“确定”按钮 → 弹出如图 15-33 所示的菜单，单击“完成/返回”按钮。

注意：单击表面粗糙度符号，可以适当移动位置；选中表面粗糙度符号后再鼠标右击 → 选择“属性”，可以对表面粗糙度属性进行修改。

十一、标注注释

标注注释步骤简介如下：

1）选择“注释”选项卡 → 在“插入”区域单击图标按钮 → 弹出如图 15-34 所示的菜单。

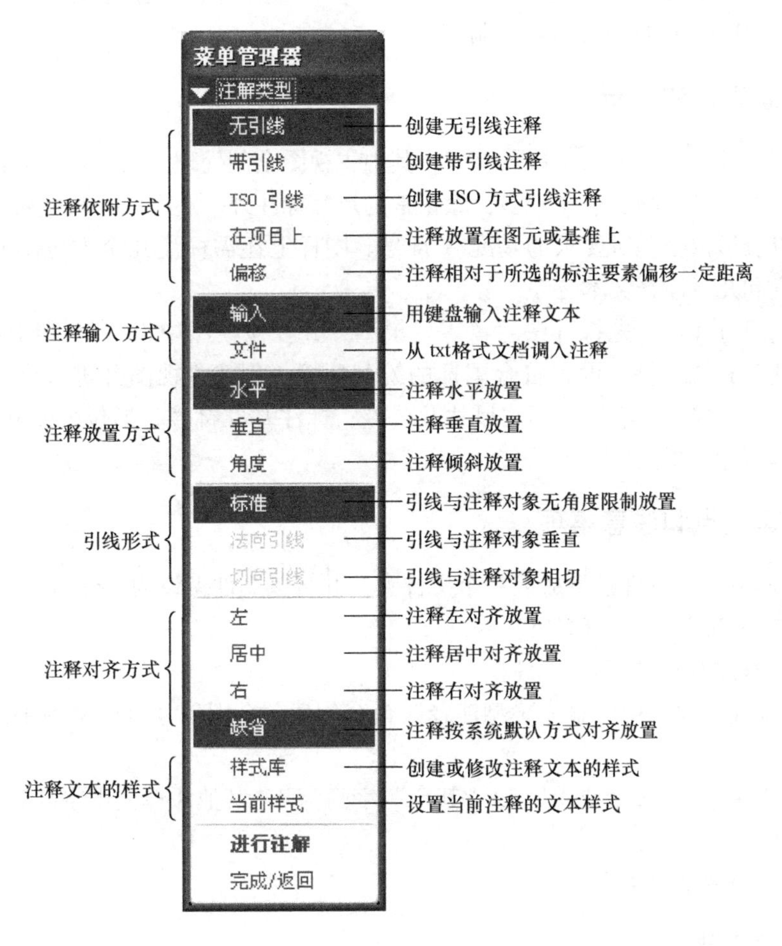

图　15-34

2）从菜单各分组区域中指定适当的选项（如“无引线/输入/水平/标准/缺省”）→ 单击“进行注解”选项。

3）在绘图区单击注释文本放置处 → 在文本框中输入文字 → 单击<Enter>键 → 再单击<Enter>键 → 单击“完成/返回”按钮，完成注释标注。

❖ 实训课题 1：创建法兰盘工程图

一、目的及要求

目的：通过对法兰盘工程图的创建，掌握工程图的创建步骤、视图的生成方法和工程图的标注方法。

要求：根据图 15-35 所示的要求，创建图幅为 A4 的工程图。工程图中所需的零件模型从准备文件 \ CH15 \ CH15-35. prt 复制调入。

二、创建思路和分析

该工程图比较简单，由两个视图组成，其中主视图全剖处理，两个视图都需绘制一些中心线。在标注方面该图的要求比较多，除正常的尺寸标注外，还有三个尺寸带有公差、三处形位公差，以及形位公差所要求的基准 A 符号。图样上还需标注几个方位不同、数值不同的表面粗糙度和几条注释文本。

大致的创建过程：首先打开法兰盘零件模型，并在该模型中设置好剖切面；利用“绘图”模块新建工程图文件；设置符合国标的绘制环境；创建主视图并进行全剖处理；创建左视图；显示所需要的中心线；标注尺寸及公差；标注基准符号、形位公差和表面粗糙度；标注注释，填写标题栏。

三、创建要点和注意事项

1）将复制调入的零件模型放入一个文件夹，并将该文件夹设为工作目录。

2）图样可从准备文件 \ CH15 \ A4. frm 调入。

3）工程图样的使用比例为 1 :1。

4）尺寸标注主要采用“显示模型注释”命令创建，个别尺寸可以采用手动标注。尺寸放置应整齐、合理。

5）注释文字中：“技术要求”和“其余”字高为 7，其他注释文本字高为 5，标题栏中字高根据行高自定。

6）视图间隔要适宜美观。

四、创建步骤

步骤 1. 新建文件夹“法兰盘”

新建文件夹“法兰盘”→ 将准备文件 \ CH15 \ CH15-35. prt 复制到该文件夹中 → 将该文件夹设置为工作目录。

步骤 2. 预先创建剖切面

打开 CH15-35. prt 文件 → 单击工具栏图标按钮 → 在弹出的对话框中选择“剖面”选项卡 → 单击“新建”按钮 → 输入基准名称“A”→ 单击<Enter>键 → 在弹出的菜单中

选“平面/单一/完成”→在模型视图上选取“FRONT”面→单击“关闭”按钮，创建出A剖切面。

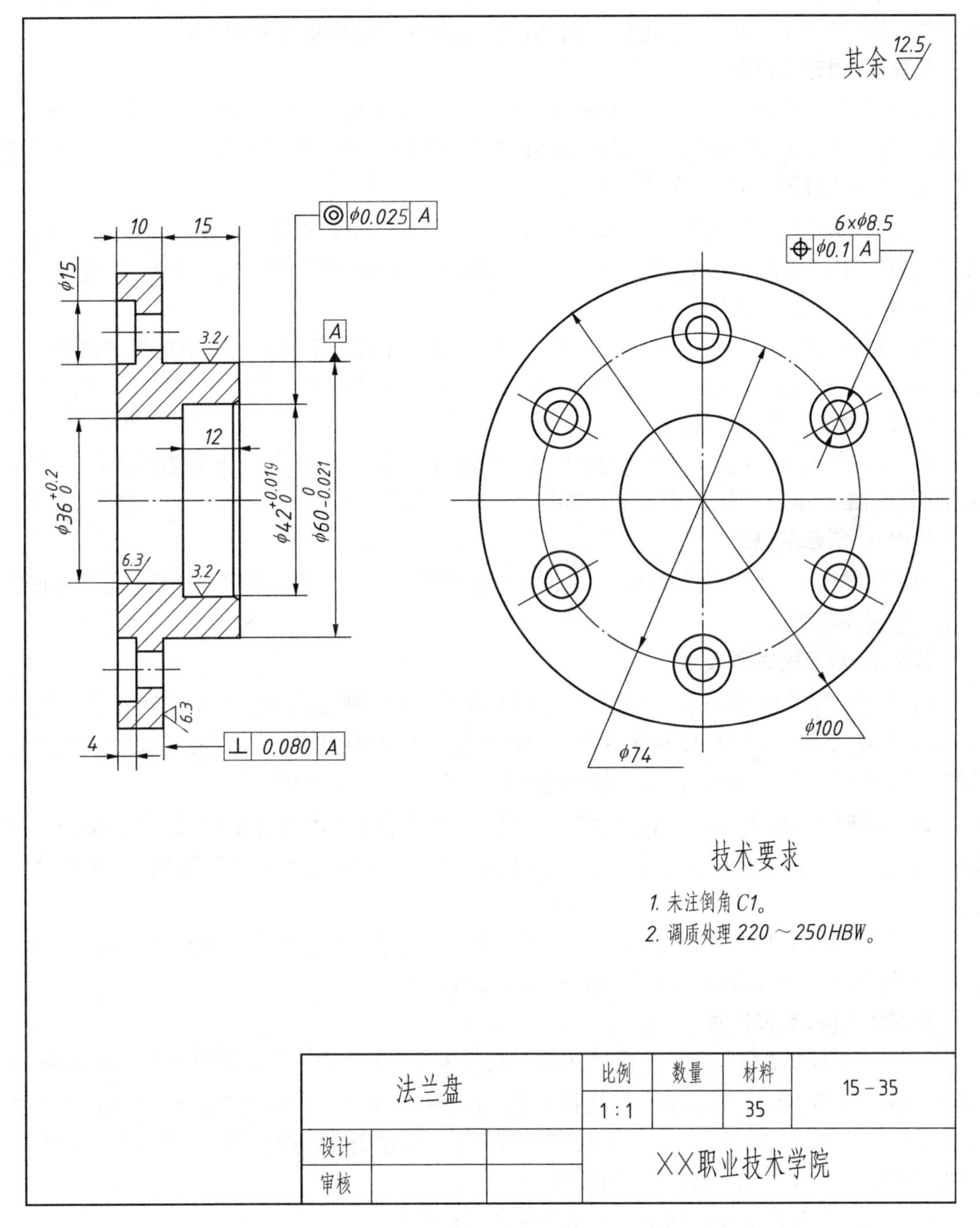

图 15-35

步骤3. 新建工程图文件

新建绘图文件，名称为15-35，取消“使用缺省模板”勾选，单击“确定”按钮→在“指定模板”选项组中选择“格式为空”→“格式”选项组中单击“浏览”按钮，选取准备文件\ CH15 \ A4. frm格式文件→单击“确定”按钮，进入绘图模式窗口。

步骤 4. 设置绘图环境

单击【文件】→【绘图选项】命令 → 单击对话框中图标按钮 → 在文件夹 proe5.0\text 中，选择文件 iso.dtl → 单击【应用】和【关闭】命令，完成绘图环境的设置。

步骤 5. 创建主视图

1）单击操控面板上“布局”选项卡 → 在“模型视图”区域中单击“一般”图标 → 在绘图区用左键选取视图的放置点 → 在“绘图视图”对话框“视图类型”类别中，选择 FRONT 为主视图方向 → 单击“应用”按钮。

2）选择对话框中“截面”类别 → 单击“2D 剖面”单选按钮 → 单击图标按钮 → 在“名称”下拉列表框中选择剖切面“A”→ 单击“剖切区域”的下拉列表框 → 选择“完全”→ 单击“应用”按钮。

3）选择对话框中“视图显示”类别 → 在“显示样式”下拉列表框中选择“消隐”→ 在“相切边显示样式”下拉列表框中选择“无”→ 单击“应用”按钮 → 单击“关闭”按钮，生成全剖显示的主视图。

4）双击剖面线 → 在弹出的菜单中选择“X 元件/间距/剖面线/一半(或加倍)”→ 调整完剖面线间距，单击菜单中“完成”选项。

步骤 6. 创建左视图

单击主视图 → 单击操控面板上“布局”选项卡投影...图标按钮 → 在主视图的右侧单击，生成左视图。

步骤 7. 显示轴线和尺寸

1）选择“注释”选项卡 → 选择显示模型注释图标按钮 → 在弹出的对话框中，选择选项卡 → 单击主视图 → 如图 15-36 所示在图形窗口中选取需保留的轴线 → 单击“应用”按钮 → 单击左视图 → 全部选取左视图需保留的轴线 → 单击“应用”按钮。

2）选择选项卡 → 单击主视图 → 在图形窗口中单击需要保留的尺寸 → 单击“应用”按钮 → 单击左视图 → 选取左视图需保留的尺寸 → 单击“应用”按钮 → 单击“取消”按钮。

3）整理尺寸：按照“尺寸标注及编辑”介绍的方法，移动尺寸；拭除不合适的尺寸，同时手动标注尺寸；设置尺寸公差值；修改尺寸属性等。

步骤 8. 标注形位公差

（1）创建基准轴线符号　选择“注释”选项卡 → 在“插入”区域选择模型基准轴选项 → 按图 15-37 所示，输入名称、选择类型、选择放置方式 → 单击“定义”按钮 → 在弹出的菜单中选择“过柱面”选项 → 到主视图上选取尺寸 $\phi60$ 的圆柱面 → 单击尺寸 $\phi60$ → 单击“确定”按钮，完成基准符号的创建。

（2）标注位置度公差、同轴度公差和垂直度公差

1）选择“注释”选项卡 → 在“插入”区域选择图标 → 在弹出的对话框中，单击⊕图标按钮。

2）在“模型参照”选项卡中：在“参照”栏的下拉列表框中选择“轴”→ 选取图元...按钮自动被选取，在主视图上选取 $\phi8.5$ 的轴线 → 在“放置”栏的下拉列表框

中选择“尺寸”→ 单击 放置几何公差... 按钮 → 在左视图中选取 6×ϕ8.5，放置位置度公差。

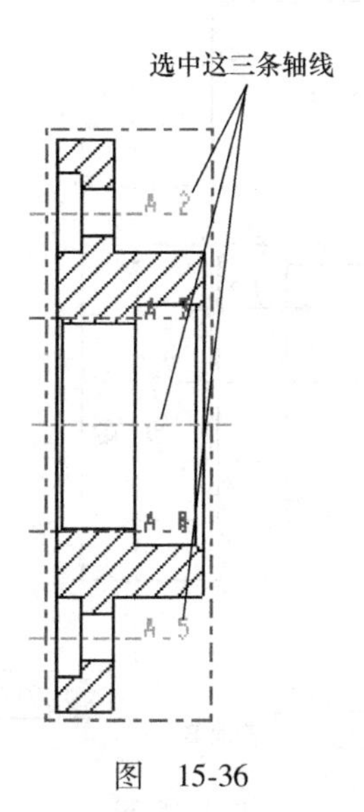

图　15-36

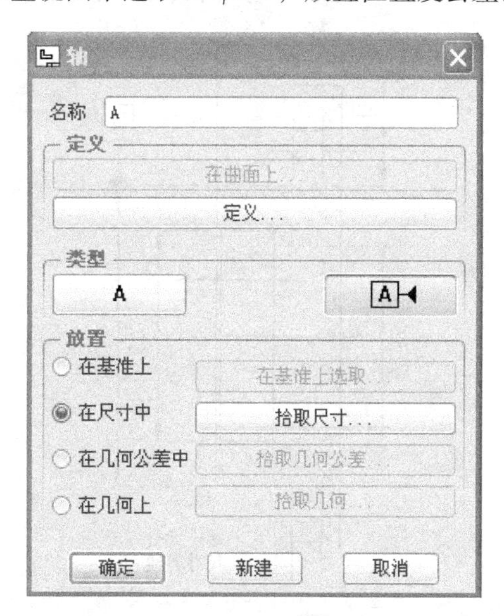

图　15-37

3）在“基准参照”选项卡中：选择“首要”子选项卡 → 单击“基本”下拉列表框 → 从表中选择 A。

4）在“公差值”选项卡中：在总公差文本框中输入 0.1。

5）在“符号”选项卡中：勾选 ☑ Ø 直径符号 复选框。

6）单击 新几何公差 按钮 → 单击 ◎ 图标按钮。

7）在“模型参照”选项卡中：在“参照”栏的下拉列表框中选择“轴”→ 单击 选取图元... 按钮 → 在主视图上选取 ϕ42 的轴线 → 在“放置”栏的下拉表框中选择“法线引线”→ 放置几何公差... 按钮自动被选取，在弹出的菜单中选择“箭头”选项 → 如图 15-38 所示，在尺寸 ϕ42 尺寸界线处单击 → 移动光标，在尺寸 ϕ42 下方空白处单击鼠标中键，放置同轴度公差。

8）在“基准参照”选项卡中：选择“首要”子选项卡 → 单击“基本”下拉列表框 → 从表中选择 A。

9）在“公差值”选项卡中：在总公差文本框中输入 0.025。

10）在“符号”选项卡中：勾选 ☑ Ø 直径符号 复选框。

11）单击 新几何公差 按钮 → 单击 ⊥ 图标按钮。

12）在“模型参照”选项卡中：在“参照”栏的下拉列表框中选择“曲面”→ 选取图元... 按钮自动被选取，选取如图 15-39 所示的侧面 B → 在“放置”栏的下拉列表框中选择“法线引线”→ 单击 放置几何公差... 按钮 → 在弹出的菜单中选择“箭头”选项 → 再次单击侧面 B → 移动光标，在侧面 B 右侧空白处单击鼠标中键，放置垂直度公差。

13）在“基准参照”选项卡中：选择“首要”子选项卡 → 单击“基本”下拉列表框 → 从表中选择 A。

14）在“公差值”选项卡中：在总公差文本框中输入 0.080。

15）在“符号”选项卡中：去除 ☑ Ø 直径符号 复选框中的“✓”。

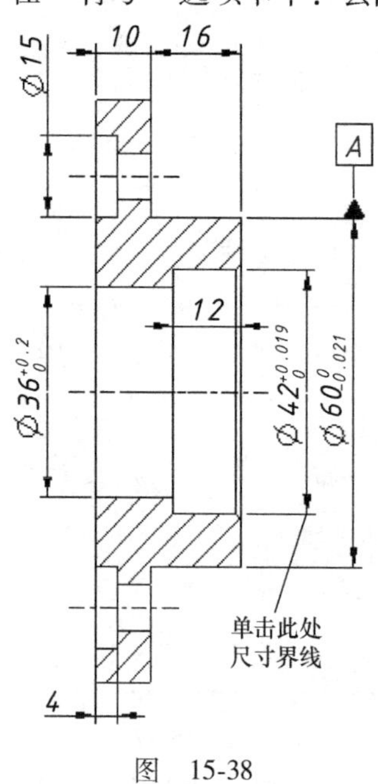

图　15-38

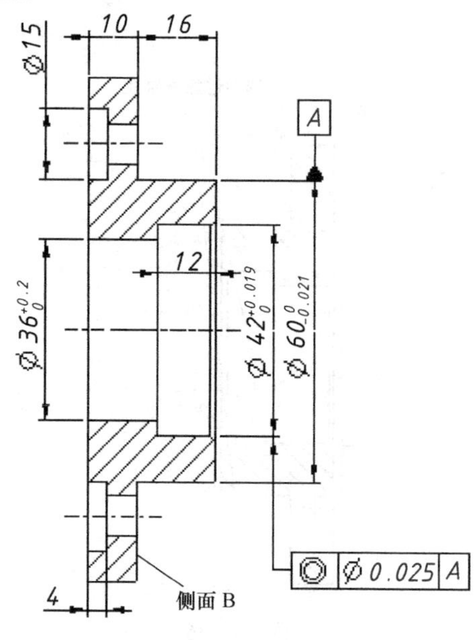

图　15-39

16）单击“确定”按钮，退出对话框。

17）单击垂直度公差 → 将光标移动到垂直度公差方框上 → 按住鼠标中键，水平移动，将垂直度公差拖到合适位置 → 将光标移动到垂直度公差箭头的拖拽点上 → 按住鼠标中键，上下移动，将垂直度公差拖到合适位置。至此，完成形位公差的标注。

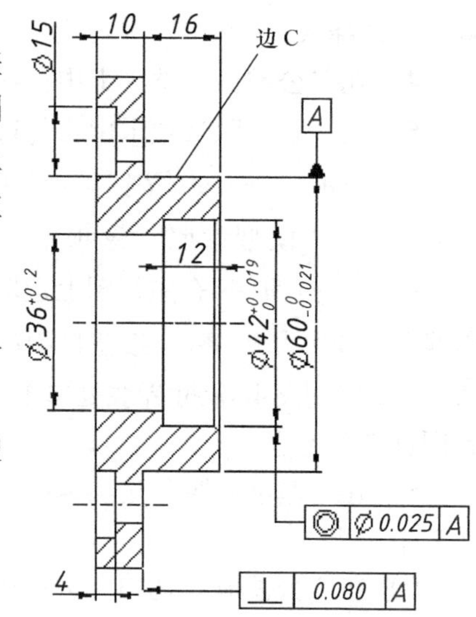

图　15-40

步骤 9. 标注表面粗糙度

1）选择“注释”选项卡 → 在“插入”区域单击 图标按钮 → 在弹出的菜单中选择“检索”选项。

2）系统打开表面粗糙度符号库目录，打开 machined 文件夹 → 选取 standard1. sym → 单击“打开”按钮。

3）在弹出的菜单中选择“法向”选项 → 按图 15-40 所示，单击边 C。

4）在弹出的列表框中输入数值 3. 2 → 单击<Enter>键 → 完成表面粗糙度的标注。

5）单击弹出的“选取对象”对话框中的“确定”按钮 → 重复步骤 3）和步骤 4），标注其他表面粗糙度符号 → 全部标注完毕，单击“完成/返回”按钮。

注意：单击表面粗糙度符号，可以适当移动其位置；也可将光标放在选中符号的拖曳点上，移动光标改变符号的大小；选中表面粗糙度符号后再右击 → 选择“属性”，可以对表面粗糙度的数值、文本高度等属性进行修改。大家可能发现：基准符号 A 的形式和侧面 B 上标注的表面粗糙度数字的摆放方向不符合国标的要求，有什么办法使其符合国标呢？

步骤 10. 标注技术要求

1）选择“注释”选项卡 → 在“插入”区域单击图标按钮。

2）在弹出的菜单中选择“无引线/输入/水平/标准/缺省” → 单击“进行注解”选项。

3）在注释文本放置位置处单击 → 在文本窗口中输入文字：技术要求 → 单击<Enter>键 → 再单击<Enter>键。

4）单击“进行注解”选项 → 重复步骤 3)，输入图样上其余文本 → 单击“完成/返回”按钮，完成注释标注。

5）单击已标注的文本 → 单击右键 → 在快捷菜单中选择“属性”选项 → 在弹出的对话框中修改文本的高度、字体等属性。

步骤 11. 填写标题栏

双击标题栏中对应位置框，输入文本。

步骤 12. 保存文件

保存工程图文件。

❖ 实训课题 2：创建套筒工程图

一、目的及要求

目的：通过对套筒工程图的创建，掌握工程图的创建步骤、各种视图的生成方法和工程图的标注方法，力争独立绘制完成一张符合生产要求的工程图。

要求：根据图 15-41 所示的要求，创建图幅为 A4 的工程图。工程图中所需的零件模型从准备文件 \ CH15 \ CH15-41. prt 中复制调入。

二、创建思路和分析

大致的创建过程：首先打开套筒零件模型，并在该模型中设置好剖切面；利用“绘图”模块新建工程图文件；设置符合国标的绘制环境；创建主视图并进行半剖处理；创建左视图；显示所需要的中心线；标注尺寸及公差；标注基准符号、形位公差和表面粗糙度；标注注释，填写标题栏。

三、创建要点和注意事项

1）新建一个文件夹，将 CH15-41. prt 调入其中，并将该文件夹设为工作目录。

2）图样可从准备文件 \ CH15 \ A4. frm 中调入。

3）工程图样的使用比例为 1 :1。

4）尺寸标注和注释文字的要求与实训课题 1 相同。

四、创建步骤

创建步骤略，由读者根据如图 15-41 所示的工程图自主完成。

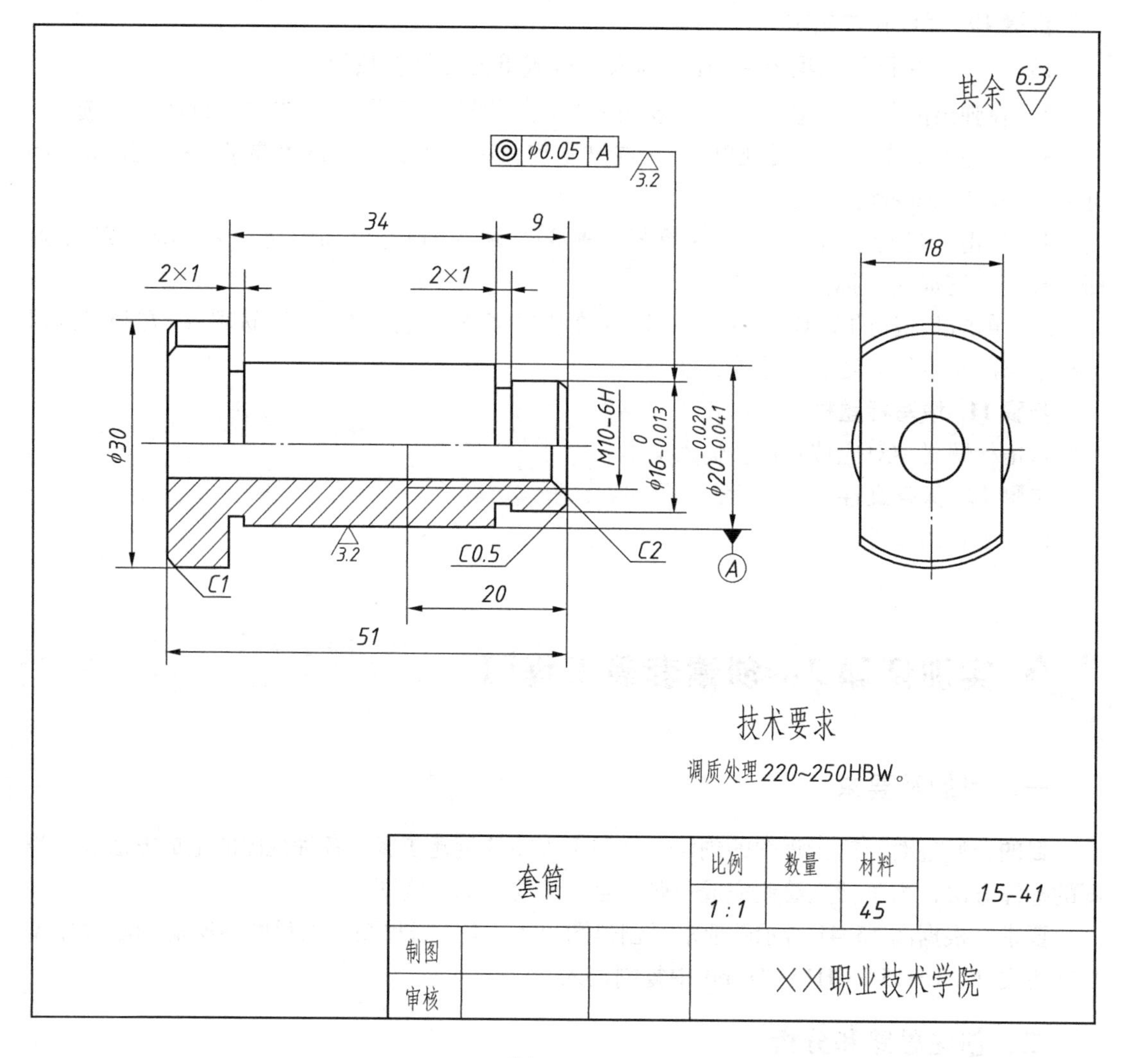

图 15-41

单元小结

在本单元中首先介绍了工程图建立的一般步骤和工程图界面，对工程图模式有个初步的了解；接着介绍了两种绘图环境设置方法，使工程图的绘制环境符合机械制图国家标准的要求；然后重点介绍了工程视图的创建方法，包括一般视图、主视图、投影视图、各种辅助视图以及视图的各种剖视图的创建方法；最后介绍了工程图的标注，包括尺寸标注、设置尺寸公差、形位公差的标注、表面粗糙度的标注、注释文本的标注。通过以上内容的学习，可以绘制出一张完整的基本符合生产要求的工程图。

课后练习

习题 1 根据图 15-42 中的视图布局及标注要求，创建柱塞套工程图。（工程图中所需的零件模型从准备文件\CH15\CH15-42. prt 复制调入。）

提示：首先打开零件模型，并在该模型中设置好剖切面 A 和 D，其中 D 为左视图阶梯剖所用；利用“绘图”模块新建工程图文件；设置符合国标的绘图环境；主视图采用剖切面 A 进行全剖处理；左视图采用剖切面 D 进行阶梯剖处理；详细视图的比例为实物模型的 10 倍；显示所需要的中心线；标注尺寸及公差；标注基准符号、形位公差和表面粗糙度，基准符号和表面粗糙度符号允许采用 Pro/E 规定的样式（亦可自制符合国标的样式存入符号库调用）；标注注释，填写标题栏。尺寸标注和注释文字的要求参见实训课题 1。

习题 2 根据图 15-43 中的视图设置及标注要求，创建端盖工程图。（工程图中所需的零件模型从准备文件\CH15\CH15-43. prt 复制调入。）

提示：首先打开零件模型，并在该模型中设置好阶梯剖切面 B；主视图采用剖切面 B 进行全剖处理；尺寸标注和注释文字等其他要求参见习题 1。

习题 3 根据图 15-44 中的视图设置及标注要求，创建输出轴工程图。（工程图中所需的零件模型从准备文件\CH15\CH15-44. prt 复制调入。）

提示：首先打开零件模型，并在该模型中设置好剖切面 F 和 E；创建主视图并分别创建 F-F 和 E-E 两个剖视图；尺寸标注和注释文字等其他要求参见习题 1。

习题 4 根据图 15-45 中的视图设置及标注要求，创建方端盖工程图。（工程图中所需的零件模型从准备文件\CH15\CH15-45. prt 复制调入。）

提示：首先打开零件模型，并在该模型中设置好阶梯剖切面 A 和 B；左视图采用剖切面 A 进行完全剖视处理；辅助视图 B-B 采用了剖切面 B 进行完全剖视处理，并将可见区域设定为局部视图；尺寸标注和注释文字等其他要求参见习题 1。

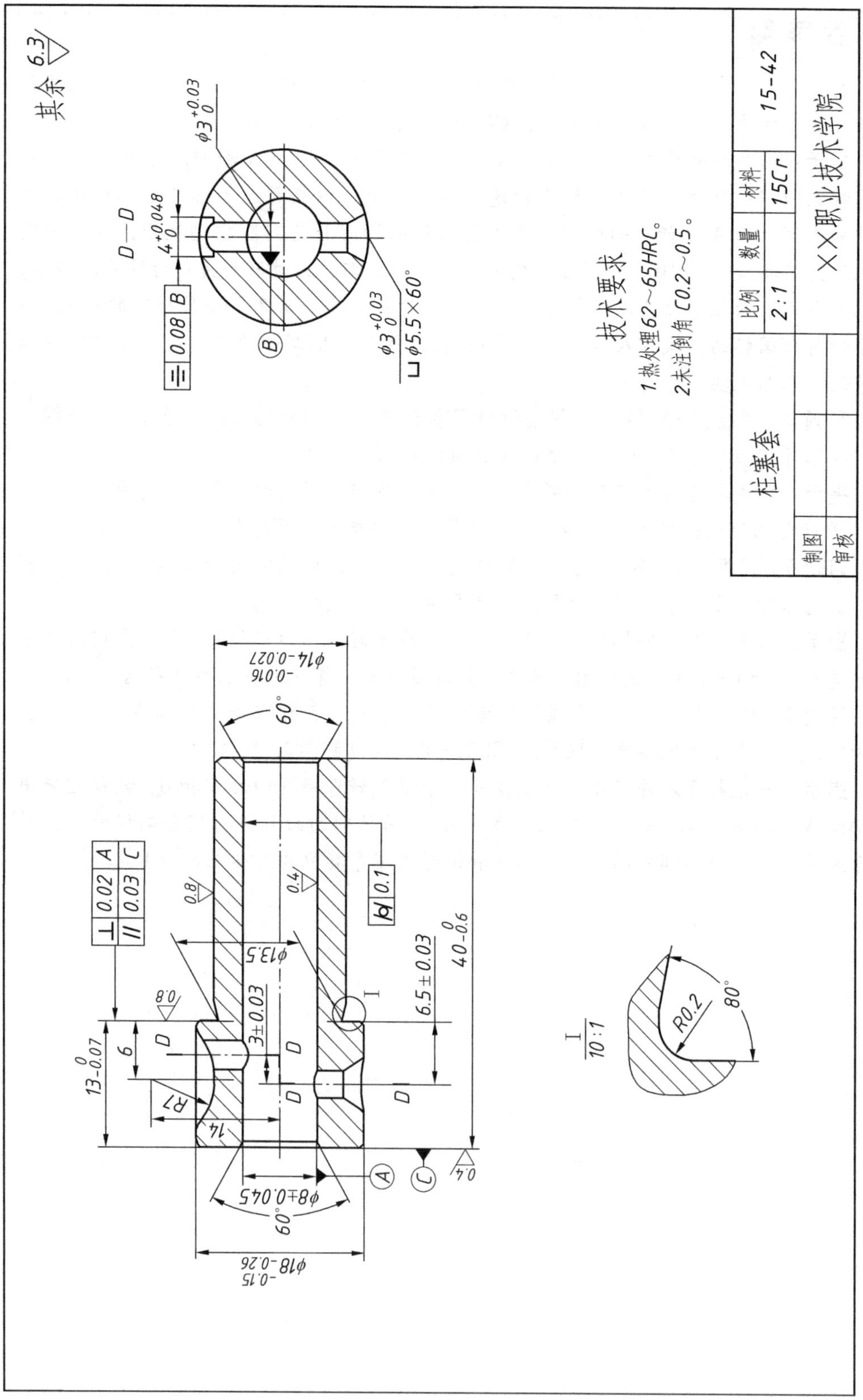

技术要求

1. 热处理62~65HRC。
2. 未注倒角 C0.2~0.5。

柱塞套	比例	数量	材料	15-42
	2:1		15Cr	
制图				××职业技术学院
审核				

其余 6.3

图 15-42

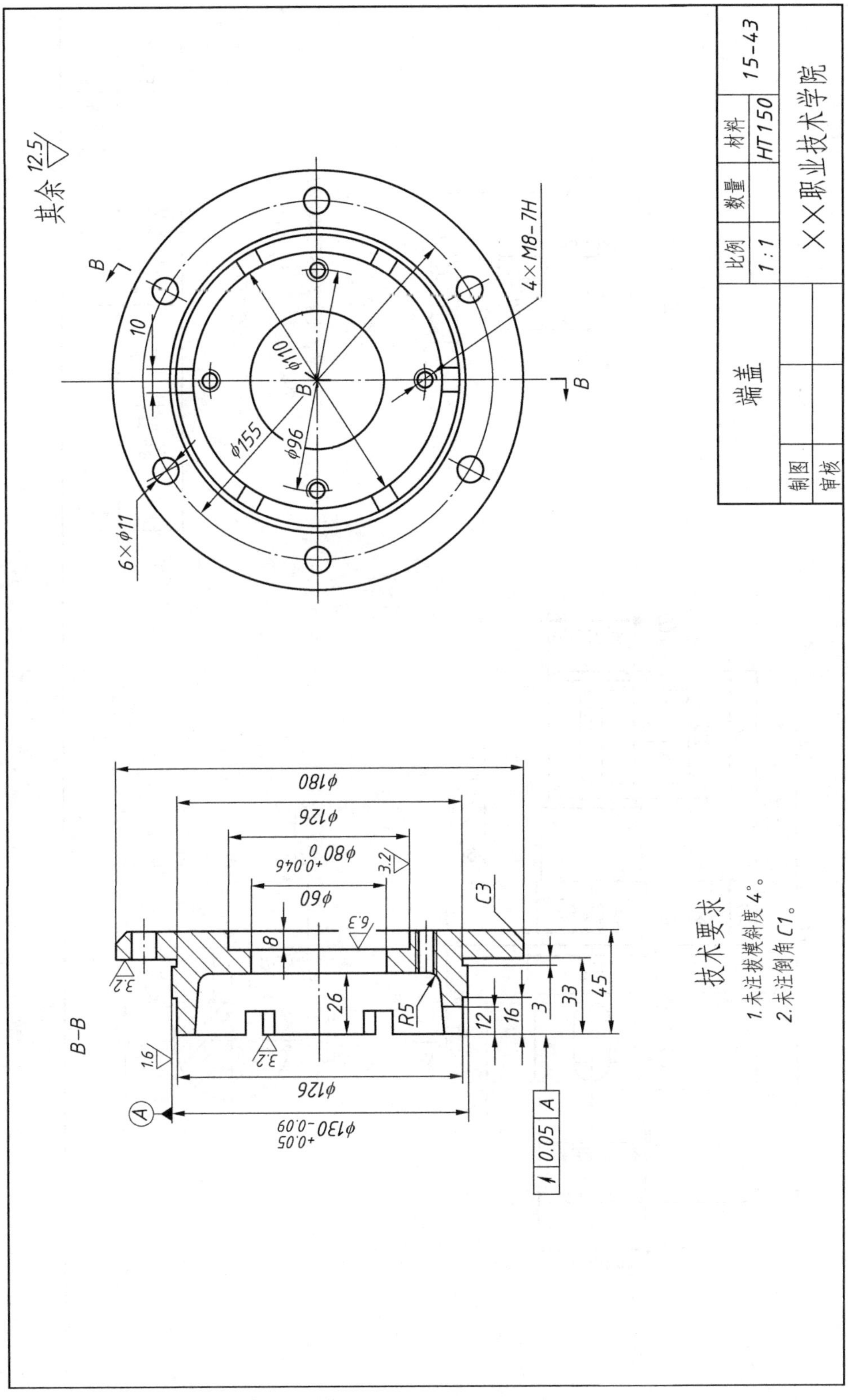

B–B

其余 12.5

$\phi130^{+0.05}_{-0.09}$ $\phi126$ 26 8 $\phi60$ $\phi80^{+0.046}_{0}$ $\phi126$ $\phi180$ R5 C3 12 16 3 33 45 0.05 A 1.6 3.2 6.3

6×$\phi11$ 10 $\phi155$ $\phi96$ $\phi110$ 4×M8-7H B

技术要求

1. 未注拔模斜度4°。
2. 未注倒角C1。

端盖			比例	数量	材料	15-43
			1:1		HT150	
制图			××职业技术学院			
审核						

图 15-43

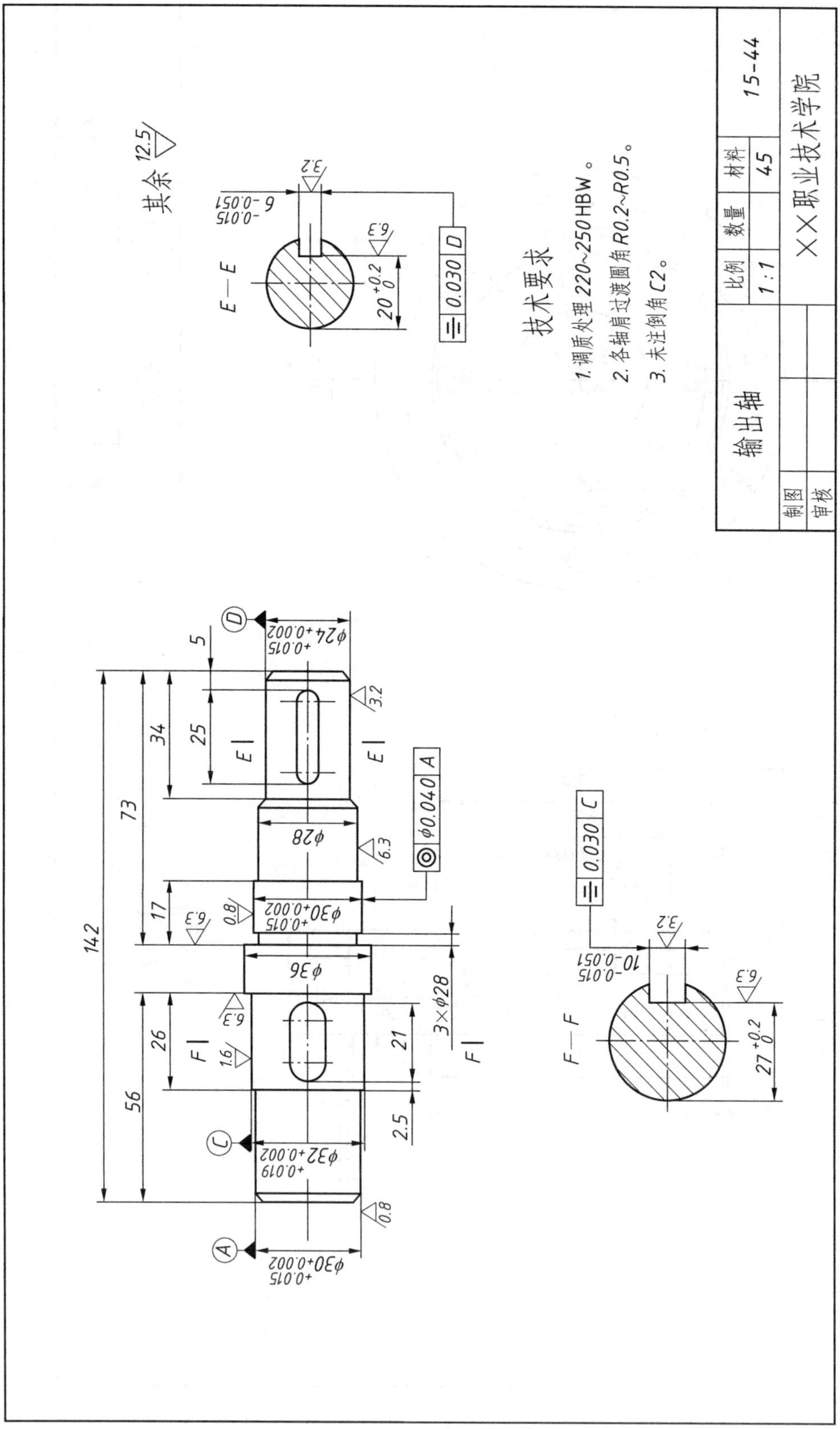

142
56
73
26
17
34
25
5
F
E
A
C
D
1.6
6.3
0.8
3.2
$\phi30^{+0.015}_{+0.002}$
$\phi32^{+0.019}_{+0.002}$
$\phi36$
$\phi30^{+0.015}_{+0.002}$
$\phi28$
$\phi24^{+0.015}_{+0.002}$
2.5
21
3×ϕ28
◎ ϕ0.040 A

E—E
$6^{-0.015}_{-0.051}$
$20^{+0.2}_{0}$
⌯ 0.030 D

其余 12.5

F—F
$10^{-0.015}_{-0.051}$
$27^{+0.2}_{0}$
⌯ 0.030 C

技术要求

1. 调质处理 220~250HBW。
2. 各轴肩过渡圆角 R0.2~R0.5。
3. 未注倒角 C2。

输出轴		比例	数量	材料	15-44
		1:1		45	
制图			××职业技术学院		
审核					

图 15-44

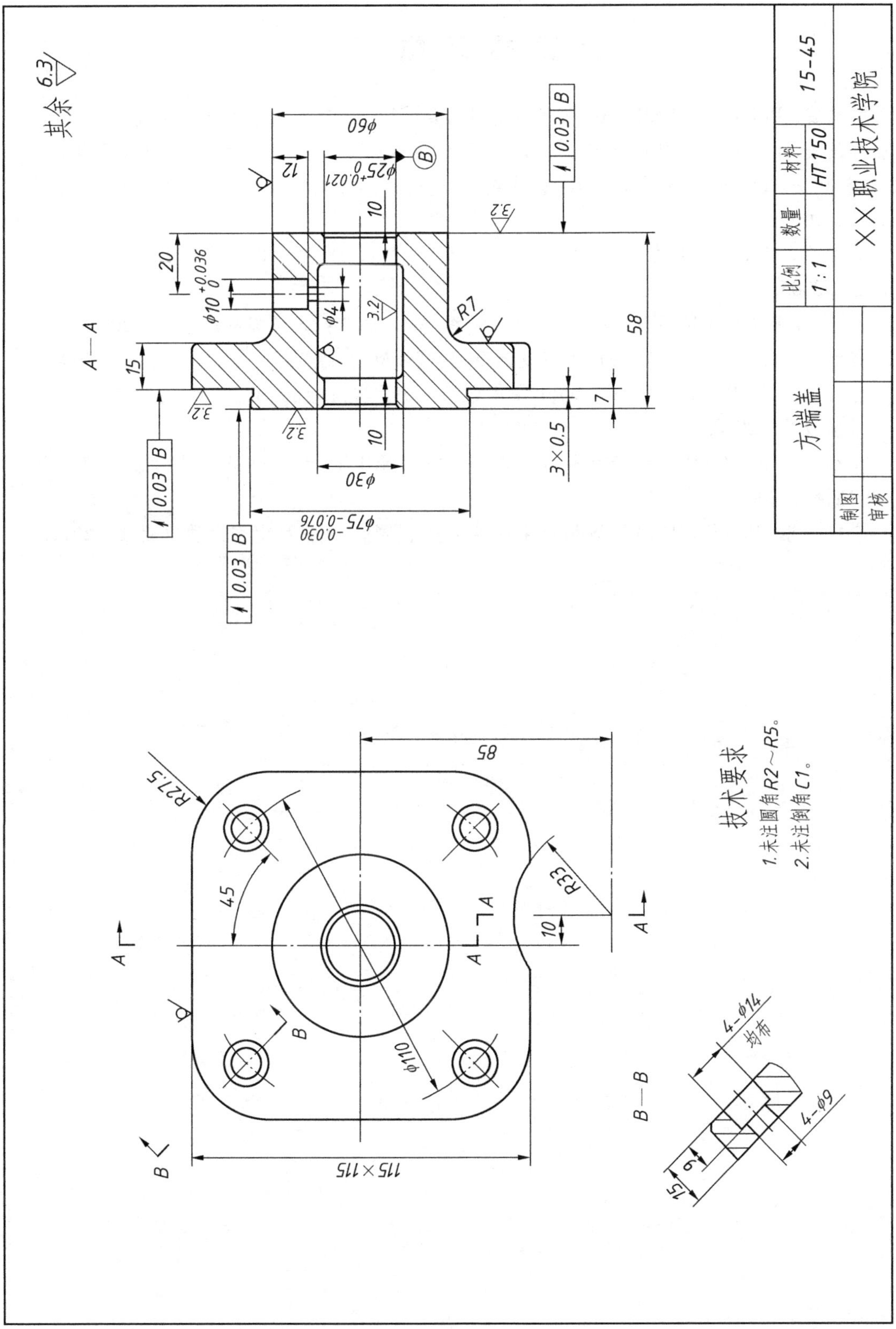

其余 $\sqrt{6.3}$

A—A

B—B

技术要求

1. 未注圆角R2～R5。

2. 未注倒角C1。

方端盖		比例	数量	材料	15-45
		1:1		HT150	
制图		XX职业技术学院			
审核					

图 15-45

参考文献

[1] 林清安. Pro/ENGINEER 2001 零件设计基础篇[M]. 北京：清华大学出版社，2003.

[2] 林清安. Pro/ENGINEER 2001 零件设计高级篇[M]. 北京：清华大学出版社，2003.

[3] 林清安. Pro/ENGINEER 2001 零件装配与产品设计[M]. 北京：清华大学出版社，2003.

[4] 余蔚荔. CAD/CAM 技术——Pro/E 应用实训[M]. 北京：中国劳动社会保障出版社，2005.

[5] 蔡冬根. Pro/ENGINEER 2001 应用培训教程[M]. 北京：人民邮电出版社，2004.

[6] 佟河亭，等. Pro/ENGINEER 机械设计习题精解[M]. 北京：人民邮电出版社，2004.

[7] 徐文华，等. Pro/ENGINEER Wildfire 4.0 产品设计实用教程[M]. 北京：北京理工大学出版社，2008.

[8] 诸小丽. CAD/CAM 实体造型教程与实例(Pro/ENGINEER 版)[M]. 北京：北京大学出版社，2009.

[9] 李杭，等. Pro/ENGINEER Wildfire4.0 实训教程[M]. 南京：南京大学出版社，2011.